Cloud Computing

深入浅出 [云计算]

鲍亮 陈荣 编著

清华大学出版社
北 京

内 容 简 介

本书作者以多年实际研发项目为背景，通过项目实战与代码分析，深入浅出地讲述云计算的基本概念，云计算的核心技术细节以及使用云计算平台解决实际问题的思路与方法。

全书共分 4 篇。第 1 篇循序渐进地介绍云计算的基本概念，学习云计算需要掌握的基本知识和云计算环境搭建方法；第 2 篇基于 Hadoop 开源云计算平台，讲解如何构建一个基于云计算的应用系统，了解云计算应用系统的设计方法；第 3 篇以开源的 Hadoop 云计算平台为分析对象，在源代码层次上对分布式文件系统、MapReduce 计算模型、NoSQL 数据库和集群管理算法与技术等云计算核心技术进行深度剖析；第 4 篇为云计算应用篇，介绍了基于 Hadoop 云计算平台的 4 个高级应用框架，读者可以结合自己的应用需求与场景，使用这些框架解决实际问题。

本书理论联系实践，既有理论深度又有实用价值，可作为高校教材使用，也可作为云计算研发人员以及爱好者的学习和参考手册。

图书在版编目（CIP）数据

深入浅出云计算/鲍亮，陈荣编著. —北京：清华大学出版社，2012.10（2017.8重印）
ISBN 978-7-302-30238-4

Ⅰ.①深…　Ⅱ.①鲍…　②陈…　Ⅲ.①计算机网络－基本知识　Ⅳ.①TP393

中国版本图书馆 CIP 数据核字（2012）第 228217 号

责任编辑：夏非彼
封面设计：王　翔
责任校对：闫秀华
责任印制：刘祎淼

出版发行：清华大学出版社
　网　　址：http://www.tup.com.cn，http://www.wqbook.com
　地　　址：北京清华大学学研大厦 A 座　　**邮　　编：**100084
　社 总 机：010-62770175　　**邮　　购：**010-62786544
　投稿与读者服务：010-62776969，c-service@tup.tsinghua.edu.cn
　质量反馈：010-62772015，zhiliang@tup.tsinghua.edu.cn
印 装 者：北京中献拓方科技发展有限公司
经　　销：全国新华书店
开　　本：190mm×260mm　　**印　张：**28.25　　**字　数：**723 千字
版　　次：2012 年 10 月第 1 版　　**印　次：**2017 年 8 月第 2 次印刷
印　　数：4001~4500
定　　价：59.00 元

产品编号：045543-01

前　　言

“云计算”这一概念最早由 IBM 和 Google 于 2007 年底提出，其本质是一种大规模的、由经济性所驱动的新一代分布式计算技术。采用云计算技术，可以将一组抽象的、虚拟的、动态可伸缩的以及受控的计算能力、存储、平台和服务通过互联网按需发布给海量用户。与传统的分布式计算技术（如集群、网格、P2P 等）相比，云计算的核心特征有其灵活性与经济性：第一，将基础设施架构在大规模的廉价服务器集群之上，通过多个服务器之间的冗余以及应用程序与底层服务协作开发等机制，使得软件具有高可用性，并最大限度地利用资源；第二，采用面向市场的业务模型，为用户提供诸如计算能力、存储和网络传输等基础服务，从中收取使用费用。

基于新型的系统架构，云计算实现了应用系统的可扩展性和高可用性；基于新的业务模型，云计算能够满足企业降低成本、提高工作效率以及简化 IT 管理的需求。目前，云计算技术已经广泛应用于电子商务、电信服务、工作流管理与客户关系管理等多个行业中。由于其突出的经济性、性能与可靠性优势，云计算自出现至今短短 5 年的时间，已得到学术界和产业界的广泛关注。

目前市场上与云计算技术相关的书籍较多，但经过作者调研，目前尚无以开源的云计算平台为对象，在源代码层次上对分布式文件系统、MapReduce 计算模型、NoSQL 数据库和集群管理算法与技术等云计算核心技术进行深度剖析的书籍。本书创作团队核心成员自 2005 年起就一直从事分布式计算、SOA 等相关方向的研发工作，具有丰富的项目实践经验。2009 年初，作者以实际研发项目为背景，组织团队分析、理解著名的开源云计算平台 Hadoop 的源代码，经过两年多的努力，其部分成果形成本书最为核心的第 9~12 章。通过项目实战与代码分析，我们积累了大量云计算平台的使用经验，对云计算的核心技术有了较为深刻的理解，认为有必要将自己的经验和认识整理出来，以满足广大读者希望一方面掌握云计算基本概念，能够使用云计算平台解决实际问题；另外一方面希望深入理解云计算核心技术细节的迫切心情，这也正是书名《深入浅出云计算》的由来。

本书适合不同层次的读者阅读。建议读者根据自己的兴趣和目的有选择性地阅读：希望了解云计算的基本概念、本质和发展趋势的读者，可以重点阅读第 1、2 章和附录；对于云计算的初学者，可以重点阅读 1~8 章；已经掌握云计算基本概念，具有一定实践基础，想进一步深入学习、研究云计算核心技术的读者，可以重点阅读 9~12 章；想利用云计算解决各类实际计算问题的读者，可以重点阅读 13~16 章。

感谢书籍创作团队核心成员王玉操、贾世达、王磊、葛军、李朝印、张翔、李江、杨阳和彭恒的辛勤努力。感谢我的导师陈平教授在云计算研究方面对我们的悉心指导。

由于云计算起源于企业界，是企业界推动学术界发展的一项新兴应用技术，相关资料数量不多，加之作者水平有限，时间紧迫，因此书中难免存在错误与不当，敬请读者批评指正。建议和意见请发至作者邮箱 baoliang@mail.xidian.edu.cn。

编　者

目　　录

第1篇　初始云计算

第 2 篇 浅出云计算

第3篇 深入云计算

第 1 篇

初始云计算

本篇是入门篇，主要介绍云计算的基本概念、学习云计算需要掌握的基本知识和云计算环境搭建方法 3 个部分的内容。通过本篇的学习，读者可以了解到云计算的相关概念，云计算的历史以及云计算在产业界、学术界和政府机构等领域的发展现状，掌握 Java 网络编程、序列化与反序列化、数据库基础理论和分布式算法等基础知识，并能够搭建一个小型的云计算环境。

第 1 章　云计算介绍

自从 2007 年 10 月份云计算诞生至今，这一技术在短短的 4 年时间里对整个 IT 行业产生了巨大的影响。学术界、产业界和政府都对云计算产生了浓厚的兴趣：全球范围内讨论云计算技术的学术活动如火如荼；谷歌、亚马逊、IBM、微软等 IT 巨头大力推动云计算技术的宣传和产品的普及；各国政府纷纷斥巨资打造大规模的数据中心与计算中心。云计算技术目前已经得到了业界的高度认同，逐渐走向成熟。那么，云计算该如何定义？云计算的发展历史如何？云计算目前的现状如何？本章将重点解答这些问题，以帮助读者初步理解云计算。

1.1　云计算相关概念

云计算（Cloud Computing）这一概念于 2007 年 10 月 8 日正式出现，其标志性事件是谷歌和 IBM 宣布联合加入云计算的研究工作，并给出云计算的定义。同年 11 月 15 日，IBM 上海和阿莫科（Armok，NY）同时发布了 Blue Cloud，Blue Cloud 是一系列的云计算产品，使得共同的数据中心像互联网一样运作。

2007 年 10 月 8 日，纽约时报报道了谷歌和 IBM 联合加入云计算研究的新闻，如图 1.1 所示。

HOME PAGE | MY TIMES | TODAY'S PAPER | VIDEO | MOST POPULAR | TIMES TOPICS

The New York Times

Technology

WORLD | U.S. | N.Y. / REGION | BUSINESS | TECHNOLOGY | SCIENCE | HEALTH | SPORTS | OPINION

CIRCUITS | CAMCORDERS | CAMERAS | CELLPHONES | COMPUTERS | HANDHELDS | HOME VIDEO

Google and I.B.M. Join in 'Cloud Computing' Research

By STEVE LOHR
Published: October 8, 2007

TWITTER
LINKEDIN
SIGN IN TO E-MAIL OR SAVE THIS
PRINT
REPRINTS
SHARE

Even the nation's elite universities do not provide the technical training needed for the kind of powerful and highly complex computing Google is famous for, say computer scientists. So Google and I.B.M. are announcing today a major research initiative to address that shortcoming.

The two companies are investing to build large data centers that

图 1.1　谷歌和 IBM 联合加入云计算研究的新闻

1.1.1 云计算的定义

自云计算这一概念诞生至今，尚未形成业界广泛认可的统一定义。本书将列举 4 种有代表性的云计算定义，并对每种定义方式进行解读。

1. IBM 的云计算定义

2007 年 10 月，IBM 的 Greg Boss 等人以技术白皮书[①]的形式给出了云计算的定义："云计算是同时描述一个系统平台或者一类应用程序的术语。云计算平台按需进行动态部署（Provision）、配置（Configuration）、重新配置（Reconfigure）以及取消服务（Deprovision）等。在云计算平台中的服务器可以是物理或虚拟的服务器。高级的云计算通常包含一些其他的计算资源，如存储区域网络（SANs）、网络设备、防火墙以及其他安全设备等。

在应用方面，云计算描述了一类可以通过互联网进行访问的可扩展应用程序。这类云应用基于大规模数据中心及高性能服务器来运行网络应用程序与 Web 服务。用户可以通过合适的互联网接入设备及标准的浏览器访问云计算应用程序。"

> IBM 技术白皮书中的云计算定义原文：
>
> Cloud computing is a term used to describe both a platform and type of application. A cloud computing platform dynamically provisions, configures, reconfigures, and deprovisions servers as needed. Servers in the cloud can be physical machines or virtual machines. Advanced clouds typically include other computing resources such as storage area networks (SANs), network equipment, firewall and other security devices.
>
> Cloud computing also describes applications that are extended to be accessible through the Internet. These cloud applications use large data centers and powerful servers that host Web applications and Web services. Anyone with a suitable Internet connection and a standard browser can access a cloud application.

IBM 的定义明确指出云计算概念的内涵包含两个方面：平台和应用。平台即基础设施，其地位相当于 PC 机上的操作系统，云计算应用程序需要构建在平台之上；云计算应用所需的计算与存储通常在"云端"完成，客户端需要通过互联网访问计算与存储能力。

2. 加州大学伯克利分校的云计算定义

2009 年 2 月 10 日，加州大学伯克利分校电子工程和计算机学院的 Michael Armbrust 等人发布技术报告《Above the Clouds: A Berkeley View of Cloud Computing》[②]，介绍了对云计算

[①] IBM 云计算技术白皮书.http://download.boulder.ibm.com/ibmdl/pub/software/dw/wes/hipods/Cloud_computing_wp_final_8Oct.pdf

[②] 加州大学伯克利分校的云计算定义. http://www.eecs.berkeley.edu/Pubs/TechRpts/2009/EECS-2009-28.pdf

的理解和认识。该技术报告对云计算这一概念的定义如下：

“云计算这一概念既指通过互联网以服务形式发布的应用程序，也指数据中心中提供这些服务的硬件及系统软件。这些服务本身就是我们常说的软件即服务（Software as a Service，SaaS），而位于数据中心的软硬件则是‘云’。”

加州大学伯克利分校电子工程与计算机学院技术报告中的云计算定义原文：

Cloud Computing refers to both the applications delivered as services over the Internet and the hardware and systems software in the datacenters that provide those services. The services themselves have long been referred to as Software as a Service (SaaS). The datacenter hardware and software is what we will call a Cloud.

上述定义也从云计算应用的角度对其进行定义，认为云计算应包含应用程序和数据中心（服务端）两部分内容，应用程序以“服务”的形式对外提供功能。在这个过程中，应用程序具有“软件即服务”的特征，而“云”则指的是服务端大型数据中心的硬件和软件资源。

3. 卡耐基梅隆大学软件工程研究所的云计算定义

2010 年 9 月，卡耐基梅隆大学软件工程研究所大系统（System of Systems）研究小组的 Grace Lewis 以白皮书的形式给出了云计算的定义[①]：

“云计算是一种采用虚拟化、面向服务的计算和网格计算等已有技术的大规模分布式计算范型，为获取和管理大规模 IT 资源提供了一种不同的方式。”

卡耐基梅隆大学云计算白皮书中的云计算定义原文：

Cloud computing is a paradigm for large-scale distributed computing that makes use of existing technologies such as virtualization, service-orientation, and grid computing. It offers a different way to acquire and manage IT resources on a large scale.

该定义强调了云计算的两个重要特征。第一，云计算不是什么新名词，它基于现有成熟技术（如虚拟化、SOA 和网格计算等），主要解决大规模分布式计算问题。第二，云计算的特征是规模大，并以获取和管理 IT 资源为主要目标。

4. 美国商务部国家技术标准委员会的云计算定义

2011 年 9 月，美国商务部国家技术标准委员会（NIST）也以标准的形式给出了云计算的定义[②]：

云计算是一种对 IT 资源的使用模式，对共享的可配置资源（如网络、服务器、存储、应

[①] 卡耐基梅隆大学软件工程研究所的云计算定义.http://www.sei.cmu.edu/library/assets/whitepapers/Cloudcomputingbasics.pdf

[②] NIST 的云计算定义. http://csrc.nist.gov/publications/nistpubs/800-145/SP800-145.pdf

用和服务等）提供普适的、方便的、按需的网络访问。资源的使用和释放可以快速进行，不需要很大的管理代价。

> NIST 的云计算定义原文：
>
> Cloud computing is a model for enabling ubiquitous, convenient, on-demand network access to a shared pool of configurable computing resources (e.g., networks, servers, storage, applications, and services) that can be rapidly provisioned and released with minimal management effort or service provider interaction.

上述定义强调云计算具有可配置共享计算资源池的结构特征，能够实现资源的快速提供和释放，从而体现了云计算边界的模糊性。另一方面，在资源使用方面，云计算具有普适性、方便性和按需性。

结合上述定义，本书对云计算这一概念的特征进行如下总结。

（1）在技术体制方面，云计算不是全新的技术，而是现有技术的综合利用。“云”可以认为是以虚拟化、面向服务的计算和网格计算等成熟技术为基础，以大规模资源共享为目标，采用共享资源池的模式进行构建的大型服务器集群。

（2）在经济性方面，云计算强调系统构建的低成本。基于云计算技术，通常采用数量较多的高性能 PC 机或小型服务器等较为便宜的硬件构建分布式服务器集群，提供可用性、可伸缩性都很强的计算服务。

（3）在应用程序特征方面，云计算强调基于互联网的应用。云计算的典型应用模式是客户端根据自身需要，通过浏览器等标准程序访问发布在互联网之上、以服务形式提供的计算能力、软件、存储服务、中间件平台等。

（4）在应用模式方面，云计算提倡效用计算（Utility Computing），并采用多重租赁的方式提供计算服务。云计算技术将“计算”看作是“效用资源”，强调“软件即服务”。这种新的应用模式将带来 3 个方面的转变：第一，对于中小型企业与独立开发者来说，在构建与部署新的应用系统时，不再需要购买硬件设备，也无须花费大量的人力成本来对设备进行管理，只要按需租用需要的计算资源，从而消除了计算资源的超前供给与浪费。第二，对于快速成长的中小型企业，云计算允许企业按照需求从小开始逐渐发展，并仅在需要时增加硬件资源，支付相应成本。第三，云计算支持根据需要对计算资源的短期使用付费（如按小时计的处理器资源、按天计的存储资源等），并在需要时发布，这样可以在它们不再有用的时候释放机器和存储资源，以节约成本。

1.1.2 云计算的服务方式

在对云计算定义深入理解的基础上，产业界和学术界对云计算的服务方式进行了总结。目前一致认为云计算自上而下具有软件即服务（Software as a Service，SaaS）、平台即服务（Platform as a Service，PaaS）和基础设施即服务（Infrastructure as a Service，IaaS）3 类典型的服务方式，下面将依次加以论述。

1. 软件即服务（SaaS）

在 SaaS 的服务模式下，服务提供商将应用软件统一部署在云计算平台上，客户根据需要通过互联网向服务提供商订购应用软件服务，服务提供商根据客户所订购软件的数量、时间的长短等因素收费，并且通过标准浏览器向客户提供应用服务。SaaS 服务模式的优势是，由服务提供商维护和管理软件、提供软件运行的硬件设施，客户只需拥有能够接入互联网的终端，即可随时随地使用软件。这种模式下，客户不再像传统模式下那样花费大量资金在硬件、软件和维护人员方面，只需要支出一定的租赁服务费用，通过互联网就可以享受到相应的硬件、软件和维护服务，这是网络应用最具效益的营运模式。对于小型企业来说，SaaS 是降低硬件成本，快速构建应用系统的较好方式。

2. 平台即服务（PaaS）

在 PaaS 模式下，服务提供商将分布式开发环境与平台作为一种服务来提供。这是一种分布式平台服务，厂商提供开发环境、服务器平台、硬件资源等服务给客户，客户在服务提供商平台的基础上定制开发自己的应用程序，并通过其服务器和互联网传递给其他客户。PaaS 能够给企业或个人提供研发的中间件平台，提供应用程序开发、数据库、应用服务器、试验、托管及应用服务。

3. 基础设施即服务（IaaS）

在 IaaS 模式下，服务提供商将多台服务器组成的“云端”基础设施作为计量服务提供给客户。具体来说，服务提供商将内存、I/O 设备、存储和计算能力等整合为一个虚拟的资源池，为客户提供所需要的存储资源、虚拟化服务器等服务。IaaS 是一种托管型硬件服务方式，客户付费使用服务提供商的硬件设施，其优点是客户只需提供低成本硬件，按需租用相应计算能力和存储能力即可，这就大大降低了客户在硬件上的开销。Amazon Web 服务（AWS）、IBM 的 Blue Cloud 等均是 IaaS 的代表。

对服务方式进行分析后，可以看出这 3 种服务模式有如下特征。

（1）在灵活性方面，SaaS→PaaS→IaaS 灵活性依次增强。这是因为用户可以控制的资源越来越底层，粒度越来越小。控制力增强，灵活性也增强。

（2）在方便性方面，IaaS→PaaS→SaaS 方便性依次增强。这是因为 IaaS 只是提供 CPU、存储等底层基本计算能力，用户必须在此基础上针对自身需求构建应用系统，工作量较大，方便性较差。而在 SaaS 模式下，服务提供商直接将具有基本功能的应用软件提供给用户，用户只要根据自身应用的特定需求进行简单配置后就可以使应用系统上线，工作量较小，方便性较好。

（3）PaaS 是云计算服务模式中最为关键的一层，在整个云计算体系中起着支撑的作用。PaaS 通常以特定的互联网资源为中心，采用开放平台的形式，对外提供基于 Web 的 API 服务。PaaS 的地位相当于系统软件，需要为上层 SaaS 应用提供 API，以支持各种 SaaS 应用的开发。除了一些基础性的 API 之外，PaaS 还要提供更多高级的服务型 API。这样，上层的应用就可以利用这些高级服务，构建面向最终用户的具体应用了。

1.1.3 云计算的部署模式

根据 NIST 的定义，云计算从部署模式上看可以分为公有云、社区云、私有云和混合云 4 种类型，下面将分别进行介绍。

1. 公有云

在公有云模式下，云基础设施是公开的，可以自由地分配给公众。企业、学术界与政府机构都可以拥有和管理公有云，并实现对公有云的操作。

公有云能够以低廉的价格为最终用户提供有吸引力的服务，创造新的业务价值。作为支撑平台，公有云还能够整合上游服务（如增值业务、广告）提供商和下游终端用户，打造新的价值链和生态系统。

公有云是云计算的主要形态，目前发展迅速。以国内市场为例，根据市场参与者的不同类型，公有云可以大致分为 3 类。

（1）由传统电信基础设施运营商构建的公有云计算平台，如中国移动的“大云”平台、中国联通推出的“云计算服务”、中国电信的“云主机”和“云存储”等解决方案。

（2）地方政府主导下的云计算平台，如北京的“祥云工程”、上海的“云海计划”等。

（3）互联网公司打造的公有云平台，如新浪云、盛大云等。

2. 社区云

在社区云模式下，云基础设施分配给一些社区组织所专有，这些组织共同关注任务、安全需求、政策等信息。云基础设施被社区内的一个或多个组织所拥有、管理及操作。

社区云是公有云范畴内的一个组成部分，指在一定的地域范围内，由云计算服务提供商统一提供计算资源、网络资源、软件和服务能力所形成的云计算形式，即基于社区内的网络互连优势和技术易于整合等特点，通过对区域内各种计算能力进行统一服务形式的整合，结合社区内的用户需求共性，实现面向区域用户需求的云计算服务模式。

社区云具有如下特点：

（1）区域性和行业性。

（2）有限的特色应用。

（3）资源的高效共享。

（4）社区内成员的高度参与性。

3. 私有云

在私有云模式下，云基础服务设施分配给由多种用户组成的单个组织。它可以被这个组织或其他第三方组织所拥有、管理及操作。

私有云具有如下特点。

（1）数据安全性好

虽然每个公有云的提供商都对外宣称，其服务在各方面都是非常安全的，特别是对数据的管理。但是对企业而言，特别是对大型企业而言，和业务有关的数据是其生命线，不能受到任何形式的威胁，所以短期而言，大型企业是不会将其核心应用放到公有云上运行的。而私有云在这方面非常有优势，因为它一般都为某个组织私有，构筑在防火墙后，不对外公开。

（2）服务质量较高

因为私有云一般在防火墙之后，而不是在某一个遥远的数据中心中，所以当公司员工访问那些基于私有云的应用时，它的服务质量应该会非常稳定，不会受到网络不稳定的影响。

（3）不影响现有 IT 管理流程

对大型企业而言，流程是其管理的核心，如果没有完善的流程，企业将会成为一盘散沙。不仅与业务有关的流程非常繁多，而且 IT 部门的流程也不少。在这方面，公有云有其弊端，因为使用公有云后，会对 IT 部门的流程有很大影响，例如，数据管理、安全规定等都需要重新制订。如果采用私有云，则可以保证流程的安全性，也无须修改现有业务规则，对现有 IT 流程管理影响较小。

4. 混合云

混合云是公有云、私有云和社区云的组合。由于安全和控制原因，并非所有的企业信息都能放置在公有云上，因此企业将使用混合云模式，将公有信息和私有信息分别放置在公有云和私有云环境中。在混合云构建方面，大部分企业选择同时使用公有云和私有云，有一些也会同时建立社区云。

1.2 云计算的历史

根据云计算的定义和内涵，本书将从虚拟化技术、分布式计算技术和软件应用模式 3 个方面对云计算的历史发展进行详细论述。其中虚拟化技术的发展可以看作是 IaaS 服务模式的发展历程，分布式计算技术的发展可以看作是 PaaS 服务模式的发展历程，软件应用模式的发展可以看作是 SaaS 的发展历程[①]。

1.2.1 虚拟化技术的发展

1. 虚拟化技术的出现

1959 年 6 月的国际信息处理大会（International Conference on Information Processing）上，计算机科学家 Christopher Strachev 发表了论文《大型高速计算机中的时间共享》（Time Sharing in Large Fast Computers）[②]，首次提出并论述了虚拟化技术。

[①] 雷万云等著. 云计算——技术、平台及应用案例. 北京：清华大学出版社，2011 年 5 月

[②] C. Strachey. Time Sharing in Large Fast Computers. Proceedings of IFIP Congress. 1959：336~341

虚拟化的核心思想是使用虚拟化软件在一台物理机上虚拟出一台或多台虚拟机。虚拟机是指使用系统虚拟化技术，运行在一个隔离环境中，具有完整硬件功能的逻辑计算机系统，包括客户操作系统和其中的应用程序。采用虚拟化技术可以实现计算机资源利用的最大化。

2. 虚拟化技术的逐步发展

随着x86平台软件虚拟化技术的逐步发展，存储虚拟化从NAS/SAN向VTL发展，网络虚拟化随着服务器虚拟化而出现。

1998年，VMware公司成立，专门从事虚拟化产品的研究与开发。

1999年，Xen项目启动，成为重要的虚拟化开源项目。

2001年，VMware基于RedHat 7.2，推出FSX Server虚拟化平台。

2003年，VMware推出虚拟环境管理平台Virtual Center，对虚拟主机进行统一管理。

随着服务器虚拟化的发展，网络虚拟化这一概念也随着虚拟机之间的流量交互而产生。

3. 虚拟化技术大规模商用，竞争激烈

随着x86虚拟化技术的进一步发展，桌面和应用虚拟化逐渐成为虚拟化领域的热点。

2009年2月，Citrix发布免费版本的企业级XenServer平台，标志着虚拟化全面向服务器领域发展。

2009年3月，Cisco基于虚拟化技术，提出统一计算系统（UCS）的概念。UCS包括服务器、网络硬件和管理软件，具有整合数据中心硬件的能力，推动了虚拟化市场的硬件发展。

2009年4月，VMware推出首个全面虚拟化解决方案VSphere 4.0。

2009年5月，微软发布Hyper-V R2，提供热迁移、集群共享卷和其他高级功能。微软的加入，显著改变了整个虚拟化市场的格局。

2009年VMware推出MVP（Mobile Virtualization Platform，移动虚拟平台）半成品。VMware MVP是嵌入在移动设备中的小型应用软件，使得数据和应用程序与手机底层硬件隔离开来，从而实现了一台智能手机可以同时运行Android、Windows Mobile以及Symbian等多种手机系统。这是虚拟化技术在移动领域的新进展。

1.2.2 分布式计算技术的发展

分布式计算是指具有多个处理和存储的硬件和软件系统、并发进程或多个程序在松耦合或集中控制的方式下进行任务处理的计算方式。在分布式计算中，一个程序被分割成部分，在一个计算机网络环境中执行。分布式计算是并行计算的一种形式，但是并行计算通常描述一个程序的不同部分在同一台计算机内多个处理器中的运行情况。这两种计算方式都需要将程序划分为可以同时执行的部分，但是分布式程序通常强调环境的异构性，即具有不同延迟的网络连接以及在网络中或计算机之间不可预知的失效。

分布式计算技术从 20 世纪 70 年代左右出现至今，大致经历了程序在多处理器上的运行、分布式对象、Web 服务、网格计算、对等计算和效用计算等几个主要的阶段[①]。

1. 程序在多处理器上的运行

程序在多处理器上的运行从严格意义上讲应该属于并行计算的范畴，但绝大多数研究者都将其归类为分布式计算的早期研究成果。该领域的研究工作主要包括数据局部化技术、将程序依赖图划分为并行任务、程序的动态依赖分析与优化技术等。这个时期的研究工作主要关注较细粒度上程序与数据的划分与分布。

2. 分布式对象技术

20 世纪 80 年代以后，随着面向对象逐渐成为主流的程序设计泛型，如何基于面向对象技术实现分布式计算也成为学术界和工业界的热点研究问题，这一时期提出了分布式对象的概念，出现了分布式 Smalltalk、Emerald、Java/DSM 等多个分布式对象系统。对象管理组织（Object Management Group，OMG）于 1991 年推出了基于分布对象技术的分布式计算框架 CORBA，各大厂商与语言平台也纷纷推出各自基于分布对象技术的分布式计算规范（著名的有微软的 DCOM 和 J2EE 等）。然而，随着对分布式系统认识的不断深入，学术界与工业界普遍认为分布对象技术的目标“像使用本地对象一样使用远程对象”过于理想。分布式系统中进行交互的对象与在一个单独地址空间中交互的对象具有本质的区别，需要对这两类对象进行显式区分。分布式系统具有不同的内存访问模型，需要编程者注意处理延迟，并需要考虑并发和部分失效的问题。实践证明，对于那些试图屏蔽这种差异的系统，不能满足健壮性和可靠性需求。这种问题在开发小型系统时可能被隐藏，但在企业级的分布式系统开发中必须面对。基于这样的共识，分布式对象技术在 2000 年后逐渐退出主流分布式计算技术的行列。

3. Web 服务技术

2000 年前后，在动态电子商务应用的直接推动下，Web 服务技术出现并迅速成长为基于互联网构造分布式应用的标准框架。根据 W3C 标准化组织的定义，Web 服务是“支持机器之间跨越网络进行相互操作的软件，采用机器可处理的形式描述接口（如 WSDL），其他系统使用 SOAP 消息与其通过服务描述所说明的方式进行交互，通常使用 HTTP、XML 及其他标准传输 SOAP 消息。”从技术角度看，Web 服务技术实质上是一种基于消息机制和远程过程调用（Remote Procedure Call，RPC）风格的分布式计算技术。

Web 服务的兴起主要受到 3 个因素的推动。首先，HTTP 和 XML 已经得到广泛认可，这使得跨组织的分布系统之间的通信和互操作成为可能；其次，基于文档的消息模型能够满足应用之间的松耦合的需求；最后，以 IBM、微软、W3C 和 OASIS 等为代表的各大厂商与标

[①] 鲍亮. 基于函数式编程的 Web 服务组合技术研究. 西安电子科技大学博士论文. 2010 年 5 月

准化组织的大力支持与推广。

4. 网格计算技术

网格计算（Grid Computing）是信息技术发展的一个重要标志，侧重于大规模的资源共享。传统因特网实现了计算机硬件的连通，Web 实现了网页的连通，而网格的目标是实现互联网上所有资源的全面共享，包括计算资源、存储资源、通信资源、软件资源、信息资源等。

网格技术的发展过程基本上是以 Globus 项目的研究发展为代表的。Globus 项目发起于 20 世纪 90 年代中期，是美国 Argonne 国家实验室等科研单位的研发项目，其最初的目的是希望把美国境内的各个高性能计算机中心通过高性能网络连接起来，方便美国的大学和研究机构使用，提高高性能计算机的使用效率，解决大容量计算。

Globus 项目以科学计算为背景，研究如何通过合作和资源共享来解决一类复杂的科学计算问题，并设计实现相关解决方法和软件系统。该项目的研究成果就是 Globus Toolkit（GT）。GT 是得到广泛使用的网格计算平台，是网格计算的事实标准，IBM、微软等大型公司都公开宣布支持 GT。

网格计算与云计算的区别如下：

云计算是网格计算和虚拟化技术的融合，即利用网格分布式计算处理的能力，将 IT 资源构筑为资源池，再加上成熟的服务器虚拟化、存储虚拟化技术，以便用户可以实时地监控和调配资源。可以说云计算的概念涵盖了网格计算，并且加上了更多企业级的安全因素。

云计算更加适合于希望将数据中心基础设施全部外包的中小型企业，或者希望不用花费高额成本建立更大的数据中心就可获得更高负荷能力的大型企业。不论哪种情况，服务消费者都在 Internet 上使用所需要的服务并只为所使用的服务付费。而网格计算更适合于那些计算量需求大的机构。

5. 对等计算技术

对等（P2P）计算是在互联网上实施分布式计算的新模式。在这种模式下，不存在服务器与客户端的差异，网络上的所有节点都可以“平等”共享其他节点的计算资源。对等计算的核心思想是所有参与系统的节点（指互联网上的某个计算机）处于完全对等的地位，没有客户机和服务器之分，也可以说每个节点既是客户机，也是服务器；既向别人提供服务，也享受来自别人的服务。

随着 PC 技术和互联网（Internet）的发展，个人电脑的能力越来越强，接入带宽也逐渐增大，如何更好地利用所有结点（尤其是原先处于服务器地位的结点）的能力搭建更好的分布式系统，自然而然地成为人们关注的问题。1999 年 Napster 推出后迅速普及，成为对等计算的重要实例。从此之后，越来越多的 P2P 软件，如 Gnutella、Freenet、BitTorrent、Skype 等相继发布并迅速流行，验证了对等计算思想的成功。

目前，对等计算应用已经超过 Web 应用，成为占用互联网带宽最多的网络应用，其发展之势愈演愈烈，成为业界持续关注与探讨的话题。

6. 效用计算技术

效用计算（Utility Computing）是一种以“提供”为模型的服务。在该模型中，服务提供商产生客户需要的计算资源和基础设施管理，并根据应用对计算资源和基础设施的消耗情况进行收费。效用计算通过整合分散的服务器、存储系统以及应用程序等资源，提供需求数据的技术，使得用户能够如同使用电力和自来水等传统资源那样，来使用计算机资源。

为了解决传统计算机资源、网络及应用程序的使用方法变得越来越复杂，并且管理成本越来越高的问题，科学家们提出了效用计算这个概念。 按需分配的效用计算模型采用了多种灵活有效的技术，能够对不同的需求提供相应的配置与执行方案。

1.2.3 软件应用模式的发展

SaaS 的概念起源于 1999 年之前。2000 年 12 月，贝内特等人指出“SaaS 将在市场上获得接受”。“软件即服务”的常见用法和简称始于刊登在 2001 年 2 月 SIIA 的白皮书“战略背景：软件即服务”。

2003 年以 Salesforce 为代表，当时的 ASP（Application Service Provider，应用软件租赁服务提供者）企业开始以 SaaS 为模式提供软件服务。从本质上说，SaaS 和 ASP 的差异不大，基于在线软件服务模式的技术与市场已经变得相对成熟。

2003 年后，美国 Salesforce、WebEx Communication、Digital Insight 等企业的 SaaS 模式取得成功。国内厂商也开始涉足 SaaS 应用，包括用友、金算盘、金碟、阿里巴巴、XTools、八百客等。于此同时，微软、谷歌、IBM、甲骨文、SAP 等 IT 厂商也开始进入中国 SaaS 市场。

SaaS 作为 21 世纪兴起的一种软件应用模式，得到了迅速的发展，基于它的应用也越来越广泛。SaaS 模式正在成为应用软件市场一种重要的发展趋势。IDC 的研究报告表明，在 2004 年，以 SaaS 方式发布的软件已经达到 42 亿美元的销售额。在未来 5 年内，该数字将以 26%的年度复合增长率持续增长，到 2008 年整个市场规模已经达到 72 亿美元。

在欧美等 IT 行业发达地区，终端客户已经对 SaaS 模式给予了高度的认同，SaaS 发展势头良好。AMR Research 公司在 2005 年 11 月发表的一份针对美国地区用户的调查报告显示，在美国的各主要垂直行业和不同规模企业中，超过 78%的企业目前正在使用或考虑使用 SaaS 服务。

SaaS 虽然在中国起步较晚，但由于国内行业特征非常适合 SaaS 应用模式，目前备受业界的关注。据统计我国约有 1200 万家中小企业，这是一个数量非常庞大的潜在 SaaS 消费群体。我国的中小企业由于受到 IT 预算少、缺乏专业的技术支持人员、决策时间长等问题的困扰，企业的信息化普及率一直不高。而另一方面，中小企业灵活多变、发展迅速等特点，又亟需专业的 IT 系统和服务来帮助其提高工作效率、提升管理质量、降低运营成本，以增强其核心竞争能力。SaaS 正是解决这类矛盾的一种较好途径：企业用户可以根据自己的应用需要从服务提供商那里订购相应的应用软件服务，并且可以根据企业发展的变化来调整所使用的服务内容，具有很强的伸缩性和扩展性，同时这些应用服务所需要的维护与技术支持也都由服务商的专业人员来承担。

在客户通过 SaaS 获得收益的同时，对于服务提供商而言就变成了巨大的潜在市场。因为以前那些数量庞大的、因为无法承担软件许可费用或没有能力招募专业 IT 人员的中小型用户，在 SaaS 模式下都变成了潜在客户。同时，SaaS 模式还可以帮助厂商增强差异化的竞争优势，降低开发成本和维护成本，加快产品或服务进入市场的节奏，有效降低营销成本，改变自身的收入模式，改善与客户之间的关系。SaaS 对客户和厂商而言，都具有强大的吸引力，将会给客户和厂商带来双赢的大好局面。因此，SaaS 是云计算技术下具有旺盛生命力的应用模式。

1.3 云计算的现状

云计算是一个典型的以产业需求推动科学研究发展与政府政策支持的技术。云计算技术在海量信息检索、数据处理、Web 应用等需求的推动下应运而生，在谷歌、Amazon、IBM、微软等大型 IT 公司的推动下，迅速发展并成长。随后，研究人员借助云计算技术解决机器学习、数据挖掘、网络分析等各个领域的数据处理问题，产生了大量研究成果。与此同时，各国政府机构借助云计算的海量信息计算与存储能力，大力构建云计算中心，提供更加高效的公共事务处理、教育与人才培养、文化传播等服务。

1.3.1 产业界现状

1. 亚马逊云计算平台

亚马逊是全球最大的在线零售商。在发展其主营业务的过程中，为支撑海量用户与业务发展，亚马逊在全美部署大量 IT 基础设施，包括存储服务器、网络带宽和 CPU 资源等。

由于用户请求数量具有时间波动性，为充分支持业务发展，IT 基础设施需要有一定的富裕。2002 年，亚马逊开始意识到闲置资源的浪费，计划把部分闲置的存储服务器、网络带宽和 CPU 资源租给第三方用户。亚马逊将该云服务命名为亚马逊网络服务（Amazon Web Services，AWS）。

2006 年初，亚马逊成立了网络服务部门，专为各类企业提供云计算基础架构网络服务平台，软件开发者与企业用户可以通过亚马逊网络服务获得存储、网络带宽和 CPU 资源等基础设施和其他 IT 服务。

当谷歌、微软、甲骨文、IBM 在宣讲云计算概念时，亚马逊已经拥有包括《纽约时报》、纳斯达克证券交易所等重要客户在内的 40 多万个云计算商业用户。

AWS 目前主要由 4 部分核心服务组成：弹性云计算（Elastic Compute Cloud，EC2）、简单存储服务（Simple Storage Services，S3）、简单队列服务（Simple Queuing Services）以及尚处于测试阶段的 SimpleDB。在上述核心服务中，EC2 和 S3 属于 IaaS，以租用方式为企业提供计算和存储服务，存储服务器、网络带宽按容量收费，CPU 根据时长（小时）运算收费。

亚马逊是多重租赁模式的主要倡导者，为租户提供了基于Web页面、登录即可使用的简单使用模式，以及按使用量和时间付费的计费方式。在多重租赁模式下，租户可以用非常低廉的价格获得计算及存储资源，并且可以方便地扩充或缩减相关资源，有效应对诸如流量暴涨或计算量激增等问题。

2. 谷歌云计算平台

谷歌的云计算技术是主要针对其特定的网络应用而定制的。针对内部网络数据规模超大的特点，谷歌提出了一整套基于分布式并行集群方式的基础架构，利用软件的能力来处理集群中经常发生的节点失效问题。

从2003年开始，谷歌连续几年在计算机系统研究领域的顶级会议与杂志上发表论文，揭示其内部的分布式数据处理方法，向外界展示其使用的云计算核心技术。从其近几年发表的论文来看，谷歌使用的云计算基础架构模式包括4个相互独立又紧密结合在一起的系统，即分布式文件系统GFS（Google File System，GFS）、MapReduce并行编程模式、分布式锁机制Chubby以及大规模分布式数据库BigTable。

（1）GFS文件系统

为了满足迅速增长的数据处理与存储需求，谷歌设计并实现了GFS。GFS与常规的分布式文件系统相比，共享许多相同的设计目标，如性能、可伸缩性、可靠性以及可用性等。然而，GFS的设计还受到应用负载和技术环境的影响，主要体现在以下4个方面。

① 集群中的节点失效是一种常态，而不是一种异常。由于参与运算与处理的节点数目非常庞大，通常会使用上千个节点进行共同计算，因此，每时每刻总会有节点处在失效状态。需要通过软件程序模块监视系统的动态运行状况，侦测错误，并且将容错及自动恢复系统集成在系统中。

② GFS中存储的文件与常规文件系统中的文件相比要大得多，通常以G字节计算。在这种情况下，诸如I/O操作、块尺寸等设计方案及参数等都要重新考虑。

③ GFS中的文件读写模式与传统文件系统相比有所不同。在谷歌典型应用“检索”的过程中，对大部分文件的修改，不是覆盖原有数据，而是在文件尾追加新数据，因此对文件的“随机写”操作几乎不存在。针对大量追加操作的专门设计，成为系统性能优化和操作原子性保证的焦点。

④ 文件系统的某些底层操作不再透明，需要应用程序的协助完成，应用程序和文件系统API的协同设计提高了整个系统的灵活性。例如，放松了对GFS一致性模型的要求，这样在不加重应用程序负担的前提下，大大简化了文件系统的设计；引入了原子性追加操作，这样当多个客户端同时进行追加操作时，不需要额外的同步操作。

综上所述，GFS是上层应用的基础设施，是专门为谷歌应用的特点而进行专门设计的分布式文件系统。目前，谷歌已经部署了数量庞大的GFS集群，为世界范围内的海量用户提供信息检索服务。

（2）MapReduce编程模型

为了让公司内部不具有“分布式计算”专业背景的员工能够将应用程序构建在大规模的

计算集群之上，谷歌借鉴函数式编程的思想，制定了基于 MapReduce 结构的大规模数据处理编程规范，设计并实现了基于 GFS 的大规模数据处理编程系统。在 MapReduce 编程模式下，一般的程序员也能够为大规模的集群编写应用程序，程序员只需要将精力放在应用程序本身，不用去过多考虑集群的可靠性、可扩展性等底层实现问题，关于集群的处理问题则交由 MapReduce 平台来处理。

MapReduce 通过“Map（映射）”和“Reduce（化简）”这样两个简单的概念来参与运算，用户只需要提供自己的 Map 函数及 Reduce 函数就可以在集群上进行大规模的分布式数据处理。

据报道，谷歌搜索引擎的核心部分，即文本索引算法，已经通过 MapReduce 的方法进行了重新改写，获得了更加清晰的程序架构。在谷歌内部，每天有上千个 MapReduce 的应用程序运行，大大提高了信息检索的性能。

（3）分布式锁机制 Chubby

为了对数量庞大的 GFS 集群进行有效管理，谷歌基于 Paxos 等分布式算法实现了一个分布式锁服务系统 Chubby。Chubby 锁服务能够为开发人员提供加锁、解锁等分布式环境下的基础锁服务，从而实现大量客户端对于某项资源的同步访问能力。

提供锁服务的目的是使得客户端可以同步其自身行为，或者就某些基本环境在信息上达成一致。Chubby 的首要设计目标是可靠性，即面对大量客户端集合时的可用性，以及易于理解的语义；次要设计目标是吞吐量和存储能力。Chubby 的客户端接口支持整文件读写，提供建议锁（Advisory Lock）及事件（如文件内容改变）通知机制。

建议锁（Advisory Lock）与强制锁（Mandatory Lock）的区别如下：

具有建议锁机制的系统只提供加锁及检测是否加锁的接口，本身不会参与锁的协调和控制。在这种情况下，系统不会阻止类似“不进行是否加锁的判断，就修改某项资源”的用户行为。因此建议锁不能阻止用户对互斥资源的访问，只提供一种进行协调的手段，对资源的访问控制权交由用户掌握。

具有强制锁机制的系统会参与锁的控制和协调。也就是说，如果有用户不遵守锁的约定进行资源访问，系统会立即阻止这种行为。

（4）海量数据库管理系统 BigTable

构建于上述三项核心技术之上的第三个云计算平台，就是海量数据库管理系统 BigTable。谷歌在提供文本检索服务时，需要处理大量结构化或半结构化的数据，数据的一致性很难完全保证，传统的关系型数据库不再适合作为后端的存储系统。为了解决这一问题，谷歌构建了弱一致性要求、基于列存储、支持大规模读操作的新型海量数据库系统 BigTable。目前，谷歌的很多应用程序都建立在 BigTable 之上，如 Search History、Maps、Orkut 和 RSS 阅读器等。BigTable 的出现还引发了新一代 NoSQL 型数据库与传统关系型数据库应用场景的比较和讨论。

（5）谷歌物联网应用

除了上述云计算基础设施之外，谷歌还以 SaaS 的模式构建了一大批基于互联网的应用。这些应用借鉴了异步网络数据传输（Ajax）技术，为用户提供全新的界面感受及较为强大的交互能力。典型的网络应用包括 Gmail、Google Doc、Google Map、Google Translate、Google Calendar 等。限于篇幅，本书不再一一介绍。

3. IBM 云计算

IBM 在 2007 年 11 月 15 日推出了“蓝云（Blue Cloud）”计算平台，为客户带来即买即用的云计算平台。“蓝云”包括一系列的云计算产品，使得计算不仅仅局限在本地机器或远程服务器农场（Server Farm，即服务器集群），可以通过架构一个分布式的、可全球访问的资源结构，使得数据中心能够在互联网环境中运行并得到访问。

具体来说，“蓝云”系统基于 IBM Almaden 研究中心的云基础架构，包括 Xen 和 PowerVM 虚拟化、Linux 操作系统映像及 Hadoop 系统。在应用与管理方面，“蓝云”由 IBM Tivoli 提供支持，通过管理服务器来确保基于需求的性能要求。在硬件方面，首款支持 Power 和 x86 处理器刀片服务器系统的“蓝云”产品已于 2008 年正式推出，并随后推出基于大型主机 System Z 的云环境，以及基于高密度机架集群的云环境。

“蓝云”的硬件平台与传统平台差异不大，但是所使用的软件平台则与 IBM 传统的分布式集群系统差异较大。主要体现在对于虚拟机的使用及对于开源云计算系统 Apache Hadoop 的使用：“蓝云”产品不再自行开发支持云计算的软件系统，而是直接将 Hadoop 软件集成到自身蓝云平台之上。

下面将对“蓝云”平台中的虚拟化技术和存储结构进行简要介绍，对 Hadoop 的分析是本书的核心，将在后续章节重点介绍，这里不再赘述。

（1）“蓝云”中的虚拟化技术

“蓝云”在两个层面上大量使用了虚拟化技术。第一个是硬件层面的虚拟化，第二个是软件层面的虚拟化。

在“蓝云”中，硬件层面的虚拟化基于 IBM P 系列服务器，在硬件的逻辑分区 LPAR 之上进行。具体来说，逻辑分区的 CPU 资源能够通过 IBM Enterprise Workload Manager 来管理，并在参考实际使用过程中的资源分配策略的基础上，使得相应的资源合理地分配到各个逻辑分区。P 系列系统的逻辑分区最小粒度是 1/10 颗中央处理器（CPU）。

软件层面的虚拟化主要采用开源虚拟化软件 Xen 实现。Xen 能够在现有的 Linux 基础之上运行另外一个操作系统，并通过虚拟机的方式灵活地进行软件部署和操作。采用虚拟机方式进行云计算资源的管理具有以下 4 项优势。

- 云计算管理平台能够动态地将计算平台定位到所需要的物理平台上，无须停止运行在虚拟机平台上的应用程序。
- 能够更加有效率地使用主机资源。可以将多个负载较轻的虚拟机计算节点合并到同一个物理节点上，从而能够关闭空闲的物理节点，达到节约电能的目的。
- 通过虚拟机在不同物理节点上的动态迁移，能够获得与应用无关的负载平衡性能。
- 可以将虚拟机直接部署到物理计算平台当中，部署方式更加灵活。

总而言之，采用两个层面的虚拟化技术，“蓝云”平台能够实现资源灵活、动态分配的特性，保证了底层基础设施的高可伸缩性。

（2）“蓝云”中的存储结构

存储结构对于云计算平台来说也非常重要，无论是操作系统、服务程序还是用户应用程序的数据都需要保存在存储结构中。云计算平台存储结构的总体思路是底层基础设施与应用程序的需求相结合，从而获得较好的存储性能。目前，云计算存储结构主要包含类似于 GFS 的集群文件系统以及基于块设备方式的存储区域网络（SAN）两种方式。

“蓝云”平台中采用 GFS 的开源版本 Hadoop HDFS （Hadoop Distributed File System）实现存储管理。在这种方式下，物理磁盘附着于节点内部，为外部提供一个共享的分布式文件系统空间，并且在文件系统级别进行冗余以提高可靠性。在这种分布式数据处理模式下，能够提高总体的数据处理效率。

4. 苹果云服务 iCloud

2011 年 7 月，苹果公司在全球开发者大会上宣布采用“设备云服务”的思想构建其新一代云服务平台 iCloud。iCloud 的创新之处在于整合包括 iPhone、iPad、iTouch 等在内的多种设备，将这些设备的相关信息与内容等数据存储在统一的云平台中，数据将会在多种设备之间共享并可以随时随地读取。正如苹果公司前 CEO 乔布斯说：“我们将把 PC 机和 Mac 降级为一个设备，打算移除数字生活的核心集线器，把一切交给云服务。”

苹果 iCloud 主要功能总结如下。

- 照片流服务：实现多部设备拍摄照片的共享。
- 文档云服务：如果多部设备上都装有支持 iCloud 的应用软件，则通过 iCloud 能够实现所有设备上的文档自动保持更新。
- 应用程序、电子书和备份。iCloud 可实现在用户拥有的所有苹果设备上具有同样的应用软件和电子书，并为重要信息提供备份功能。
- 日历、Mail 和通讯录。iCloud 可以统一存储用户的日历、邮件和通讯录，并将它们自动推送到所有的设备上，实现多部设备的信息共享。
- 查找朋友和设备。iCloud 可以实现查找聚会地点和家人，或在下班后约定见面地点。如果用户遗失 iPhone、iPad、iTouch 或 Mac 等设备，iCloud 可以帮用户找到它们。

5. 微软云计算平台 Azure

Azure 是一个在云端运行 Windows 应用与存储其数据的平台，向外提供计算服务与存储服务。Windows Azure 运行在服务器集群之上，这些服务器分布在全球各地的数据中心，并且能通过互联网访问。Windows Azure 通过 Fabric 控制器将这些数量巨大的计算与存储资源组织成一个整体，而 Windows 的计算服务与存储服务就构建在这个 Fabric 架构之上。

（1）Windows Azure 的计算服务

用户可以通过 Visual Studio、Windows Azure for Visual Studio 插件，以及 Windows Azure SDK 开发、调试、测试、部署应用。例如，使用 ASP.NET 开发网站，使用 WCF 开发 Web

Service，使用 WF 开发工作流等。

Windows Azure 将运行在该平台的应用称为托管服务，并被分为不同的角色，即 Web Role 与 Worker Role。每个角色可以有多个实例，每个实例对应一台虚拟机。提供虚拟化服务的技术核心是 Windows Azure Hypervisor。从这个角度来说，Windows Azure 运行在数据中心的多台 Windows 2008服务器上，借助 Hyper-V 的定制虚拟化服务，提供云计算服务。

简单来说，我们可以把 Web Role 理解为一个 Web 站点或者 Web 服务。而 Worker Role 则用来托管通用代码，这些代码用来执行一些长期的，非交互的任务。例如，Worker Role 可用来托管 Apache Tomcat。

Web Role 与 Worker Role 对应的实例都独立运行在不同的虚拟机上，其通信机制既可以是同步式的直接网络调用，也可以是消息队列服务式的异步传递。

Web Role 与 Worker Role 的管理通过 Windows Azure SDK API 实现。这些 API 作为 Windows Azure SDK 的一部分，可用于在本地开发 Windows Azure 应用程序。

（2）Windows Azure 的存储服务

Windows Azure 的存储服务是一个可扩展的、高可用性的持久化服务，可以存储任何类型的应用程序数据。按类型划分，Windows Azure 存储服务可为以下 4 类数据提供存储服务。

- 大型二进制对象 Blob。Blob 为存储大型的二进制对象而设计，如图片、视频、音频文件等。
- 文件数据。Windows Azure Drive 提供了一个存储在 Windows Azure 的虚拟硬盘，可让用户像操作 NTFS硬盘一样读写数据。
- 表。与关系数据库类似，用于存储数据量较大而结构相对简单的数据。
- 消息队列。为可靠的异步消息传递而设计的数据类型。

1.3.2 学术界现状

随着云计算这一概念于 2007 年 10 月份出现，云计算技术迅速成为学术界的一个研究热点，得到了国内外研究机构的广泛重视，产生了大量的研究成果。下面将从云计算国际会议、国外大学云计算研究现状和国内大学云计算研究现状 3 个方面对云计算学术界现状做一下总结。

1. 云计算国际会议

（1）CCA

2008 年 10 月，网格计算的创始人 Ian Foster 在芝加哥大学举办了首届云计算国际会议 Cloud Computing and Applications Workshop（CCA），该会议的主题从算法、软件、硬件和应用开发 4 个方面探讨如何构建“云”平台。CCA 到目前为止已经举办了 3 届，2011 年度 CCA 会议的主页是 http://www.cca11.org/。

（2）CloudCom

2009 年，IEEE 下属的云计算联盟（Cloud Computing Association）创办了“云计算技术

与科学”（IEEE International Conference on Cloud Computing Technology and Science，CloudCom）国际会议，该会议主要探讨云计算与相关技术，主要议题包括“软件即服务”、“硬件即服务（HaaS）”、“大型集群环境下的新型编程模型”、“云计算/网格计算架构”、“云计算环境下的容错机制”等。CloudCom 会议至今已经举办了 4 届，会议主页是：http://www.cloudcom.org/。

（3）GCC

网格计算与云计算国际会议（International Conference on Grid and Cloud Computing，GCC）是 IEEE/ACM 网格计算领域专家创办的云计算相关国际会议。会议的主题包括“云计算与网格计算的异同”、“数据中心的网络与协议设计”、“大规模数据处理的架构和算法”、“智能电网的云计算技术”等。GCC 会议至今已经举办了 4 届，该会议 2011 年的主页是：http://gcc2011.csp.escience.cn/dct/page/65540。

（4）ICCC

2008 年，IEEE 服务计算社区（Services Computing Community）创办了云计算国际会议（International Conference on Cloud Computing，ICCC），该会议的主题包括“基础设施即服务”、“软件即服务”、“应用程序即服务”、“面向服务的架构和云计算”、“云计算编程模型和系统”等。ICCC 会议至今已经举办了 5 届，会议主页是：http://www.thecloudcomputing.org。

（5）CloudSlam

2009 年，CloudCor 公司（http://cloudcor.com/）创办了 CloudSlam 在线国际会议，该会议主要讨论世界范围内云计算相关的事件，包括最新趋势和创新等。会议主题包括“云计算技术”、“云计算厂商实现经验”、“云计算业务模型”和“云计算研究现状”等内容。CloudSlam 会议至今已经举办了 4 届，会议主页是：http://cloudslam.org/。

（6）Cloud Expo

2009 年，SYS-CON Media 公司（http://www.sys-con.com/）创办了 Cloud Expo 国际云计算博览会，该会议的主题包括“云计算技术”、“云计算策略”、“大数据”和“工业界云计算技术介绍”等。Cloud Expo 会议至今已经举办了 4 届，会议主页是：http://cloudcomputingexpo.com/。

除了上述专题会议外，软件工程、互联网、分布式计算、面向服务的计算等方面的国际会议也将云计算技术纳入其研讨会，专门进行讨论。

2. 国外大学云计算现状

国外大学对云计算的研究工作开展较早，目前已经取得了较多的研究成果，下面对一些有代表性的研究项目进行介绍。

（1）麻省理工大学（MIT）

MIT 的研究团队参与了多项关于云计算的研究，其代表性的研究项目与成果如下所示。

① A Comparative Study of Approaches to Cluster-Based Large Scale Data Analysis。

目前，MapReduce 和并行数据库系统都能够提供数以千计的、节点上的可扩展的数据处理，因此对研究者而言，在设计新的数据密集型计算应用时，了解这两种方法之间的性能和可扩展性的差别非常重要。为了解决该问题，MIT 联合威斯康星大学和耶鲁大学启动了 A Comparative Study of Approaches to Cluster-Based Large Scale Data Analysis 项目，共同开展基于集群的大规模数据分析的对比研究工作。该项目由美国自然基金委员会（NSF）集群探索项目（National Science Foundation Cluster Exploratory Program，CLuE）计划资助，同时在 IBM/Google 集群和 CCT 上进行实验操作。

② Cloud-Computing Infrastructure and Technology for Education（CITE）。

该项目在研究云计算技术的基础上，设计并实现一个云计算教育平台。该平台利用云计算技术对商业领域的数值模型进行计算与演示，并用于课堂教育活动。该项目的动机是：科技的发展能在许多教育场景中体现，例如，在课堂上提供获取并行计算资源的途径，而学校不必过于担心保持运行数值模型运算的集群资源的开销。目前，该项目已经应用在 MIT 及其合作大学的本科生和研究生课程中，如创建“虚拟流体实验室”等。

（2）卡耐基梅隆大学（CMU）

CMU 目前开展了多项云计算方面的研究，并且是全球云计算研发测试平台 Open Cirrus 的测试点之一。CMU 的代表性研究主要包括 Web 搜索引擎多层索引机制（Multi-Tier Indexing for Web Search Engines）和集成化集群计算架构（Integrated Cluster Computing Architecture，INCA）等。

Web 搜索引擎多层索引机制项目主要研究一种网页搜索引擎的多层索引技术，并利用云计算技术来使得网页搜索引擎能够更高效地处理实时网页内容。

INCA 项目由 NSF CluE 计划资助，主要研究综合集群计算架构在机器翻译方面的应用，即采用计算机将某种语言自动翻译为另一种语言。该项目致力于开发一个基于云计算平台的机器翻译开源框架，解决目前已有的机器翻译开源工具无法处理海量数据翻译要求的问题，同时降低世界范围内科研小组研究机器翻译问题时的开销，扩大参与度。

（3）杜克大学

杜克大学与北卡罗莱州立大学等正在联合研究并测试可信虚拟云计算技术，该研究项目由 NSF 资助。

目前，虚拟云计算已成为 IT 管理方面很有前景的解决方案，使得复杂的软硬件环境便于管理，并且能够有效降低运营成本。随着工业界的持续投资（如亚马逊的弹性云和 IBM 的蓝云），虚拟云计算很可能成为未来 IT 方案的主要组成部分，并对社会各界产生重要影响。因此，虚拟云计算的可信度对所有以虚拟云计算作为 IT 解决方案的组织和个人而言至关重要。

基于上述背景，该项目提出可信虚拟云计算的概念，并探讨实现可信虚拟云计算的基础研究问题。项目的主要内容包括新的安全服务、可信虚拟云计算、保护管理基础设施、防止恶意的工作负载等。项目的研究成果包括开源软件和工具等，并向公众开放。

（4）马里兰大学帕克分校（UMD）

马里兰大学帕克分校的生物信息学和计算生物学中心在云平台上进行生物信息等数据密集型计算研究。该研究由 NSF CluE 项目资助，致力于研究发现如何通过云平台来处理 DNA 序列数据。

DNA 测序是生物研究领域的前沿技术。目前，随着 DNA 测序技术的发展，越来越高效和廉价的测序技术使其应用范围前所未有地扩大。但是，DNA 测序技术需要计算处理极其庞大的数据量，只有通过计算机网络（即计算机集群）才能完成，而建立和维护这种计算机集群的成本很高。该项目的研究包括在云平台上开发能够平行处理 DNA 序列数据的计算软件，使其能够迅速对基因序列进行配对组合。

（5）弗吉尼亚理工大学

弗吉尼亚理工大学主要致力于绿色数据中心和云存储等方面的研究。

弗吉尼亚理工大学计算机学院的 Ali R. Butt 教授领导的分布式系统和存储实验室（Distributed Systems & Storage Laboratory，DSSL）致力于研究如何设计、开发和评估下一代存储和文件系统，特别关注多核和云计算环境中分布式文件系统的开发与裁剪，以适应现代应用系统的大数据处理需求。DSSL 实验室的研究项目得到 NSF、美国橡树岭国家实验室和 IBM 等机构的支持，其与云计算相关的代表性研究项目包括：

- AMOCA。针对非对称众核处理器的能力敏感（Capability-aware）编程模型研究。
- 高性能计算数据管理。研发新型的数据 staging 和 offloading 技术，满足中心用户服务级别协议（Center-User Service Level Agreements）。
- 网格计算环境中的离线操作研究。通过支持网格环境中的间断移动设备整合，实现网格计算环境中的离线操作。

（6）北卡罗莱州立大学（NCSU）

除了与杜克大学联合研究可信虚拟云计算技术外，北卡罗来纳州立大学启动了虚拟计算实验室项目（Virtual Computing Lab，VCL），旨在向 NCSU 的学生和教工提供可以在互联网上远程访问的虚拟私有计算机，项目同时由 Apache 软件基金会资助。目前，NCSU 的学生和教工可以通过访问 VCL 定制他们需要的计算环境，包括 Linux、Solaris 及许多版本的 Windows 环境，并能够使用 Matlab、Maple、SAS 和许多其他应用。该项目的目标是有效利用学院的硬件资源，并为用户提供远程访问计算和存储的能力。

（7）加州大学圣巴巴拉分校（UCSB）

加州大学圣巴巴拉分校也开展了多项云计算的研究工作，其中有代表性的包括 Massive Graphs in Clusters（MAGIC）项目、AppScale 项目和 Eucalyptus（Elastic Utility Computing Architecture for Linking Your Programs To Useful Systems）项目。

① MAGIC 项目

MAGIC 项目的目标是基于集群技术和云计算技术，设计并实现一种高效的、能够进行大规模图像集查询和处理的软件基础平台。

② AppScale 项目

AppScale 是 UCSB 的 RACELab 正在开发的项目，该项目致力于开发 Google App Engine（GAE）云计算接口的开源实现，支持 GAE 应用在虚拟化集群上运行。AppScale 支持用户在私有集群上运行 GAE 应用，能够增强用户应用程序的可扩展性和可靠性。此外，AppScale 还能够运行在 Amazon Web Services EC2 和 Eucalyptus 云计算平台之上。

③ Eucalyptus 项目

Eucalyptus 项目的全称是 Elastic Utility Computing Architecture for Linking Your Programs To Useful Systems（Eucalyptus，即桉树）。该项目的目标是构建一个开源的云计算基础设施，通过计算集群或工作站群提供弹性的、实用云计算环境 Eucalyptus。Eucalyptus 最初是 UCSB 计算机学院的一个研究项目，现在已经商业化，发展成为 Eucalyptus Systems 公司，但该项目目前仍然按开源项目那样维护和开发。Eucalyptus Systems 基于开源的 Eucalyptus 构建额外的产品，并提供支持服务。

Eucalyptus 环境的核心功能主要包括：

- 与 Amazon EC2 和 S3 的接口兼容性（基于 SOAP 接口和 REST 接口）。基于这些接口的几乎所有现有工具都将可以与 Eucalyptus 平台进行协作。
- 为基于 Xen Hypervisor 或 KVM 之上的虚拟机提供运行环境。未来版本还有望支持其他类型的虚拟机，比如 VMware。
- 用来进行系统管理和用户结算的云管理工具。
- 能够将多个分别具有各自私有的内部网络地址的集群配置到一个云内。

3. 国内大学云计算研究现状

国内大学在云计算方面的工作起步与国外大学相比相对较晚，目前也已经取得了一定的研究成果。

（1）中国科学院

2011 年，广东省和中科院联合开展研究项目，并设立了中国科学院云计算中心。该项目在研究云计算技术的基础上，设计实现了 G-Cloud 云操作系统。G-Cloud 运行在 400 台云主机组成的高性能云服务器集群中，具有 40 万亿次的计算能力和 5GB 的网络带宽，能够提供云操作系统、云存储、云码头、电子政务云平台、遥感云服务平台、智能交通平台，支持云应用迁移与定制开发、测试，虚拟化桌面服务等。

（2）清华大学

清华大学研发了清华云计算平台，该平台主要包括资源层、中间件层和应用层 3 个部分，其中资源层对多个分布式的数据中心进行整合，提供统一的资源访问服务，中间件层主要提供分布式文件存储服务、云存储服务和虚拟计算环境服务，并向上层应用提供图形化界面、API、Shell 命令和 Web 页面 4 种访问方式，应用层能够进行的业务包括并行批处理业务、个人业务和企业业务等。

① 分布式文件系统 Carrier

清华云计算平台中的分布式文件系统称为 Carrier，该系统对云计算和云存储的底层支持系统提供高性能、高可靠性和易存取的数据访问服务。Carrier 系统具有松耦合的体系结构，其中包含多个元数据服务器（Metadata Server）、多个数据存储服务器（Data Server），以及多个 Supervisor 负责系统监控与故障恢复、副本管理、垃圾回收等事务。该系统的特点在于支持多样化的文件负载、高可扩展性、容错性和高并发。

② 云存储服务 Corsair

云存储服务主要实现文件数据的存储和共享，提供本地资源和网络资源的统一文件管理视图，该系统的特点是快速共享、用户响应速度和数据传输速度快（在清华校园内的速度为5Mbps）、简单易用（客户端操作类似于 Linux Gnome 下的资源管理器）。

③ 云计算服务 NOVA

云计算服务 NOVA 为用户提供各种按需定制的云计算基础设施。其主要特点是：无须安装和配置过程，用户通过浏览器即可使用；高效性，软件通过虚拟化方式和操作系统绑定，定制/按需安装；计算和存储集成，用户的计算环境监理之后，在云存储里的存储空间会自动挂载到该用户所有的系统当中，输入和输出都在自身的虚拟云空间里面，支持随时以各种方式访问和使用个人数据。

（3）浙江大学

浙江大学正在实施基于云计算技术的智慧校园项目。该项目包含网络基础设施、云计算平台和物联感知系统 3 个平台。其中云计算平台是支撑智慧校园的第二大平台，能够把大量高度虚拟化的计算和存储资源管理起来，组成一个大的资源池，用来统一提供服务。云计算平台基础设施包括机房环境、计算平台、存储平台、容灾系统等。

（4）南京大学

南京大学开发了名为 Common Cloud 的通用云计算开发平台。该平台旨在帮助有 J2EE 开发经验而没有云计算开发经验的人开发云计算应用，实现普通应用程序向云计算平台的迁移。Common Cloud 主要分为通用云平台（Common Cloud Platform）和通用云应用（Common Cloud Application）两部分。

通用云平台提供了一个框架和一套完整的工具集，方便开发者进行应用系统开发。该平台部署在常见的云计算平台之上，封装了平台的底层基础设施，开发者不必关心复杂的底层结构，就能进行云计算应用开发。同时，通用云平台也实现了不同云计算之间的迁移。

通用云应用为开发者提供了 3 个使用通用云平台开发的应用程序，包括 Twitter、I-math 和 Common Viewer。Twitter 是简单的 Web 应用，能够实现基于普通服务器的应用程序向云计算服务器的迁移；I-math 是一个网络计算器，采用 Map Reduce 计算模型实现远程计算能力；Common Viewer 是通用云应用下的一个子项目，能够让用户不受时间和地点的限制，采用多种类型的设备（如手机、平板电脑、台式机等）查看自己的文件，由云计算平台提供针对不同设备的文件格式转换能力。

（5）华南理工大学

华南理工大学建立了基于云计算技术和开源解决方案的异构计算平台和存储平台，采用 Rocks、Lustre 及曙光等高性能计算管理系统，构建适合多种科学计算的高性能计算平台系统。该系统通过集成的方式构建基础设施云管理层，支持多种硬件平台和虚拟化技术，实现多种基础设施云管理功能等。系统提供标准化接口，支持其他软件系统通过接口访问基础设施云的资源。

1.3.3 政府机构现状

1. 美国政府机构的云计算服务

美国的云计算发展较为成熟，已拥有完整的产业链。在商用方面，Amazon、谷歌、IBM、微软和 Yahoo 等大型 IT 公司在云计算方面积累了丰富的经验，已构成完整的云计算生态系统。在政府层面上，美国政府目前正在大力推行采用云服务或自行构建云的计划，下面对美国政府的云计算发展现状进行详细介绍。

美国总统奥巴马上任后，任命维维克·昆德拉（Vivek Kundra）为美国联邦首席信息长官。2009 年 9 月 15 日，维维克·昆德拉将云计算提上了美国政府的 IT 议事日程，其首要任务就是推动美国政府接受云计算。随后，美国联邦政府的云计算政策正式宣布执行，希望借助应用虚拟化来压缩美国政府居高不下的经济支出，并降低政府电脑系统对环境的影响。

基于上述政策思路与理念，以美国总务局（GSA）和美国国家航空航天局（NASA）为代表的美国政府各职能部门都开展了自身的云计算建设进程。

美国总务局于 2009 年 9 月 15 日开通联邦官方网站，整合商业、社交媒体、生产力应用与云端 IT 服务。目前提供的商业服务包括客户关系管理（CRM）和企业资源计划（ERP）等 33 个大类，几千个服务项目；社交媒体分为搜索、博客等 15 个大类，41 个小类；生产力应用分为项目管理、工作流等 7 个大类，几百个项目；云端 IT 服务正在建设中，将包括云存储、网站托管和虚拟机服务。同时，各类新的服务项目正在不断添加中。整个应用过程就如同网上购物一样，将所购买的服务放置于购物车，进行结算即可相应地享受平台所提供的所有服务。

美国国家航空航天局开展了“星云”计划（Nebula），该计划是 NASA 埃姆斯研究中心的一项云计算试点开发项目。它整合了一系列开源组件，形成一个无缝的自助服务平台，利用虚拟化和可扩展技术提供了高性能计算、存储和网络连接，以提高资源利用效率。

云计算究竟会给美国政府带来什么？据官方报道，美国政府 USA.gov 网站的改版，以传统做法，政府需要花上 6 个月的时间，且一年需要 250 万美元的预算；若改用云计算，只要一天就完成升级，一年的费用只需 80 万美元，同时，它能帮助美国政府解决 3 个关键方面的问题——安全性、性能和成本。另外，云计算还被看成是增加政府透明度的有力工具。美国政府发布的 2010 年预算文件中，资助众多试点推行云计算项目，说明云计算在美国政府机构的 IT 政策和战略中会扮演越来越重要的角色。

美国政府最终可能希望把政府内部云连接到由共享数据、应用程序和 IT 资源组成的超级云上，各个政府机构在其中拥有各自的云或节点。

2. 欧洲政府机构的云计算服务

欧盟委员会认为，云计算具有巨大的发展潜力，预计到 2014 年欧洲云计算服务总收入将达 350 亿欧元，因此需要制定完善的云计算战略，以保证充分利用云计算技术的潜力。云计算技术已经列入《欧洲 2020 战略》，是“欧洲数字化议程”的重要组成部分。2011 年，欧盟就云计算发展策略开展公众咨询，云计算开始进入具体实施阶段。

欧盟开展的第七框架计划（FP7）是欧洲政府机构的云计算项目，FP7 为若干个云计算相关项目提供资金支持，同时组织专家团为未来云计算的研究方向制定框架。在 2011 年的工作计划中，其主要研究主题包括：

（1）基础设施虚拟化与跨平台执行技术。

（2）不同云计算环境的互操作性。

（3）对移动情景感知应用的无缝支持，云计算软件与服务的能效与可持续性。

（4）支持计算与网络环境集成的框架与技术。

（5）云计算软件栈的开源执行等。

目前，欧盟支持开展名为 Vision 的云计算项目。该项目旨在改善云储存的兼容性，从而使数据的保存和处理更加方便。项目将制定开放标准，实现在不同介质上储存的数据以及云计算提供商之间的数据传输规范化和标准化。

英国在 2009 年至 2010 年间实施了政府云（G-Cloud）项目，在英国境内设立政府云计算基础设施。在该项目中，政府将建立“政府应用软件商场（Government Application Store）”，确保客户能以更灵活的方式获取云服务。此外，G-Cloud 也有助于改进政府自身，包括共享服务、可靠的项目交付、供应商管理、专业化 IT 驱动的业务变化。

2011 年，英国电信与英国政府签订协议，为英国政府部门搭建云环境。根据该协议的要求，英国政府将建设一张全新的公用网，把 28 个政府网络联系起来，将信息储存在中央服务器，实现政府信息数据的信息共享，打通政府各部门间的沟通壁垒，通过数据共享与协作，提高行政效能。

3. 日本政府机构的云计算服务

日本经济产业省于 2010 年 8 月发布《云计算与日本竞争力研究》报告，计划通过创建基于云计算的新服务开拓全球市场，在 2020 年前培育出累计规模超过 40 万亿日元的云计算新兴市场。具体做法是：在日本国内更多地区搭建数据中心，放松对异地数据储存、服务外包的管制，完善信息使用与传播的规章制度，制定数字化出版物的可重读使用制度，开拓基于云计算业务的国际市场。

日本总务省将于 2015 年实现数字日本创新计划（霞关云计划），旨在建立新型信息通信技术市场，推动日本经济发展。该工程将建立一个全国范围的云计算基础设施（即霞关云），以提高运营效率和降低成本，使各个政府机构协作完成共同的职能，大大减少电子政务的运营成本，与此同时增加处理速度和功能共享，提供安全先进的政府服务。霞关云工程包括以下方面：开发政府潜能，建立霞关云；构建创新性的电子政府；建立国家数字存档系统；创建绿色云数据中心。

日本总务省还开展了云计算特区计划，该计划投资约 500 亿日元（5.37 亿美元），于 2011 年春天在北海道或日本东北地区设立云计算特区，构建日本最大规模的数据库。

4. 中国政府机构的云计算服务

在云计算技术逐渐成熟和“十二五”规划的共同促进下，中国政府大力发展云计算技术，近年来制定了各种政策，采取了多种措施，大力推进云计算产业发展。云计算技术已经进入政府的中长期发展规划，持续获得政策的支持和充足的投入。国务院已经发布《关于加快培育和发展战略新兴产业的决定》，大力发展包括新一代信息技术在内的七大战略新兴产业，其中云计算是新一代信息技术中的关键技术。这反映了中国政府对云计算技术的重视程度。

自2008年起，中国地方政府开始构建一系列云计算中心，为云计算在各大中心城市的发展创造了良好的基础设施。政府用户对云计算的了解和认可程度不断提高，云计算厂商的解决方案也在逐步完善，成功案例不断涌现。根据《中国云计算产业发展白皮书》的统计数据[①]，截止到2012年4月，北京、上海、深圳、成都、杭州、青岛、西安和佛山等城市在政府云应用领域进行了积极探索，试点城市的建设情况如表1.1所示。

表1.1 云计算试点城市发展概况

试点城市	应用案例	未来发展方向	发展目标	重点应用领域
北京	祥云计划 北工大云计算实验平台	云计算专用芯片、软件平台、服务产品、解决方案、网络产品及云计算终端产品等	世界级云计算产业基地	电子政务、重点行业、互联网服务及电子商务
上海	云海计划 上海市云计算创新基地、微软云计算创新中心	虚拟化技术、云计算管理平台、基础设施、行业应用及安全环境	亚太地区云计算中心	城市管理
无锡	太湖云谷 无锡云计算中心、无锡传感网创新园云存储计算中心	商务云、开发云、政务云等多样化云计算服务	优化无锡市软件和服务外包产业的发展生态环境	电子商务、电子政务、科技服务外包等
深圳	深圳云计算产业协会、微软云计算领域合作	电子商务示范城市建设	华南云计算中心	教育、电子商务、电子政务
杭州	微软云计算中心	研发、制造、系统集成、运营维护等云计算产业体系	立足杭州、辐射周边、面向全国	软件业、知识产权保护等

总结地方政府对云计算的具体支持方式，大致可以分为3种：

（1）制定云计算发展规划和行动计划。

（2）促进政、产、学、研相结合，建设云计算中心、云计算平台、云计算孵化中心。其中政府提供土地、税收、资金等方面的优惠或直接支持。

[①]中国云计算产业发展白皮书. http://tech.ccidnet.com/zt/cwb/images/cloudbook.pdf

（3）政府鼓励创建云计算产业联盟或产业协会，例如，北京的“中关村云计算产业技术联盟”、深圳的“深圳市云计算产业协会”、西安的“西安云计算企业发展联盟”等。

1.4 本章小结

本章首先对云计算 4 种较为权威的定义进行了解读，并对云计算的服务方式和部署模式进行了较为全面的介绍，帮助读者对云计算这一概念进行深入理解。本章的第二部分从虚拟化技术、分布式计算技术和软件应用模式 3 个方面入手，对云计算的发展历史进行了介绍。最后，本章对云计算技术在产业界、学术界和政府机构 3 个方面的现状和应用情况进行了详细介绍。希望读者通过本章的学习，能够掌握云计算的基本概念、发展历史和现状。

第 2 章　云计算技术基础

云计算技术是构建在各种基础技术之上的，所以本书面向有一定技术基础的读者。如果读者对 Java、网络通信等基础技术缺乏了解的话，在阅读云计算应用及云计算代码分析时可能会感觉到困难。针对这一情况，本章总结了 Hadoop HDFS、MapReduce、HBase 和 ZooKeeper 4 部分中的相关技术基础，主要包括 Java 基础及网络编程等基础知识，读者在学习云计算技术之前，先掌握这些基础知识和技术，必能在之后的学习中事半功倍。

2.1　HDFS 相关技术

2.1.1　RPC

RPC（Remote Procedure Call）指远程过程调用协议。它通过网络从远程计算机程序上请求服务，而不需要了解底层网络技术的协议。RPC 协议假定已经存在某些传输协议，如 TCP 或 UDP，它采用客户机/服务器模式，为通信程序之间携带信息数据。HDFS 源代码中大量使用了 RPC，因此读者应对此有所了解。

RPC 采用客户机/服务器模式，请求程序就是一个客户机，而服务提供程序就是一个服务器。首先，客户机调用进程发送一个有进程参数的调用信息到服务进程，然后等待应答信息。在服务器端，进程保持睡眠状态直到调用信息的到达为止。当一个调用信息到达，服务器获得进程参数，计算结果，发送答复信息，然后等待下一个调用信息，最后，客户端调用进程接收答复信息，获得进程结果，然后调用执行继续进行。

如图 2.1 所示，RPC 的工作原理步骤如下。

① 调用客户端句柄，执行传送参数。

② 调用本地系统内核，发送网络消息。

③ 消息传送到远程主机。

④ 服务器句柄得到消息并取得参数。

⑤ 执行远程过程。

⑥ 执行的过程将结果返回服务器句柄。

⑦ 服务器句柄返回结果，调用远程系统内核。

⑧ 消息传回本地主机。

⑨ 客户句柄由内核接收消息。

⑩ 客户接收句柄返回的数据。

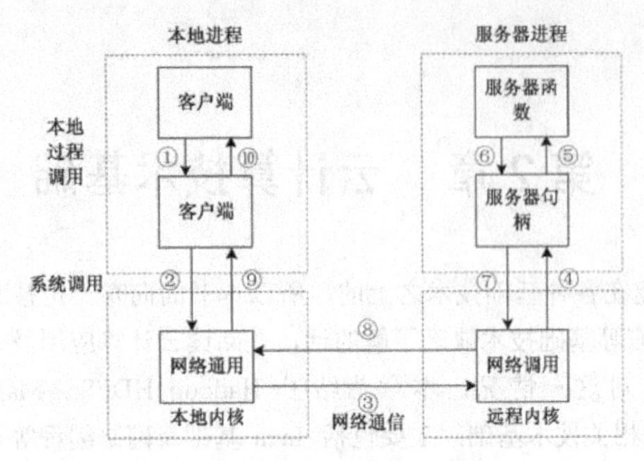

图 2.1　RPC 远程过程调用

2.1.2　基于 Socket 的 Java 网络编程

1. Socket 简介

网络编程简单的理解就是两台计算机相互通信。对于程序员而言，去掌握一种编程接口并使用一种编程模型相对就会简单得多。Java SDK 提供一些相对简单的 API 来完成这些工作，Socket 就是其中之一。对于 Java 而言，这些 API 存在于 java.net 这个包里面，因此只要导入这个包就可以准备网络编程了。

网络上的两个程序通过一个双向的通信连接实现数据的交换，这个双向链路的一端称为一个 Socket。Socket 通常用来实现客户方和服务方的连接。Socket 是 TCP/IP 协议的一个十分流行的编程界面，一个 Socket 由一个 IP 地址和一个端口号唯一确定。

但是，Socket 所支持的协议种类也不光 TCP/IP 一种，因此两者之间是没有必然联系的。在 Java 环境下，Socket 编程主要是指基于 TCP/IP 协议的网络编程。

2. Socket 通信过程

Server 端 Listen（监听）某个端口是否有连接请求，Client 端向 Server 端发出 Connect（连接）请求，Server 端向 Client 端发回 Accept（接受）消息，这样一个连接就建立起来了。Server 端和 Client 端都可以通过 Send、Write 等方法与对方通信。

对于一个功能齐全的 Socket，其工作过程包含以下 4 个基本步骤：

- 创建 Socket;
- 打开连接到 Socket 的输入/出流;
- 按照一定的协议对 Socket 进行读/写操作;
- 关闭 Socket。

3. 创建 Socket

Java 在包 java.net 中提供了两个类 Socket 和 ServerSocket，分别用来表示双向连接的客户端和服务端。这是两个封装得非常好的类，使用很方便。其构造方法如下：

```
      Socket(InetAddress address, int port);
      Socket(InetAddress address, int port, boolean stream);
      Socket(String host, intprot);
      Socket(String host, intprot, boolean stream);
      Socket(SocketImplimpl)
      Socket(String host, int port, InetAddress localAddr, int localPort)
      Socket(InetAddress address, int port, InetAddress localAddr, int
localPort)
      ServerSocket(int port);
      ServerSocket(int port, int backlog);
      ServerSocket(int port, int backlog, InetAddress bindAddr)
```

其中 address、host 和 port 分别是双向连接中另一方的 IP 地址、主机名和端口号，stream 指明 Socket 是流式还是数据报式，localPort 表示本地主机的端口号，localAddr 和 bindAddr 是本地机器的地址（ServerSocket 的主机地址），impl 是 Socket 的父类，既可以用来创建 serverSocket，又可以用来创建 Socket。count 则表示服务端所能支持的最大连接数。

例如：

```
Socket client = new Socket("127.0.01.", 80);
ServerSocket server = new ServerSocket(80);
```

注意，在选择端口时，必须小心。每一个端口提供一种特定的服务，只有给出正确的端口，才能获得相应的服务。0~1023 的端口号为系统所保留，例如，http 服务的端口号为 80，telnet 服务的端口号为 21，ftp 服务的端口号为 23，所以在选择端口号时，最好选择一个大于 1023 的数，以防止发生冲突。

在创建 Socket 时如果发生错误，将产生 IOException，在程序中必须对之做出处理。所以在创建 Socket 或 ServerSocket 时必须捕获或抛出异常作出处理。所以在创建 Socket 或 ServerSocket 时必须捕获或抛出例外。

在实际应用中，往往是在服务器上运行一个永久的程序，它可以接收来自其他多个客户端的请求，提供相应的服务。为了实现在服务器方给多个客户提供服务的功能，需要对上面的程序进行改造，利用多线程实现多客户机制。服务器总是在指定的端口上监听是否有客户请求，一旦监听到客户请求，服务器就会启动一个专门的服务线程来响应该客户的请求，而服务器本身在启动完线程之后马上又进入监听状态，等待下一个客户的到来。

2.2 MapReduce 相关技术

2.2.1 Java 反射机制

Java 反射机制是 Java 语言被视为准动态语言的关键性质。Java 反射机制的核心就是允许在运行时通过 Java Reflection APIs 来取得已知名字的 Class 类的相关信息，动态地生成此类，并调用其方法或修改其域（甚至是本身声明为 private 的域或方法）。

Java 中有一个 Class 类，Class 类本身表示 Java 对象的类型，可以通过一个 Object（子）对象的 getClass 方法取得一个对象的类型，此函数返回的就是一个 Class 类。当然，获得 Class 对象的方法有许多，但是没有一种方法是通过 Class 的构造函数来生成 Class 对象的。

Class 类是整个 Java 反射机制的源头。要想使用 Java 反射，需要首先得到 Class 类的对象。表 2.1 列出了几种得到 Class 类的方法，以供读者参考。

表 2.1　获得 Class 类的方法

Class object 诞生管道	示例
运用 getClass() （每个 class 都有此函数）	String str = "abc"; Class c1 = str.getClass();
运用 Class.getSuperclass()	Button b = new Button(); Class c1 = b.getClass(); Class c2 = c1.getSuperclass();
运用 static method Class.forName()	Class c1 = Class.forName ("java.lang.String"); Class c2 = Class.forName ("java.awt.Button"); Class c3 = Class.forName ("java.util.LinkedList$Entry");
运用.class 语法	Class c1 = String.class; Class c2 = java.awt.Button.class; Class c3 = Main.InnerClass.class;
运用 primitive wrapper classes 的 TYPE 语法	Class c1 = Boolean.TYPE; Class c2 = Byte.TYPE; Class c3 = Character.TYPE;

另外，下面将重点介绍一下类的构造函数、域和成员方法的获取方式。这 3 个信息可以在运行时被调用（构造函数和成员函数）或者被修改（成员变量）。站在 Java 反射机制的立场来说，这三者是最重要的信息。

1. 构造函数

Java 反射机制能够得到构造函数信息，所以可以通过反射机制，动态地创建新的对象。获取构造函数的方法有以下几个：

- Constructor getConstructor(Class[] params)
- Constructor[] getConstructors()
- Constructor getDeclaredConstructor(Class[] params)
- Constructor[] getDeclaredConstructors()

一个类实际上可以拥有很多个构造函数，这时 Java 可以根据构造函数的参数标签对构造函数进行明确的区分，因此，如果在 Java 反射时指定构造函数的参数，那么就能确定地返回需要的那个“唯一”的构造函数。getConstructor(Class[] params)和 getDeclaredConstructor

(Class[] params)正是这种确定唯一性的方式。但是，如果读者不清楚每个构造函数的参数表，或者出于某种目的需要获取所有的构造函数的信息，那么读者就不需要明确指定参数表，而这时返回的就应该是构造函数数组，因为构造函数很可能不止一个。getConstructors()和 getDeclaredConstructors()就是这种方式。

getConstructor(Class[] params) 和 getConstructors()仅仅可以获取到 public 的构造函数，而 getDeclaredConstructor(Class[] params) 和 getDeclaredConstructors()则能获取所有（包括 public 和非 public）的构造函数。

2. 成员函数

Java 反射机制允许获取成员函数（或者说成员方法）的信息，也就是说，反射机制能够使对象完成其相应的功能。

和获取构造函数的方法类似，获取成员函数有以下一些方法：

- Method getMethod(String name, Class[] params)
- Method[] getMethods()
- Method getDeclaredMethod(String name, Class[] params)
- Method[] getDeclaredMethods()

其中要注意，String name 参数需要写入方法名。关于访问权限和确定性的问题，和构造函数基本一致。

3. 成员变量

获取成员变量的方法与上面两种方法类似，具体如下：

- Field getField(String name)
- Field[] getFields()
- Field getDeclaredField(String name)
- Field[] getDeclaredFields()

其中，String name 参数需要写入变量名。关于访问权限和确定性的问题，与前面两例基本一致[①]。

2.2.2　序列化和反序列化

序列化是将对象状态转换为可保持或传输的格式的过程。与序列化相对的是反序列化，它将流转换为对象。这两个过程结合起来，可以轻松地存储和传输数据。在下面 3 种情况下需要进行序列化：

[①] Java 反射机制的学习.http://www.blogjava.net/zh-weir/archive/2011/03/26/347063.html

（1）把内存中的对象状态保存到一个文件中或者数据库中的时候。

（2）用套接字在网络上传送对象的时候。

（3）通过 RMI（远程方法调用）传输对象的时候。

在没有序列化前，每个保存在堆（Heap）中的对象都有相应的状态（State），即实例变量（Instance Variable），比如：

```
Foo myFoo = new Foo();
myFoo.setWidth(37);
myFoo.setHeight(70);
```

当通过下面的代码序列化之后，myFoo 对象中的 Width 和 Height 实例变量的值（37，70）都被保存到 foo.ser 文件中，这样以后可以把它从文件中读出来，重新在堆中创建原来的对象。当然保存时候不仅仅是保存对象的实例变量的值，JVM 还要保存一些小量信息，比如类的类型等，以便恢复原来的对象。

```
FileOutputStreamfs = new FileOutputStream("foo.ser");
ObjectOutputStreamos = new ObjectOutputStream(fs);
os.writeObject(myFoo);
```

实现 java.io.Serializable 接口的类对象可以转换成字节流或从字节流恢复，不需要在类中增加任何代码。只有极少数情况下才需要定制代码保存或恢复对象状态。这里要注意：不是每个类都可以序列化，有些类是不能序列化的，如涉及线程的类与特定 JVM 有非常复杂的关系。

序列化和反序列化的过程就是对象写入字节流和从字节流中读取对象。将对象状态转换成字节流之后，可以用 java.io 包中的各种字节流类将其保存到文件中，通过管道传输到另一线程中或通过网络连接将对象数据发送到另一主机。对象序列化功能在 RMI、Socket、JMS（Java 消息服务）等方面都有应用。对象序列化具有许多实用意义。

（1）对象序列化可以实现分布式对象。主要应用如：RMI 要利用对象序列化运行远程主机上的服务，就像在本地机上运行对象时一样。

（2）Java 对象序列化不仅保留一个对象的数据，而且递归保存对象引用的每个对象的数据。可以将整个对象层次写入字节流中，可以保存在文件中或在网络连接上传递。利用对象序列化可以进行对象的“深复制”，即复制对象本身及引用的对象本身。序列化一个对象可能得到整个对象序列。

2.3 HBase 相关技术

2.3.1 NoSQL

NoSQL 有时也被认为是 Not Only SQL 的简写，是对不同于传统的关系型数据库的数据库管理系统的统称。两者存在许多显著的不同点，其中最重要的是 NoSQL 不使用 SQL 作为查询语言，其数据存储可以不需要固定的表格模式，也经常会避免使用 SQL 的 JOIN 操作，一般有水平可扩展性的特征。

NoSQL 一词最早出现于 1998 年，是 Carlo Strozzi 开发的一个轻量、开源、不提供 SQL 功能的关系数据库。2009 年，Last.fm 的 Johan Oskarsson 发起了一次关于分布式开源数据库的讨论，来自 Rackspace 的 Eric Evans 再次提出了 NoSQL 的概念，这时的 NoSQL 主要指非关系型、分布式、不提供 ACID 的数据库设计模式。2009 年在亚特兰大举行的 no:sql(east)讨论会是一个里程碑，其口号是 select fun, profit from real_world where relational=false;。因此，对 NoSQL 最普遍的解释是“非关系型的”，强调 Key-Value Stores 和文档数据库的优点，而不是单纯的反对 RDBMS（Relational Database Management System，关系型数据库管理系统）。

NoSQL 是非关系型数据存储的广义定义。它打破了长久以来关系型数据库与 ACID 理论大一统的局面。NoSQL 数据存储不需要固定的表结构，通常也不存在连接操作，在大数据存取上具备关系型数据库无法比拟的性能优势。

当今的应用体系结构需要数据存储在横向伸缩性上能够满足需求，而 NoSQL 存储就是用于实现这个需求的。Google 的 BigTable 与 Amazon 的 Dynamo 是非常成功的商业 NoSQL 实现。一些开源的 NoSQL 体系，如 Facebook 的 Cassandra、Apache 的 HBase，也得到了广泛认同。

NoSQL 数据库的数据模型一般被分为 4 类，分别是 Key/Value 存储、面向列存储、面向文档存储及图结构存储数据库。

（1）Key/Value 存储数据库通常以 HashTable 实现，通过 Key 能够快速查找到相应的 Value，并且数据读写模型简单。这类典型的数据库包括 Dynamo、Redis、Tokyo Cabinet 等。

（2）面向列存储数据库能够支持结构化的数据，包括列、列族、时间戳等元数据存储的概念，在保持表的灵活性的同时使表具有一定的模式。其底层实现一般也为 Key/Value 模型，但 Key/Value 模型存储的数据是二进制形式或纯字符串形式的，通常需要在应用层去解析其结构。此类典型的数据库有 BigTable、HBase、Cassandra 等。

（3）面向文档存储的数据库相对于面向列存储的数据库，其 Value 支持更复杂的结构定义，并且支持数据库的索引定义。这类数据库包括 MongoDB[①]、CouchDB、SimpleDB 等。

（4）图结构存储数据库是专门为那些能够以 Graph 形式表述的数据设计的，这种结构的数据一般能够支持图算法，例如 Social Network、网络拓扑、公共交通网络等都能够以这种形式表述。这类数据库典型的有 Neo4J、InfiniteGraph、DEX 等。

关于不同种类的 NoSQL 数据库产品的选择，感兴趣的读者可以参阅参考文献中 Picking the Right NoSQL Database Tool[②]一文。

[①] MongoDB 管理与开发精要. 红丸著，机械工业出版社，2012

[②] Picking the Right NoSQL Database Tool. HovhannesAvoyan. http://www.sys-con.com/node/1843759

2.3.2 ACID

传统关系型数据库系统的事务都有 ACID 的属性，即原子性（Atomicity）、一致性（Consistency）、隔离性（Isolation，又称独立性）、持久性（Durability）。一个事务是指由一系列数据库操作组成的一个完整的逻辑过程。例如，银行转帐时，从原账户扣除金额及向目标账户添加金额，这两个数据库操作的总和，构成一个完整的逻辑过程，不可拆分。这个过程被称为一个事务，具有 ACID 特性[①]。

- 原子性：整个事务中的所有操作，要么全部完成，要么全部不完成，不可能停滞在中间某个环节。事务在执行过程中发生错误，会被回滚（Rollback）到事务开始前的状态，就像这个事务从来没有执行过一样。
- 一致性：在事务开始之前和事务结束以后，数据库的完整性约束没有被破坏。
- 隔离性：两个事务的执行是互不干扰的，一个事务不可能看到其他事务运行时中间某一时刻的数据。两个事务不会发生交互。
- 持久性：在事务完成以后，该事务对数据库所做的更改被持久地保存在数据库之中，并不会被回滚。

2.3.3 CAP 理论

CAP 理论，又叫做 Brewer 理论。这个理论最早是由 UC Berkeley 大学的 Eric Brewer 提出的。在 2000 年发表于 Symposium on Principles of Distributed Computing（PODC）的论文 Towards Robust Distributed Systems[②]中，Brewer 提出了分布式数据库的 CAP 理论，然而他并没有给出严格的证明，因此只是一个经验中，Brewer 提出了分布式数据库的 CAP 理论，然而他并没有给出严格的证明，因此只是一个猜想。随后在 2002 年，MIT 的 Seth Gilbert 和 Nancy Lynch 通过 Brewer's conjecture and the feasibility of consistent, available, partition-tolerant web services[③]一文给出了 CAP 理论的正式证明，自此 CAP 才成为一个理论，如图 2.2 所示。

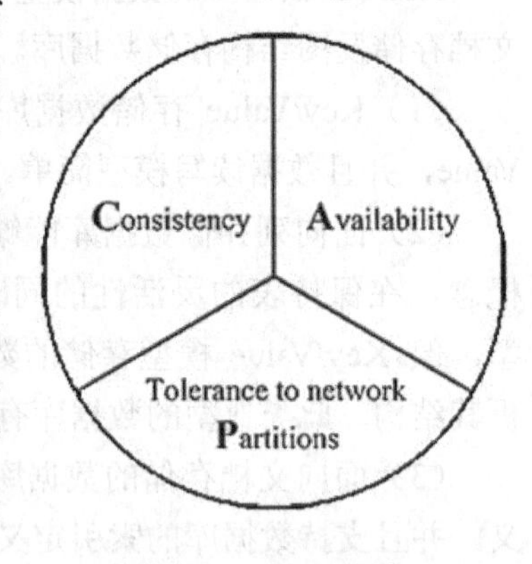

图 2.2　CAP 理论

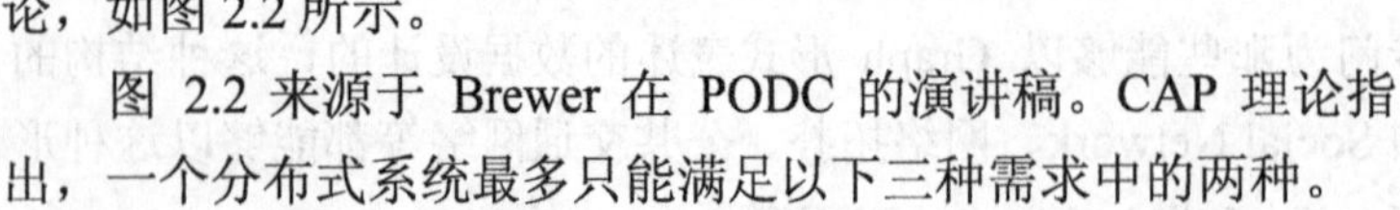

图 2.2 来源于 Brewer 在 PODC 的演讲稿。CAP 理论指出，一个分布式系统最多只能满足以下三种需求中的两种。

- 一致性（Consistency）：指分布式系统中一个数据在多个节点的备份都是相同的，即

---

① 维基百科 ACID.http://zh.wikipedia.org/zh-cn/ACID

② Towards Robust Distributed Systems.Eric Brewer，PODC 2000

③ Brewer's Conjecture and the Feasibility of Consistent Available Partition-Tolerant Web Services. Seth Gilbert , Nancy Lynch. ACM SIGACT News 2002

某一数据在集群中不同节点中的内容一致。

- 可用性（Availability）：每一个操作无论是请求失败或成功，总是能够在确定的时间内得到响应。
- 分区容忍性（Partition Tolerance）：在出现网络分区（如断网）等情况时，系统中任意信息的丢失不会影响系统的继续运行（除非整个网络都故障）。

这个定理使得数据库架构师在设计数据库系统时，无须再去费尽心机地尝试使系统同时满足一致性、可用性和分区容忍性这三种需求，而可以集中精力按照系统的需求，设计合适的系统架构来满足这三者中的两个。

一般而言，传统的关系数据库大都是满足 CA 的，放弃了分区容忍性来满足强一致性和高可用性的需求。而对于分布式系统而言，系统数据分布在不同的网络节点中，因此大多数情况下需要满足分区容忍性来降低单点失效等问题的风险，因此一般只有 CP 和 AP 两种选择。

- AP 模式：确保系统可用性和分区容忍性，弱化了数据一致性要求，一般以“最终一致性（Eventual Consistency）”来实现一致性需求。典型的系统如 Dynamo、Tokyo Cabinet、Cassandra、CouchDB、SimpleDB 等。
- CP 模式：确保分布在网络不同节点上数据的一致性，因此降低了对可用性的要求。这种系统如 BigTable、HBase、MongoDB、Redis、MemcacheDB、BerkeleyDB 等。

2.3.4 一致性模型

在 CAP 理论中，提出了分布式系统设计中对一致性的取舍。事实上，设计分布式系统时降低一致性要求，并不是说完全不考虑一致性，而是相对于强一致性而言，采取一定的折中方式，系统一般还是需要满足最终一致性的。常用的一致性模型[①]如下。

（1）强一致性（Strict Consistency）：系统中某个数据被成功更新（事务成功返回）后，后续任何对该数据的读取操作得到的都是更新后的值。

（2）弱一致性（Weak Consistency）：系统中的某个数据被更新后，后续对该数据的读取操作得到的不一定是更新后的值，这种情况下通常有个“不一致性时间窗口（Inconsistency Window）”存在，当更新操作完成并经过这个不一致性时间窗口后，后续读取操作得到的就是更新后的值。

（3）最终一致性（Eventual Consistency）：属于弱一致性的一种，即某个数据被更新后，如果该数据后续没有被再次更新，那么最终所有的读取操作都会返回更新后的值。

最终一致性根据更新数据后各进程访问到数据的时间和方式的不同，又存在各种变体。

- 因果一致性（Causal Consistency）：某个进程 A 在更新了某数据后，会将更新操作通

[①] Eventually Consistent，Werner Vogels.http://www.allthingsdistributed.com/2007/12/eventually_consistent.html

知其他一些进程，这些得到通知的进程读取到的都是更新后的数据。而没有被通知的进程则称与进程A无因果关系，这些进程一般满足最终一致性。

- “读己之所写”一致性（Read-your-writes Consistency）：当进程A更新了一个数据项后，进程A自己读取到的永远是该数据项更新后的值。而其他进程则需要通过不一致性时间窗口后，才会读到最新值。
- 会话一致性（Session Consistency）：这是上一个模型的实用版本，它把访问存储系统的进程放到会话的上下文中。只要会话还存在，系统就保证“读己之所写”一致性。如果由于某些失败情形令会话终止，就要建立新的会话，而且系统的保证不会延续到新的会话。
- 单调读一致性（Monotonic Read Consistency）。如果进程已经看到过数据对象的某个值，那么任何后续访问都不会返回在那个值之前的值。
- 单调写一致性（Monotonic Write Consistency）。系统保证来自同一个进程的写操作顺序执行。要是系统不能保证这种程度的一致性，就非常难以编程了。

2.4 ZooKeeper 相关技术

2.4.1 Paxos 算法介绍

ZooKeeper 基于 Zab 协议实现。Zab 协议分为领导者（Leader）选举和原子广播两个阶段（有关详细内容，请阅读本书第 12 章）。其中 Leader 选举主要依赖 Paxos 算法，下面对 Paxos 算法做一个简单介绍。Paxos 算法是分布式一致性算法，用来解决分布式系统如何就某个值（决议）达成一致的问题。一个典型的场景是，在一个分布式数据库系统中，如果各节点的初始状态一致，每个节点都执行相同的操作序列，那么它们最后能得到一个一致的状态。为保证每个节点执行相同的命令序列，需要在每一条指令上执行一个“一致性算法”以保证每个节点看到的指令一致。Paxos 算法通过投票来对写操作进行全局编号。同一时刻，并发的写操作要去争取选票，只有获得过半数选票的写操作才会被批准，所以永远只会有一个写操作得到同意。其他的写操作由于竞争失败，只好再发起一轮投票，就这样，重复执行提案的提交——投票——决策，最后所有写操作都被严格按编号排序。编号是严格递增的，如果遇到网络延迟，比如一个服务器接收了编号为 50 的写操作，之后又接收到编号为 49 的写操作，它能够立即意识到自己数据不一致了，自动停止对外服务并重启同步过程。然而，ZooKeeper 对 Paxos 的实现不完全遵照上面的描述，读者可以通过阅读本书第 12 章来了解 ZooKeeper 的具体实现。

2.4.2 Java NIO 库

Java NIO（New IO）是在 jdk1.4 里提供的新 API。Sun 官方标榜的特性有：

（1）为所有的原始类型提供缓存（Buffer）支持。

（2）字符集编码解码解决方案。

（3）Channel，一个新的原始 I/O 抽象。

（4）支持锁和内存映射文件的文件访问接口。

（5）提供多路非阻塞式的高伸缩性网络 I/O。

Java NIO 有 3 个核心组件，分别是 Channel、Buffer 和 Selector。通常，所有 NIO 中的 IO 操作都起始于 Channel。Channel 就像比特流一样，数据从 Channel 可以读到 Buffer 中，也可以从 Buffer 写入 Channel。Java NIO 提供了多种 Channel 和 Buffer 类型，主要的 Channel 实现有 FileChannel、DatagramChannel、SocketChannel 和 ServerSocketChannel，它们覆盖了 UDP 和 TCP 的网络 IO 和文件 IO。Buffer 的实现覆盖了常用的基本数据类型，如 ByteBuffer、CharBuffer、FloatBuffer 等，具体的使用方法请参考相关内容。下面介绍 Selector，Selector 允许一个线程处理多个 Channel。图 2.3 是一个线程使用 Selector 处理 3 个 Channel 的示意图。

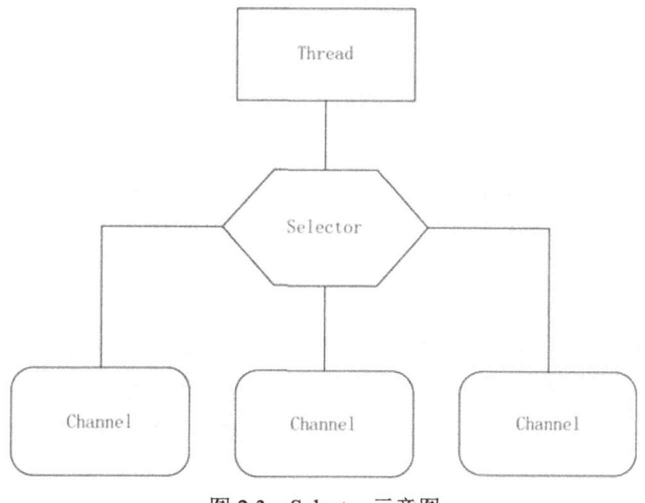

图 2.3　Selector 示意图

使用时，先将要处理的 Channel 注册到 Selector 上。然后调用它的 select()方法。该方法会阻塞直到已注册的 Channel 等待的事件发生。一旦 select 方法返回，该线程就会处理这些事件（包括连接到来、数据的收发等）。ZooKeeper 在网络通信方面使用了 Java NIO 库，如 org.apache.zookeeper.server 包下的 NIOServerCnxn 类，本书并未对此做详细介绍，有兴趣的读者可以查阅更多的资料来帮助分析源代码。

2.5　本章小结

本章针对 Hadoop 中 HDFS、MapReduce、HBase 和 ZooKeeper 4 个部分中应用到的技术基础分别做了详细作了简要介绍，希望读者能在学习云计算技术之前，充分掌握其中应用的基础知识和技术，为之后的学习做好铺垫，从而可以更深入地理解云计算技术的架构和内部机制。限于篇幅，本章只针对应用比较多及比较重要的技术基础做了介绍，对于本书中没有介绍的技术知识，还请读者于其他书籍或网络中汲取。

第 3 章 云计算开发环境搭建

3.1 集群环境介绍

为了能够明确说明问题，本书将使用最简单的集群环境配置向读者展示云计算[1]应用的开发、部署和运行过程。图 3.1 给出了后续章节将一直使用的集群环境。

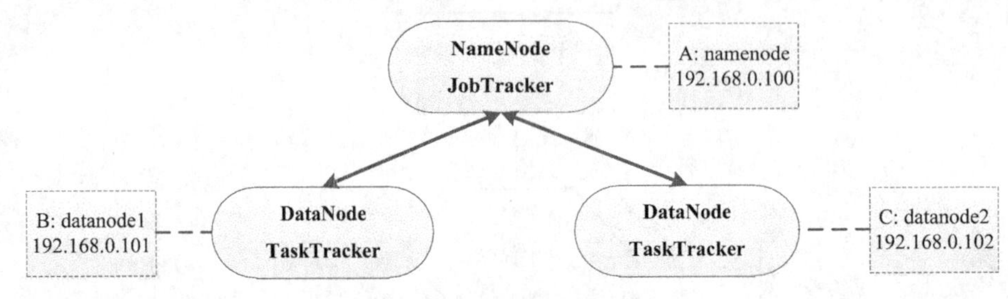

图 3.1 集群环境配置示意图

从图 3.1 可以看出，本书构建的 Hadoop 集群环境包含 3 台机器，是一个典型的主从式（Master/Slave）结构。集群包含一个主控节点（Master）和两个从属节点（Slave）。在主从式结构中，主节点一般负责集群管理、任务调度和负载平衡等，而从节点则执行来自主节点的计算和存储任务。

需要注意的是，在 Hadoop 项目中，HDFS、MapReduce 和 HBase 对主从节点的命名都不尽相同：

- HDFS 中的主控节点命名为 NameNode，从属节点命名为 DataNode;
- MapReduce 中的主控节点命名为 JobTracker，从属节点命名为 TaskTracker;
- HBase 中的主控节点命名为 Master，从属节点命名为 RegionServer。

该集群环境具体的软硬件和网络配置情况见表 3.1。

[1] 刘鹏.云计算（第二版）.电子工业出版社，2011

表 3.1 集群详细软硬件和网络配置

序号	主机名	网络地址	硬件参数	操作系统
A	namenode	192.168.0.100	CPU：Intel Xeon W3503 内存：2GB DDR3 * 3 硬盘：SATA 1TB	Ubuntu 11.10
B	data1	192.168.0.101	CPU：Intel Core2 E7500 内存：2GB DDR3 硬盘：SATA 320GB	Ubuntu 11.10
C	data2	192.168.0.102	CPU：Intel Core2 E7500 内存：2GB DDR3 硬盘：SATA 320GB	Ubuntu 11.10

3.2 Hadoop 环境搭建

3.2.1 Hadoop 简介

Hadoop 是 Apache 开源组织的一个分布式计算框架，可以在大量廉价的硬件设备组成的集群上运行应用程序，为应用程序提供了一组稳定可靠的接口，旨在构建一个具有高可靠性和良好扩展性的分布式系统。随着云计算技术的逐渐流行与普及，该项目被越来越多的个人和企业所运用。Hadoop 项目的核心是 HDFS、MapReduce 和 HBase，它们分别是 Google 云计算核心技术 GFS、MapReduce 和 BigTable 的开源实现。

3.2.2 安装前准备

1. 操作系统要求

（1）GNU/Linux 系列操作系统可以作为客户端和服务端的开发平台和运行平台（Production Platform）。Hadoop 已在有 2000 个节点的 GNU/Linux 主机组成的集群系统上得到了测试验证。

（2）由于分布式操作尚未在 Windows 32 平台上充分测试，所以 Windows 32 仅能作为客户端和服务端的开发平台。

关于开发平台和运行平台：简单来说，开发平台指的是开发 Hadoop 分布式应用时可以使用的操作系统平台，运行平台则是指基于 Hadoop 的分布式应用运行时所处的操作系统平台。后面在介绍 HBase 和 ZooKeeper 时所提及的开发平台和运行平台也具有相同的含义。

2. 软件要求

（1）Hadoop 运行在 Java 环境中，需要在每台计算机上预安装 JDK 6 或更高版本，推荐使用 Sun 的 JDK，可以打开网址 http://www.oracle.com/technetwork/java/javase/downloads/

index.html，获取合适的 JDK 版本。

（2）Hadoop 使用无口令的 SSH 协议，必须安装 SSH 并保证 SSHD 的运行，使主节点能够免口令远程访问到集群中的每个节点。

3. 下载 Hadoop

打开链接 http://hadoop.apache.org/common/releases.html，选择合适的镜像站点下载 Hadoop 发行版，本书使用 Hadoop 目前的最新稳定版，版本号是 0.20.203.0。

3.2.3 安装环境搭建

本节将在 3.1 节所介绍的环境中安装 Hadoop，先进行安装环境的配置，分为以下 3 个步骤。

步骤01 安装 Linux 系统，本书使用的系统为 Ubuntu 11.10，具体安装过程不再赘述。

步骤02 为 Hadoop 集群安装安全协议 SSH。

Hadoop 运行过程中 NameNode 是通过 SSH（Secure Shell）来启动和停止各个节点上的守护进程（Daemon），为了保证在节点之间执行指令时无须输入密码，故需要配置 SSH 使用无密码公钥认证的方式。使用下面的命令来检测节点上是否安装了 SSH：

```
$which ssh
```

如果提示错误信息，则表示没有安装 SSH，可以使用下面的命令在本地安装 SSH Server：

```
$sudo apt-get install ssh
```

步骤03 安装 JDK。

本系统配置使用的 Java 是 JDK1.6.0，使用下面的命令将 Java 安装在/usr/java/jdk1.6.0_29 目录下：

```
$cd /usr/java/
$jdk-6u29-linux-i586.bin
```

注意，安装好 Ubuntu 后，系统可能已经集成了 Java，尽管很多厂商的 Java 分发包可能也会正常工作，但首选方案还是采用最新稳定的 Sun JDK。

3.2.4 详细安装步骤

Hadoop 集群有 3 种运行模式，分别为单机模式、伪分布模式和完全分布式模式。本书将重点介绍完全分布式模式下 Hadoop 的安装与配置。

1. 单机模式

单机模式是 Hadoop 的默认模式。在该模式下无须运行任何守护进程，所有程序都在单个 JVM 上执行。该模式主要用于开发调试 MapReduce 程序的应用逻辑。

2. 伪分布模式

在伪分布模式下，Hadoop 守护进程运行在一台机器上，模拟一个小规模的集群。该模式在单机模式的基础上增加了代码调试功能，允许你检查 NameNode、DataNode、JobTracker、TaskTracker 等模拟节点的运行情况。

3. 完全分布式模式

单机模式和伪分布模式均用于开发与调试的目的。真实 Hadoop 集群的运行采用的是完全分布式模式。完全分布式模式的 Hadoop 安装分为以下步骤。

（1）配置 NameNode 及 DataNode

由于需要远程访问，所以各节点之间 IP 地址和主机名的正确解析是配置的一个关键点。修改每个节点的/etc/hosts 文件，如果该台机器作为 NameNode，则需要在文件中添加集群中所有机器的 IP 地址及其对应的主机名；如果该台机器作为 DataNode，则需要在文件中添加本机和 NameNode 的 IP 地址及其对应的主机名。

本系统配置将主机名为 namenode 的机器作为 NameNode，则该节点的/etc/hosts 文件应修改为：

```
127.0.0.1        localhost
192.168.0.100    namenode
192.168.0.101    data1
192.168.0.102    data2
```

将主机名为 data1、data2 的机器作为 DataNode，下面分别配置它们的/etc/hosts 文件。

```
data1:
127.0.0.1        localhost
192.168.0.100    namenode
192.168.0.101    data1
data2:
127.0.0.1        localhost
192.168.0.100    namenode
192.168.0.102    data2
```

（2）建立 Hadoop 用户

最好创建特定的 Hadoop 用户账号以区分 Hadoop 和本机上的其他服务，通过如下命令在集群中所有机器上建立相同的用户 Hadoop：

```
$useradd -m hadoop
```

```
$passwd hadoop ******
```

其中，*标识为Hadoop用户的登录密码。

（3）配置SSH

配置SSH是为了实现各机器之间执行指令时无须输入登录密码。务必要避免输入密码，否则，主节点每次试图访问其他节点时，都需要手动输入这个密码。

首先，用Hadoop用户登录每台机器（包括namenode），在/home/hadoop/目录下建立.ssh目录，并将目录权设为drwxr-xr-x，设置命令：

```
$mkdir .ssh
$chmod755 .ssh
```

其次，在NameNode节点上生成密钥对：

```
$ssh-keygen -t rsa
```

输入后一直按回车键，默认会将生成的密钥对保存在.ssh/id_rsa文件中。

接下来需要逐一将公钥复制到包括主节点在内的每个从节点上，执行：

```
$cd ~/.ssh
$cp id_rsa.pub authorized_keys
$scp authorized_keys data1:/home/hadoop/.ssh
$scp authorized_keys data2:/home/hadoop/.ssh
```

最后，用Hadoop用户登录每台机器，修改/home/hadoop/.ssh/authorized_keys文件的权限为-rw-r-r-。执行：

```
$chmod 644 authorized_keys
```

这里若是该机器上文件的权限已经是可读写，则无须更改。

设置完成后，测试一下namenode到各个节点的SSH连接，包括到本机，如果不需要输入密码就可以SSH登录，说明设置成功了。

（4）配置Hadoop

首先执行如下的解压缩命令，在主节点上配置：

```
$tar -zxvf /home/hadoop/hadoop-0.20.203.0rc1.tar.gz
```

编辑Hadoop的配置文件conf/core-site.xml、conf/hdfs-site.xml、conf/mapred-site.xml。

编辑core-site.xml文件，指定NameNode的主机名和端口：

```
<configuration>
<property>
<name>fs.default.name</name>
<value>hdfs://namenode:9000</value>
```

```
</proprety>
</configuration>
```

编辑 hdfs-site.xml 文件，指定 HDFS 的默认副本数，这里副本数为 1：

```
<configuration>
<property>
<name>dfs.replication </name>
<value>1</value>
</proprety>
</configuration>
```

编辑 mapred-site.xml 文件，指定 JobTracker 的主机名和端口：

```
<configuration>
<property>
<name>mapred.job.tracker</name>
<value>namenode:9001</value>
</proprety>
</configuration>
```

编辑 conf/masters 及 conf/slaves，修改为对应主机的主机名，在我们的配置环境中应分别修改为 namenode、data1 及 data2。

以上对环境变量和配置文件的修改均是在 namenode 节点上，现在需要把 Hadoop 安装文件复制到其他所有机器节点上，执行命令：

```
$scp -r hadoop-0.20.2 data1:/home/hadoop
$scp -r hadoop-0.20.2 data2:/home/hadoop
```

编辑集群中每台机器的 conf/hadoop-env.sh 文件，将 JAVA_HOME 变量设置为各自 JAVA 安装的根目录。如果不同机器使用相同的 Java 版本，并且安装目录相同，此处配置文件无须更改。

（5）启动 Hadoop

将所有文件复制到集群上的所有节点之后，一定要格式化 HDFS 以准备好存储数据：

```
$bin/hadoop namenode -format
```

现在可以启动 Hadoop 守护进程，执行如下启动命令，启动过程如图 3.2 所示。

```
$bin/start-all.sh
```

这样就在主机 namenode 上启动了 NameNode 及 JobTracer，在 data1 和 data2 上启动了 DataNode 和 TaskTracker。

```
hadoop@namenode:~/hadoop-0.20.203.0$ bin/start-all.sh
starting namenode, logging to /home/hadoop/hadoop-0.20.203.0/bin/../logs/hadoop-
hadoop-namenode-namenode.out
data2: starting datanode, logging to /home/hadoop/hadoop-0.20.203.0/bin/../logs/
hadoop-hadoop-datanode-data2.out
data1: starting datanode, logging to /home/hadoop/hadoop-0.20.203.0/bin/../logs/
hadoop-hadoop-datanode-data1.out
namenode: starting secondarynamenode, logging to /home/hadoop/hadoop-0.20.203.0/
bin/../logs/hadoop-hadoop-secondarynamenode-namenode.out
starting jobtracker, logging to /home/hadoop/hadoop-0.20.203.0/bin/../logs/hadoo
p-hadoop-jobtracker-namenode.out
data2: starting tasktracker, logging to /home/hadoop/hadoop-0.20.203.0/bin/../lo
gs/hadoop-hadoop-tasktracker-data2.out
data1: starting tasktracker, logging to /home/hadoop/hadoop-0.20.203.0/bin/../lo
gs/hadoop-hadoop-tasktracker-data1.out
hadoop@namenode:~/hadoop-0.20.203.0$
```

图 3.2　启动 Hadoop

执行如下命令，可以验证节点正在运行被指派的任务，结果如图 3.3 所示。

```
$/usr/java/jdk1.6.0_29/bin/jps
```

```
hadoop@namenode:~$ /usr/java/jdk1.6.0_29/bin/jps
16641 HMaster
15211 SecondaryNameNode
16592 HQuorumPeer
17853 Jps
15285 JobTracker
14973 NameNode
hadoop@namenode:~$
```

图 3.3　节点上被指派的任务

Hadoop 集群也可以通过分别启动 HDFS 集群和 MapReduce 集群来启动，读者可以根据需要，自行输入如表 3.2 所示的命令。

表 3.2　Hadoop 运行常用命令

命令名称	功能
start-all.sh	启动所有的 Hadoop 守护进程
stop-all.sh	停止所有的 Hadoop 守护进程
start-mapred.sh	启动 MapReduce 守护进程
stop-mapred.sh	停止 MapReduce 守护进程
start-dfs.sh	启动 Hadoop DFS 守护进程
stop-dfs.sh	停止 Hadoop DFS 守护进程

（6）Hadoop 集群用户界面

Hadoop 提供了用于监控集群健康状态的 Web 界面，与搜寻日志和目录相比，通过浏览器的界面，可以更快地获得所需的信息。

在默认配置下，NameNode 通过 50070 端口提供常规报告，浏览 http://namenode:50070 可以检查集群中 NameNode 及每个 DataNode 的状态，如图 3.4 所示。

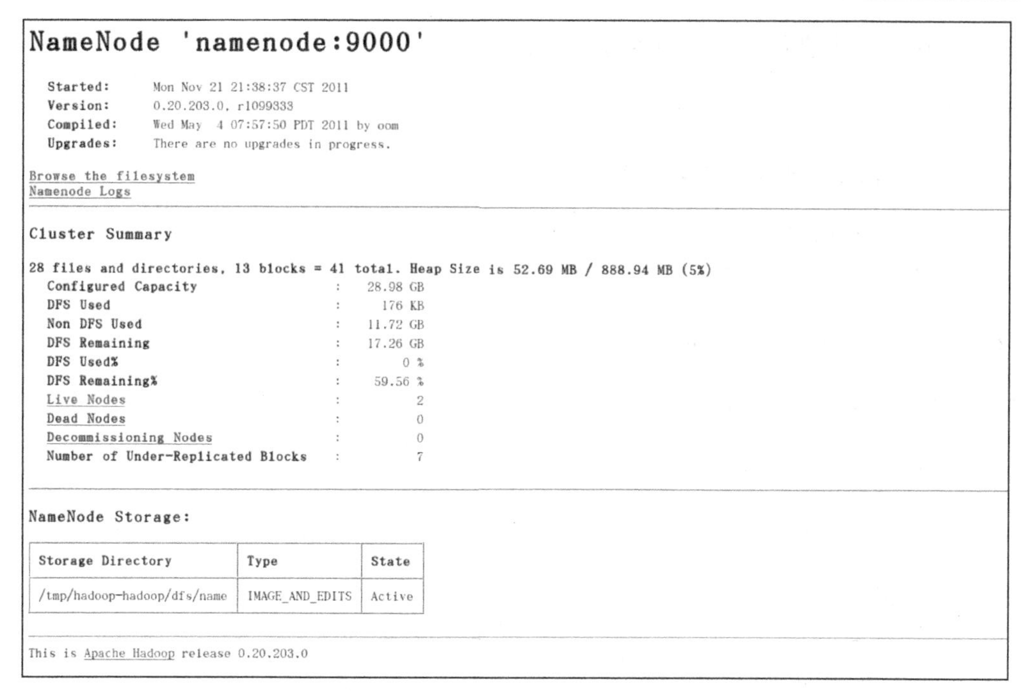

图 3.4 NameNode 运行状态

在默认配置下，Hadoop 通过端口 50030 提供一个 MapReduce 作业运行时状态的视图，浏览http://namenode:50030可以查看 JobTracker 的运行状态，如图 3.5 所示。

namenode Hadoop Map/Reduce Administration

Quick Links

State: RUNNING
Started: Mon Nov 21 21:38:47 CST 2011
Version: 0.20.203.0, r1099333
Compiled: Wed May 4 07:57:50 PDT 2011 by oom
Identifier: 201111212138

Cluster Summary (Heap Size is 52.12 MB/888.94 MB)

Running Map Tasks	Running Reduce Tasks	Total Submissions	Nodes	Occupied Map Slots	Occupied Reduce Slots	Reserved Map Slots	Reserved Reduce Slots	Map Task Capacity	Reduce Task Capacity	Avg. Tasks/Node	Blacklisted Nodes	Graylisted Nodes	Excluded Nodes
0	0	0	2	0	0	0	0	4	4	4.00	0	0	0

Scheduling Information

Queue Name	State	Scheduling Information
default	running	N/A

Filter (Jobid, Priority, User, Name)

Running Jobs

none

Retired Jobs

none

Local Logs

图 3.5 JobTracker 运行状态

（7）运行 WordCount 实例

将本地文件系统上的 input 目录复制到 HDFS 的根目录下，重命名为 in。out 为数据处理完成后的输出目录，默认存放在分布式文件系统用户的根目录下。要执行以下命令。

首先，在 hdfs 上建立一个 input 目录，执行：

```
$bin/hadoop dfs -mkdir/input
```

其次，在本地文件系统建立两个文件 f1 和 f2，执行：

```
$echo  "hello world" > ~/input/f1
$echo  "hello hadoop bye hadoop" > ~/inout/f2
```

接下来，将 f1 和 f2 复制到 hdfs 的 input 目录下，执行：

```
$bin/hadoop dfs -put input input
```

最后，运行 wordcount 实例，执行：

```
$bin/hadoop jar hadoop-examples-0.20.203.0.jar wordcount input output
```

运行结果如图 3.6 所示。

```
hadoop@namenode:~/hadoop-0.20.203.0$ bin/hadoop jar hadoop-examples-0.20.203.0.j
ar wordcount input output
11/11/21 22:22:21 INFO input.FileInputFormat: Total input paths to process : 3
11/11/21 22:22:22 INFO mapred.JobClient: Running job: job_201111212138_0001
11/11/21 22:22:23 INFO mapred.JobClient:  map 0% reduce 0%
11/11/21 22:22:37 INFO mapred.JobClient:  map 66% reduce 0%
11/11/21 22:22:40 INFO mapred.JobClient:  map 100% reduce 0%
11/11/21 22:22:49 INFO mapred.JobClient:  map 100% reduce 100%
11/11/21 22:22:54 INFO mapred.JobClient: Job complete: job_201111212138_0001
11/11/21 22:22:54 INFO mapred.JobClient: Counters: 26
11/11/21 22:22:54 INFO mapred.JobClient:   Job Counters
11/11/21 22:22:54 INFO mapred.JobClient:     Launched reduce tasks=1
11/11/21 22:22:54 INFO mapred.JobClient:     SLOTS_MILLIS_MAPS=22296
11/11/21 22:22:54 INFO mapred.JobClient:     Total time spent by all reduces wai
ting after reserving slots (ms)=0
11/11/21 22:22:54 INFO mapred.JobClient:     Total time spent by all maps waitin
g after reserving slots (ms)=0
11/11/21 22:22:54 INFO mapred.JobClient:     Rack-local map tasks=1
11/11/21 22:22:54 INFO mapred.JobClient:     Launched map tasks=3
11/11/21 22:22:54 INFO mapred.JobClient:     Data-local map tasks=2
11/11/21 22:22:54 INFO mapred.JobClient:     SLOTS_MILLIS_REDUCES=10206
11/11/21 22:22:54 INFO mapred.JobClient:   File Output Format Counters
11/11/21 22:22:54 INFO mapred.JobClient:     Bytes Written=31
11/11/21 22:22:54 INFO mapred.JobClient:   FileSystemCounters
11/11/21 22:22:54 INFO mapred.JobClient:     FILE_BYTES_READ=78
11/11/21 22:22:54 INFO mapred.JobClient:     HDFS_BYTES_READ=375
11/11/21 22:22:54 INFO mapred.JobClient:     FILE_BYTES_WRITTEN=84681
11/11/21 22:22:54 INFO mapred.JobClient:     HDFS_BYTES_WRITTEN=31
11/11/21 22:22:54 INFO mapred.JobClient:   File Input Format Counters
11/11/21 22:22:54 INFO mapred.JobClient:     Bytes Read=36
11/11/21 22:22:54 INFO mapred.JobClient:   Map-Reduce Framework
11/11/21 22:22:54 INFO mapred.JobClient:     Reduce input groups=4
11/11/21 22:22:54 INFO mapred.JobClient:     Map output materialized bytes=90
11/11/21 22:22:54 INFO mapred.JobClient:     Combine output records=6
11/11/21 22:22:54 INFO mapred.JobClient:     Map input records=3
11/11/21 22:22:54 INFO mapred.JobClient:     Reduce shuffle bytes=90
11/11/21 22:22:54 INFO mapred.JobClient:     Reduce output records=4
11/11/21 22:22:54 INFO mapred.JobClient:     Spilled Records=12
11/11/21 22:22:54 INFO mapred.JobClient:     Map output bytes=60
11/11/21 22:22:54 INFO mapred.JobClient:     Combine input records=6
11/11/21 22:22:54 INFO mapred.JobClient:     Map output records=6
11/11/21 22:22:54 INFO mapred.JobClient:     SPLIT_RAW_BYTES=339
11/11/21 22:22:54 INFO mapred.JobClient:     Reduce input records=6
hadoop@namenode:~/hadoop-0.20.203.0$
```

图 3.6　运行 WordCount 实例

运行完成后，查看结果，执行：

```
$bin/hadoop dfs -cat out/*
```

结果如图 3.7 所示。

```
hadoop@namenode:~/hadoop-0.20.203.0$ bin/hadoop dfs -cat output/*
bye     1
hadoop  2
hello   2
world   1
```

图 3.7 数据处理结果

至此，Hadoop 集群环境搭建成功。

3.3 Hadoop 集群配置

对 Hadoop 的配置主要通过 conf/目录下的 3 个重要文件完成：core-site.xml、hdfs-site.xml 和 mapred-site.xml。另外还可以通过将 conf/hadoop-env.sh 中的变量修改为集群特有的值，对 bin/目录下的 Hadoop 执行脚本进行控制。

Hadoop 的集群配置主要是设置 Hadoop 守护进程的运行环境和 Hadoop 守护进程的运行参数。Hadoop 的守护进程指 NameNode/DataNode 和 JobTracker/TaskTracker。

3.3.1 配置 Hadoop 守护进程的运行环境

Hadoop 守护进程的运行环境通过 conf/hadoop-env.sh 脚本进行控制。在对该脚本进行配置修改前，一定要保证脚本中的 JAVA_HOME 在每一个节点上都被正确设置。

管理员可以通过配置选项 HADOOP_*_OPTS 来分别配置各个守护进程。表 3.3 列出了可以配置的选项。

表 3.3 Hadoop 守护进程运行环境配置选项

守护进程	配置选项
NameNode	HADOOP_NAMENODE_OPTS
DataNode	HADOOP_DATANODE_OPTS
SecondaryNamenode	HADOOP_SECONDARYNAMENODE_OPTS
JobTracker	HADOOP_JOBTRACKER_OPTS
TaskTracker	HADOOP_TASKTRACKER_OPTS

例如，配置 NameNode 时，为了使其能够并行回收垃圾（parallelGC），要把下面的语句加入到 hadoop-env.sh：

```
exportHADOOP_NAMENODE_OPTS="-XX:+UseParallelGC${HADOOP_NAMENODE_OPTS}"
```

其他可定制的常用参数如下。

- HADOOP_LOG_DIR：守护进程日志文件的存放目录。如果不存在会被自动创建。
- HADOOP_HEAPSIZE：最大可用的堆大小，单位为 MB。这个参数用于设置 Hadoop 守护进程的堆大小，默认大小是 1000MB。

3.3.2 配置 Hadoop 守护进程的运行参数

Hadoop 守护进程的运行参数通过以下 4 个文件控制：conf/core-site.xml、conf/hdfs-site.xml、conf/mapred-site.xml、conf/mapred-queue-acls.xml。下面将通过表 3.4、表 3.5、表 3.6、表 3.7 依次对每个文件中涉及 Hadoop 集群的重要参数进行详细介绍。

表 3.4 配置 conf/core-site.xml 文件

参数	取值
fs.default.name	NameNode 的 URI，如 hdfs://hostname/

表 3.5 配置 conf/hdfs-site.xml 文件

参数	取值
dfs.name.dir	NameNode 持久存储命名空间及事务日志的本地文件系统路径
dfs.data.dir	DataNode 存放块数据的本地文件系统路径，逗号分割的列表
dfs.replication	HDFS 数据块的副本因子，默认为 3

表 3.6 配置 conf/mapred-site.xml 文件

参数	取值
mapred.job.tracker	JobTracker 的主机（或者 IP）和端口，如 namenode:9001
mapred.system.dir	MapReduce 框架存储系统文件的 HDFS 路径，如/hadoop/mapred/system/
mapred.local.dir	MapReduce 临时数据存放的地方，是本地文件系统下逗号分割的路径列表
mapred.tasktracker.{map|reduce}.tasks.maximum	某一 TaskTracker 上可运行的最大 MapReduce 任务数，这些任务将同时各自运行。默认为 2
dfs.hosts/dfs.hosts.exclude	许可/拒绝 DataNode 列表
mapred.hosts/mapred.hosts.exclude	许可/拒绝 TaskTracker 列表
mapred.queue.names	设置作业要提交到哪条队列上，如果没有指定相关的队列名字，则会被提交到 default 队列中
mapred.acls.enabled	指定是否启用访问控制列表

表 3.7 配置 conf/mapred-queue-acls.xml 文件

参数	取值
mapred.queue.queue-name.acl-submit-job	指定哪些用户或者组可以向该队列中提交作业
mapred.queue.queue-name.acl-administer-jobs	指定哪些用户或者组可以管理该队列中的所有作业，即可以 kill 作业、查看 task 运行状态

3.4 HBase 环境搭建

3.4.1 HBase 简介

HBase 即 Hadoop Database，是一个构建在 HDFS 上，面向列的开源分布式数据库系统。HBase 适用对超大规模数据集的实时随机读写。它的设计初衷就是在廉价的商用硬件集群上处理一些超大数据表，这些表的规模通常达到数十亿行和数百万列。HBase 并不是关系数据库，它不支持 SQL，HBase 提供了一组简单的 API 接口，用于存取和管理数据。

HBase 是对 Google BigTable 的开源实现，其设计思想来源于 Google 的 Chang 等人发表的论文 BigTable: A Distributed Storage System for Structured Data。类似于 Google Bigtable 和 GFS（Google File System）与 Chubby 之间的关系，Hbase 利用 Hadoop 作为其文件存储系统，采用 MapReduce 来处理 HBase 中的海量数据，并通过 ZooKeeper 进行集群管理。

3.4.2 HBase 的数据模型

HBase 中的数据存储在表（Table）中，表则由行（Row）和列（Column）构成。表中的任何一个列都归属于一个特定的列族（Column Family）。行和列的交叉点，构成表的单元格（Cell），单元格是有版本号的（versioned），默认情况下，版本号是 HBase 自动分配的，即插入单元格时的时间戳（Time Stamp）。单元格中的数据是没有类型的，直接以字节数组的形式存储。

HBase 的数据被建模成一个四维的映射，表中的单元格数据可以由以下索引唯一定位：

```
(表名: string, 行关键字: string, 列关键字: string, 时间戳: int64) → 数据值:
string
```

其中，表名（Table Name）是一个字符串，唯一标识一张表；行关键字（Row Key）一般指定为一个字符串，唯一标识该行，表中的行通过行关键字按照字典序排列；列关键字（Column Key）的构成格式为“列族名:标签”，列族可以理解为对列的分类，在该分类下通过标签确定一个具体的列，如列关键字 school:class 可以表示学院列族中的班级列，每个列族都可以划分为任意数量的标签。

表 3.8 表示了 HBase 数据存储的逻辑模型，事实上这是一个稀疏的表。一个表的列族作为表模式的一部分，需要在定义表时预先给出。一旦设定了表的模式和列族，在后期使用中可以随时在列族中增加新的成员，即列族的数量是无须预先定义的，在使用中可以动态扩展。例如，表 3.8 中已经定义了列族 Info，当客户端在更新时提供了新的列 Info:content，那么 HBase 会在 Info 中增加新的列来存储它的值。

在物理上，HBase 表都是按照列来存储的。因此，空白单元格并不会存储在列中。HBase 会自动将表水平地划分为区域（Region），每个 Region 都是由表中行的子集构成的。Region 是 HBase 集群分布数据的最小单位，当一个表太大时会分割成多个 Region 分布在服务器集群上，集群中每个节点负责管理表的一部分 Region，因此 HBase 集群中的从属节点叫作 RegionServer。

表 3.8　HBase 中的表

Row Key	Time Stamp	Column Family	
		URL	Info
row1	t5	url: = “www.xidian.edu.cn”	Info:title = “Xidian Univ.”
	t4		Info:content = “<html…”
	t3		
row2	t2	url: = “www.xde6.net”	
	t1		Info:title = “Xidian news”

需要注意的是，按照 HBase 的锁机制，对行的更新是原子的（Atomic），即在某行写入数据时，无论涉及多少列，这一行都将被锁定。

3.4.3　HBase 安装前的准备

1. 软件要求

HBase 需要安装在已经成功配置 Hadoop 的集群中，所以在安装 HBase 之前，须确保集群中已经部署了 Hadoop。此外，HBase 还要依赖于 ZooKeeper，用户可以选择使用 HBase 安装包中内嵌的 ZooKeeper 或者单独的 ZooKeeper，用户可以选择使用 HBase 安装包中内嵌的 ZooKeeper 或者单独的 ZooKeeper 集群。独立 ZooKeeper 集群的安装将在下一节进行介绍。

2.下载 HBase 安装包

早期的 HBase 属于 Hadoop 中的子项目，是与 Hadoop 捆绑发布的。2010 年 5 月，HBase 升级为 Apache 的顶层项目，可以从 http://hbase.apache.org/中获取 HBase 的安装包。本书采用的是目前官方网站上的最新版本 HBase-0.90.4。

3.4.4　HBase 的安装配置

Hbase 的安装配置步骤如下。

步骤 01　先搭建 Hadoop 分布式环境，详情见 3.2 节。

步骤 02　下载 hbase-0.90.4.tar.gz 到/home/hadoop 目录下并解压，命令如下：

```
$ cd /home/hadoop
$ tar -zxvf hbase-0.90.4.tar.gz
```

步骤 03　编辑 hbase 目录下的 conf/hbase-env.sh 文件，设置 JAVA_HOME 为 JDK 安装目录，并设置 HBASE_HOME 和 HADOOP_HOME 为 HBase 和 Hadoop 的安装目录，最后设置 HBASE_MANAGES_ZK=true，即指定采用 HBase 内嵌 ZooKeeper 管理集群。

命令如下：

```
$cd hbase-0.90.4
$ sudo gedit conf/hbase-env.sh
```

编辑后的 hbase-env.sh 文件内容如图 3.8 所示，保存并退出。

```
# Set environment variables here.
export HBASE_HOME=/home/hadoop/hbase-0.90.4
export HADOOP_HOME=/home/hadoop/hadoop-0.20.203.0

# The java implementation to use.  Java 1.6 required.
export JAVA_HOME=/usr/java/jdk1.6.0_29/

# Extra Java runtime options.
# Below are what we set by default.  May only work with SUN JVM.
# For more on why as well as other possible settings,
# see http://wiki.apache.org/hadoop/PerformanceTuning
export HBASE_OPTS="-ea -XX:+UseConcMarkSweepGC -XX:+CMSIncrementalMode"

# Tell HBase whether it should manage it's own instance of Zookeeper
or not.
export HBASE_MANAGES_ZK=true
```

图 3.8 编辑后的 hbase-env.sh 文件

步骤 04 编辑/conf/hbase-site.xml 文件，命令如下：

```
$ sudo gedit conf/hbase-site.xml
在<configuration></configuration>之间插入以下内容：
<property>
      <name>hbase.rootdir</name>
      <value>hdfs://namenode:9000/hbase</value>
</property>
<property>
      <name>hbase.cluster.distributed</name>
      <value>true</value>
</property>
<property>
      <name>hbase.master</name>
      <value>namenode:60000</value>
</property>
<property>
      <name>hbase.zookeeper.quorum</name>
      <value>namenode,data1,data2</value>
</property>
<property>
      <name>hbase.master.info.port</name>
      <value>60010</value>
</property>
<property>
      <name>hbase.master.port</name>
```

```
    <value>60000</value>
</property>
```

下面我们对该文件中常用的参数含义进行一些说明。

- hbase.rootdir：是一个文件目录，该目录指向 Region Server 的共享目录，用来持久化 HBase。这里填写的地址必须是一个完整的地址，如本文中的地址 hdfs://namenode:9000/hbase，表示 hdfs 上的/hbase 目录，namenode 运行在主机名为 namenode 的 9000 端口。注意，此处文件填写的/hbase 所在地址必须与 Hadoop 目录下的 core-site.xml 中的 fs.default.name 参数一致。
- hbase.cluster.distributed：HBase 的运行模式。false 表示单机模式，true 则是分布式模式。此处如果设置为 false，则 HBase 和 ZooKeeper 会运行在同一个 JVM 中。
- hbase.master.port：HBase 的 Master 的端口号，默认值为 60000。
- hbase.master.info.port：HBase Master 的 Web 界面端口，通过该界面可以查看 Master 的状态信息。若要禁用该页面，可以将此处设置为-1。
- hbase.zookeeper.quorum：ZooKeeper 集群的地址列表，用逗号分隔。本文中填写的是 A、B、C 3 台机器的 hostname，表明这 3 台机器都属于 ZooKeeper 集群。如果是伪分布模式，则此处默认填写 localhost。如果在 hbase-env.sh 中设置了 HBASE_MANAGES_ZK 的值为 true，则本参数设定的这些节点就会和 HBase 一起启动。由于 ZooKeeper 采用选举机制和多数服从少数的投票算法，所以此处集群机器数目一般要求为奇数。

步骤05 修改 conf/regionservers 文件，将 data1 和 data2 写入文件中，每个 regionserver 主机名占一行。命令为：

```
$ sudo gedit conf/regionservers
```

步骤06 将已经配置好的 HBase 复制到其他机器上。由于在 3.2 节已经建立了无密码的 SSH 连接，此处直接使用如下命令：

```
$ scp -r /home/hadoop/hbase-0.90.4/ data1:/home/hadoop
$ scp -r /home/hadoop/hbase-0.90.4/ data2:/home/hadoop
```

步骤07 将 hadoop-0.20.203.0 目录下的 hadoop-core.0.20.203.0.jar 复制到 hbase 的 lib 目录下，命令如下：

```
$ cd /home/hadoop /hadoop-0.20.203.0
$ cp hadoop-core.0.20.203.0.jar /home/hadoop/hbase-0.90.4/lib/
```

步骤08 将 hadoop-0.20.203.0/lib 目录下的 commons-configuration-1.6.jar 复制到 hbase 的 lib 目录下，命令如下：

```
$ cd/home/hadoop /hadoop-0.20.203.0/ lib
```

```
$ cp commons-configuration-1.6.jar /home/hadoop/hbase-0.90.4/lib/
```

至此，HBase 安装完成。

3.4.5 HBase 的运行

可以通过以下步骤运行 HBase。

步骤 01 首先要启动 Hadoop，采用如下命令：

```
$ cd /home/hadoop/hadoop-0.20.203.0
$ bin/start-all.sh
```

步骤 02 使用下列命令启动 HBase：

```
$ cd ~/hbase-0.90.4
$ bin/start-hbase.sh
```

启动后可以得到如图 3.9 所示的提示信息。

```
hadoop@namenode:~/hbase-0.90.4$ bin/start-hbase.sh
namenode: starting zookeeper, logging to /home/hadoop/hbase-0.90.4/logs/hbase-ha
doop-zookeeper-namenode.out
data2: starting zookeeper, logging to /home/hadoop/hbase-0.90.4/logs/hbase-hadoo
p-zookeeper-data2.out
data1: starting zookeeper, logging to /home/hadoop/hbase-0.90.4/logs/hbase-hadoo
p-zookeeper-data1.out
starting master, logging to /home/hadoop/hbase-0.90.4/logs/hbase-hadoop-master-n
amenode.out
data2: starting regionserver, logging to /home/hadoop/hbase-0.90.4/logs/hbase-ha
doop-regionserver-data2.out
data1: starting regionserver, logging to /home/hadoop/hbase-0.90.4/logs/hbase-ha
doop-regionserver-data1.out
hadoop@namenode:~/hbase-0.90.4$
```

图 3.9　HBase 启动

步骤 03 HBase 启动后，可以通过 http://namenode:60010 查看 HBase 的当前状态，及 Region Servers 的信息，如图 3.10 所示。

步骤 04 此外，还可以通过地址 http://namenode:50070 查看 HDFS 上的/hbase 目录，该目录内容如图 3.11 所示。

步骤 05 要管理 HBase，可以通过 HBase Shell 进行操作。输入以下命令启动 HBase Shell：

```
$ bin/hbase shell
```

进入 Shell 环境后，如图 3.12 所示。HBase Shell 中提供了包括创建、修改、删除表，插入、更新、删除数据等对数据库的操作命令。表 3.9 列出了一些常用的 Shell 命令。此外，用户还可以直接输入 help 查看关于命令的帮助信息。

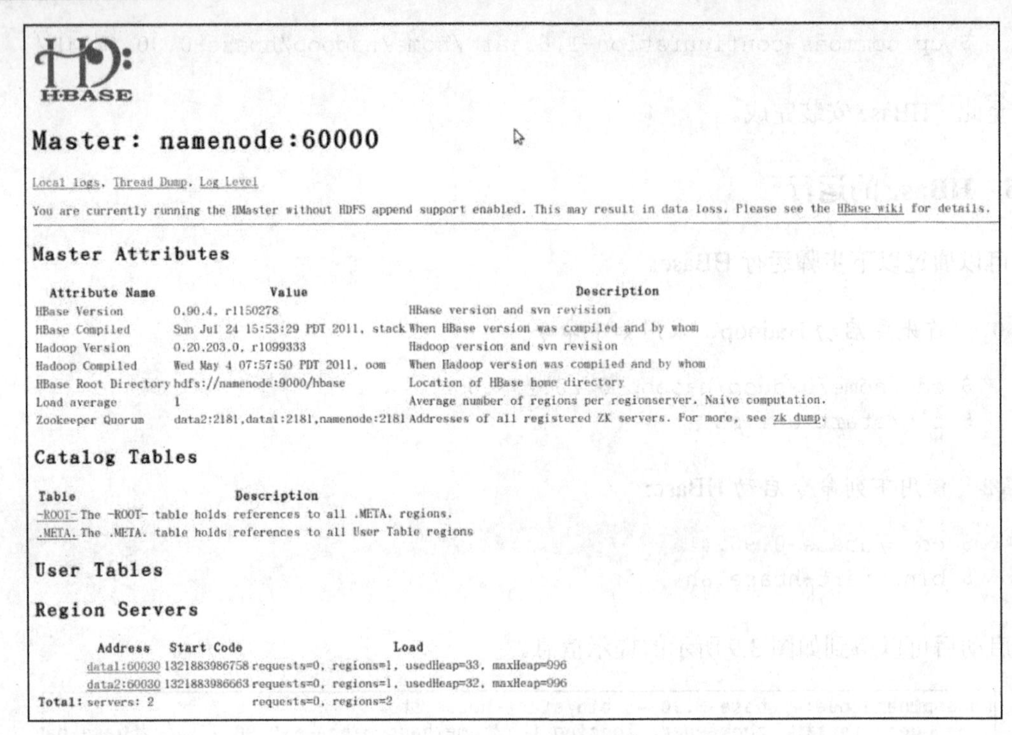

图 3.10　HBase 状态查看

Contents of directory /hbase

Goto : /hbase go

Go to parent directory

Name	Type	Size	Replication	Block Size	Modification Time	Permission	Owner	Group
-ROOT-	dir				2011-11-21 21:18	rwxr-xr-x	hadoop	supergroup
.META.	dir				2011-11-21 21:18	rwxr-xr-x	hadoop	supergroup
.logs	dir				2011-11-21 21:59	rwxr-xr-x	hadoop	supergroup
.oldlogs	dir				2011-11-21 22:00	rwxr-xr-x	hadoop	supergroup
hbase.version	file	0 KB	3	64 MB	2011-11-21 21:18	rw-r--r--	hadoop	supergroup

Go back to DFS home

Local logs

Log directory

This is Apache Hadoop release 0.20.203.0

图 3.11　HBase 目录查看

```
hadoop@namenode:~/hbase-0.90.4$ bin/hbase shell
HBase Shell; enter 'help<RETURN>' for list of supported commands.
Type "exit<RETURN>" to leave the HBase Shell
Version 0.90.4, r1150278, Sun Jul 24 15:53:29 PDT 2011

hbase(main):001:0>
```

图 3.12　Shell 环境

表 3.9 常用的 HBase Shell 命令

命令	功能	命令表达式
list	列出所有数据库	list
create	创建表	create '表名', '列族名 1' [,'列族名 2',..., '列族名 N']
disable	禁用表	disable '表名' 注：涉及表结构更改，必须先 disable 该表
enable	使表可用	enable '表名'
drop	删除表	drop '表名' 注：要删除表，必须先执行 disable '表名'
put	插入记录	put '表名', '行关键字','列名', '值'
get	查看记录	get '表名', '行关键字'
delete	删除记录	delete '表名', '行关键字', '列名'
scan	查看表中记录	scan '表名' [,'列族名']

读者可以先尝试在 Shell 中使用表中的常用命令。

3.5 ZooKeeper 环境搭建

3.5.1 ZooKeeper 简介

ZooKeeper 是 Apache Hadoop 开源项目中的子项目，提供了一个分布式的协调服务（Coordination Service）框架。ZooKeeper 暴露了一组简单的操作原语（Primitive）集合，分布式应用能够基于这些操作原语实现更加高层的服务，包括同步机制、配置管理、服务器集群管理和统一命名服务等。ZooKeeper 由 Java 语言实现，提供了对 Java 和 C 语言的绑定接口。

ZooKeeper 名称的由来：ZooKeeper 的原意是"动物管理员"。对于该名称，官方网站上有一个非常形象的解释，因为"协调分布式系统就像管理动物园中的动物一样复杂（Because Coordinating Distributed Systems is a Zoo）"，因此我们需要一个"动物园管理员（ZooKeeper）"来进行管理。

作为一个分布式的服务框架，ZooKeeper 主要解决分布式集群中应用系统的一致性问题（Consensus Problem），它采用类似文件系统目录节点树的结构作为其数据存储模型，并对已存储数据的状态变化进行维护和监控，通过监控这些数据状态的变化实现基于数据的集群管理。

ZooKeeper 采用服务器集群的方式提供基本服务，服务器集群称为组（Ensemble），组中的成员具有两种角色，即一个唯一的领导者服务器和若干个成员服务器，组能够为多个客户端提供服务，如图 3.13 所示。

从图 3.13 可以看出，构成 ZooKeeper 服务的组内服务器必须互相知道彼此的存在，这些服务器都维护着在内存中的状态镜像，并将操作（Transaction）日志和系统快照保存在持久化存储设备中。如果大多数服务器都可用，则 ZooKeeper 服务就是可用的。

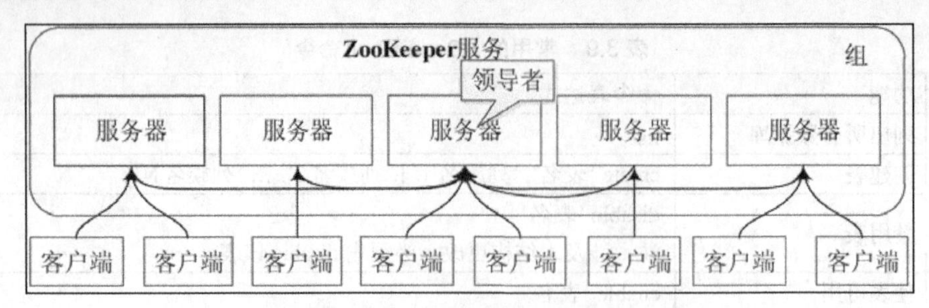

图 3.13　ZooKeeper 集群结构图

为了使用 ZooKeeper 服务，客户端需要连接到任意一台服务器上。客户端将维护与该服务器的 TCP 连接，并通过该连接发送请求、获得响应、获取监视事件及发送心跳信息。如果与该服务器的连接失效，客户端将会与另外一台服务器相连。

3.5.2　安装前的准备

1. 操作系统要求

（1）GNU/Linux 系列操作系统可以作为客户端和服务端的开发平台和运行平台。

（2）Sun Solaris 可以作为客户端和服务端的开发平台和运行平台。

（3）FreeBSD 仅能作为客户端的开发平台和运行平台。

（4）Windows 32 仅能作为客户端和服务端的开发平台。

（5）MacOS X 仅能作为客户端和服务端的开发平台。

2. 软件要求

ZooKeeper 运行在 Java 环境中，需要 JDK 6 或更高版本，可以打开网址 http://java.sun.com/javase/downloads/index.jsp，以获取合适的 JDK 版本。

3. 集群环境要求

根据 ZooKeeper 官方的建议，构建一个最小的 ZooKeeper 分布式管理平台至少需要准备 3 台 ZooKeeper 服务器，这些服务器最好能够运行在不同的物理机器上。在实际应用中，ZooKeeper 一般都会部署在大规模的集群环境中，如 Yahoo！。ZooKeeper 通常部署在多个定制的、运行着 Red Hat Linux 企业版操作系统的环境中，每个这样的运行环境称为一个 box，每个 box 中包含两个双核处理器、2GB 的内存和 80GB 的硬盘。

本书将采用 3.1 节给出的集群环境，以此为例介绍 ZooKeeper 的安装和配置过程。

4. 下载 ZooKeeper 安装包

打开链接 http://zookeeper.apache.org/releases.html，选择合适的镜像站点下载最新的 ZooKeeper 安装包，本书使用的 ZooKeeper 的版本号是 3.3.3。

3.5.3 独立服务器的安装与配置

安装 ZooKeeper 时，首先根据选用的操作系统安装 JDK，JDK 安装完毕后就可以直接安装 ZooKeeper 了。

ZooKeeper 独立服务器的安装与配置过程非常简单，首先创建一个安装目录 home/hadoop/zookeeper-3.3.3，然后将下载好的安装包解压缩到这个目录（下文将该目录记为 root）：

```
% tar xzf zookeeper-3.3.3.tar.gz
```

提 示

可以将 ZooKeeper 的安装路径和 bin 目录加入到命令行路径中，方便日后使用：

```
% export ZOOKEEPER_INSTALL = home/hadoop/zookeeper-3.3.3
% export PATH=$PATH:$ZOOKEEPER_INSTALL/bin
```

解压缩后的 ZooKeeper 服务器就是一个 jar 包。在运行 ZooKeeper 服务之前，需要创建一个配置文件 zoo.cfg，该文件通常在 root/conf 文件夹中（也可以将该文件放在/etc/zookeeper 中，或者放在由 ZOOCFGDIR 环境变量定义的目录下）。为简单起见，也可以直接将 ZooKeeper 根目录下 conf 文件夹中的 zoo_sample.cfg 配置文件重命名为 zoo.cfg。zoo.cfg 的内容如下：

```
tickTime=2000
dataDir=/var/zookeeper
clientPort=2181
```

该文件具有标准的 Java 属性格式，这 3 个属性是构建 ZooKeeper 独立服务器配置的最低要求，各个属性的含义如下。

- tickTime：是 ZooKeeper 使用的基本时间单元，单位是毫秒（ms）。该属性定义了心跳协议的时间间隔，会话的最小超时时间是 tickTime 的两倍。
- dataDir：是 ZooKeeper 存储内存数据库（in-memory database）快照的地址。除非特殊说明，对数据库的更新事务日志也位于该地址。
- clientPort：是 ZooKeeper 监听客户端连接的端口（通常是 2181）。

保存配置内容后，可以通过执行位于 root/bin 下的 zkServer.sh 脚本启动本地 ZooKeeper 服务：

```
% zkServer.sh start
```

为了检查 ZooKeeper 是否正常运行，可以将 ruok（are you ok？）命令通过 nc 指令（telnet 也可以）发送给 ZooKeeper 服务器：

```
% echo ruok | nc localhost 2181
```

ZooKeeper 服务器会回应 Imok（I'm Ok）。与 ZooKeeper 服务器交互时，常用的命令如表 3.10 所示。

表 3.10　ZooKeeper 常用交互命令

命令名称	功能
ruok	检查 ZooKeeper 服务器是否正常
dump	列出所有会话和 ephemeralznode
envi	获取 Server 的环境变量信息
reqs	获取客户端已提交但还未返回的请求
stat	列出服务统计数据和已连接的客户端
srst	重置服务统计数据
kill	关闭 ZooKeeper 服务器

ZooKeeper 使用 log4j 记录日志信息，默认情况下，日志消息会打印在控制台上，同时也会记录在日志文件中（由 log4j 的配置决定）。

以上就是 ZooKeeper 独立服务器配置的完整过程。独立服务器配置下的服务器没有冗余（Replication），在这种情况下，如果 ZooKeeper 进程失效，则整个服务就会崩溃。一般来说，在系统开发阶段可以使用独立服务器配置方式，方便进行系统的开发、评估和实验；在运行阶段则需要采用集群配置方式，以提高系统的可靠性。ZooKeeper 的集群配置方式将在下一节进行介绍。

3.5.4　集群服务器的安装与配置

为了提供可靠的 ZooKeeper 服务，需要将 ZooKeeper 部署在服务器集群中，这个集群称之为组（Ensemble）。如果组内多数成员都处于正常状态，则整个组仍然可以正常提供服务。由于需要保证“多数”这一数量关系，因此组内服务器的数量最好是奇数。假如一个组由 4 台服务器构成，该组就只能忍受 1 台服务器的失效，这是因为如果有 2 台服务器失效，则剩下的 2 台服务器就不存在“多数”这一情况。基于该思路，一般来说，由 2n+1 台服务器组成的集群最多可以容忍 n 台服务器的失效故障。

ZooKeeper 集群服务器的安装与配置可以分为以下 7 个步骤。

步骤01　安装 Java JDK。注意根据集群服务器的操作系统选择合适的 JDK 版本，每台服务器都需要安装 JDK。

步骤02　设置 Java 堆尺寸。注意，需要设置一个较大的值，避免由于堆尺寸过小发生换页现象，换页会导致 ZooKeeper 性能的急剧下降。为了确定堆尺寸的正确值，可以采用压力测试，确保你的应用程序在最大负载的情况下也不会超出堆尺寸限制而导致换页现象。根据 3.1 节的机器配置，本书将 A、B、C 3 台服务器的最大堆尺寸均设置为 3GB 大小。

步骤03 按照 3.2.3 小节给出的方法，在 A、B、C 3 台服务器上安装 ZooKeeper，每个服务器的安装目录均为 home/hadoop/zookeeper-3.3.3，后面记为 root。

步骤04 创建配置文件 zoo.cfg，文件内容如下：

```
tickTime=2000
dataDir=/var/zookeeper/
clientPort=2181
initLimit=5
syncLimit=2
server.1=namenode:2888:3888
server.2=data1:2888:3888
server.3=data2:2888:3888
```

其中，参数 tickTime、dataDir 和 clientPort 的含义在 3.5.3 小节已经说明。initLimit 代表组中成员服务器与领导者服务器进行连接和同步的跳数限制。参数 syncLimit 代表组中成员向 ZooKeeper 服务器发送请求后，得到一个确认的跳数限制。syncLimit 之后的参数具有形如 server.id=host:port:port 的格式，其中 server 是系统保留字，id 是服务器的标识符，取值范围是 1～255，该值将在第 5 步进行配置，host 表示主机名称，第一个 port 表示组成员之间进行信息交换时的通信端口，第二个 port 代表领导者服务器宕机后，组成员进行领导者选举时的通信端口。

步骤05 为每个服务器创建一个名为 myid 的文件，文件所在位置是 dataDir 参数所指定的位置。文件内容仅有一行，需要给出该服务器的标识符（1～255之间，与第 4 步保持一致）。服务器的标识符在组内必须保持唯一。此处我们将 namenode、data1 和 data2 的 myid 文件分别写入 1、2 和 3。

步骤06 对于每个服务器，均进入 root/bin 目录中，输入如下命令：

```
% ./zkServer.sh start
```

依次启动服务器。

系统报错？当 1 台服务器启动 ZooKeeper 实例后，系统会报出大量错误。这是因为现在组内只有 1 个 ZooKeeper 实例，ZooKeeper 需要根据 zoo.cfg 中列举的服务器列表发起选举领导者的请求，这时会因为连不上其他服务器而报错。当启动第二个 ZooKeeper 实例后，将会成功选出领导者（根据本节第一段叙述，3 台服务器构成的组只需要有 2 台服务器正常运行即可正常运行），从而一致性服务可以开始使用。

步骤07 测试客户端连接。

任意选择 1 台服务器，进入 root/bin 目录，输入如下命令：

```
% ./zkCli.sh -server 127.0.0.1:2181
```

连接成功后，就可出现 ZooKeeper 的命令行，可以输入 help 命令，以获得进一步操作的帮助，如图 3.14 所示。

```
[zk: 127.0.0.1:2181(CONNECTED) 0] help
ZooKeeper -server host:port cmd args
        connect host:port
        get path [watch]
        ls path [watch]
        set path data [version]
        delquota [-n|-b] path
        quit
        printwatches on|off
        create [-s] [-e] path data acl
        stat path [watch]
        close
        ls2 path [watch]
        history
        listquota path
        setAcl path acl
        getAcl path
        sync path
        redo cmdno
        addauth scheme auth
        delete path [version]
        setquota -n|-b val path
[zk: 127.0.0.1:2181(CONNECTED) 1]
```

图 3.14　help 命令

经过上述步骤，就完成了集群环境下 ZooKeeper 的安装与配置。

如果需要在一台机器上部署多个 ZooKeeper 服务器，则需要将多个 ZooKeeper 安装文件解压缩到不同的文件夹中，按照集群服务器的安装与配置过程进行，但在第 4 步要注意每个 ZooKeeper 实例都需要使用不同的 clientPort 参数。

3.6　本章小结

本章主要介绍了开源云计算环境 Hadoop 的安装过程，内容涵盖 HDFS、MapReduce、HBase 和 ZooKeeper 等。希望读者根据自己的实际情况选择安装环境，参考本书介绍的安装过程进行实际安装，掌握 Hadoop 计算环境的安装与配置方法，为后续章节的学习和实践打下良好的基础。

第 2 篇

浅出云计算

在掌握云计算的基础概念后，本篇以“图像百科系统”为例，基于 Hadoop 开源云计算平台，讲解如何构建一个基于云计算的应用系统。通过本篇的学习，读者可以了解到云计算应用系统的分析与设计方法，掌握使用 HDFS 存储海量文件、使用 MapReduce 计算模型处理海量数据、基于 HBase 进行数据库设计并存储海量数据、使用 ZooKeeper 管理集群等重要的云计算应用系统设计与实现的方法。

第 4 章　应用实例：图像百科系统

本章主要介绍了一个基于互联网的海量数据检索与处理应用：图像百科系统。本章对该系统的功能性需求和非功能性进行了描述，深入分析并给出了系统的主要业务流程，为后续章节的系统设计与实现奠定了基础。

4.1　应用背景

Fotos 是一家以图像处理为核心业务的软件公司。随着互联网技术的迅速发展，近期该公司高层启动了一个名为图像百科（Fotospedia）的项目，为用户提供一个基于互联网、以图像检索为核心的维基百科系统。具体来说，图像百科系统能够接受用户上传一张图像，使用图像检索技术找出与该图像相关的百科条目，向用户返回，解答用户关于“这张图像是什么？”的问题；另外，该系统还要支持注册用户为某个百科条目添加/删除/更新图片，从而丰富百科条目，并提高系统检索的准确度；最后，根据项目总体要求，该系统需要同时支持用户使用电子消费终端（智能手机、平板电脑等）或 PC 机进行系统交互。图 4.1 给出了图像百科系统的使用过程示意图。

图 4.1　图像百科系统示意图

4.2 需求分析

4.2.1 功能需求

根据 4.1 节的描述，公司的系统分析师对系统进行了需求分析，图 4.2 给出了该系统的核心用例图，明确了系统的主要功能需求。

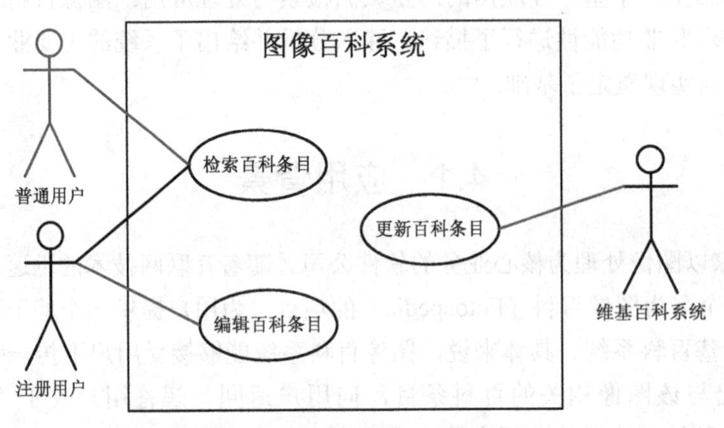

图 4.2 图像百科系统核心用例图

从图 4.2 中可以看出，图像百科系统有 3 个核心用例，分别是：普通用户和注册用户检索百科条目、系统注册用户编辑百科条目、系统定期从维基百科系统中更新百科条目。

系统用户主要分为普通用户和注册用户两类。普通用户类似于一般论坛系统的“游客”角色，这类用户能够使用系统提供的、基于图像的百科条目检索功能，并进行百科条目的浏览，但不能对系统中现有的百科条目进行编辑。注册用户指的是在百科系统中已经进行个人信息注册并得到确认的系统用户，注册用户具有普通用户的检索功能，除此之外，还能够通过添加/删除/替换百科条目中的图片信息实现对百科条目的编辑功能。

1. 检索百科条目

在该用例中，普通用户或注册用户将待检索图像（通过手机拍摄或存储于计算机中的某张图像等）上传到系统，系统首先对图片进行分析处理，然后检索其中存储的所有图像（这些图像与百科条目相关联），最终返回与待检索图像最相似的百科条目集合，供用户选择与浏览。

2. 编辑百科条目

在该用例中，注册用户可以对系统中与百科条目相关联的图像进行添加、删除或替换操作，实现对百科条目的编辑。需要注意的是，由于图像百科系统会定期根据维基百科的内容进行百科条目文字内容的更新，因此该系统仅支持用户对百科相关图像信息的编辑功能，不支持用户对百科条目文字信息的编辑功能。

具体来说，进行添加操作时，用户可以将自己拥有的、并认为能够反映本条目内容的新图像上传到系统，系统对图片内容进行解析，加入到现有百科条目中；进行删除操作时，用户可以通过浏览百科条目，删除与条目相关联的、自己认为不能反映该条目的图像；进行替换操作时，用户可以对已经存在的、与百科条目相关联的图像进行替换。

3. 更新百科条目

该用例是一个系统内部用例，由时间触发。图像百科系统需要定期从维基百科中抓取基于文字的百科条目信息，并对图像百科中的文字信息进行更新，更新时间可以由图像百科系统的管理员进行设置。

在核心用例图的指导下，公司的系统设计人员设计出了每个用例的详细交互过程，并给出了表格形式的详细用例描述，包括检索百科条目（表 4.1）、编辑百科条目相关图像（表 4.2～表 4.4，包括添加、删除、替换百科条目）和更新百科条目（表 4.5）。

表 4.1 检索百科条目详细用例

用例编号	UC-1	
用例名称	检索百科条目	
参与者	普通用户或注册用户	
描述	该用例描述了普通用户或注册用户检索百科条目的过程。用户上传一张图像，系统通过图像检索返回所有与该图像相关的百科条目，用户浏览检索结果	
用例典型事件流	参与者动作	系统响应
	Step1：上传一张图像	
		Step2：确认上传成功
		Step3：图像分析
		Step4：基于内容的图像检索
		Step5：向用户返回相关条目
	Step6：浏览检索结果	
可选事件流	Step1，用户上传图像时可能由于网络超时等原因失败，向用户返回“图像上传失败”提示信息 Step6，经过检索，发现没有相关条目命中，向用户返回“未找到相关条目”提示信息 在 Step1 之后、Step5 之前，用户可以关闭应用程序或检索页面，系统自动停止检索	
前置条件	普通用户和注册用户均可提交查询	
后置条件	用户可以对检索结果进行浏览与编辑	
假设	无	

表 4.2 编辑百科条目（添加操作）详细用例

用例编号	UC-2-1	
用例名称	编辑百科条目：添加图像操作	
参与者	注册用户	
描述	本用例详细描述了注册用户对现有百科条目相关联的图像进行添加的操作	
用例典型事件流	参与者动作	系统响应
	Step1：指定百科条目，选择添加图像操作	
		Step2：提示用户上传图像

（续表）

	Step3：上传图像	
		Step4：提示上传成功
	Step5：浏览修改结果	
可选事件流	Step3，用户上传图像时可能由于网络超时等原因失败，向用户返回“图像上传失败”提示信息 在 Step3 之后、Step4 之前，用户可以关闭应用程序或检索页面，系统自动停止上传动作	
前置条件	该操作只能由注册用户发出	
后置条件	图像上传成功后，用户可以立即看到新添加的图像	
假设	无	

表 4.3　编辑百科条目（删除操作）详细用例

用例编号	UC-2-2	
用例名称	编辑百科条目：删除图像操作	
参与者	注册用户	
描述	本用例详细描述了注册用户对现有百科条目相关联的图像进行删除的操作	
用例典型事件流	参与者动作	系统响应
	Step1：指定百科条目，选择删除图像操作	
		Step2：提示用户选择所要删除的图像
	Step3：删除图像	
		Step4：提示删除成功
	Step5：浏览修改结果	
可选事件流	Step3，用户删除图像时可能由于网络超时等原因失败，向用户返回“图像删除失败”提示信息 在 Step3 之后、Step4 之前，用户可以关闭应用程序或检索页面，系统自动停止删除动作	
前置条件	该操作只能由注册用户发出	
后置条件	图像删除成功后，用户可以立即查看删除效果	
假设	无	

表 4.4　编辑百科条目（替换操作）详细用例

用例编号	UC-2-3	
用例名称	编辑百科条目：替换图像操作	
参与者	注册用户	
描述	本用例详细描述了注册用户对现有百科条目相关联的图像进行替换的操作	
用例典型事件流	参与者动作	系统响应
	Step1：指定百科条目，选择替换图像操作	
		Step2：提示用户选择所要替换的图像
	Step3：上传新图像	
		Step4：提示替换成功
	Step5：浏览替换结果	

（续表）

可选事件流	Step3，用户上传图像时可能由于网络超时等原因失败，向用户返回“图像替换失败”提示信息 在 Step3 之后、Step4 之前，用户可以关闭应用程序或检索页面，系统自动停止替换动作
前置条件	该操作只能由注册用户发出
后置条件	图像替换成功后，用户可以立即看到替换后的图像
假设	无

表 4.5 更新百科条目详细用例

用例编号	UC-3	
用例名称	更新百科条目	
参与者	图像百科系统管理员	
描述	该用例描述了图像百科系统定期从维基百科载入数据，对条目进行更新的过程	
用例典型事件流	参与者动作	系统响应
	Step1：到达更新时间，启动图像百科条目更新	
		Step2：下载维基百科数据库
		Step3：解压缩 XML 文档
		Step4：解析 XML 文档
		Step5：更新图像百科条目到数据库中
可选事件流	在 Step1 之后，系统可能由于宕机、网络超时等原因更新失败，系统数据库回滚，并重新开始更新操作	
前置条件	该操作只能由图像百科系统管理员发出	
后置条件	系统条目更新成功后，用户可以立即看到最新的条目	
假设	无	

4.2.2 非功能需求

除了上述功能性需求，系统分析和设计人员还确定了图像百科系统的非功能性需求，主要包括性能、可扩展性和可用性等方面。

（1）性能方面，图像百科系统向用户提供信息检索业务。根据一项用户调查，图 4.3 展示了大家比较认可的网页中的用户等待时间范围[①]。

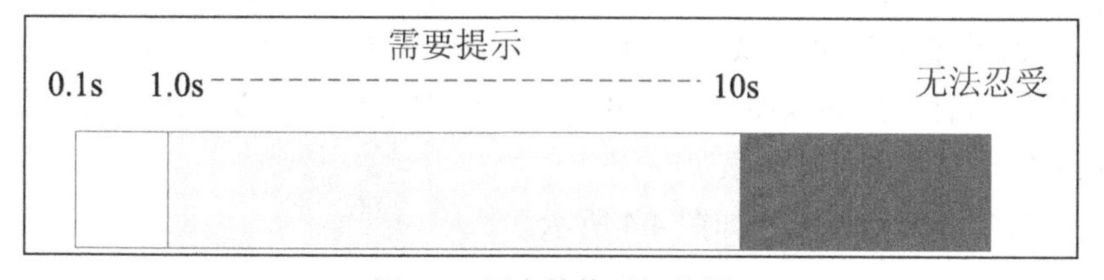

图 4.3 用户等待时间范围

[①] 减少用户心理等待时间，提升用户体验. http://blog.sina.com.cn/s/blog_867aa1230100uagw.html

- 0.1s 内显示反馈结果是用户可以接受的。
- 1.0s 是用户保持不间断的思维流的限定时间，用户会注意到这样的延迟。
- 10s 是保持用户关注当前对话框的极限时间。

上面的时间是针对 PC 端的网页而言的，对于移动终端，时间的标准可能还要缩短。一般而言，大多数用户对 3s 内的延迟是可以接受的，当页面加载时间超过 3s，需要适当给出一些加载提示让用户知道该页面仍然“活着”，并且可以很快看到结果。

（2）可扩展性是保证系统竞争力的关键，也是新一代互联网站面对的核心问题之一。图像百科系统是依赖于用户上传的百科条目图片的，理论上讲，用户上传的图片量越多越全面，系统检索到的准确率会越高，因此图像百科系统鼓励用户上传图片。面对海量的图片，系统的平滑扩展显得尤为重要。因此，图像百科系统应该能够方便地通过增加计算和存储节点的方式，实现水平扩展。

（3）可用性方面，系统应该容许节点的失效，并能快速地从故障中恢复出来。具体来说，对于分布式存储的数据，要保证系统中一部分存储节点出现故障时，集群中数据仍然完整，并能快速从其他存储节点中恢复数据。另外，分布式集群应该避免单点失效问题，防止主从结构中主节点宕机导致整个集群瘫痪的情况。

最后，对于用户数据应该保证数据的安全。

4.3 核心业务处理流程

在对系统用例进行深入分析的基础上，系统设计人员给出了查询、编辑和更新百科条目的详细业务处理流程，下面将分别予以说明。

4.3.1 查询百科条目处理流程

由于互联网信息爆发，用户在网上每天都会看到数以千计的图片，但是图片只能给用户带来视觉感受，而不能直接告诉用户该图片的具体文字信息，所以用户遇到绝大多数图片时，并不能准确得知图片中的人物、场景、来源等信息。另外，用户在日常生活中也会对看到的很多情景感到不解，如图 4.1 所示的场景：蛙类属于两栖类动物，种类超过 4800 种，那么现在所见的这只很奇怪的青蛙又属于哪一类呢？它有什么特点呢？

图像百科系统的推出解决了以上所有问题。用户可能对互联网信息和生活内容有所疑惑，所有这些视觉信息都能够以图片的形式表达并传递，从而可以在图像百科系统中检索并从返回的信息中解决自己的疑惑。

查询百科条目的详细处理流程如图 4.4 所示。

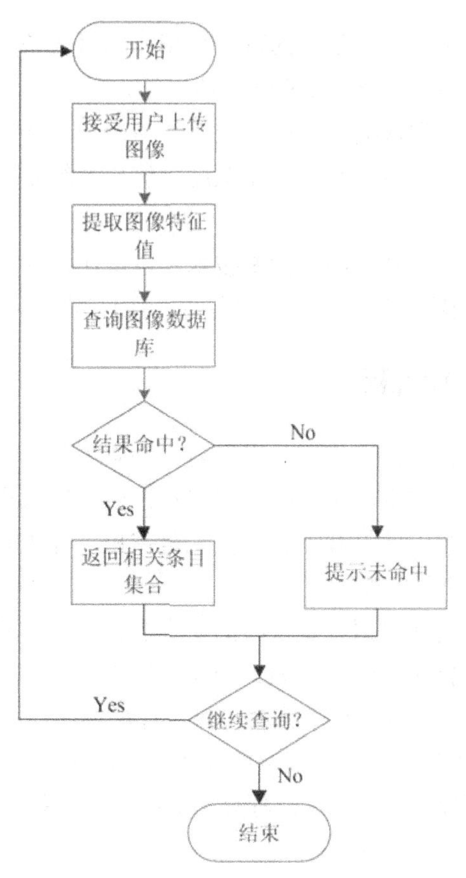

图 4.4 查询百科条目处理流程

针对图 4.1 所示的场景，用户使用手持设备（比如智能手机或者平板电脑）登录图像百科（Fotospedia）的首页，这时图像百科会提示用户上传一张图片。如果用户手持设备上暂时没有该青蛙的图片，可以即刻拍摄一张并将青蛙照片上传至图像百科网站。系统从后台获取到用户上传的图片并立即进行分析，首先提取图片的特征值，然后与图像数据库中的所有图片特征值进行检索比较。

由于采用基于内容的图像检索（Content-Based Image Retrival，CBIR）技术，百科条目的命中与否取决于用户上传图像和数据库中百科条目的图像之间的内容相似度。所谓图像内容，一般指图像本身包含的底层特征信息，如颜色、纹理、形状和空间关系等可视特征。为此，系统预先提取了数据库中所有图像的内容特征，存入数据库并进行索引。

检索过程就是特征值相似度计算的过程：当系统获取到用户上传的图片时，同样会首先提取该图片的特征值，然后按照一定的 CBIR 相似度对比算法进行相似度计算，并对最终的相似度排序。检索结果会按照与上传的图片特征相似度由高到低的排序返回给用户，为了过滤相似度较低的图片条目，系统设置了一个相似度阈值，当相似度低于该阈值时，系统认为这些条目与用户上传的样本图片并不相似，而相似度高于该阈值的所有图片构成命中结果集。所有命中的图片均关联着自己对应的百科条目，由于一张图片也可能关联着多个百科条目，因此图像百科系统会返回给用户多个相关的条目及图片。

用户在这些相关结果中选择与眼前的青蛙最相似的百科条目进行查阅，查看自己感兴趣的信息，完美解决问题后还可选择继续检索其他内容。

如果系统经检索后，图像数据库中图片特征值与用户上传图片的特征值无法匹配，即该图片与数据库中所有图片的相似度都低于相似度阈值，系统则提示用户没有找到结果，建议用户重新拍摄图片并上传。

图像百科系统采用基于内容的图像检索技术，以最快捷的方式解决用户的问题，而且基于图像的百科条目检索功能没有任何权限限制，任何用户都可以访问并使用。

4.3.2 编辑百科条目处理流程

图像百科如同维基百科一样，是一个内容自由、有多种语言、并且任何人都能参与编辑的百科全书。用户只要在图像百科网站中注册账户，就可以对指定的百科条目内容图片进行删除或替换等操作。在遵循中性的观点、不侵犯著作权、尊重其他参与者的指导方针下，任何参与者都可以成为图像百科的编辑。

由于图像百科系统会定期根据维基百科的内容进行百科条目文字内容的更新，所以系统并不对用户提供对百科条目文字信息的编辑功能，仅支持用户对百科条目相关图像信息的编辑功能。所有注册用户都可以对系统中百科条目进行添加图片、删除图片或替换图片 3 种操作，从而达到建立一个完整、准确和中立的百科全书的目标。

添加、删除和替换图片的详细处理流程分别如图 4.5、图 4.6 和图 4.7 所示。

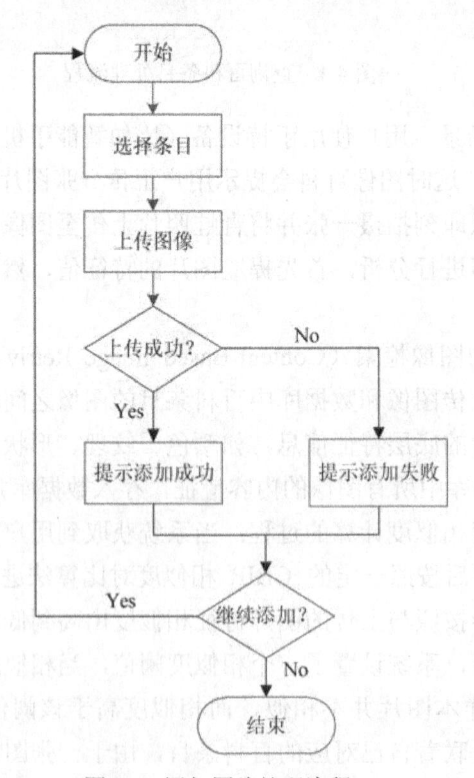

图 4.5 添加图片处理流程

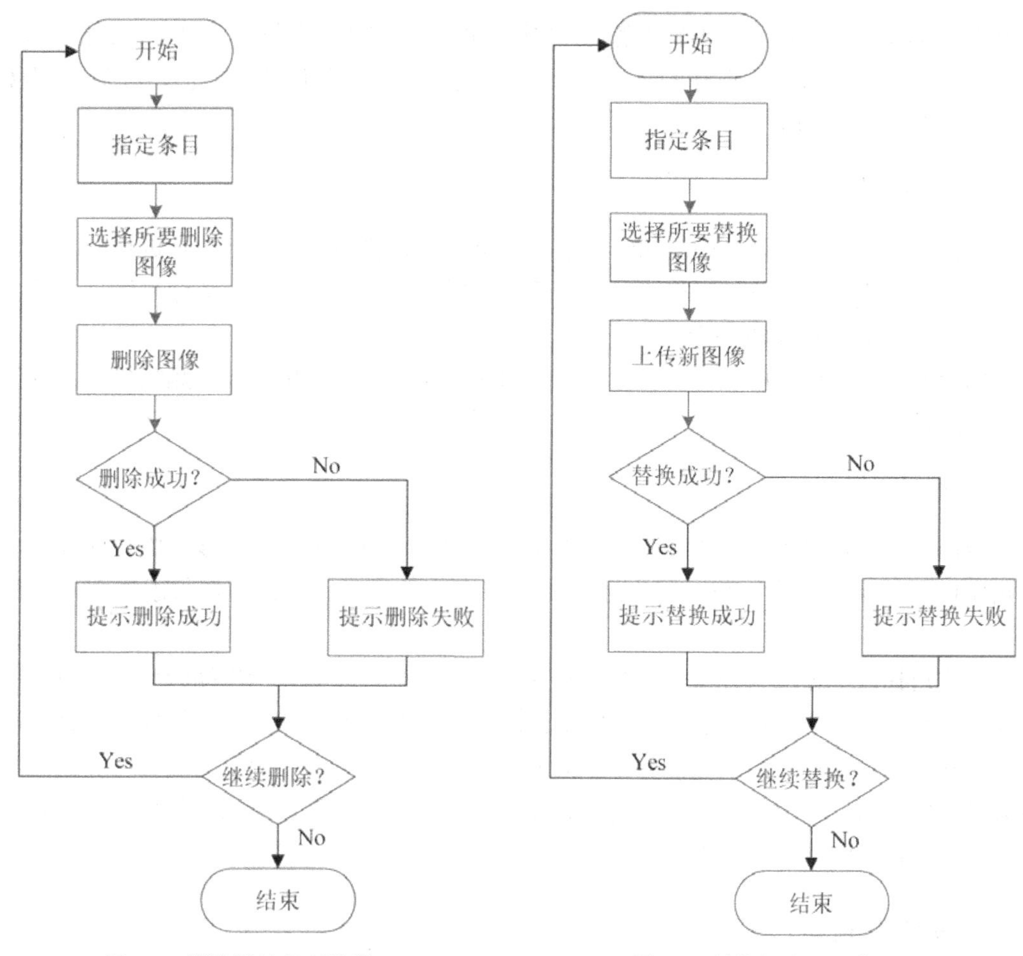

图 4.6 删除图片处理流程　　图 4.7 替换图片处理流程

编辑一个图像百科条目十分简单，用户登录后，只要单击页面上方的“编辑本页”，就可以看到一个包含该页面条目信息的可编辑区域。其中，百科条目的文字信息是灰色不可更改的，百科条目所关联的图像信息才可以根据用户的意愿进行编辑。系统会提示可以对百科条目进行添加图片、删除图片和替换图片 3 种操作，供用户选择。

1. 添加图片

用户使用添加图片链接上传图片，在文件名处填入上传图像在计算机上的路径，也可以使用“浏览”按钮在计算机上定位该图像。

每一个上传的图片都有一个描述页，用来说明图像的相关信息，用户可以点击一个图像进入这个页面。注册用户进行添加图片操作时，至少应该为描述页加入一个简短的说明，特别是该图像的出处，以及该图像的版权归属情况。在“简述”一栏中填入图像的简单描述，简述中的内容会直接显示在最终页面中所上传图像的正下方。

用户可以上传一个任意高分辨率的图像，并且可以按比例缩小该图像。而且系统对用户上传图片的格式没有特别要求，但是建议用户不要使用无压缩及占用空间大的图片格式。当对上传图片的调整结束后，单击“完成”按钮，即可将该图像上传至百科条目的指定位置。

图像百科系统后台获取用户添加的图片后，需要提取图片的特征值，存储至图像数据库，以备检索图像之用。

2. 删除图片

同样，在编辑者认为有必要的情况下，也可以对百科条目下的某图片进行删除操作。把它从使用该图片的百科条目中移除，变成孤立的图像。用户还需要在图像描述页上添加一个通告，比如添加一个图像侵权通告。

删除图片操作完成后，需要管理员结合用户的删除理由做出最终的删除决定，以保证百科条目信息的公正客观。

3. 替换图片

当用户认为百科条目中的某图片不能帮助介绍相关主题或者图片涉及版权问题时，可以对指定的图片进行替换操作。用户选择要被替换的图片后，替换操作与添加图片操作基本相同。

用户选择以上任何一种操作执行完毕并提交后，系统即刻显示出编辑后的百科条目效果页面，在预览过程中用户可能会发现错误，这时可以对页面继续进行编辑操作，直到达到用户的要求。用户的所有编辑操作并不会立即对所有用户可见，当用户的编辑内容通过网站管理人员的审核后，其他用户才可以查看到该百科条目修改后的最新图片信息，并可以在版本历史页面中查看所有用户对该条目做出的贡献。

4.3.3 更新百科条目处理流程

图像百科中的图像信息完全由注册用户维护更新，而百科条目的文字信息是通过定期从维基百科下载来更新的，更新时间是由图像百科系统的管理员进行设置的。更新百科条目的详细处理流程如图 4.8 所示。

维基百科是一个庞大的百科数据库，并且提供所有的完整内容供有兴趣的用户下载。维基百科的条目信息以 XML 格式的文档存储，并以 bzip2 及 gz 压缩。其中，最新英文维基百科数据库压缩文件为 7.3GB，中文维基百科数据库压缩文件为 572.9MB，大约每周更新一次。

图像百科系统达到管理员设置的更新时间后，百科系统自动从维基百科网站指定链接上获取最新的维基百科条目文档，解压缩并得到原始的 XML 文件。值得注意的是，由于涉及版权问题，自 2007 年 5 月 17 日之后，维基百科不再开放图片及其文件的 BT 下载。所以，系统所下载到的维基百科数据库全部是百科条目的文字信息。

图像百科系统解析解压后的 XML 文档，分析文档中使用的维基语法，分别抽取出条目的标题、内容、格式信息等，对图像百科系统对应条目的文字信息进行更新。

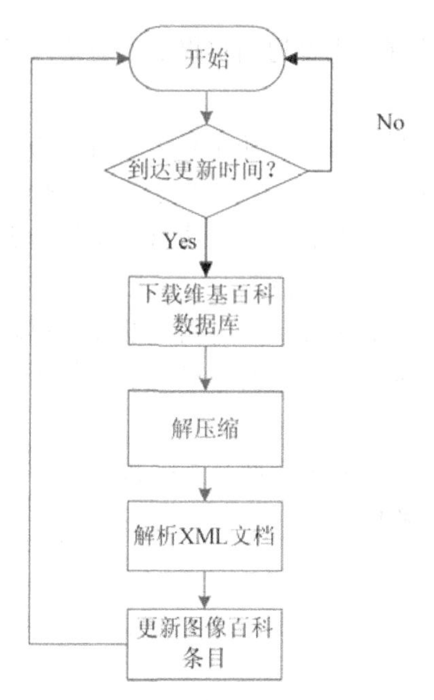

图 4.8 更新百科条目处理流程

4.4 总体设计

图 4.9 为图像百科系统的上下文数据流图，该图确定了图像百科系统全局的系统边界，显示了该系统和系统外部实体（如用户和其他系统）之间的边界和接口。

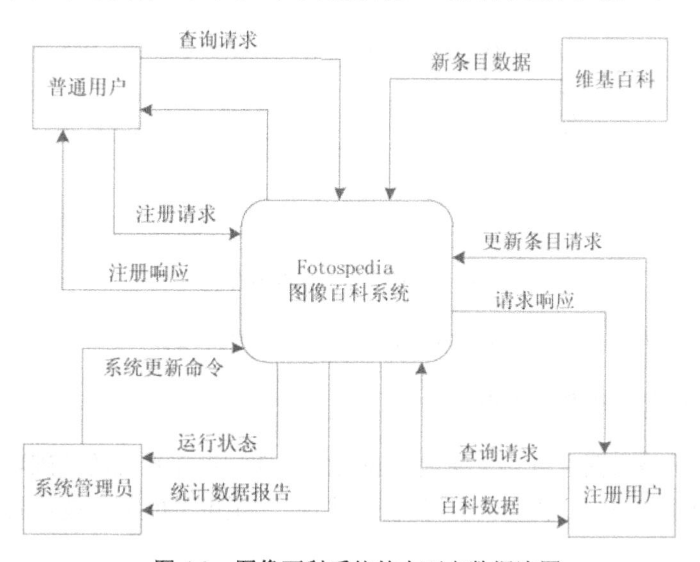

图 4.9 图像百科系统的上下文数据流图

用户是系统交互的核心对象，从用户角色方面可以将用户划分为普通用户和注册用户。普通用户具有提交查询请求的权限，能够向系统提交图像进行检索。系统响应用户查询请求，并返回查询到的百科数据。当普通用户提交注册请求后，通过系统注册审核的用户成为注册用户。

注册用户除了能够查询百科条目外，还享有更新百科条目的权利。注册用户可以提交更新条目的请求，该请求通过审核后会反馈给注册用户一个请求响应。

图像百科的百科数据来源于维基百科，图像百科系统会定期抓取维基百科的新数据，并进行数据更新，保证百科条目的数据完备性。

系统管理员角色会管理图像百科系统，并对系统发出更新命令，这里的更新可能包括系统本身功能的更新和数据的更新两种。另外，管理员角色还会接受来自系统的运行状态报告及各种统计数据报告。

基于上述详细的需求分析，公司的系统分析师和架构师对系统进行了总体设计，图 4.10 给出了图像百科系统的总体架构图。

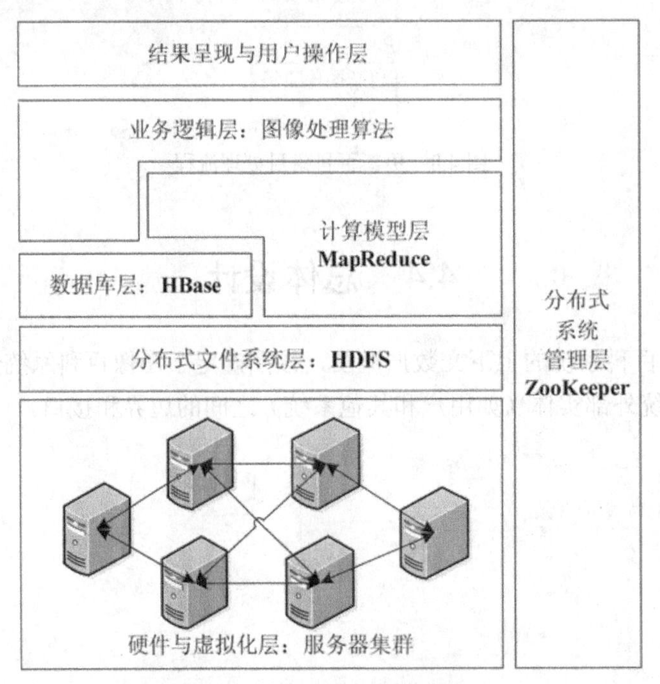

图 4.10　图像百科系统总体架构

从图 4.10 可以看出，图像百科系统可以分为 7 个主要层次。

1. 硬件与虚拟化层：服务器集群

该层的主要作用是为图像百科系统提供底层的硬件与操作系统的基础环境支持。图像百科系统底层采用云计算技术，整个计算环境构建在一个采用了虚拟化技术的 PC 机服务器集群之上。

2. 分布式文件系统层

该层的主要作用是为图像百科系统提供底层的存储平台。分布式文件系统层位于整个系统的底层，它向计算模型层、数据块层及 Web 访问提供统一的访存接口，其他模块通过接口的调用可以很方便地在分布式文件系统中存取数据。同时，该层的副本策略、负载均衡等机制也保证了存储平台的可用性和可靠性，为整个系统提供稳定的、可依赖的存储空间。

3. 数据库层

该层的主要作用是为图像百科系统提供数据存储支持，能够向业务逻辑层和计算模型层提供数据持久化功能。并通过合理的主键设置和索引机制，向上层提供高效的数据访问能力。图像百科系统采用 HBase 作为数据库，能够满足系统高并发、高可扩展性的需求。图像百科系统的用户信息、百科条目和图像特征的数据都存储在 HBase 中。

4. 计算模型层

该层的主要作用是当图像百科系统需要进行海量数据处理时，可以在大量普通配置的计算机上实现并行处理。对图像百科系统进行检索时，需要检索系统所有大量的图片特征值，更新图像百科系统条目时，也需要对系统所有百科条目进行解析和存储更新，这些海量数据的处理就要借助于 MapReduce 计算模型。MapReduce 计算模型封装了并行处理、容错处理、本地化计算、负载均衡等细节，还提供了简单而强大的接口。通过这个接口，可以把大数据量的计算自动地并发和分布执行，使之变得非常容易。

5. 业务逻辑层

该层的主要作用是进行与图像处理相关的操作，调用下层的计算模型层进行数据处理，并通过数据库层实现对数据的读写操作。具体来说，该层提供图像特征抽取、图像匹配、数据入库等业务。特征抽取是通过调用计算模型层的 MapReduce 分布计算模型，将抓取自网络的图片的底层特征在各个计算节点抽取并存入数据库层中；从用户操作层获取的用户上传图片，也会首先抽取特征入库，并将图片文件交由分布式文件系统层处理。

6. 结果呈现与用户操作层

该层的主要作用是接受用户对百科条目中图像的查询、添加、删除、替换等操作请求，对用户身份和操作的合法性进行验证，并将请求转发到业务逻辑层。图像百科系统同时支持浏览器网页方式（如 IE、Firefox、Chrome 等）和手持设备 App 方式（如运行 iOS、Android 等平台的手持设备）的请求发送与结果呈现。对于浏览器网页方式，图像百科系统使用 Web 服务器接受请求，并进行操作的验证与处理，通过动态页面生成技术向用户呈现合适的结果；对于手持设备 App 的请求方式，请求也会被发送到 Web 服务器，系统进行验证和处理后，将结果数据发送到 App 客户端，由客户端负责渲染与呈现。

7. 分布式系统管理层

该层的主要作用是对整个系统的服务器集群进行管理，同时提供全局配置信息管理功能。ZooKeeper 的集群机器监控能够对集群中机器的变化做出快速响应，从而提供高可用性服务。在图像百科系统中，部署在多个机器上的应用程序需要感知整个集群的状态，以及某个机器的信息，并在机器状态变化时能触发自己的事件处理程序，所以在应用程序中都有一个集群管理器的实例，应用程序通过集群管理器访问/管理集群。集群间的公有配置信息需要集中管理，这一点通过 ZooKeeper 的配置管理功能实现。将公共的配置信息放到 ZooKeeper 服务器的特定目录下作为共享配置，一旦配置发生变化，每台应用服务器就会收到 ZooKeeper 的通知，获取最新的配置信息。

4.5 本章小结

本章主要介绍了图像百科系统的设计过程。首先介绍了图像百科系统的应用背景，是通过图像这种可视化的方式查询百科内容。然后分别从功能需求和非功能需求两方面对系统进行了需求分析。第 4.3 节着重分析系统核心业务处理流程，对查询、编辑、更新百科条目的处理流程进行了分析，并以流程图的方式展示。第 4.4 节则对系统进行总体设计，通过上下文数据流图及系统总体架构图展示了系统的边界和架构设计。

本章主要通过系统设计部分的介绍，希望让读者了解贯穿本书始终的图像百科系统的详细情况与开发要求，这将有利于读者对后续章节的理解。

第 5 章　使用 HDFS 存储海量图像数据

互联网应用每时每刻都在产生数据。经过长期积累，这些数据文件总量非常庞大，存储这些数据需要投入巨大的软硬件资源。如果能够利用已有空闲磁盘组成集群来存储这些数据，则可以不再需要大规模采集服务器存储数据或购买容量庞大的磁盘，减少了硬件成本。这种方案正是使用分布式存储思想来解决这个问题的。

在前述章节详细分析系统需求的基础上，本章利用 HDFS 存储海量数据的能力，实现了图像百科系统中海量图像数据存储这一重要功能。

5.1　HDFS 介绍

5.1.1　HDFS 架构

HDFS 在整个 Hadoop 体系结构中处于最基础的地位。从内部实现来看，其目录结构和文件内容都没有存储在本地磁盘中，而是通过网络传输到远端系统上。总体来说，HDFS 分为 3 个部分，即客户端、主控节点（Namenode）和数据节点（Datanode）。Namenode 是分布式文件系统的管理者，主要负责文件系统的命名空间、集群的配置信息和数据块的复制信息等，并将文件系统的元数据存储在内存中；Datanode 是文件实际存储的位置，它将数据块（Block）信息存储在本地文件系统中，并且通过周期性的心跳报文将所有数据块信息发送给 Namenode。HDFS 体系结构如图 5.1 所示。

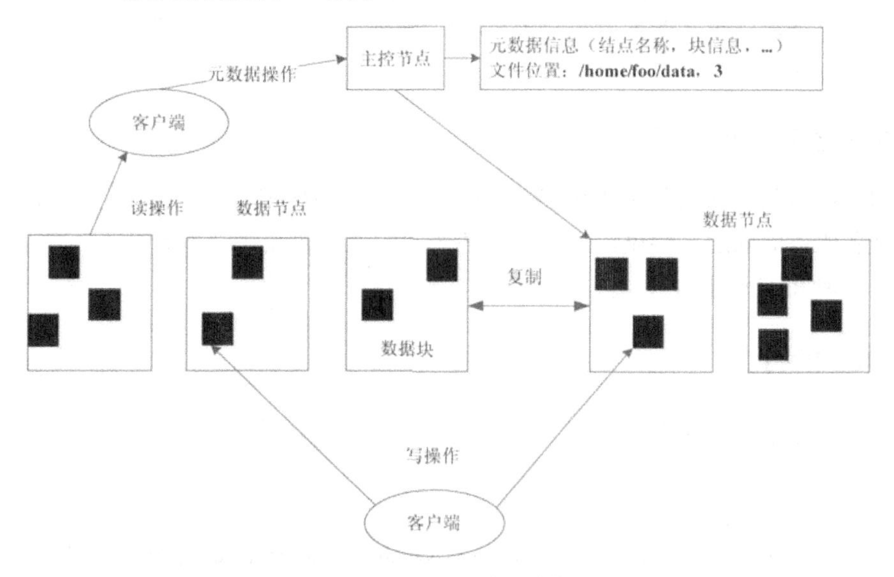

图 5.1　HDFS 体系结构

1. Namenode 和 Datanode[①]

HDFS 采用 Master/Slave 架构。一个 HDFS 集群由一个 Namenode 和一定数目的 Datanode 组成。Namenode 是一个中心服务器，负责管理文件系统的命名空间（namespace）及客户端对文件的访问。集群中的 Datanode 一般是一个节点，负责管理它所在节点上的存储。

HDFS 暴露了文件系统的命名空间，用户能够以文件的形式在上面存储数据。从内部看，一个文件其实被分成一个或多个数据块，这些数据块存储在一组 Datanode 上。Namenode 执行文件系统的命名空间操作，比如打开、关闭、重命名文件或目录，它也负责确定数据块到具体 Datanode 节点的映射。Datanode 负责处理文件系统客户端的读写请求。在 Namenode 的统一调度下进行数据块的创建、删除和复制。HDFS 默认的数据块大小为 64MB，副本因子为 3。在整个集群中，同时提供服务的只有 Namenode。Namenode 周期性地从每个 Datanode 中接收心跳报文，心跳报文的接收成功与否表示该 Datanode 节点是否正常工作。

Namenode 和 Datanode 可以在普通的商用机器上运行，这些机器一般运行着 GNU/Linux 操作系统。HDFS 采用 Java 语言开发，因此任何支持 Java 的机器都可以部署 Namenode 或 Datanode。由于采用了可移植性极强的 Java 语言，使得 HDFS 可以部署到多种类型的机器上。一个典型的部署场景是一台机器上只运行一个 Namenode 实例，而集群中的其他机器分别运行一个 Datanode 实例。这种架构并不排斥在一台机器上运行多个 Datanode，只不过这样的情况比较少见。

集群中单一 Namenode 的结构大大简化了系统的架构。Namenode 是所有 HDFS 元数据的仲裁者和管理者，是 HDFS 文件系统的核心模块。

2. 数据分布

在 HDFS 中，Namenode 存储 HDFS 的元数据。Namenode 中的数据量并不大，但是逻辑相对于 Datanode 而言则更复杂。具体的文件数据被拆分成为多个数据块文件，存储在各个 Datanode 中。每个数据块文件在 Datanode 中都表现为一对文件：一个是数据文件，另一个是附加信息的元数据文件。

3. 服务器之间的通信

所有的 HDFS 通信协议都构建在 TCP/IP 协议上。在 HDFS 中，部署了一套 RPC 机制，从此来实现各服务间的通信协议。每一对服务器间的通信协议，都被定义为一个接口，在独立的线程中处理 RPC 请求。

5.1.2 HDFS 的特点

HDFS 系统具有如下特点：

---

① Hadoop HDFS 设计思路. http://hadoop.apache.org/common/docs/r0.20.203.0/cn/hdfs_design.html

（1）非常适合海量数据的存储和处理。

（2）可扩展性高，只需简单添加服务器数量，即可实现存储容量和计算能力的线性增长。

（3）数据冗余度高，默认情况下每份数据在3台服务器上保留备份。

（4）适合“流式”访问，即一次写入，多次读取，数据写入后极少修改，这非常符合图像文件的特点。

综合以上分析，读者可以看出，HDFS 分布式文件系统非常适合作为图像百科系统的底层存储平台，另外，结合 Hadoop MapReduce 分布式计算框架及 HBase，可以充分利用各节点的 CPU 计算资源，进行海量图像数据的处理、检索等数据密集型计算。

5.1.3 HDFS 存取机制简介

图 5.2 描述了 HDFS 在读文件过程中，客户端、Namenode 和 Datanode 之间是如何交互的。

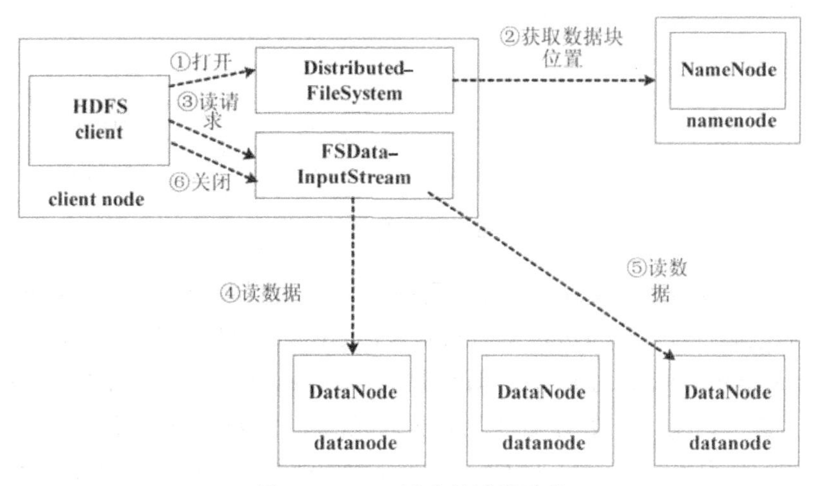

图 5.2 HDFS 读文件过程示意

整体流程总结如下。

① client 调用 get()方法得到 HDFS 文件系统的一个实例（具有 DistributedFileSystem 类型），然后调用该实例的 open()方法。

② DistributedFileSystem 实例通过 RPC 远程调用 Namenode 决定文件数据块的位置信息。对于每一个数据块，Namenode 返回数据块所在的 Datanode（包括副本）的地址。DistributedFileSystem 实例向 client 返回 FSDataInputStream 类型的实例，用来读数据。FSDataInputStream 中封装了 DFSInputStream 类型，用于管理 Namenode 和 Datanode 的输入输出操作。

③ client 调用 FSDataInputStream 实例的 read()方法。

④ DFSInputStream 实例保存了数据块所在 Datanode 的地址信息。DFSInputStream 实例连接第一个数据块的 Datanode，读取数据块的内容，并传回给 client。

⑤ 当第一个数据块读完，DFSInputStream 实例关掉与这个 Datanode 的连接。然后开始读第二个数据块。

⑥ 当 client 的读操作结束后，调用 FSDataInputStream 实例的 close()方法。

在读的过程中，如果 client 和一个 Datanode 通信时出错，它会连接副本所在的 Datanode。这种 client 直接连接 Datanode 读取数据的设计方法使 HDFS 可以同时响应很多 client 的并发操作。

图 5.3 描述了 HDFS 创建文件和写文件的过程。

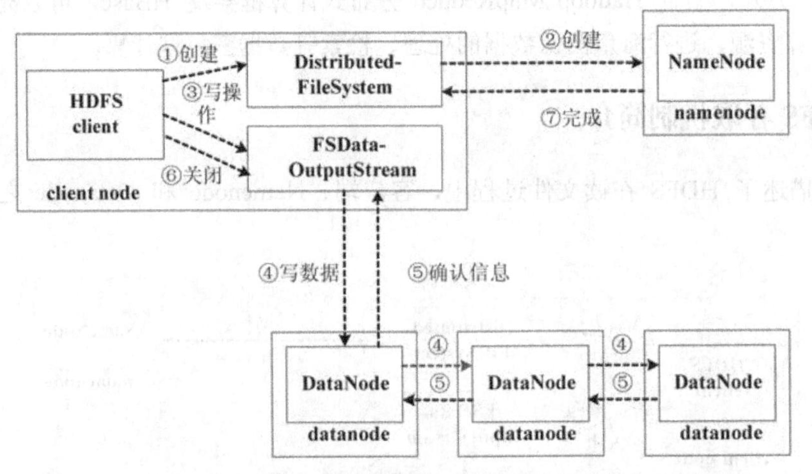

图 5.3 HDFS 创建文件和写文件的过程

上述过程涉及 HDFS 创建文件、写文件及关闭文件等操作，整体流程总结如下。

① client 通过调用 DistributedFileSystem 对象的 create()方法来创建文件。

② DistributedFileSystem 对象通过 RPC 调用 Namenode，在文件系统的命名空间里创建一个文件，这个时候还没有任何数据块信息。DistributedFileSystem 对象返回 FSDataOutputStream 对象给 client。FSDataOutputStream 对象封装了 DFSOutputStream 对象来处理与 Datanode 和 Namenode 之间的通信。

③ 当 client 写一个数据块内容的时候，DFSOutputStream 对象把数据分成很多包（packet）。FSDataOutputStream 对象询问 Namenode 挑选存储这个数据块及它的副本的 Datanode 列表。包含在该列表内的 Datanode 组成了一个管道，图 5.3 中管道由 3 个 Datanode 组成（默认参数是 3），这 3 个 Datanode 的选择有一定的副本放置策略，关于具体的副本放置策略将在后续章节中介绍。

④ FSDataOutputStream 对象把包写进管道的第一个 Datanode 中，然后管道将包转发给第二个 Datanode，这样一直转发到最后一个 Datanode。

⑤ 只有当管道里所有 Datanode 都返回写入成功，这个包才算写成功，发送应答给 FSDataOutputStream 对象，开始下一个包的写操作。

⑥ 当 client 完成所有对数据块内容的写操作后，调用 FSDataOutputStream 对象的 close()方法关闭文件。

⑦ FSDataOutputStream 对象通知 Namenode 写文件结束。

RPC（Remote Procedure Call）指远程过程调用协议。它是一种通过网络从远程计算机程序上请求服务，而不需要了解底层网络技术的协议。RPC 协议假定已经存在某些传输协议，如 TCP 或 UDP，它采用客户机/服务器模式，为通信程序之间携带信息数据。HDFS 源代码中大量使用了 RPC，读者应对此有所了解。

5.2　HDFS 接口介绍

HDFS 存储接口

如何方便地读写文件内容是用户使用文件系统时很关注的一个问题。针对该问题，Hadoop 平台中的 HDFS 提供了一套高效的文件访问接口进行文件内容的读写操作。

HDFS 提供了命令行方式和 API 方式来对其进行操作。当 HDFS 部署在多个节点后，用户可以上传任意文件到 HDFS 中，无须关心文件究竟存储在哪个节点，只要通过命令行方式或 API 方式访问文件即可。

1. 命令行方式

HDFS 以文件和目录的形式组织用户数据。它提供了一个命令行的接口（称为 DFSShell）让用户与 HDFS 中的数据进行交互。命令的语法和读者熟悉的其他 Shell（如 bash、csh）工具类似。表 5.1 中是一些动作/命令的示例。

表 5.1　HDFS 数据交互命令示例

动作	命令
创建一个名为/foodir 的目录	bin/hadoop dfs -mkdir /foodir
将本地文件系统 input 目录复制到 HDFS 根目录下	bin/hadoop dfs -put input
复制 HDFS 中的 out 文件到本地文件系统	bin/hadoop dfs -get out output
显示/foodir/myfile.txt 文件的大小	bin/hadoop dfs -dus /foodir/myfile.txt
查看/foodir/myfile.txt 文件的内容	bin/hadoop dfs -cat /foodir/myfile.txt

（1）创建文件夹

在输入了 mkdir 命令后，文件系统会在指定路径下创建对应的目录。图 5.4 演示了通过输入./hadoop dfs –mkdir /photos 命令，在根目录下创建一个名为 photos 的文件夹。

```
root@wanglei-PC:/usr/hadoop-0.20.2/bin# ./start-all.sh
starting namenode, logging to /usr/hadoop-0.20.2/bin/../logs/hadoop-root-namenod
e-wanglei-PC.out
localhost: starting datanode, logging to /usr/hadoop-0.20.2/bin/../logs/hadoop-r
oot-datanode-wanglei-PC.out
localhost: starting secondarynamenode, logging to /usr/hadoop-0.20.2/bin/../logs
/hadoop-root-secondarynamenode-wanglei-PC.out
starting jobtracker, logging to /usr/hadoop-0.20.2/bin/../logs/hadoop-root-jobtr
acker-wanglei-PC.out
localhost: starting tasktracker, logging to /usr/hadoop-0.20.2/bin/../logs/hadoo
p-root-tasktracker-wanglei-PC.out
root@wanglei-PC:/usr/hadoop-0.20.2/bin# ./hadoop dfs -mkdir /photos
root@wanglei-PC:/usr/hadoop-0.20.2/bin#
```

图 5.4　创建目录

文件创建完成后，通过浏览器访问文件系统的 50070 端口可以查看 Namenode 及整个分布式文件系统的状态，浏览分布式文件系统中的文件及日志等。从图 5.5 中可以看到刚才创建的 photos 文件夹。

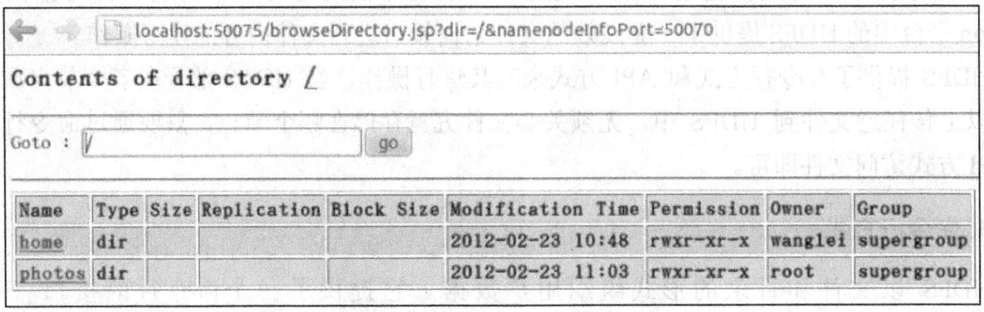

localhost:50075/browseDirectory.jsp?dir=/&namenodeInfoPort=50070

Contents of directory /

Goto : / go

Name	Type	Size	Replication	Block Size	Modification Time	Permission	Owner	Group
home	dir				2012-02-23 10:48	rwxr-xr-x	wanglei	supergroup
photos	dir				2012-02-23 11:03	rwxr-xr-x	root	supergroup

图 5.5　使用浏览器查看文件系统

由此可知，通过 mkdir 命令，可以方便地在 HDFS 中建立相应的目录。

（2）管理 HDFS 集群

DFSAdmin 命令用来管理 HDFS 集群，这些命令只有 HDFS 的管理员才能使用。表 5.2 是一些常见动作/命令的示例。

表 5.2　HDFS 集群管理命令示例

动作	命令
将集群置于安全模式	bin/hadoop dfsadmin -safemode enter
显示 Datanode 列表	bin/hadoop dfsadmin -report
使 data 节点失效	bin/hadoop dfsadmin -decommission data

图 5.6 演示了在输入./hadoop dfsadmin -report 命令后，系统立即显示 Datanode 列表。

```
root@wanglei-PC:/usr/hadoop-0.20.2/bin# ./hadoop dfsadmin -report
Configured Capacity: 19281981440 (17.96 GB)
Present Capacity: 13031845888 (12.14 GB)
DFS Remaining: 13031809024 (12.14 GB)
DFS Used: 36864 (36 KB)
DFS Used%: 0%
Under replicated blocks: 0
Blocks with corrupt replicas: 0
Missing blocks: 0

-------------------------------------------------
Datanodes available: 1 (1 total, 0 dead)

Name: 127.0.0.1:50010
Decommission Status : Normal
Configured Capacity: 19281981440 (17.96 GB)
DFS Used: 36864 (36 KB)
Non DFS Used: 6250135552 (5.82 GB)
DFS Remaining: 13031809024(12.14 GB)
DFS Used%: 0%
DFS Remaining%: 67.59%
Last contact: Fri Jan 06 15:10:29 CST 2012
```

图 5.6 report 命令

2. API 方式

虽然可以通过命令行方式方便地管理 HDFS 集群及其文件，但通过各类 API 进行文件系统的读写操作是一种更为普遍的使用方式。另一方面，对 HDFS API 接口的熟悉与掌握也是实现系统功能的基础。

HDFS 主要通过 FileSystem 类来完成对文件的打开操作。与 Java 语言使用 java.io.File 类型来表示文件不同，Hadoop 的 HDFS 文件系统中的文件是通过 Hadoop 的 Path 类来表示的。FileSystem 是一个文件系统的实例，这个文件系统可以是 HDFS，也可以是本地的文件系统。

表 5.3 列举了一些访问文件系统时常用的类及其功能简介。

表 5.3 HDFS 文件系统读写常用类

Hadoop 类	功能
org.apache.hadoop.fs.FileSystem	一个通用文件系统的抽象基类，可以被分布式文件系统继承。所有使用 Hadoop 文件系统的代码都要使用到这个类
org.apache.hadoop.fs.FileStatus	客户端可见的文件状态信息
org.apache.hadoop.fs.FSDataInputStream	文件输入流，用于读 Hadoop 文件
org.apache.hadoop.fs.FSDataOutputStream	文件输出流，用于写 Hadoop 文件
org.apache.hadoop.fs.permission.FsPermission	文件或者目录的权限
org.apache.hadoop.conf.Configuration	访问配置项类。如果没有另外配置，所有配置项的值都以 core-default.xml 配置文件为准；否则，以 core-site.xml 文件中的配置为准

通过 API 方式在 HDFS 上进行访存操作，就是通过以上类的功能组合来实现的。这些类的实现机制及其源码分析将在后续章节中进行深入探讨，在本章，读者只需熟练掌握其使用方法即可。

下面通过一些基本的存取实例来学习 HDFS 的 API 接口，其中相同的功能可能在不同的类中有着不同的实现方法，建议读者在具体的开发过程逐渐熟悉并掌握这些方法的使用。

（1）从本地文件系统复制文件到 HDFS

```
Configuration config = new Configuration();
FileSystem hdfs = FileSystem.get(config);
Path srcPath = new Path(srcFile);
Path dstPath = new Path(dstFile);
hdfs.copyFromLocalFile(srcPath, dstPath);
```

上述代码片段演示了如何从本地文件系统复制一个文件到 HDFS 文件系统中，其中 srcPath 代表本地文件系统中，由文件路径加文件名组成的 Path 类型变量；dstPath 代表 HDFS 中，由文件路径加文件名组成的 Path 类型变量。

（2）在 HDFS 中创建一个文件

```
Configuration config = new Configuration();
FileSystem hdfs = FileSystem.get(config);
Path path = new Path(fileName);
FSDataOutPutStream outputStream = hdfs.create(path);
outputStream.write(buff, 0, buff.length);
```

上述代码片段演示了如何在 HDFS 中创建一个新的文件，其中 fileName 变量由文件路径加文件名组成，文件的内容是存放在字节数组 buff 变量中的数据。

（3）重命名一个 HDFS 文件

```
Configuration config = new Configuration();
FileSystem hdfs = FileSystem.get(config);
Path frompath = new Path(fromfileName);
Path topath = new Path(tofileName);
boolean isRenamed = hdfs.rename(frompath, topath);
```

其中，frompath 和 topath 变量都由文件路径和文件名构成。

（4）删除一个文件

```
Configuration config = new Configuration();
FileSystem hdfs = FileSystem.get(config);
Path path = new Path(filename);
boolean isDeleted = hdfs.delete(path, false);
```

（5）获取文件最后修改时间

```
Configuration config = new Configuration();
FileSystem hdfs = FileSystem.get(config);
Path path = new Path(filename);
FileStatus fileStatus = hdfs.getFileStatus(path);
```

```
long modificationTime = fileStatus.getModficationTime();
```

（6）检测文件是否在 HDFS 中

```
Configuration config = new Configuration();
FileSystem hdfs = FileSystem.get(config);
Path path = new Path(filename);
boolean isExist = hdfs.exists(path);
```

（7）获取一个文件在 HDFS 中的存储位置

```
Configuration config = new Configuration();
FileSystem hdfs = FileSystem.get(config);
Path path = new Path(filename);
FileStatus fileStatus = hdfs.getFileStatus(path);
BlockLocation[] blkLocations = hdfs.getFileBlockLocations(fileStatus, 0,
fileStatus.getLen());
int blkCount = blkLocations.length;
for (int i=0; i < blkCount; i++) {
String[] hosts = blkLocations[i].getHosts();
// Do something with the block hosts
}
```

（8）获取集群中所有节点的主机名

```
Configuration config = new Configuration();
FileSystem fs = FileSystem.get(config);
DistributedFileSystem hdfs = (DistributedFileSystem) fs;
DatanodeInfo[] DatanodeStats = hdfs.getDatanodeStats();
String[] names = new String[DatanodeStats.length];
for (int i = 0; i < DatanodeStats.length; i++) {
names[i] = DatanodeStats[i].getHostName();
}
```

以上即为 HDFS 最为常用的命令行及 API 介绍，更为详细的内容请读者参考 Hadoop 官网的 API 文档，这里不再赘述。

5.3　图像百科系统中的图像存储

5.3.1　图像存储基本思想

在 HDFS 中，默认的数据块大小是 64MB，也就是说一个文件在大小不超过 64MB 的情况下不会被切割，整个文件会被完整地上传存储到某个节点中。在图像百科系统中的图像一般大小不会超过 64MB，图像经过压缩后最大为几 MB，每个图像在使用 HDFS 时也就对应存储在一个数据块中。

通过第 4 章的分析，相信读者对图像百科系统的功能及流程已经有了清晰的认识，其中 HDFS 主要是作为系统底层的存储平台。通过分析，总结出系统图像存储的基本思路是：

（1）系统初始化时对从维基百科上抓取的图像文件进行处理，关联条目信息后，建立索引，然后存储在 HDFS 文件系统中。

（2）用户从 Web 页面上传的图像调用 HDFS 提供的 API 接口，将图像直接存入 HDFS 中。

（3）用户删除一张图像时，先在数据库中将其索引信息删除，再在 HDFS 中将图像文件删除。

（4）所有的条目信息都存储在 HDFS 中，条目与图像的关联信息由数据库管理，HDFS 中图像与其对应的条目信息存储位置没有联系。

（5）文件系统对外只提供唯一的接口，所有对 HDFS 的操作均通过这个接口。

5.3.2 图像存储设计目标

由 5.3.1 节的分析可知，文件系统唯一的对外接口是系统设计的核心。HBase 调用文件系统接口来获取图像的物理存储位置，MapReduce 程序调用文件系统接口来将处理后的海量图像数据存储在 HDFS 中。

一个成功的云存储结构，除了要高效地实现系统功能外，还应该充分利用云平台的特性，使系统的健壮性更强。所以在系统设计时，要重点考虑以下问题。

1. 可用性

系统应为每个文件块进行备份，当一个 Datanode 失效时，系统能很快地利用其他数据节点上的备份响应用户的请求，实现高可用性。

2. 高性能

尽可能地利用 HDFS 数据块分布机制，将数据文件分散在不同的 Datanode 上，增强并发性，提高系统响应速度。

3. 可扩展

当用户并发访问量及数据量激增时，系统可以通过增加 Datanode 的方式来解决存储及性能问题。

5.3.3 图像存储体系结构

云存储的主要功能是将网络中大量的、不同类型的存储设备通过软件集合起来协同工作，共同对外提供数据存储和业务访问。图像百科系统的文件系统体系结构图如图 5.7 所示。

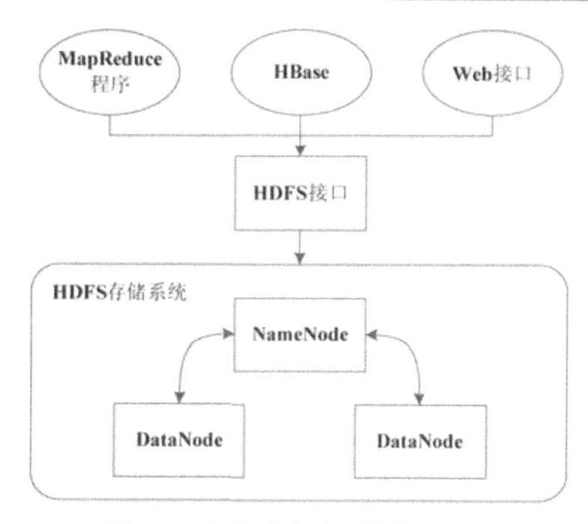

图 5.7 文件系统体系结构图

从图中可以看出，文件系统主要分为 3 个模块。

1. 外部调用模块

该模块主要由 MapReduce 程序、HBase 及 Web 接口三部分组成。这三部分都可以通过调用 HDFS 接口，在底层文件系统上存储数据。

（1）MapReduce 程序。MapReduce 客户端程序调用 HDFS 接口将任务分片存储在文件系统中，随后 JobTracker 将文件系统中的任务读出，分发到各 TaskTracker 中，各节点执行完任务后再将运行结果存储在文件系统中。

（2）HBase。HBase 中存放图像的特征值、索引等信息，当用户检索一张图像时，首先去 HBase 中查询该图像的特征，若是在系统设置的相似度范围内命中，则调用文件系统接口，通过索引去文件系统中将该图像对应的条目信息及相似图像信息取出，呈现给用户。

（3）Web 接口。Web 接口提供了用户与文件系统交互的接口。当用户通过浏览器上传一张图像时，Web 接口调用 HDFS 接口将图像存入文件系统中。当然，在这个过程中，同时需要对该图像进行特征值抽取。

2. HDFS 接口

文件系统接口是底层 HDFS 系统对外呈现的窗口，所有对文件系统的操作都要通过 HDFS 接口来完成。

3. 底层文件系统

位于系统最底层的文件系统是整个系统真正的存储平台，几乎所有的数据信息都存储在文件系统中，外部调用模块根据需要调用 HDFS 接口来对文件系统进行操作。

5.3.4 图像百科系统的功能结构

系统设计在充分考虑需求后，将整个系统分为了 3 个功能模块，即普通用户模块、注册用户模块和平台管理模块。系统功能模块图如图 5.8 所示。

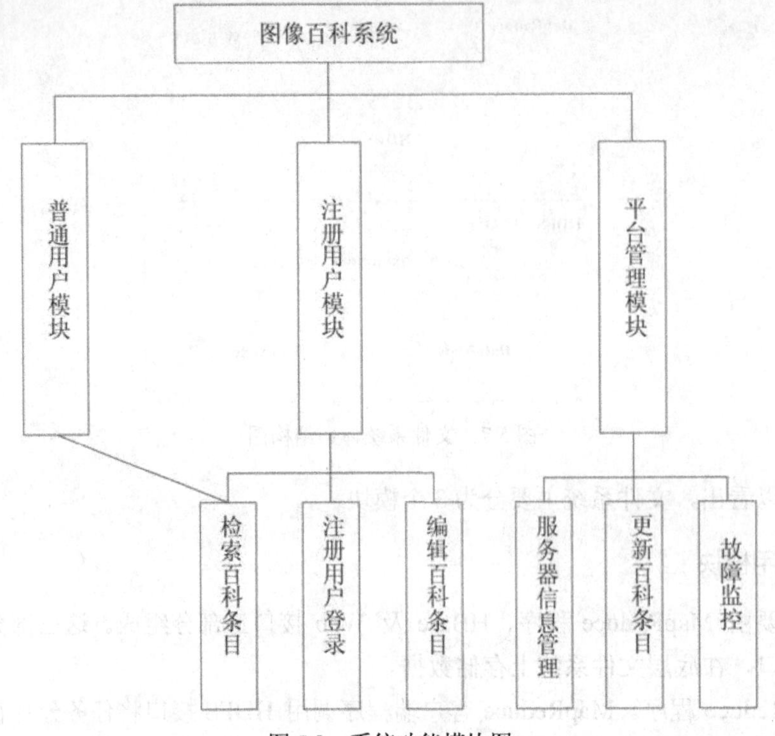

图 5.8　系统功能模块图

普通用户模块和注册用户模块的具体功能在第 4 章描述功能需求时已经有了详细的说明。此处只对平台管理模块进行介绍。

- 服务器信息管理。主要是管理和维护服务器，保证服务器以一个良好的状态运行。
- 更新百科条目。该功能在第 4 章描述需求分析时也已经有了详尽的介绍，主要就是定期地更新图像百科系统的条目信息。
- 故障监控。及时发现系统运行时的错误，以日志方式记录错误原因。

5.4　系统实现

在对图像百科系统文件存储模块进行了深入分析和详细设计之后，本节开始进行图像存储系统的实现工作。

5.4.1　存储模块类交互图

系统的整体交互类图如图 5.9 所示。

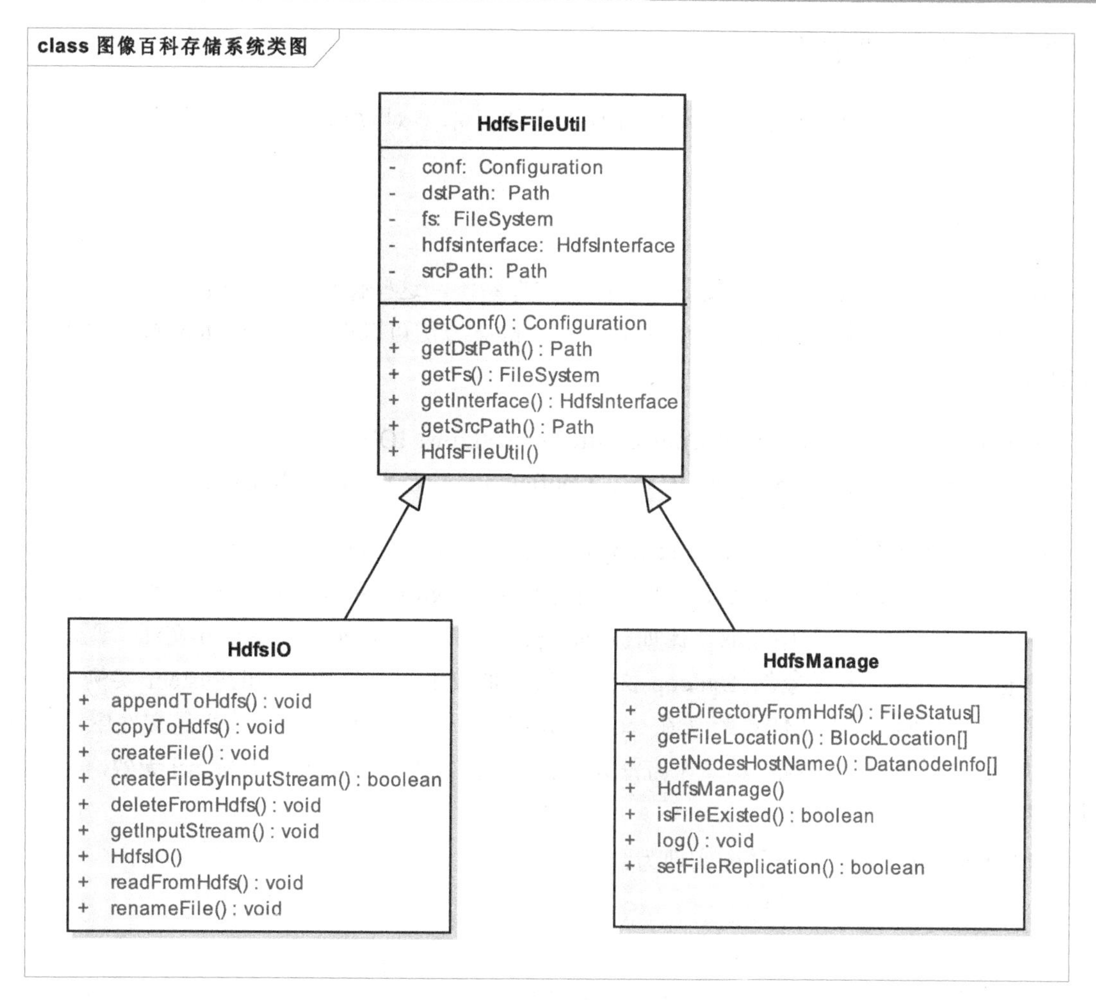

图 5.9　存储系统整体类图

从图 5.9 可以看出，存储系统分为 HDFS 操作通用类 HdfsFileUtil、HDFS 文件存取类 HdfsIO、HDFS 状态及辅助管理类 HdfsManage 共 3 个类，下面分别对它们进行介绍。

- HdfsFileUtil 类：这个类是 HDFS 操作的通用类，是 HdfsIO 类与 HdfsManage 类的父类，主要负责通过 HDFS 的 Java 接口中的相关静态方法得到文件系统的 FileSystem 实例，是实现存储、管理操作的基础。
- HdfsIO 类：这个类主要实现文件的读写与存取等功能，包括将本地文件复制到 HDFS 系统的 copyToHdfs()方法；在 HDFS 系统中创建文件的 createFile 方法；在文件系统中读取文件的 readFromHdfs()方法及删除文件的 deleteFromHdfs()等方法。
- HdfsManage 类：这个类主要实现文件存取的一些辅助功能，包括从文件系统获取指定路径下的目录及文件的 getDirectoryFromHdfs()方法；获取指定文件在 HDFS 集群中的存储位置 getFileLocation()方法及判断指定文件是否在文件系统中存在的 isFileExisted()方法。

5.4.2 核心类详细介绍

上一节已经对存储系统的整体类图做了介绍，本节对这些类的核心功能做进一步的分析。

1. HdfsFileUtil 类

HDFS 提供一系列的接口以便用户来操作文件系统，这些操作大多是通过 FileSystem 类来实现的。在 HDFS 的 Java 访问接口中，有两个静态方法可以得到 FileSystem 接口的实例，分别为：

- public static FileSystem get(Configuration conf)throws IOException
- public static FileSystem get(URI uri，Configuration conf) throws IOException

Configuration 类位于 org.apache.hadoop.conf 包中，是 Hadoop 文件系统的配置类，用来根据配置文件中指定的配置项来创建一个配置实例，Configuration 封装了 client 或者 server 的配置，这些配置从 classpath 中读取，比如被 classpath 指向的 conf/core-site.xml 文件。通过以上两个静态工厂方法，从抽象的 Hadoop 文件系统中抽取出一个具体的 FileSystem 实例。其中第一个方法返回默认的文件系统（在 conf/core-site.xml 文件中定义），若是文件中没有指定，则返回本地的文件系统；第二个方法返回由 uri 指定的文件系统，如果 uri 无效，则返回默认的文件系统。

HdfsFileUtil 类的构造方法的实现为：

```
public HdfsFileUtil(){
  conf = new Configuration();
FileSystem hdfs = FileSystem.get(config);
}
```

这样就得到一个 FileSystem 接口的实例，所有的存取操作都通过这个实例来完成。

2. HdfsIO 类

如 5.4.1 节中的介绍，HdfsIO 类是 HdfsFileUtil 类的子类，它通过父类的构造方法来初始化自身，这个类实现了图像百科系统对底层文件系统的存取操作，核心方法实现如下。

（1）readFromHdfs(String src，String out) 方法

```
public void readFromHdfs(String src, String out)throws
FileNotFoundException,IOException
{
FileSystem hdfs = FileSystem.get(URI.create(src), this.conf);
FSDataInputStream hdfsInStream = hdfs.open(new Path(src));
OutputStream output = new FileOutputStream(out);
byte[] ioBuffer = new byte[1024];
int readLen = hdfsInStream.read(ioBuffer);
```

```
while(-1 != readLen){
output.write(ioBuffer, 0, readLen);
readLen = hdfsInStream.read(ioBuffer);
}
output.close();
hdfsInStream.close();
fs.close();
}
```

这个方法实现了从 HDFS 上读取文件的操作。其中 src 为 HDFS 中的文件路径，如 hdfs://Namenode:9000/user/foo/monkey.jpg；out 为本地文件路径，如/home/hadoopfile/monkey.jpg。在 Hadoop 文件系统中的文件由一个 Hadoop Path 对象来表示，可以把一个 Path 对象想象成一个 Hadoop 文件系统的 URI，如 hdfs://localhost:9000/user/foo/input/passage1.txt，这个 URI 的前缀一般已经在配置文件 conf/core-site.xml 中得到定义。Open()方法用来打开输入流，它返回的是 FSDataInputStream 对象，而不是标准的 java.io。

（2）createFileFromLocal(String local，String dst)方法

```
public void createFileFromLocal()throws FileNotFoundException,IOException{
  InputStream in = new BufferedInputStream(new FileInputStream(local));
  OutputStream out = this.fs.create(new Path(dst));
  IOUtils.copyBytes(in, out, 4096, true);
}
```

createFileFromLocal()方法实现将本地文件复制到 HDFS 中的操作。方法的参数是两个字符串变量 local 和 dst，分别表示本地文件路径及 HDFS 中的文件路径，方法将 local 路径对应的文件读入输入流，然后调用 IOUtils 类的 copyBytes()方法，完成文件的复制操作。

（3）deleteFromHdfs(String dst)方法

```
public boolean deleteFromHdfs(String dst)throws
FileNotFoundException,IOException{
  boolean isdelete = this.fs.deleteOnExit(new Path(dst));
  this.fs.close();
  return isdelete;
}
```

deleteFromHdfs(String dst)方法将指定路径上的文件从 HDFS 中删除。方法调用 FileSystem 实例中的 deleteOnExit()方法，这个方法首先会将某个路径 Path 添加到 deleteOnExit（这是 FileSystem 类中定义的一个变量）中，然后在 FileSystem 实例被销毁或 JVM 退出时删除该 Path。

也可以调用 public boolean delete(Path p，boolean recursive)方法来从 HDFS 上删除文件，如果 p 是一个文件或是空目录时，则 recursive 值将会被忽略；当 p 对应目录不空时，如果 recursive 为 true，则采用目录及其内部内容均被删除的递归删除方式，否则抛出 IOException

异常。

需要注意的是，用户在删除某个文件时，这个文件并没有立刻从 HDFS 中删除。相反，HDFS 将这个文件重命名，并转移到/trash 目录。当文件还在/trash 目录时，该文件可以被迅速地恢复。文件在/trash 中保存的时间是可配置的，当超过这个时间，Namenode 就会将该文件从 namespace 中删除。文件的删除，也将释放关联该文件的数据块。注意，在文件被用户删除和 HDFS 空闲空间的增加之间会有一个等待时间延迟。

（4）appendToHdfs(String dst,String content)方法

```
public void appendToHdfs(String dst,String content)throws
FileNotFoundException,IOException{
  FileSystem fs = FileSystem.get(URI.create(dst), this.conf);
  FSDataOutputStream out = fs.append(new Path(dst));
  int readlen = content.getBytes().length;
  while(-1!=readlen){
    out.write(content.getBytes(), 0, readLen);
  }
  out.close();
  fs.close();
}
```

appendToHdfs()方法以 append 方式将内容添加到 HDFS 上文件的末尾。注意，早期的 HDFS 版本不支持 HDFS append 功能。当一个文件被关闭时，这个文件就不能再被修改了。如果要修改的话，就只能重读此文件并将数据写入一个新的文件。虽然这种方式听起来比较死板，但和 MapReduce 的需求却是非常符合的。MapReduce jobs 会向 HDFS 写入多个结果文件，这种方式比修改已经存在的输入文件效率要高很多，而且 MapReduce 模型通常是不会修改输入文件的。直到 hadoop-0.19.0 这个版本的发布，才加入了 append 功能。为了实现 append 功能，免不了要修改很多 HDFS 的核心代码，随后一些其他问题的出现，使得在接下来的版本中 append 功能又被禁用掉了。要使用 append 方式，必须要修改 hdfs-site.xml 文件，加入如下代码：

```
<property>
<name>dfs.append.support</name>
<value>true</value>
</property>
```

3. HdfsManage 类

这个类也是 HdfsIO 类的子类，它同样通过调用父类的构造方法来初始化自身。它负责图像百科存储系统的状态管理，包括获取文件位置、文件状态、文件目录、各 Datanode 主机名及存储系统日志记录等一系列操作，其核心方法实现如下。

（1）isFileExisted(String filename)方法

```
public boolean isFileExisted(String filename)throws IOException{
```

```
  Path path = new Path(filename);
  boolean isExists = this.fs.exists(path);
  return isExists;
}
```

isFileExisted()方法调用 FileSystem 类的 exists 方法来判断指定文件所对应的 Path 下有无该文件，如果文件在 HDFS 中存在，方法返回 true，否则返回 false。

（2）getFileLocation(String filename)方法

```
public BlockLocation[] getFileLocation(String filename)throws IOException{
  Path path = new Path(filename);
  FileStatus fStatus = this.fs.getFileStatus(path);
  BlockLocation[] bl = this.fs.getFileBlockLocations(fStatus, 0,
fStatus.getlen());
  return bl;
}
```

getFileLocation()方法返回指定文件在 HDFS 中物理存储位置等信息，其中包含主机名列表、偏移位置、文件大小等。方法中涉及的 FileStatus 类封装了文件和目录的信息，包括它们的长度、块大小、副本因子、修改时间、操作权限等信息，FileSystem 类的 getFileStatus()方法提供了获取某一文件或者目录的 FileStatus 信息的方法。FileSystem 类中 getFileBlockLocation()方法原型为 public BlockLocation[] getFileBlockLocations(FileStatus file,long start,long len)throws IOEXception{}。

在第 9 章会对这些类及方法的内部实现机制做较为详细的介绍，此处读者只需要学会应用即可。

（3）getNodesHostName()方法

```
public String[] getNodesHostName()throws IOException {
  DistributedFileSystem hdfs = (DistributedFileSystem) this.fs;
  DatanodeInfo[] DatanodeStats = hdfs.getDatanodeStats();
  String[] hostNames = new String[DatanodeStats.length];
  for (int i = 0; i < DatanodeStats.length; i++) {
    hostNames[i] = DatanodeStats[i].getHostName();
  }
  return hostNames;
}
```

getNodesHostName()方法返回各数据节点的主机名称。其中，DatanodeInfo 类存储了一个 Datanode 的相关状态信息，位于 org.apache.hadoop.hdfs.protocol 包中，它主要用于 Datanode 和 Client 之间的通信，通过 DatanodeInfo 类的 getHostName()方法获得各 Datanode 的主机名。

（4）getDirectoryFromHdfs()方法

```
public void getDirectoryFromHdfs(String dst)throws FileNotFoundException,
```

```
IOException{
  FileSystem fs = FileSystem.get(URI.create(dst),this.conf);
  FileStatus fileList[] = fs.listStatus(new Path(dst));
  int size = fileList.length;
  for(int i=0;i<size;i++){
   System.out.println("name:"+fileList[i].getPath().getName()+"
size:"+fileList[i].getLen());
  }
  fs.close();
}
```

getDirectoryFromHdfs()方法输出指定文件目录的所有文件的文件名及文件大小等信息。方法通过调用 FileSystem 类中的 listStatus()方法来得到目录中的文件信息，这个方法的原型为 public abstract FileStatus[] listStatus(Path p)throws IOException，方法的作用是若 p 是一个目录，则列出该目录下的所有文件。

在 HDFS 中建立两个条目位置，对图像百科存储系统进行测试，如图 5.10 所示。图像存储在对应条目下，如图 5.11 所示。

localhost:50075/browseDirectory.jsp?dir=/&namenodeInfoPort=50070

Contents of directory /

Goto : / go

Name	Type	Size	Replication	Block Size	Modification Time	Permission	Owner	Group
flowers	dir				2012-01-14 09:52	rwxr-xr-x	wanglei	supergroup
home	dir				2012-01-10 18:40	rwxr-xr-x	wanglei	supergroup
person	dir				2012-01-11 10:41	rwxr-xr-x	wanglei	supergroup

图 5.10　建立条目

将用户上传以及系统后台抓取的图像存储在 HDFS 对应条目中：

localhost:50075/browseDirectory.jsp?dir=%2Fperson%2Fphotoes&namenodeInfoPort=50070

00813_irishclovers_1440x900.jpg	file	266.49 KB	3	64 MB	2012-01-11 10:41	rw-r--r--	wanglei	supergroup
00962_themaldives_1440x900.jpg	file	462.05 KB	3	64 MB	2012-01-11 10:41	rw-r--r--	wanglei	supergroup
01325_planetearthinversed_1440x900.jpg	file	684.19 KB	3	64 MB	2012-01-11 10:41	rw-r--r--	wanglei	supergroup
01386_violin_1440x900.jpg	file	523.21 KB	3	64 MB	2012-01-11 10:41	rw-r--r--	wanglei	supergroup
01428_apple_1440x900.jpg	file	588.93 KB	3	64 MB	2012-01-11 10:41	rw-r--r--	wanglei	supergroup
050817goodfeng01.jpg	file	132.9 KB	3	64 MB	2012-01-11 10:4[illegible]	rw-r--r--	wanglei	supergroup
050817goodfeng02.jpg	file	330.02 KB	3	64 MB	2012-01-11 10:41	rw-r--r--	wanglei	supergroup
050817goodfeng04.jpg	file	192.31 KB	3	64 MB	2012-01-11 10:41	rw-r--r--	wanglei	supergroup
050817goodfeng05.jpg	file	239.25 KB	3	64 MB	2012-01-11 10:41	rw-r--r--	wanglei	supergroup
050817goodfeng09.jpg	file	192.16 KB	3	64 MB	2012-01-11 10:41	rw-r--r--	wanglei	supergroup
050817goodfeng12.jpg	file	242.46 KB	3	64 MB	2012-01-11 10:41	rw-r--r--	wanglei	supergroup
050817goodfeng14.jpg	file	188.17 KB	3	64 MB	2012-01-11 10:41	rw-r--r--	wanglei	supergroup
050817goodfeng15.jpg	file	317.89 KB	3	64 MB	2012-01-11 10:41	rw-r--r--	wanglei	supergroup
050817goodfeng16.jpg	file	241.21 KB	3	64 MB	2012-01-11 10:41	rw-r--r--	wanglei	supergroup
050817goodfeng18.jpg	file	196.08 KB	3	64 MB	2012-01-11 10:41	rw-r--r--	wanglei	supergroup

图 5.11　图像存储在对应条目下

5.4.3 HDFS存储小文件

采用 HDFS 基本实现了图像百科系统的底层存储平台，完成了既定的目标。本节讨论图像百科存储系统遇到的一些问题。

HDFS 的设计理念是针对大文件进行优化的，文件系统默认的数据库（Block）大小为64MB，而常见的图像文件，如 jpg、gif 文件大小最大不过几 MB，如果直接将这些大量的小文件存储在 HDFS 文件系统中，将会导致主节点 Namenode 内存消耗过大，降低集群的性能。

访问大量小文件的速度要远远小于访问几个大文件。HDFS 最初是为流式访问大文件而开发的，如果存取大量小文件，需要不断地去 Namenode 处读取文件位置信息，并不断地从一个 Datanode 跳到另一个 Datanode，在一定程度上影响了性能。

对于小文件问题，Hadoop 本身也提供了几个解决方案，分别为：Hadoop Archive、SequenceFile 和 CombineFileInputFormat[①]。

1. Hadoop Archive[②]

Hadoop Archive 或是 HAR，是一个高效地将小文件放入 HDFS 块中的文件存档工具，它能够将多个小文件打包成一个 HAR 文件，这样可以在减少 Namenode 内存使用的同时，仍然允许对文件进行透明的访问。

对目录/photo/pedia 下的所有小文件存档为/outputdir/photos.har 的方法：

```
hadoop archive -archiveName photoes.har -p /photo/pedia /outputdir
```

HAR 是在 HDFS 之上的一个文件系统，因此所有 fs shell 命令对 HAR 文件均是适用的，只不过是文件路径格式不一样，HAR 的访问路径可以是以下两种格式：

```
har://scheme-hostname:port/archivepath/fileinarchive
如 har:// localhost:9000/photopedia/photo.har
har:///archivepath/fileinarchive(本节点)
```

使用 HAR 时需要注意两点：

（1）对小文件进行存档后，原文件并不会自动被删除，需要用户自己删除。

（2）创建 HAR 文件的过程实际上是在运行一个 MapReduce 作业，因而需要有一个 Hadoop 集群运行此命令。

[①] Xuhui Liu, Jizhong Han, Yunqin Zhong, Chengde Han, Xubin He: Implementing WebGIS on Hadoop: A case study of improving small file I/O performance on HDFS. CLUSTER 2009: 1-8

[②] Bo Dong, Jie Qiu, Qinghua Zheng, Xiao Zhong, Jingwei Li, Ying Li. A Novel Approach to Improving the Efficiency of Storing and Accessing Small Files on Hadoop: A Case Study by PowerPoint Files. In Proceedings of IEEE SCC'2010. pp

2. SequenceFile

SequenceFile 由一系列的二进制 Key/Value 组成，如果 Key 为小文件名，Value 为文件内容，则可以将大批小文件合并成一个大文件。Hadoop-0.21.0 中提供了 SequenceFile，包括 Writer、Reader 和 SequenceFileSorter 类进行写、读和排序操作。

3. CombineFileInputFormat

CombineFileInputFormat 是一种新的 inputformat，用于将多个文件合并成一个单独的 split，另外，它会考虑数据的存储位置。

对于小文件的存储优化会使百科系统的性能得到提升，有关具体的优化方法本节不再进行深入说明，有兴趣的读者可以参考相关资料进行研究。

5.5 本章小结

本章较为详细地介绍了使用 HDFS 存储海量图像数据。主要内容包括 HDFS 的相关介绍、命令行及 API 的使用，图像百科存储系统的设计及其实现。由于本章内容主旨是通过设计并实现图像百科存储系统来介绍如何使用 HDFS，故对于 HDFS 内部存取机制，核心功能源码均未进行分析介绍，这一部分的内容将于本书第 3 篇深入云计算部分进行介绍。

通过本章的学习，读者应掌握 HDFS 的状态管理、API 使用以及文件系统存取文件的一般方法，这是学习使用 Hadoop 平台的基础。建议读者结合本章所给出的部分代码，自己动手实践，学会融会贯通。

第 6 章　使用 MapReduce 处理图像

Hadoop MapReduce 是 Google 提出的一个使用简易的软件框架，基于它写出来的应用程序能够运行在由上千台商用机器组成的大型集群上，并以一种可靠容错的方式并行处理上 T 级别的数据集。

MapReduce 是一个编程模型，也是一个处理和生成超大数据集的算法模型的相关实现。概念“Map（映射）”和“Reduce（化简）”，以及它们的主要思想，都是从函数式编程语言以及矢量编程语言借来的特性。采用 MapReduce 架构可以使那些没有并行计算和分布式处理系统开发经验的程序员有效利用分布式系统的丰富资源。

6.1　分布式数据处理 MapReduce

6.1.1　MapReduce 简介

在过去的 5 年里，Google 的很多程序员为了处理海量的原始数据，已经实现了数以百计的、专用的计算方法。这些计算方法用来处理大量的原始数据，比如，文档抓取（类似网络爬虫的程序）、Web 请求日志等；也用来计算处理各种类型的衍生数据，比如倒排索引、Web 文档的图形结构的各种表示形式、每台主机上网络爬虫抓取的页面数量的汇总、每天被请求的最多的查询的集合等。大多数这样的数据处理运算在概念上很容易理解，然而由于输入的数据量巨大，因此要想在可接受的时间内完成运算，只有将这些计算分布在成百上千的主机上。如何处理并行计算、如何分发数据、如何处理错误？所有这些问题综合在一起，则需要大量的程序代码处理，因此使得原本简单的运算变得难以处理。

为了解决上述复杂的问题，Google 设计一个新的抽象模型 MapReduce，使用这个抽象模型，程序员只要表述他想要执行的简单运算即可，而不必关心并行计算、容错、数据分布、负载均衡等复杂的细节。设计这个抽象模型的灵感来自 Lisp 和许多其他函数式语言的 Map 和 Reduce 的原语。

与传统的分布式程序设计相比，MapReduce 封装了并行处理、容错处理、本地化计算、负载均衡等细节，还提供了简单而强大的接口。通过这个接口，可以把大数据量的计算自动地并发和分布执行，使之变得非常容易。另外，MapReduce 也具有较好的通用性，大量不同的问题都可以简单地通过 MapReduce 来解决。

海量数据的运算大多数都包含这样的操作：在输入数据的“逻辑”记录上应用 Map 操作得出一个中间 key/value 集合，然后在所有具有相同 key 值的 value 值上应用 Reduce 操作，从而达到合并中间的数据、得到一个想要的结果的目的。使用 MapReduce 模型，再结合用户实现的 Map 和 Reduce 函数，就可以非常容易地实现大规模并行化计算；通过 MapReduce 模型自带的“再次执行（re-execution）”功能，也提供了初级的容灾方案。

根据相关统计，用户使用 Google 搜索引擎仅仅进行一次关键字的查询，Google 的后台服务器都要进行数以千计的运算。如此庞大而复杂的数据处理量，没有非常好的并行处理和负载均衡，Google 服务不可能在用户的承受时间范围内返回结果，服务器负荷过重或者宕机，都会对用户的使用体验造成很恶劣的影响。而程序员使用 MapReduce 编程模型后，所有 Google 服务都保证了稳定快速的响应。在 Google 的集群上，每天都有 1000 多个 MapReduce 程序在执行[①]。

6.1.2 编程模型

MapReduce 以函数方式提供了 Map 和 Reduce 操作来进行分布式计算，利用一个输入 key/value 集合来产生一个输出的 key/value 集合。MapReduce 模型可采用如下表示：

```
Map:  (k1,v1) -> list(k2,v2)
Reduce: (k2,list(v2)) ->list(v3)
```

MapReduce 的运行模型如图 6.1 所示。

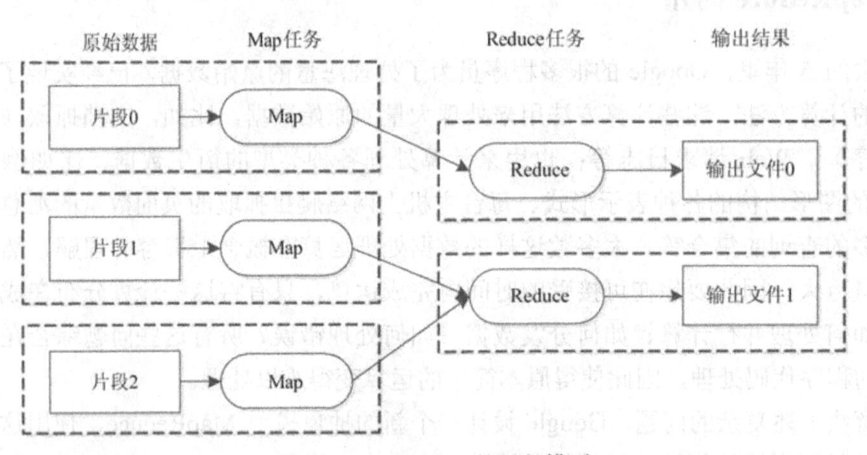

图 6.1 MapReduce 的运行模型

Map 任务是一类将输入记录转换为中间记录集的独立任务。用户自定义的 Map 函数接受一个输入的 key/value 值，然后产生一个中间 key/value 值的集合。输出 key/value 值的类型不需要与输入 key/value 值的类型一致。MapReduce 库把所有具有相同中间 key 值的 value 值集合在一起传递给 Reduce 函数。

Reduce 任务将一组与一个 key 关联的中间数值集规约（Reduce）为一个更小的数据集。Map 任务的输出被排序后，就被划分给每个 Reducer 任务处理。用户自定义的 Reduce 函数接

① Google MapReduce 中文版. http://blademaster.ixiezi.com/2010/03/27/google-mapreduce 中文版/

受一个中间 key 值和相关的 value 值的集合，然后合并这些 value 值，形成一个较小的 value 值的集合。一般的，每次 Reduce 函数调用只会产生 0 个或 1 个输出 value 值。通常通过一个迭代器把中间 value 值传递给 Reduce 函数，这样程序就可以处理无法全部放入内存中的、大量的 value 值的集合。

WordCount 实例是 Hadoop 官方提供的最经典的、使用 MapReduce 编程模型的例子。WordCount 实例实现的是计算一个大型文本文件中每个单词出现的频率。在该实例中，Map 函数的输入 key/value 集合是文本文件中的每个单词，其中 key 为每个单词的开头相对于文件的起始位置，value 就是该单词的字符文本。经过 Map 任务处理后，形成中间 key/value 集合“<单词字符文本，单词出现的次数（此处为 1）>”。再经过 Reduce 函数对每个相同中间 key 值合并处理后，输出最终的结果“<单词字符文本，单词出现的总次数>”。

6.1.3　执行概括

MapReduce 在处理任务时，会先将 Map 调用的输入数据自动分割为 M 个数据片段的集合，Map 任务被分布到多台机器上并行处理。Map 调用产生的中间 key 值通过分区函数分成 R 个不同的分区（例如，hash(key) mod R），Reduce 调用也就被分布到多台机器上执行。分区数量（R）和分区函数可以由用户指定。

MapReduce 处理大数据集的过程如图 6.2 所示，当用户调用 MapReduce 函数后，就会发生以下一系列操作（操作序号与图中序号一一对应）。

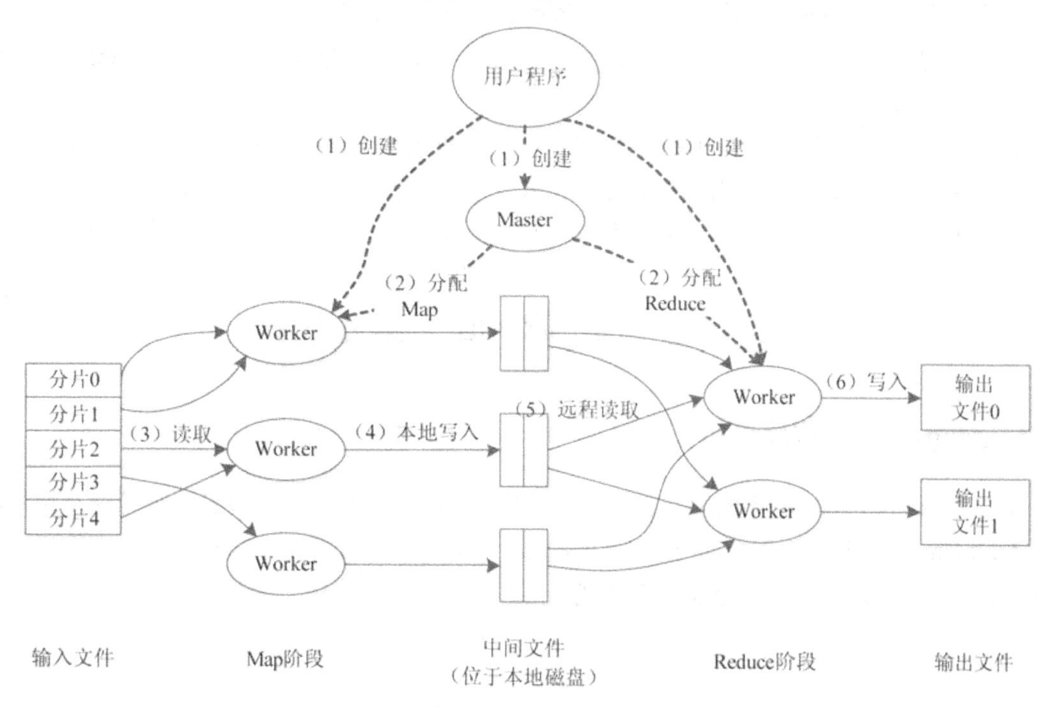

图 6.2　MapReduce 执行流程图

（1）用户提交 MapReduce 程序后，MapReduce 库首先将输入文件划分为 M 个 16~64MB

（通过可选的参数控制分片大小）的数据分片（split），然后复制 MapReduce 程序副本到集群的所有节点上。

（2）这些程序副本中有一个特殊的程序是 Master 程序，其他的程序都是 Worker 程序。Master 程序所在的节点称为主控节点，主控节点分配 Map 任务或 Reduce 任务到其他 Worker 节点上。前面已经了解到共有 M 个 Map 任务和 R 个 Reduce 任务需要分配，主控节点就将这些 Map 任务或者 Reduce 任务分配给空闲的 Worker 节点执行。

（3）分配了 Map 任务的 Worker 节点读取一个被分配的输入数据分片，从输入的数据分片中解析出 key/value 值，然后将 key/value 值传递至用户自定义的 Map 函数。Map 函数经过处理会生成中间 key/value 值，并缓存到内存中。

（4）每个 Map 任务生成的中间 key/value 值都通过分区函数分成 R 片，然后周期性地写到本地磁盘上。中间结果在本地磁盘上的存储位置被传给主控节点，由主控节点负责把这些存储位置信息发送给 Worker 节点上的每个 Reduce 任务。

（5）当 Reduce Worker 程序接收到 Master 程序传来的中间结果位置信息后，调用远程过程，从 Map Worker 所在主机的磁盘上读取这些中间数据。通过对 key 值进行排序而合并具有相同 key 值的中间数据。由于具有不同 key 值的中间数据通过分区函数映射到了相同的 Reduce 任务上，因此对中间数据排序才能处理所有具有相同 key 值的数据。如果中间数据太大而无法在内存中完成排序，那么就要进行外部排序。

（6）Reduce Worker 程序将每一个唯一的中间 key 值，以及对应的中间 value 值的集合传递给用户自定义的 Reduce 函数。Reduce 函数的运行结果的输出追加到该分区的输出文件。

当所有的 Map 任务和 Reduce 任务都完成的时候，Master 唤醒用户程序，MapReduce 返回到用户程序的调用点。

在成功完成任务后，MapReduce 的输出存放在 R 个输出文件中（每个 Reduce 任务产生一个输出文件）。一般情况下，用户不需要将这 R 个输出文件合并成一个文件，它们经常被作为另外一个 MapReduce 的输入，或者在另外一个可以处理多个分割文件的分布式应用中使用。

6.2 使用 MapReduce 编程模型

6.2.1 MapReduce 程序模板

大多数 MapReduce 程序的编写都可以简单地依赖于一个模板及其变种。使用这个模板编写 MapReduce 程序，主要需要实现两个函数：继承自 Mapper 的 map 函数以及继承自 Reducer 的 reduce 函数。一般遵循以下格式：

1. Map：(k1,v1) –> list(k2,v2)

```
public static class Map extends Mapper<K1, V1, K2, V2> {
public void map(K1 key, V1 value, Context context)
throws IOException { }
```

```
    }
```

2. Reduce：(k2,list(v2)) ->list(v3)

```
public static class Reduce extends    Reducer<K2, V2, K3, V3> {
public void reduce(K2 key, Iterator<V2> values, Context context)
     throws IOException { }
    }
```

官方的 MapReduce 文档提供了一个经典的 MapReduce 应用实例：WordCount。WordCount 是一个简单的应用，它可以计算出指定大规模数据集中每一个单词出现的次数，其源代码就可以作为一个很好的 MapReduce 程序模板。当开发一个新的 MapReduce 程序时，就可以采用现有的 WordCount 的源程序，并将其修改成我们所希望的样子。以下是 WordCount 实例的完整的程序，后面会着重讨论 MapReduce 程序的结构。

```
public class WordCount {
public static class TokenizerMapper
extends Mapper<Object, Text, Text, IntWritable>{
private final static IntWritable one = new IntWritable(1);
   private Text word = new Text();
   public void map(Object key, Text value, Context context)
throws IOException, InterruptedException {
StringTokenizer itr = new StringTokenizer(value.toString());
while (itr.hasMoreTokens()) {
     word.set(itr.nextToken());
     context.write(word, one);
}
   }
}
public static class IntSumReducer
     extends Reducer<Text,IntWritable,Text,IntWritable> {
     private IntWritable result = new IntWritable();
public void reduce(Text key, Iterable<IntWritable> values,Context context)
          throws IOException, InterruptedException {
int sum = 0;
for (IntWritable val : values) {
sum += val.get();
}
result.set(sum);
context.write(key, result);
}
}
public static void main(String[] args) throws Exception {
Configuration conf = new Configuration();
     String[] otherArgs =
new GenericOptionsParser(conf, args).getRemainingArgs();
```

```
        if (otherArgs.length != 2) {
System.err.println("Usage: wordcount <in><out>");
System.exit(2);
}
        Job job = new Job(conf, "word count");
        job.setJarByClass(WordCount.class);
        job.setMapperClass(TokenizerMapper.class);
        job.setCombinerClass(IntSumReducer.class);
        job.setReducerClass(IntSumReducer.class);
        job.setOutputKeyClass(Text.class);
        job.setOutputValueClass(IntWritable.class);
        FileInputFormat.addInputPath(job, new Path(otherArgs[0]));
        FileOutputFormat.setOutputPath(job, new Path(otherArgs[1]));
        System.exit(job.waitForCompletion(true) ? 0 : 1);
}
}
```

MapReduce 程序都遵循上面一个模板，通常整个程序定义在一个 Java 类中。容易发现，在这个类中主要实现两个事情：一是要实现 Map 类和 Reduce 类，分别完成 Map 任务和 Reduce 任务；二是要创建一个 MapReduce 作业的配置对象 Job，作为作业创建和运行的蓝本。下面分别对 WordCount 这个程序进行详细介绍，使读者充分了解 MapReduce 程序模板的结构。

1. MapReduce 程序使用的数据类型

由于 MapReduce 框架需要将数据在集群中进行移动，所以框架定义了一种序列化的键/值对类型，即 keys 和 values 必须能够进行序列化。实现了 Writable 接口的对象可以充当 values、WritableComparalbe<T>接口的对象可以充当 keys 或 values。

首先，作为输出的 value，其必须实现 Writable，如 IntWritable。Writable 的主要特点是：它使得 Hadoop 框架知道对一个 Writable 类型的对象，怎样进行序列化以及反序列化。而作为 Combiner 和 Reducer 的输入，在 Combiner 和 Reducer 之前会对 key 值进行分组和排序，因此必须实现 WritableComparable<T>。WritableComparable 在 Writable 的基础上增加了 Compare<T>接口，使得 Hadoop 框架知道怎样对 WritableComparable<T>类型的对象进行排序。

在 Hadoop 中，实现了 WritableComparable<T>接口的类如表 6.1 所示。

表 6.1　Hadoop 中实现了 WritableComparable<T>接口的类

Class	描述
BooleanWritable	封装一个标准的布尔类型
ByteWritable	封装一个字节
DoubleWritable	封装一个 Double 类型
FloatWritable	封装一个 Float 类型

（续表）

Class	描述
IntWritable	封装一个 Int 类型
LongWritable	封装一个 Long 类型
Text	使用 UTF-8 格式封装一个 Text 类型
NullWritable	当不需要 key 或者 value 值时，作为一个占位符

LongWritable、IntWritable、Text 等均是 Hadoop 中实现的、用于封装 Java 数据类型的类，这些类实现了 WritableComparable 接口，都能够被串行化从而便于在分布式环境中进行数据交换，读者可以将它们分别视为 long、int、String 的替代品。

2. Map 类和 Reduce 类

Hadoop 中的 mapper 和 reducer 必须继承 Mapper 类和 Reducer 类，可以在这两个类中分别找到 map 和 reduce 的函数，这些类通常不过几十行，因此为了方便起见，它们通常被写为内部类。

在 WordCount 实例中可以很容易看到，每一个 map()方法的调用需要分别被赋予一个类型为 K1 和 V1 的 key/value 值。其中，<K1,V1>是通过配置对象 Job 中设置的 InputFormat 解析处理的（InputFormat 指定输入文件的内容格式），并通过 Context 对象的 writer()方法来获取 map()的输出。在本例中，map 函数输出文档中的每个词，以及这个词的出现次数（在这个简单例子里就是 1）。开发人员需要在 map()方法中的合适位置调用：

```
context.writer((K2) k, (V2) v);
```

Hadoop 本身提供了一些 Mapper 供用户使用，如表 6.2 所示。

表 6.2　Hadoop 中实现了 Mapper 接口的常用类

Class	描述
IdentityMapper<K,V>	实现了 Mapper<K,V,K,V>，直接将 map 的输入转换为输出
InverseMapper<K,V>	实现了 Mapper<K,V,V,K>，反转 key/value 值
RegexMapper<K>	实现了 Mapper<K,Text,Text,LongWritable>，为每一个匹配的正则表达式生成一个（match,1）key/value 值
TokenCountMapper<K>	实现了 Mapper<K,Text,Text,LongWritable>，当输入值被标记，那么生成一个（token,1）key/value 值

在 reduce 中，用户需要继承 Reducer 类。Reduce 任务接口接收到许多 Map 任务传来的数据，首先将数据进行排序，然后根据 key 值进行分组，最后调用 reduce()方法。reduce()方法的每次调用均被赋予 K2 类型的 key，以及 V2 类型的一组值。注意它必须与 Mapper 中使用的 K2 和 V2 类型相同，但不一定要与 K1 和 V1 的类型相同。reduce()方法可能会自动顺序迭代解析所有 value 值。

```
for (IntWritable val : values) {
sum += val.get();
```

```
}
```

在本例中，reduce()方法把 map 函数产生的每一个特定的词的计数累加起来。reduce()方法还使用 Context 来搜集其 key/value 值的输出，它们的类型为 K3/V3。在 reduce()方法中可以调用：

```
context.write((K3) k, (V3) v);
```

同样，Hadoop 本身也提供了一些实现 Reducer 接口的常用类，如表 6.3 所示。

表 6.3　Hadoop 中实现了 Reducer 接口的常用类

Class	描述
IdentityReducer<K,V>	实现了 Reducer<K,V,K,V>，直接将输入转换为输出
LongSumReducer<K>	实现了 Reducer<K,LongWritable,K,LongWritable>，对于同样的 key 值进行 value 值的相加

表面上看来，Hadoop 限定数据格式必须为 key/value 形式，过于简单，很难解决复杂问题。实际上，可以通过组合的方法使 key 或者 value（比如在 key 或者 value 中保存多个字段，每个字段用分隔符分开；或者 value 是个序列化后的对象，在 Mapper 中使用时，将其反序列化等）保存多重信息，以解决输入格式较复杂的应用。

3. Job 配置对象

Job 是 MapReduce 的配置类，向 Hadoop 框架描述 MapReduce 执行的工作，构造方法有 Job()、Job(Class exampleClass)、Job(Configuration conf)等，并有很多项可以进行配置。

通过 Job 对象，程序员可以设定各种参数，定制如何完成一个计算任务。这些参数很多情况下就是一个 Java 接口，通过注入这些接口的特定实现，可以定义一个计算任务（Job）的全部细节。表 6.4 是对 Job 对象中可以设置的一些重要参数的总结和说明，表中第一列中的参数在 Job 中均会有相应的 get/set 方法，对程序员来说，只有在表中第三列中的默认值无法满足需求时，才需要调用这些 set 方法，设定合适的参数值，实现自己的计算目的。针对表格中第一列中的接口，除了第三列的默认实现之外，Hadoop 通常还会有一些其他的实现，读者可以查阅 Hadoop 的 API 文档或源代码获得更详细的信息。在很多的情况下，开发者都不用自己实现 Mapper 和 Reducer，直接使用 Hadoop 自带的一些实现即可。

表 6.4　JobConf 常用可定制参数

参数	作用	默认值
InputFormat	将输入的数据集切割成小数据集 InputSplits，每一个 InputSplit 将由一个 Mapper 负责处理。此外 InputFormat 中还提供一个 RecordReader 的实现，将一个 InputSplit 解析成<key,value>，对提供给 map 函数	TextInputFormat（按行将文本文件切割成 InputSplits）
OutputFormat	提供一个 RecordWriter 的实现，负责输出最终结果	TextOutputFormat
OutputKeyClass	输出的最终结果中 key 的类型	LongWritable

（续表）

参数	作用	默认值
OutputValueClass	输出的最终结果中 value 的类型	Text
MapperClass	Mapper 类，实现 map 函数，完成输入的 <key,value>到中间结果的映射	dentityMapper
CombinerClass	实现 combine 函数，将中间结果中的重复 key 做合并	null（不对中间结果做合并）
ReducerClass	Reducer 类，实现 reduce 函数，对中间结果做合并，形成最终结果	IdentityReducer
InputPath	设定 Job 的输入目录，Job 运行时会处理输入目录下的所有文件	null
OutputPath	设定 Job 的输出目录，Job 的最终结果会写入输出目录下	null
PartitionerClass	对中间结果的 key 排序后，用此 Partition 函数将其划分为 R 份，每份由一个 Reducer 负责处理	HashPartitioner（使用 Hash 函数做 partition）
MapOutputKeyClass	设定 map 函数输出的中间结果中 key 的类型	OutputKeyClass
MapOutputValueClass	设定 map 函数输出的中间结果中 value 的类型	OutputValuesClass
OutputKeyComparator	对结果中的 key 进行排序时使用的比较器	WritableComparable

6.2.2 MapReduce 编程思想

MapReduce 很明显地体现了“分而治之”的分治法思想，Map 的目的是把一个复杂的问题，分解成多个子问题，独立处理；Reduce 操作又是合并的操作，化繁为简在这里得到了体现。

由于 MapReduce 编程模型是对输入按行顺次处理，它更适用于对批量数据进行处理。由于良好的可扩展性，MapReduce 尤其适用于对大规模数据的处理。另外，由于每次操作需要遍历所有数据，MapReduce 并不适用于需要实时响应的系统。相反地，对于搜索引擎的预处理工作比如网页爬虫、数据清洗，以及日志分析等实时性要求不高的后台处理工作，MapReduce 编程模型是足以胜任的。

适合用 MapReduce 来处理的数据集（或任务）有一个基本要求：待处理的数据集可以分解成许多小的数据集，而且每一个小数据集都可以完全并行地进行处理。

MapReduce 编程模型的基础是 Map 和 Reduce 函数，如何将应用全部或者部分转换到这两类计算模式，即将应用并行化，是有一定技巧的。本书针对更新百科条目应用进行 MapReduce 的实现，MapReduce 的实现方式为读者进行应用并行化提供了参考。

6.3 更新图像百科条目的 MapReduce 设计

6.3.1 设计目标

图像百科系统中的图像信息完全由注册用户维护更新，而百科条目的文字信息是通过定期从维基百科下载 XML 文档来更新，更新时间是由图像百科系统的管理员进行设置的。更新图像百科条目的目标就是先了解维基百科条目在 XML 文档中的格式，然后解析出所有维基百科条目的具体内容，最后存储在数据库中，同时显示出总更新的图像百科条目数。

图像百科系统达到管理员设置的更新时间后，百科系统自动从维基百科网站指定链接上获取最新的维基百科条目文档，维基百科中条目的全部信息在下载到的 XML 文档中、存在于<page></page>标签之中，以“病毒”的中文维基百科条目为例，它在 XML 文档中以如下的方式呈现：

```
<page>
<title>病毒</title>
<id>1029</id>
<revision>
<id>16630927</id>
<timestamp>2011-05-28T16:14:43Z</timestamp>
<contributor>
<username>ZéroBot</username>
<id>806926</id>
</contributor>
<minor />
<comment>r2.7.1) (机器人新增: [[frr:Wiiren]]</comment>
<text xml:space="preserve">
...
</text>
</revision>
</page>
```

<title>标签中是条目的名称；<id>标签为每一个条目赋予唯一的 id；<revision>标签中的内容是该条目最新的修订版本，其中包括修改的时间、贡献者姓名等。最重要的是其中的 text 标签，它是该条目的全部信息，其中包括条目的目录、排版、内容、条目间链接以及条目所关联的图片等。text 标签内容通过图像百科系统的特定的解析程序，可以在网页中直观地、条理分明地展现给访问者。

更新图像百科条目的目标就是要把每个条目中的 title、id 和 text 标签内容抽取出来，存储到分布式数据库 HBase 中。由于更新图像百科条目的数据量比较庞大，所以在设计更新条目时，必须要考虑以下两个问题：

（1）高性能。由于输入的数据量巨大，因此要想在可接受的时间内完成运算，只有将这些计算分布在计算机集群上，因此需要处理并行计算、分发数据、调度、负载均衡等问题。

（2）容错。更新百科条目的过程中必须能够很好地处理机器故障，解决重新调度、再次执行等问题。

MapReduce 架构的程序能够在大量普通配置的计算机上实现并行化处理，程序员只需要表述想要执行的简单运算即可，而不必关心并行计算、容错、数据分布、负载均衡等复杂的细节。因此，在更新图像百科条目过程中，本书采用 MapReduce 编程模型来解析 XML 文档，使原本复杂的过程变得异常简便。

6.3.2　更新条目的体系结构

图像百科系统（Fotospedia）需要定期从维基百科中抓取基于文字的百科条目信息，并对图像百科中的文字信息进行更新，更新时间可以由图像百科系统的管理员进行设置。更新百科条目的体系结构如图 6.3 所示。

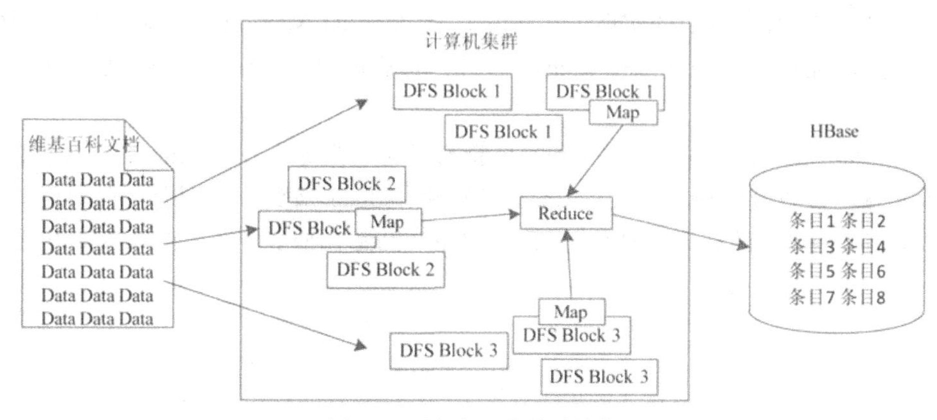

图 6.3　更新条目的体系结构

图 6.3 完整地展现了 MapReduce 框架实现更新图像百科条目的体系结构，在 MapReduce 的体系结构中，解析维基百科文档的任务被分发到本书中所建立的小型集群上（见 3.1 节），并以一种高并行、高容错的方式并行解析这些文档，处理结果保存到分布式存储 HBase 上。

利用 MapReduce 分布式计算框架更新图像百科条目的体系结构中，包括了分布式文件系统 HDFS、计算机集群上的 MapReduce 分布式处理、分布式存储 HBase。

（1）分布式文件系统 HDFS（Hadoop Distributed File System）是 MapReduce 框架的底层存储平台，维基百科的文字信息需要上传到 HDFS 上，才可以被 MapReduce 框架计算处理。有关 HDFS 的详细介绍和使用方法，读者可以翻阅本书第 5 章。

（2）MapReduce 的任务就是解析维基百科的 XML 文档，从中分析出每一个条目的内容。当 MapReduce 任务初始化时，HDFS 上的维基百科的文字信息被分割为 M 个数据片段（split）的集合，如图 6.3 中的 DFS Block 1、DFS Block 2、DFS Block3。MapReduce 框架为每个 split 分配一个 Map 任务，高度并行的 Map 任务解析每个维基百科条目，从中分析出条目名称、id 以及条目文字内容这 3 种信息，并把生成的中间 key/value 值传递给自定义的 Reduce 任务，其中 key 为该条目在 XML 文档中的 id，value 值为条目名称和文字内容组成的复合结构。Reduce 任务比较简单，它是一个恒等函数，把传递过来的中间信息保存到分布式存储 HBase 中。

（3）HBase 是一个分布式的、面向列的、高可靠性、高性能的分布式存储系统，它可以在廉价 PC 服务器上搭建起大规模结构化存储集群。HBase 可以接受日益增长的海量数据，维基百科的条目信息经过解析后，把名称以及条目内容等信息存储至 HBase 中，可以满足大量用户的访问。

通过利用 MapReduce 框架，以 HDFS 为底层存储平台，以 HBase 作为分布式存储数据库，高度并行且高效率地完成了更新图像百科系统的条目。

6.3.3 更新条目的逻辑流程

更新图像百科系统的条目的实现主要利用了 Hadoop 的 MapReduce 编程模型，对输入的维基百科文档分别进行 Map 操作和 Reduce 操作，最后得到 HBase 数据库存储所需要的条目形式。

要使用 MapReduce 编程模型解决条目更新的问题，必须对 MapReduce 框架设定特定格式的输入和输出，以及实现自定义的 map 函数和 reduce 函数。下面会对更新百科条目的 MapReduce 模型做详细的设计，图 6.4 为利用 MapReduce 模型更新图像百科条目的流程图。

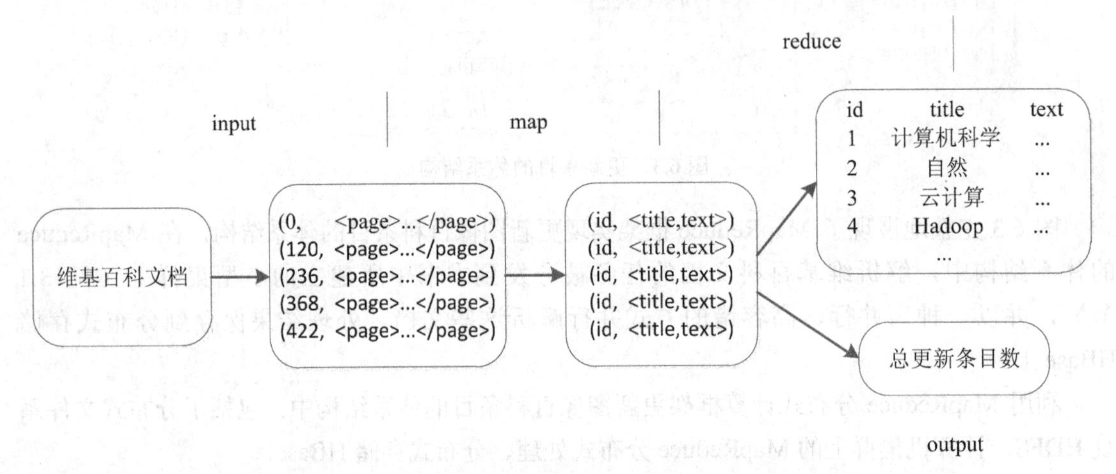

图 6.4 利用 MapReduce 模型更新图像百科条目流程图

首先，通过维基百科网站官方提供的下载地址，下载到维基百科最新的条目文字信息，保存到本地物理磁盘上。

以英文维基百科为例，其条目信息以 XML 格式的文档存储，并以 bzip2 及 gz 压缩，大小约为 7.3GB。虽然 Hadoop 分布式计算平台更适用于 TB 级别的海量数据的分布式处理，但是笔者为了能更清晰、更简洁地介绍 Hadoop 平台以及 MapReduce 编程模型，对于图像百科系统的 GB 级别数据更新同样采用了 MapReduce 模型。

Hadoop 的运行效率取决于文件的大小和数量、处理的复杂度以及集群机器的数量、相连的带宽，当以上四者并不庞大时，Hadoop 优势并不明显。比如，不用 Hadoop 而用 Java 编写的简单 grep 函数处理 100MB 的 log 文件只要 4s，用 Hadoop local 的方式运行是 14 秒，用 Hadoop 单机集群的方式是 30s，而用双机集群 10MB 网口的话会更慢。

Hadoop MapReduce 分布式计算框架以及 HBase 都是以 HDFS 分布式文件系统作为底层存储平台的，所以上面下载到的维基百科文档还要上传至 HDFS 文件系统中。上传方法以及所需要用到的 HDFS 存储接口详见 5.2 节。

其次，为自定义的 map 函数指定输入文件的内容格式，这里需要自定义一个 InputFormat 类。map 函数的输入必须是 key/value 对，本书自定义的 map 函数指定输入 key 为百科条目的<page>标签所在文本中的字符位置，是 LongWritable 类型，value 为包括<page>标签在内的整个条目的信息，是 Text 类型，如流程图 6.4 所示。InputFormat 类的作用在 6.2.1 小节中已经详细介绍，系统默认提供的输入格式是 TextInputFormat，它按行将文本文件切割成 InputSplits，并利用 LineRecordReader 将 InputSplits 解析成 key/value 对，其中 key 是行在文件中的位置，value 是文件中的每一行内容。显然，系统默认值并不能满足实现要求，所以需要继承 InputFormat 类，并重定义一个新的 RecordReader 将源文档解析为 map 函数所需要的 key/value 值形式。

然后，自定义 map 函数可以承担 Map 任务的实现。在该函数中接收刚刚解析出的 key/value 对，再对接收到的 value 值进一步解析。这里的 value 值也是 XML 格式，使用 DOM 方式解析，分别得到百科条目 title、id 以及 text 标签内信息，并组合成中间 key/value 值传递给 reduce 函数处理，其中 key 为每个条目的唯一 id，value 值是一个关联数组，它使用 Hadoop 特有的关联数组 MapWritable，其中保存条目的 title 和 text 内容。输出类型如下所示：

```
<LongWritable,MapWritable>
```

输出内容格式如下所示：

```
<id title:pagetitle,text:pagetext>
```

提示

DOM 全称是 Document Object Model（文档对象模型），它是表示和处理一个 HTML 或 XML 文档的常用方法，可以把 DOM 看作是页面上数据和结构的一个树形表示。DOM 技术使得用户页面可以动态的变化，如可以动态地显示或隐藏一个元素，改变它们的属性，增加一个元素等，DOM 技术使得页面的交互性大大地增强。

最后，需要用户自定义 reduce 函数实现 Reduce 任务，Reduce 任务相对比较简单，只是将 map 函数产生的中间 key/value 值存储到 HBase 中，并统计总更新的条目数，输出到控制台中，如图 6.4 所示。HBase 的存取在第 7 章中会详细介绍。

经过以上 4 步操作，HDFS 中维基百科文档先由自定义的 InputFormat 分割为单个的 page 条目，再经过 map 操作解析出每个 page 条目中的 title、id 和 text，最后由 reduce 操作将每个条目信息存储到 HBase 中，这样就利用 MapReduce 框架完成了更新图像百科条目的逻辑过程。由于 Map 任务和 Reduce 任务都是分布式高度并行的，并且程序员基于 Hadoop 可以轻松地编写分布式并行程序，所以 MapReduce 框架在处理图像百科系统的大量数据上有着不可忽视的优势。

6.4 MapReduce 对更新条目的实现

6.4.1 更新条目的核心类

根据 6.3 节的详细设计流程，图像百科系统定期更新条目的功能需要 4 个核心类帮助实现。

1. XmlInputFormat

继承 TextInputFormat 类。系统默认的 TextInputFormat 类不满足由 XML 文件更新图像百科条目的要求，因此在这里需要继承 Hadoop 提供的 TextInputFormat 类，实现将输入的 XML 数据集切割成小数据集 InputSplits，并按要求解析出 key/value 传递给 Mapper，每一个 InputSplit 将由一个 Mapper 负责处理。

2. PageRecordReader

一个自定义的 RecordReader 类。TextInputFormat 默认提供的 LineRecordReader 将 InputSplits 解析成 key/value 对，key 是行在文件中的位置，value 是文件中的每一行内容。而在更新条目过程中所需要的 key 是百科条目的<page>标签在文本中的字符位置，是 LongWritable 类型，value 为包括<page>标签在内的整个条目的信息，是 Text 类型。因此，我们还需要提供一个 RecordReader 的实现，将 InputSplit 解析成所需的 key/value 值格式提供给 map 函数。

3. WikiMapper

用户自定义 Mapper 类。该类继承 Mapper 类，并重写 Mapper 类中的 map 函数，主要实现对原始数据集的 Map 操作。在这里是对参数中传递的 value 值进行解析，分析出在 value 值中 page 条目以 XML 格式存储的 id、title 以及 text 内容。

4. WikiReducer

用户自定义 Reducer 类。该类继承 Reducer 类，并重写 Reducer 类中的 reduce 函数，主要完成对中间数据集的合并任务。本例中 reduce 函数相对比较简单，所需完成的只是将 map 函数产生的中间 key/value 值存储到 HBase 中，并统计总更新的条目数，输出到控制台中。

WikiMapper 和 WikiReducer 是以 MapReduce 编程模型实现更新图像百科条目功能中的最重要的两个类，分别实现了 MapReduce 编程模型的 Map 操作和 Reduce 操作。更新图像百科条目的 MapReduce 实现之所以如此简便，主要归功于 Hadoop 的封装和强大的接口。使用这个抽象模型，程序员只要表述他想要执行的简单的 Map 和 Reduce 运算即可，而不必关心并行计算、容错、数据分布、负载均衡等复杂的细节。

这 4 个核心类通常不过几十行，为了方便起见，4 个核心类一般被写成内部类，其交互图如图 6.5 所示。

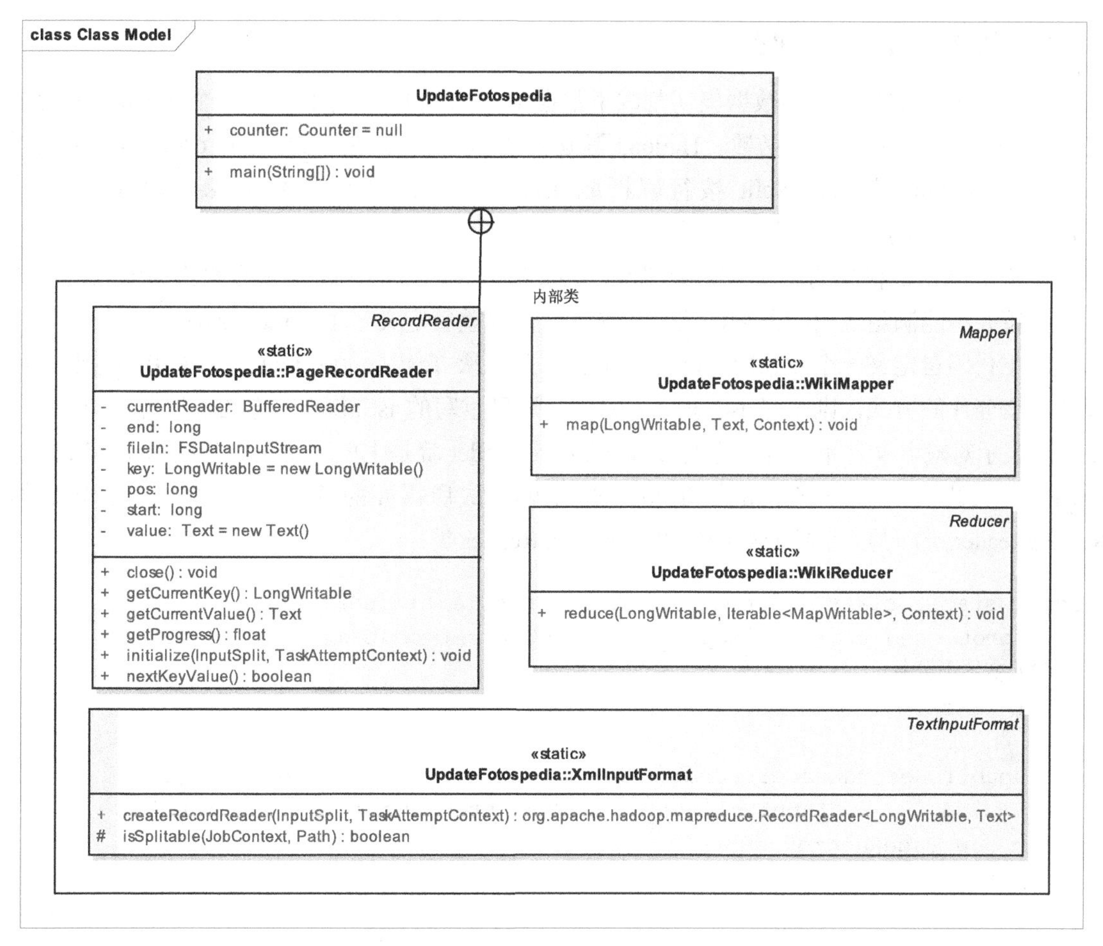

图 6.5 核心类交互图

6.4.2 MapReduce 核心类实现

本文使用 MapReduce 编程模型实现图像百科条目的更新功能，采用了 Hadoop 的最新稳定版本 hadoop-0.20.203.0，这个版本相对于以前的版本 0.18.3 来说，引入了许多新的功能，也有许多新的改进。对于 Hadoop 用户来说，使用起来会有一些变化。

最大的变化是作业配置部分，新版本里不再使用 JobConf，而是使用 Job。Job 继承自 JobContext，并集成了 JobConf。而且 Map 类和 Reduce 类也有所变化，先前版本中的 Mapper 类和 Reducer 类不仅要继承 MapReduceBase 类，还要实现 Mapper 接口或者 Reducer 接口。最新版本只需继承 Mapper 父类或者 Reducer 父类即可。以下代码都是使用 Hadoop 最新稳定版本开发，读者需要注意 Hadoop 不同版本在开发时的区别。

MapReduce 对更新百科条目的实现需要 XmlInputFormat、PageRecordReader、WikiMapper 以及 WikiReducer 这 4 个核心类，并且需要对 Job 进行正确的配置，使得

MapReduce 模型可以按照所需的自定义的方式运行。

1. 实现 XmlInputFormat 类

InputFormat 类将输入的数据集切割成小数据集 InputSplits，并且还将一个 InputSplit 解析成 key/value 对提供给 map 函数。Hadoop 默认的 InputFormat 是 TextInputFormat，该类使用 LineRecordReader 将 InputSplit 按行解析成 key/value，即以回车键（CR=13）或换行符（LF=10）为行分隔符。

在使用 XML 格式的源文件更新图像百科文字条目时，回车键或换行符作为输入文件的行分隔符并不能满足我们的需求，这种情况下，需要重新定义一个 InputFormat。

以下代码自定义一个 XMLInputFormat 类，并继承 TextInputFormat 类。如果不需要分片或者改变分片的方式，则重写 isSplitable 方法。这里重写的 isSplitable 方法中只有一句 return false，表示对输入文件不分片。重写 createRecordReader 就是生成一个自定义的 RecordReader 类对象，实现将每个 XML 格式的 InputSplit 解析成所需要的 key/value 格式。自定义的 RecordReader 类即是 4 个核心类中的 PageRecordReader 类。

```
public static class XmlInputFormat extends TextInputFormat {
     protected boolean isSplitable(JobContext context, Path file) {
// 输入文件不分片
return false;
}
     publicRecordReader<LongWritable, Text> createRecordReader(
                InputSplit split, TaskAttemptContext context) {
return new PageRecordReader();
}
}
```

2. 实现 PageRecordReader 类

RecordReader 类共有 6 个抽象方法：initializ、nextKeyValue、getCurrentKey、getCurrentValue、getProgress 和 close。自定义的 PageRecordReader 类继承自 RecordReader 类，并重写这 6 个抽象方法。XMLInputFormat 类中会生成一个 PageRecordReader 类对象，将输入数据转换成 key/value 对作为 Mapper 的输入。

PageRecordReader 类对象在实例化时会首先调用自己的 initializ 方法。下面代码中的 initializ 方法首先通过 getStart()方法和 getLength()方法获得每个分片的起始位置和结束位置，起始位置和结束位置用于读取输入文件时的开始和结束标志。然后通过 getPath()得到分片的路径，并通过 open()方法打开该分片，准备读取分片内容。关于 HDFS 文件操作的具体方法请读者参阅本书第 5 章内容。

```
public void initialize(InputSplit split, TaskAttemptContext context)
                throws IOException, InterruptedException {
start = ((FileSplit) split).getStart(); //每个文件作为一个 split
```

```
end = split.getLength() + start; // 文件的字符长度
        pos = start;
        Configuration job = context.getConfiguration();
        final Path path = ((FileSplit) split).getPath(); // 得到文件路径
        final FileSystem fs = path.getFileSystem(job);
        fileIn = fs.open(path); // 打开文件
        currentReader = new BufferedReader(new
InputStreamReader(fileIn));
}
```

重写的 nextKeyValue 方法用于读取下一个 key/value 对，读取成功时返回 true，该方法会被 MapRunner 循环读取。在 nextKeyValue 方法中，从上一次读取的结束位置开始，每读取分片中的一行，就判断该行是否包含 page 标签的闭合标签“</page>”。如果包含闭合标签，则表示已经读取完一个完整的 page 条目，该 page 条目内容就被设置为下一个 value 值；如果到达文件末尾时都没有完整 value 值，则返回 false。Key 值设置为该条目内容的起始位置。

```
public boolean nextKeyValue() throws IOException, InterruptedException {
        key.set(pos); // 设置 key
        value.clear();
        String line; // 存储每一行的内容
        String currentPage = ""; //存储当前 page 条目
        do {
            line = currentReader.readLine();
            currentPage += line;
            if (line == null) { //关闭文件
                currentReader.close();
                return false;
            }
            if (line.contains("</page>")) {
                value.set(currentPage); // 设置 valuea
                pos = fileIn.getPos();
                return true;
            }
        } while (line != null);
        return true;
}
```

getCurrentKey()方法获取当前 key 值，返回每个 page 条目的起始位置，如果没有 key 值则返回 null。getCurrentValue()方法获取当前 value 值，即每个 page 条目的文本内容。getProgress()方法获取当前 RecordReader 处理数据的进度，返回数值为 0.0～1.0。当一个 inputSplit 处理完后，调用 close()方法中的关闭操作，关闭 RecordReader。

3. 实现 WikiMapper 类

完成读取数据操作后，将解析出的 key/value 值作为 Mapper 的输入，进入到最重要的

Map 阶段。Hadoop MapReduce 框架为每个 InputFormat 中的 InputSplit 生成一个 Map 任务。WikiMapper 类实现了 Map 操作，在这个操作里，首先解析输入的 value 值，也就是每个以 XML 格式存储的 page 条目文本内容。执行完 Map 过程后，所有具有相同 key 值的中间 value 随后会被 Hadoop MapReduce 框架进行组合，并被传输到自定义的 Reducer 类。

WikiMapper 类体现了“分而治之”的思想，它将整个维基百科 XML 文档分割为单个的 page 条目并行处理。在每个 Map 操作中，利用 DOM 方法解析 XML 格式的 page 条目，得到 page 条目的 title、id 以及 text 内容，这三部分内容将在自定义的 Reducer 类中被存储到 HBase 中。

Map 操作将输入 key/value 值转化为中间 key/value 值，但是中间记录不需要与输入记录保持相同的数据类型。在本书的实现中，中间记录的 key 值是 page 条目的 id，value 值是 page 条目的 title 和 text 组合而成的复合类型。Key 值和 value 值必须实现 Writable 接口，使得 Hadoop 框架知道对该类型的对象怎样进行 serialize 以及 deserialize，所以 Map 操作中传递的 key 值必须用 LongWritable 类型封装，value 值必须用 MapWritable 类型封装。MapWritable 是 Hadoop 提供的一种集合类型，它是 java.util.Map(Writable,Writable)的实现，用法基本相同，使用 put(Writable key, Writable value)方法组合 title 和 text 内容。中间 key/value 值通过 context.write()方法收集。

```
public static class WikiMapper extends
Mapper<LongWritable, Text, LongWritable, MapWritable> {
      public void map(LongWritable key, Text value, Context context)
                  throws IOException, InterruptedException {
            Document document = null;
            try {
                  document = DocumentHelper.parseText(value.toString());
            } catch (DocumentException e) {
                  e.printStackTrace();
            }
            Element root = document.getRootElement();
            String title = root.element("title").getText(); //得到 title 内容
            String id = root.element("id").getText();//得到 id 内容
            String text =
root.element("revision").element("text").getText(); //得到条目内容
            LongWritable key_id = new LongWritable(Long.parseLong(id));
            MapWritable value_map = new MapWritable();
            value_map.put(new Text("title"), new Text(title));
            value_map.put(new Text("text"), new Text(text));
            context.write(key_id, value_map);
      }
}
```

4. 实现 WikiReducer 类

化繁为简在 WikiReducer 类中得到了体现，但是 Reduce 阶段是可选的。当需要进行

Reduce 操作时，Hadoop 框架会为每一个具有相同 key 值的记录集合调用一次 reduce 方法。在本书例子中，所有中间 key 值即 page 条目的 id 均不相同，自定义的 Reducer 类 WikiReducer 中将分析出的每个条目的 id、title 和 text 内容分别存储到 HBase 中，并记录所有处理的条目数。

Hadoop MapReduce 框架中的计数器 Counter 显示了在 Hadoop 上运行的每个作业产生的统计信息，这些对检查处理的数据量是否符合预期非常有用。Hadoop 允许用户自定义 Counter，用户通过 getCounter()获取自定义的计数器，如果没有该计数器则系统会自动提供一个。getCounter()方法中的两个参数分别为组名和组内计数器名，一个组中可以存在多个计数器。自定义 Counter 通过 increment(1)操作自增一个计数。用户自定义的 Counter 会在程序结束时，输出到屏幕上，当然，用户可以通过 Web 界面看到。

在 Reduce 操作中，每个传递过来的中间 key/value 值即每个条目的 id、title 和 text 都通过 PediaData 类对象的 createPedia()方法存储到数据库中，createPedia(String pediaID, String title, String catagory, String text, String editor, String reason)方法的第 1 个参数是百科条目的 id，第 2 个参数是条目的 title，第 3 个参数是条目所属的类别，第 4 个参数是条目的文本内容，第 5 个和第 6 个参数分别为百科条目的编辑者和编辑原因。

```
public static class WikiReducer extends
            Reducer<LongWritable, MapWritable, LongWritable, Text> {
     public void reduce(LongWritable key, Iterable<MapWritable> values,
            Context context)throws IOException, InterruptedException {
            pediadata = New PediaData();
            for(MapWritable value: values){
                 counter = context.getCounter("PageCounter",
"TotalPageNumber");
                 counter.increment(1);
                 pediadata.createPedia(key,value.get(
                                   new Text("title"),"",
                 value.get(new Text("title"),"root","创建词条")

            }
     }
}
```

5. 定制 Job 配置对象

在 main 函数中用户主要定制一个 Job，用于执行一次计算任务，可以通过一个 Job 对象设置如何运行这个 Job。在下面代码中，定义了输出的 key 类型是 LongWritable，value 的类型是 MapWritable，指定自定义的 WikiMapper 类作为 Mapper 类，使用自定义的 WikiReducer 类作为 Reducer 类，还指定自定义的 XmlInputFormat 类作为 InputFormat 类。任务的输入路径和输出路径由命令行参数指定，这样计算任务运行时会处理输入路径下的所有文件，并将计算结果写到输出路径下。最后通过 Job 对象的 waitForCompletion()方法运行计算任务，并一直等待直到计算结束。

```
public static void main(String[] args) throws IOException,
                    InterruptedException, ClassNotFoundException {
      Configuration conf = new Configuration();
      String[] otherArgs = new GenericOptionsParser(conf, args)
                        .getRemainingArgs();
      if (otherArgs.length != 2) {
            System.err.println("Usage: ParseWiki <in><out>");
            System.exit(2);
      }
      Job job = new Job(conf, "parse wikipedia");
      job.setJarByClass(ParseWiki.class);
      job.setInputFormatClass(XmlInputFormat.class);
      job.setMapperClass(WikiMapper.class);
      job.setReducerClass(WikiReducer.class);
      job.setOutputKeyClass(LongWritable.class);
      job.setOutputValueClass(MapWritable.class);
      FileInputFormat.addInputPath(job, new Path(otherArgs[0]));
      FileOutputFormat.setOutputPath(job, new Path(otherArgs[1]));
      job.waitForCompletion(true);
}
```

以上就是更新图像百科条目程序的全部细节，简单到让人吃惊，丝毫没有分布式编程的任何细节，您或许不敢相信就这么几行代码就可以分布式运行于大规模集群上，并行处理海量数据集，而这正归功于 Hadoop MapReduce 框架的封装以及所提供接口的强大。

6.4.3 编译运行

1. 在 Eclipse 中运行

在 Eclipse 环境下可以方便地进行 Hadoop 并行程序的开发和调试。使用 Eclipse 开发调试 Hadoop 并行程序，首先需要安装 Hadoop 插件。将 hadoop-eclipse-plugin-0.20.203.0.jar（在 hadoop-0.20.203.0/contrib/eclipse-plugin 目录下）复制到 eclipse/plugins 目录下，重启 eclipse。

（1）设置 Hadoop 主目录

单击 Eclipse 主菜单上的 Windows→Preferences 命令，然后在左侧选择 Hadoop Installation Directory（Hadoop 安装目录），设置 Hadoop 的主目录，如图 6.6 所示。

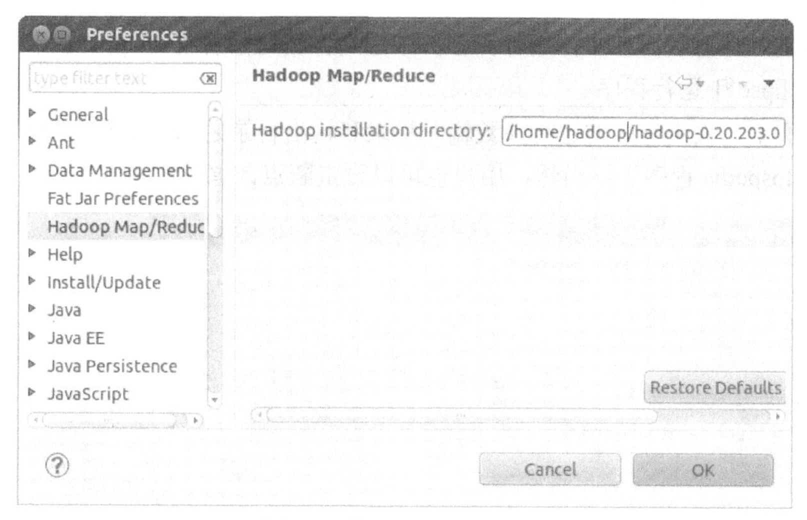

图 6.6 设置 Hadoop 主目录

（2）新建一个 MapReduce 工程

单击 Eclipse 主菜单上的 File→New→Project 命令，在弹出的对话框中选择 MapReduce Project，输入新建工程的名字，比如 UpdateFotospedia，然后单击 Finish 按钮即可，如图 6.7 所示。

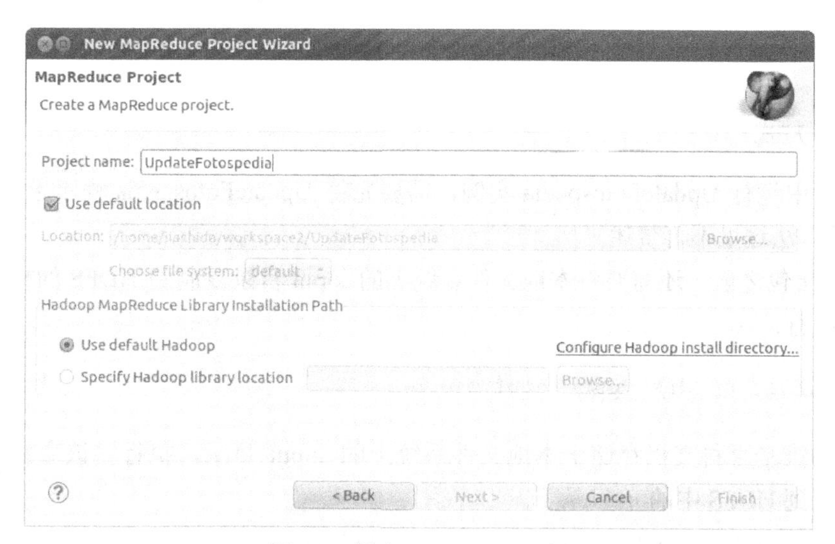

图 6.7 新建 MapReduce 工程

此后，用户就可以像对待一个普通的 Eclipse Java 工程那样，添加 Java 类。比如，用户可以定义一个 UpdateFotospedia 类，然后将本书代码写到此类中，添加必要的 import 语句（可以使用 Eclipse 快捷键：ctrl+shift+o），即可形成一个完整的、基于 MapReduce 编程模型的 UpdateFotospedia 程序。

在这个简单的 UpdateFotospedia 程序中，把全部的内容都放在了一个 UpdateFotospedia 类中。实际上，Hadoop 的 Eclipse 插件还提供了几个实用的向导（wizard）工具，帮助开发者创建单独的 Mapper 类、Reducer 类。在编写比较复杂的 MapReduce 程序时，将这些类独立出来是非常有必要的，也有利于在不同的计算任务中重用你编写的各种 Mapper 类和 Reducer 类。

（3）在 Eclipse 中运行程序

如图 6.8 所示，设定程序的运行参数输入目录和输出目录之后，用户就可以在 Eclipse 中运行 UpdateFotospedia 程序了，当然，用户也可以设定断点，调试程序。

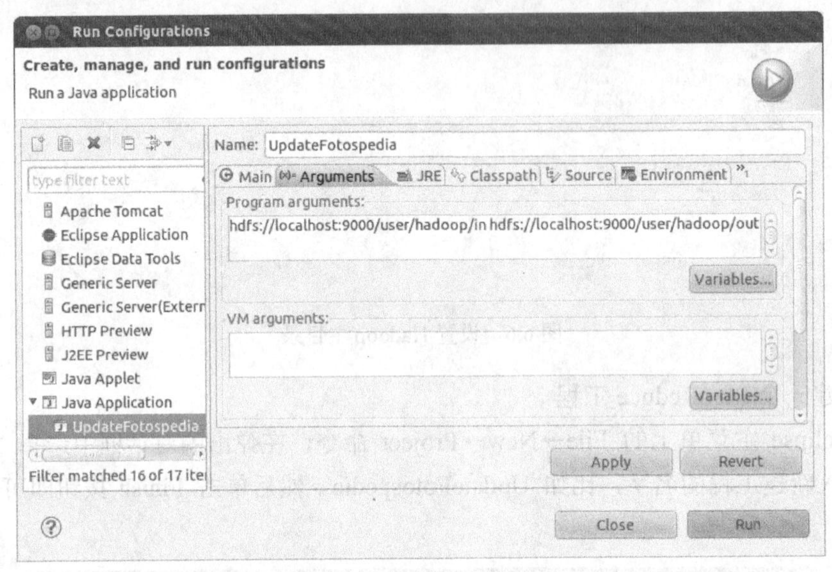

图 6.8　运行 MapReduce 工程

2. 命令行方式

在命令行中运行 UpdateFotospedia 实例，需要先将 UpdateFotospedia 程序导出为 jar 包，导出 jar 包的方法这里不再赘述。

在运行 jar 包之前，还需要将本地文件系统上的 input 目录复制到 HDFS 的根目录下，重命名为 in，执行：

```
$ bin/hadoop dfs -put input in
```

待处理的维基百科文档存储于本地文件系统上的 input 目录，执行完该命令后，目录中的文档被复制到 HDFS 中的 in 目录下。

然后运行导出的 UpdateFotospedia.jar，运行结果如图 6.9 所示。

该程序运行大约 69s，它处理了 HDFS in 目录下的所有文档，最终的处理结果输出在 out 目录中。图 6.9 中最下面两行就是程序中自定义计数器的统计信息，读者可以看到，该运行实例成功处理了 14247 个 page 条目，这些条目的 id、title 以及 text 均存储到了 HBase 数据库中。

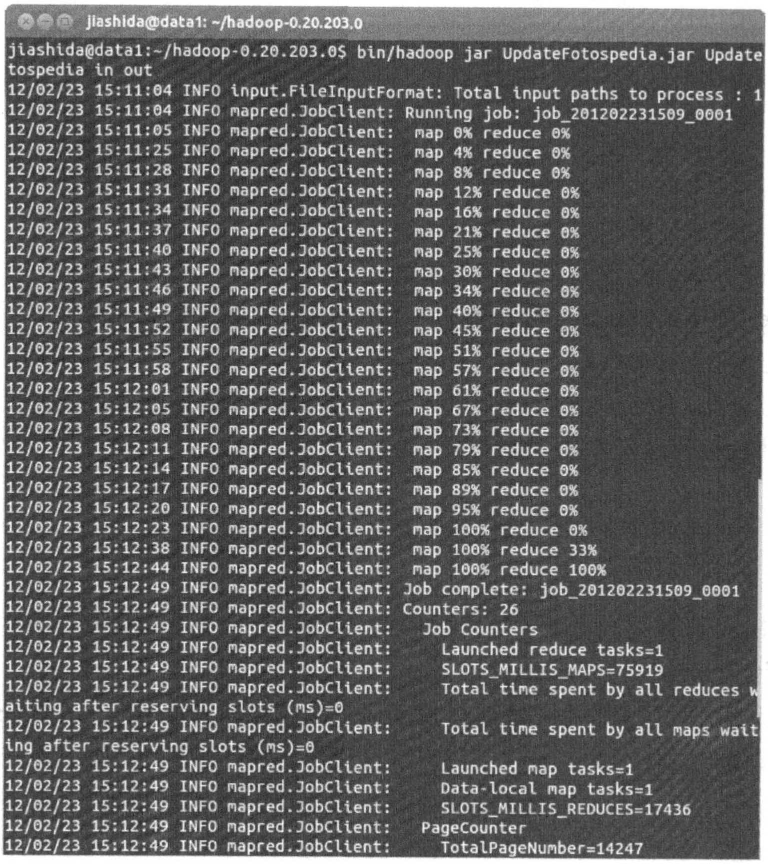

```
jiashida@data1: ~/hadoop-0.20.203.0
jiashida@data1:~/hadoop-0.20.203.0$ bin/hadoop jar UpdateFotospedia.jar Update
tospedia in out
12/02/23 15:11:04 INFO input.FileInputFormat: Total input paths to process : 1
12/02/23 15:11:04 INFO mapred.JobClient: Running job: job_201202231509_0001
12/02/23 15:11:05 INFO mapred.JobClient:  map 0% reduce 0%
12/02/23 15:11:25 INFO mapred.JobClient:  map 4% reduce 0%
12/02/23 15:11:28 INFO mapred.JobClient:  map 8% reduce 0%
12/02/23 15:11:31 INFO mapred.JobClient:  map 12% reduce 0%
12/02/23 15:11:34 INFO mapred.JobClient:  map 16% reduce 0%
12/02/23 15:11:37 INFO mapred.JobClient:  map 21% reduce 0%
12/02/23 15:11:40 INFO mapred.JobClient:  map 25% reduce 0%
12/02/23 15:11:43 INFO mapred.JobClient:  map 30% reduce 0%
12/02/23 15:11:46 INFO mapred.JobClient:  map 34% reduce 0%
12/02/23 15:11:49 INFO mapred.JobClient:  map 40% reduce 0%
12/02/23 15:11:52 INFO mapred.JobClient:  map 45% reduce 0%
12/02/23 15:11:55 INFO mapred.JobClient:  map 51% reduce 0%
12/02/23 15:11:58 INFO mapred.JobClient:  map 57% reduce 0%
12/02/23 15:12:01 INFO mapred.JobClient:  map 61% reduce 0%
12/02/23 15:12:05 INFO mapred.JobClient:  map 67% reduce 0%
12/02/23 15:12:08 INFO mapred.JobClient:  map 73% reduce 0%
12/02/23 15:12:11 INFO mapred.JobClient:  map 79% reduce 0%
12/02/23 15:12:14 INFO mapred.JobClient:  map 85% reduce 0%
12/02/23 15:12:17 INFO mapred.JobClient:  map 89% reduce 0%
12/02/23 15:12:20 INFO mapred.JobClient:  map 95% reduce 0%
12/02/23 15:12:23 INFO mapred.JobClient:  map 100% reduce 0%
12/02/23 15:12:38 INFO mapred.JobClient:  map 100% reduce 33%
12/02/23 15:12:44 INFO mapred.JobClient:  map 100% reduce 100%
12/02/23 15:12:49 INFO mapred.JobClient: Job complete: job_201202231509_0001
12/02/23 15:12:49 INFO mapred.JobClient: Counters: 26
12/02/23 15:12:49 INFO mapred.JobClient:   Job Counters
12/02/23 15:12:49 INFO mapred.JobClient:     Launched reduce tasks=1
12/02/23 15:12:49 INFO mapred.JobClient:     SLOTS_MILLIS_MAPS=75919
12/02/23 15:12:49 INFO mapred.JobClient:     Total time spent by all reduces w
aiting after reserving slots (ms)=0
12/02/23 15:12:49 INFO mapred.JobClient:     Total time spent by all maps wait
ing after reserving slots (ms)=0
12/02/23 15:12:49 INFO mapred.JobClient:     Launched map tasks=1
12/02/23 15:12:49 INFO mapred.JobClient:     Data-local map tasks=1
12/02/23 15:12:49 INFO mapred.JobClient:     SLOTS_MILLIS_REDUCES=17436
12/02/23 15:12:49 INFO mapred.JobClient:   PageCounter
12/02/23 15:12:49 INFO mapred.JobClient:     TotalPageNumber=14247
```

图 6.9　运行 UpdateFotospedia 实例

6.5　本章小结

MapReduce 编程模型在 Google 内部成功应用于多个领域，这主要归功于 MapReduce 封装了并行处理、容错处理、数据本地优化、负载均衡等技术难点的细节，使得即使没有并行或者分布式系统开发经验的程序员也可以轻松使用 MapReduce 库进行开发。

毋庸置疑，MapReduce 程序的核心是 Map 和 Reduce 操作，它遵循一个模板。本章对 MapReduce 程序模板进行详细分析，并实现了一个可以在数千台计算机组成的大型集群上灵活部署运行的 MapReduce 程序。读者通过对该实例的研究，可以使用 MapReduce 简单地解决大量不同类型的问题。

第 7 章　使用 HBase 存储百科数据

HBase 是使用 Java 语言的 Google BigTable[①]的开源实现，这是一个基于 HDFS[②]（Hadoop Distrubuted File System，Hadoop 分布式文件系统）的面向列的分布式数据库系统。在前面的章节中，本书已经对 HBase 做了一些简单的介绍。

本章将首先给出 HBase 的基本使用方法，并围绕着 Fotospedia 系统的设计与实现，对 HBase 在应用中的设计和使用思想进行介绍。

7.1　HBase 的基本特征

在应用 HBase 进行设计实现之前，首先要弄清楚一个问题：HBase 有哪些特点和功能使得读者需要采用它？

有过一定系统开发经验的用户一定对 RDBMS（Relational Database Management System，关系数据库管理系统）不陌生，在之前的系统设计开发中，涉及到数据的存储，使用最多的莫过于关系数据库系统，那么前面的问题在这个层次上，就可以变成一个新的问题：HBase 相对于目前更成熟、使用更广泛的存储体系结构，例如 RDBMS，有什么样的优势呢？

7.1.1　RDBMS 与 HBase

RDBMS 系统起源于上世纪 70 年代初，最早是根据 E.F.Codd 博士[③]提出的关系数据模型发展起来的。数年来，RDBMS 获得了长足的发展，目前许多企业的在线交易处理系统、内部财务系统、客户管理系统等大多采用了 RDBMS。目前业界普遍使用的关系型数据库管理系统产品有 IBM DB2 通用数据库、Oracle、My SQL 以及 SQL Server 等。

由于关系数据库的 ACID 准则能够保证数据的一致性和完整性，并支持事务处理、存储过程、触发器等特性，其设计目的是面向结构化数据。RDBMS 在过去的几十年，已经成功应用于无数的系统开发中，时至今日，它仍然在很多的应用中适用。然而，随着新技术的发展和业界新需求的涌现，关系数据模型却并不能完美解决当前的一些新的问题。

由于 RDBMS 的设计初衷就不是考虑大规模可伸缩的分布式处理任务，所以使得现在很

---

① Fay Chang, Jeffrey Dean and etc. BigTable: A Distributed Storage System for Structured Data. OSDI'06: Seventh Symposium on Operating System Design and Implementation. 2006

② Sanjay Ghemawat, Howard Gobioff, and Shun-Tak Leung.The Google File System.19th ACM Symposium on Operating Systems Principles. 2003

③ E.F.Codd. A Relational Model of Data for Large Shared Data Banks.Communications of the ACM. 1970

多采用了 RDBMS 产品的系统在面对大规模数据时显得力不从心。例如在基于 RDBMS 系统的互联网应用中，应用部署初期访问量较少，开发者也无法预测到用户访问的爆发点。一般开发者会先采用单台服务器来部署整个应用，但随着访问量的增多和用户数据的膨胀，单台服务器无法承受访问时，开发者不得不将系统架构换成主从结构（Master/Slave），通过复制（Replication）技术实现分布式的数据库访问，得到一定程度的数据一致性和可用性。然而当用户并发写入进一步增加达到 Master 的极限时，开发者又得转而采用分区（Sharding）技术对表进行分区来分担压力，实现大批量数据的并行处理。

上面的例子中，RDBMS 的每一次转变，都需要花费大量的人力物力，而互联网应用的实时性能又会直接影响到用户体验。在互联网应用井喷的今日，很难想象一个应用在经过一段时间的关闭维护后还能维持之前的发展速度。另外，由于这些技术大都属于后期添加的解决方案，一方面使得系统难以安装和维护，另一方面，这些技术也常常需要牺牲一些重要的 RDBMS 特性。为了解决这样的问题，读者需要一种能够面对大规模数据的、平滑可伸缩的数据库系统。

HBase 从设计初期就考虑到了可伸缩性的问题，它能够通过简单的增加节点来平滑地进行线性扩展。HBase 有别于关系数据库，它本身不提供对数据关系的支持，也不提供对 SQL 的支持。这使得 HBase 具有在廉价的硬件集群上管理超大规模的稀疏表的能力。这一点在商业上显得尤为重要，通过更低的成本就能获得更好的数据处理能力，并且具有高可用性和可扩展性，这正是云计算浪潮是由 Google、亚马逊、IBM 等企业主导的原因之一。

7.1.2 面向列的 NoSQL 数据库

1. 数据大爆炸

英特尔万亿级计算研究项目总监吉姆·海德（Jim Held）日前表示，“大量的数据，快速的增长，已经使我们无法处理。”

在这个信息时代中，有一条潜在的规则，即掌握信息就是掌握资源和财富。随着全球信息化的推进，互联网服务日趋稳定，智能手机的飞速普及，以及企业的巨大需求，使得全球数据呈爆炸式增长。根据美国 IDC 公司的一项名为“Digital Universe”的调查显示，2011 年全球将产生 1.8 ZB 的数字信息，预计未来十年全球大数据将增加 50 倍[①]。很多人对 ZB 这个计量单位并不熟悉，按照计量存储容量的单位换算，1 ZB 相当于 10 的 21 次方字节，约 1.8 万亿 GB。如果这个计量单位还不够直观，那么可以这样举例：如果一首 MP3 歌曲的存储空间约为 5MB，以每分钟 1MB 的速度不间断播放（前提是电力要能够保证），1 ZB 的空间存储的歌曲可以播放 19 亿年！相比之下，地球到目前的年龄为 46 亿年，而人类的文明史仅仅不到万年。

面对数据大爆炸带来的海量数据，超大规模的数据存储和处理就成为一个热门话题。业

[①] Digital Universe.http://www.emc.com/leadership/programs/digital-universe.htm

界迫切需要一种具有超大规模数据处理能力，并能够轻松管理数据的解决方案。特别是互联网企业，面对大量的用户数据，能够从用户数据中分析出越多的信息，在线广告投放或者用户感兴趣商品推荐等商业行为就越有针对性。因此，也就诞生了诸如 Hadoop 这样的能够应对 PB 级别数据的云计算平台，以及建立在 HDFS 上的分布式数据库 HBase。

2. NoSQL 数据库

随着互联网时代的到来，特别是 Web2.0 网站的兴起，传统的关系型数据库在超大规模和高并发应用面前表现得不尽如人意。过去几年，很多专家学者都在探索着新型的数据库模型，在这种背景下，NoSQL 数据库应运而生。

NoSQL 数据库指的是非关系型数据库。从名字来看，NoSQL 似乎发起了一种反 SQL 运动，其实更准确地说，它是对 SQL 的一种补充（Not Only SQL）。事实上，NoSQL 数据库并不是近几年才出现的新事物，因为符合非关系型数据库定义的都属于 NoSQL 数据库，如 Berkeley DB、面向对象数据库系统等产生于上个世纪八九十年代的数据存储体系也被成为 NoSQL，只是近五六年来新的应用模式对 RDBMS 的缺陷已难以容忍，所以 NoSQL 数据库进入了高速发展的阶段，产生了诸如 Cassandra、BigTable、MongoDB 等一系列的优秀产品。而这些新的产品几乎都没有提供对 SQL 的支持，而是选择提供给开发者一种更简单的 API 接口来操作数据。

根据 Eric Brewer 教授著名的 CAP 理论①，即一个分布式系统不可能同时满足一致性（Consistency）、可用性（Availability）和分区容忍性（Partition Tolerance）这 3 个需求，最多只能同时满足其中的两个。传统的 RDBMS 数据库一般满足一致性和可用性，但是分区容忍性不强，表现在可扩展性差。而对于分布式可扩展系统，分区容忍性是一个前提需求，因而在设计系统时，必须在可用性和一致性两者中有所选择和妥协。选择了一致性，意味着在可用性上有些不足，而放松对一致性的要求，则可以获得更好的可用性。

根据设计思路和存储方式的不同，NoSQL 数据库大体可以分为以下 4 种：

- key/value 键值对存储数据库。
- 面向列（Column-Oriented）存储数据库。
- 面向文档（Document-Oriented）存储数据库。
- 图形（Graph）数据库。

由于设计思路不同，所以这 4 种 NoSQL 数据库的优势也不尽相同。例如键值对存储数据库优势在于快速查询，适合混合工作负载并扩展大的数据集，但存储的数据缺少结构化，典型的如 Redis 和 Berkeley DB 等；面向列的数据库查找速度快，可扩展性强，更容易进行分布式扩展，而功能相对局限，典型的如 Cassandra 和 HBase 等；面向文档存储的数据库对数

① Eric Brewer. Towards robust distributed systems.In Proceedings of the 19th Annual ACM Symposium on Principles of Distributed Computing. 2000

据结构要求不严格，但查询性能不够高，适用于 Web 应用，典型的如 CouchDB 和 MongoDB 等；图形数据库则能够利用图结构相关算法，适用于社交网络、推荐系统等能够构建关系图谱的数据，但分布式集群方案较难构建，典型的如 Neo4J 和 InfoGrid 等。

3. 面向列存储

HBase 属于面向列存储的分布式数据库系统。它用于需要对大量的数据进行随机、实时的读写操作的场景中。HBase 的目标就是处理数据量非常庞大的表，可以用普通的计算机处理超过 10 亿行数据，还可处理有数百万列元素的数据表。

传统的关系型数据库都是面向行存储的，这种面向行存储的数据库主要适用于事务性要求严格的场合。在物理存储上，同一行的数据一般存储在同一个数据块中，即同一行的不同列在物理上是相邻的。而面向列的数据库则是通过列划分，在物理存储上，相同列的数据一般是相邻的，而同一行不同列的数据并不相邻。数据库存储时一般需要将二维的行列数据转化为一维的串形式。可以想象如表 7.1 这样的一组行列数据。

表 7.1　例表

学号	姓名	性别	年龄	籍贯
001	张三	男	21	陕西
002	李四	男	22	北京
003	囡囡	女	21	江苏

按照行的存储方式，可能会被存成“001，张三，男，21，陕西，002，李四，男，22，北京，003，囡囡，女，21，江苏”。而按照列的存储方式，可能会被存成“001，002，003，张三，李四，囡囡，男，男，女，21，22，21，陕西，北京，江苏”。

了解了物理存储的差别后，就能够理解面向列存储的一些优势。面向行的存储，一般通过主键进行索引，没有索引的查询会产生大量的 I/O 操作，建立索引和物化视图需要花费大量的时间和资源，在面对查询的需求时，数据库常常需要多次 Join 操作才能满足要求。而面向列的数据库，每一列单独存放，数据就是索引，在进行查询时只访问涉及到的列，大量降低了系统 I/O，提高了查询的并发处理，而且同一列数据类型相似，存储时能够进行高效地压缩。由于具有高并发性，再结合 MapReduce 模型后，能够获得非常高的性能提升。当然，采用列式存储时，如果需要读取整行数据就会比较慢。

由于 HBase 是一个面向列存储的分布式存储系统，它可以实现高性能的并发读写操作，同时 HBase 能够对数据进行透明的切分，使得系统具有较好的伸缩性。HBase 满足 CAP 理论中的分区容忍性和一致性需求，具有强一致性。由于面向列存储的模式，使得 HBase 的模式非常灵活，客户端可以在实际使用中实时地增加列等方式改变表的模式[①]。

[①] Lars George. HBase: The Definitive Guide. O'Reilly Media. 2011

7.1.3 HBase 数据库架构

HBase 最初的发行版本是包含在 Hadoop 中的，虽然后来作为 Apache 的一个顶级项目发布单独的版本，但是 HBase 仍然是 Hadoop 分布式解决方案中非常重要的成员之一，并且与 Hadoop 具有血脉相连的关系。

图 7.1 为 Hadoop 的系统环境[①]，其中 HBase 位于结构化存储层，Hadoop HDFS 为 HBase 提供了高可靠性的底层存储支持，Hadoop MapReduce 为 HBase 提供了高性能的计算能力，ZooKeeper 则作为 HBase 集群的协同服务机制。在此之上，Pig 和 Hive 为 HBase 提供了高层语言的支持，例如 Hive 提供的类 SQL 数据操作方式使得 HBase 的数据处理变得更简单；Sqoop 为 HBase 提供了数据从 RDBMS 向 HBase 迁移的能力，使得从传统数据库转向 HBase 变得更方便。

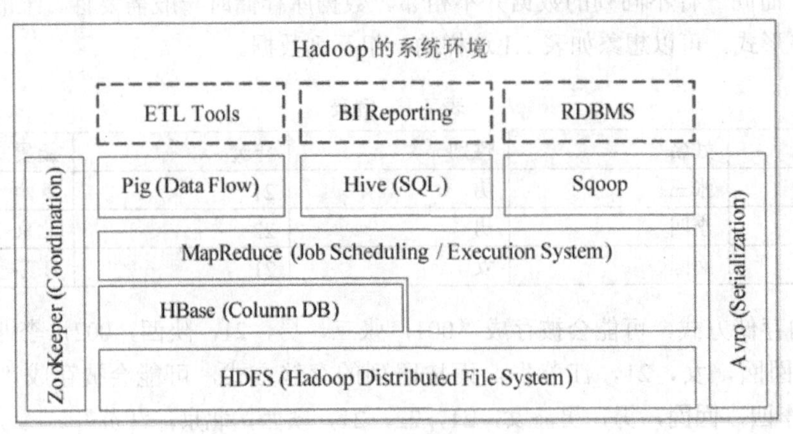

图 7.1 Hadoop 的系统环境图

在了解了 Hadoop 分布式系统环境后，本书进一步介绍 HBase 的分布式系统结构。HBase 主要由以下 3 个部分组成：

- HMaster
- HRegionServer
- HBase Client

图 7.2 是 HBase 的体系结构图，通过该图可以进一步了解 HBase 主要构件之间的交互和功能。

---

① 怀特著，周敏奇等译. Hadoop 权威指南（第 2 版）. 清华大学出版社，2011

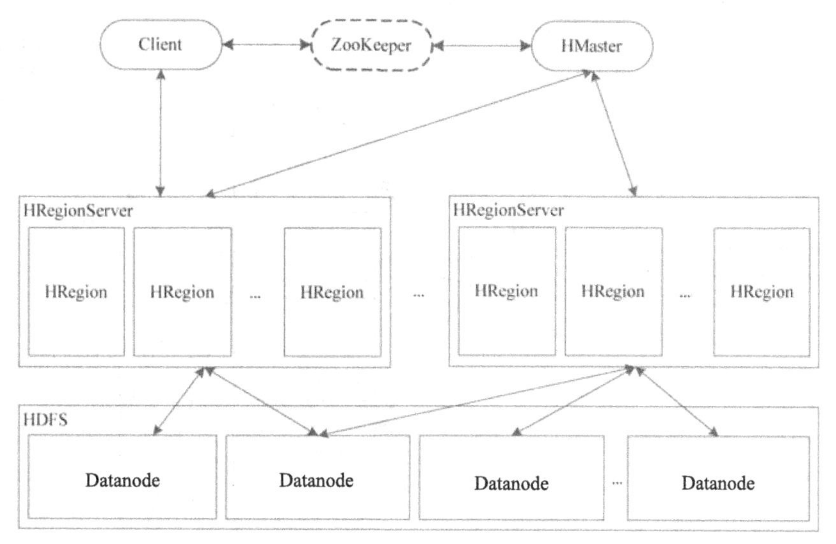

图 7.2　HBase 的体系结构图

- HBase Client：指的是 HBase Client API，用户程序通过调用客户端 API 来和 HBase 的后台服务器，即 HMaster 和 HRegionServer，进行交互。在 HBase 中，Client 和 HMaster 以及 HRegionServer 之间的通信都采用 RPC 机制。Client 主要进行两类操作：对于管理类操作，Client 与 HMaster 进行通信；对于数据读写类操作，Client 则和 HRegionServer 进行通信。
- HMaster：作为 HBase 中的主服务器，类似于 Google 的 Master Server，HMaster 并不像 HDFS 的 Namenode 那样的单节点，而是通过 ZooKeeper 的 Master 选举机制保证总有一个 Master 在运行。HMaster 主要负责对表和 Region 的管理，包括管理对表的操作，以及 RegionServer 的负载均衡以及灾难处理等。
- ZooKeeper：虽然 ZooKeeper 并非 HBase 中的构件，但是在 HBase 中，它起着无可替代的作用：ZooKeeper Quorum 中存储了 HMaster 和-ROOT-表的地址，并且 HMaster 通过 ZooKeeper 来了解各个 HRegionServer 的健康状况。因此，Client 和 HMaster 都需要与 ZooKeeper 进行通信，获取信息。
- HRegion：HBase 中存储着一系列的表，这些表往往比较大，当一张表的记录数不断增加，达到一定的容量上限时，会逐渐分裂成 Regions，而这些 Regions 会均匀地分布在集群中的 HRegionServer 中，一个 Region 下会有一定数量的列族。
- HRegionServer：类似于 Google 的 Tablet Server，HRegionServer 中管理着一系列的 HRegion 对象，每个 HRegion 对应着表中的一个 Region。此外，为了避免 HMaster 的负载集中，用户的数据读写请求会直接由 HRegionServer 来响应，并将需要持久化的数据写入 HDFS 中。

读者可能会好奇，对于用户数据的读写是 Client 直接与 HRegionServer 进行通信的，那么 Client 如何获得管理表中数据所在 Region 的 HRegionServer 地址呢？其实，HBase 中存在两张特殊的表，分别为-ROOT-和.META.表，如图 7.3 所示。

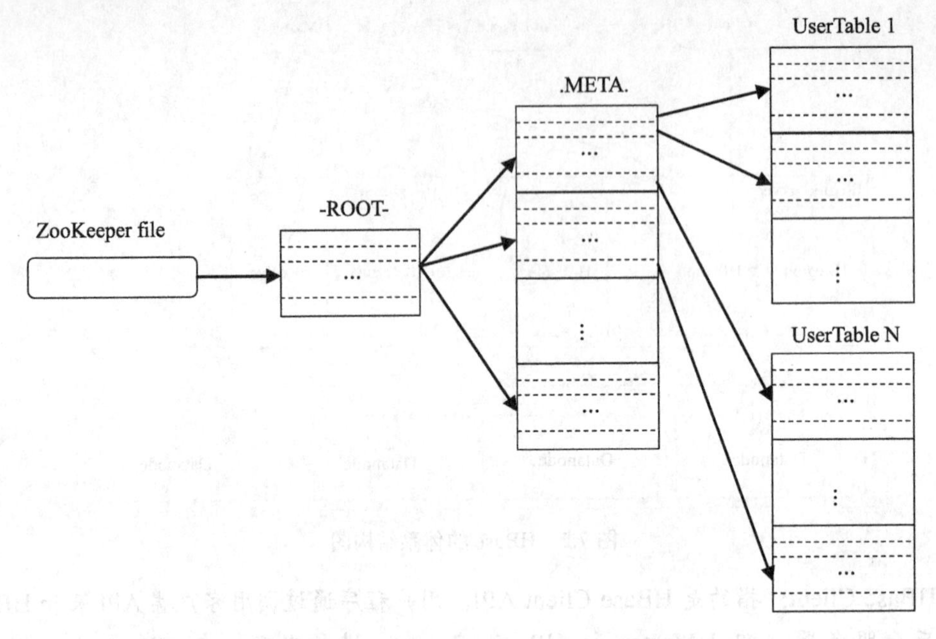

图 7.3 -ROOT-表和.META.表的存储结构

- ZooKeeper 中记录了-ROOT-表的地址信息。
- -ROOT-：记录了.META.表的 Region 信息，-ROOT-表只能有一个 Region。
- .META.：记录了用户表的 Region 信息，.META.表本身可以有多个 Region。

因此，当 Client 需要与 HRegionServer 进行通信时，首先访问 ZooKeeper 获得-ROOT-表的地址，进一步通过-ROOT-表访问.META.表获得需要通信的用户表的 HRegion 信息，这个信息包括了地址，因此 Client 可以直接与 HRegionServer 进行通信。

7.1.4 HBase 的特点

HBase 在支持水平和模块化扩展方面有很多特点，HBase 集群能够通过增加普通的商用机器来运行 RegionServer 进行集群扩展。集群节点的增加，在扩展了存储能力的同时，也会提高处理能力。HBase 扩展性能有别于 RDBMS，后者只能朝着增加单个数据库服务器的容量方面扩展，但计算能力很难提高，甚至会因为集群拓扑结构的复杂而降低查询效率。

HBase 具有以下特点[①]：

（1）读写强一致性：HBase 没有采用“最终一致性”的数据存储模型，同一行数据的读写只在同一台 RegionServer 上进行。

（2）自动分区（Sharding）：HBase 表的数据以 Region 的形式分布在集群中，Region 能够在数据足够多时进行自动分割。

① Apache HBase Reference Guide.http://hbase.apache.org/book.html

（3）RegionServer 自动灾难恢复（Failover）。

（4）与 Hadoop/HDFS 融合：HBase 支持 HDFS 作为底层分布式文件系统。

（5）支持 MapReduce：支持以 HBase 数据作为 MapReduce 的输入或输出，进行大规模数据并行处理。

（6）Java 客户端 API：HBase 支持通过简单易用的 Java API 编程访问数据。

（7）Thrift/REST API：HBase 支持通过 Thrift 和 REST 作为非 Java 的前端。

（8）块缓存（Block Cache）和布隆过滤器（Bloom Filter）：HBase 采用块缓存机制和布隆过滤器算法实现大容量数据的查询优化，查询速度快。

（9）动态管理：HBase 提供了一个内建的网页来动态地监管 HBase 的运行状态和指标。

HBase 具有上述的特点，但并不是说 HBase 就适合所有的问题。什么时候使用 HBase 更合适呢？

第一，保证数据量足够大。如果表中有数以千万计的行，那么 HBase 是一个不错的候选对象。如果数据库中的表只有不足百万行，那么传统的 RDBMS 就已经足够了，因为单个节点已经可以容纳这些数据，因此集群中其他的节点将会处于空闲状态。

第二，保证数据库不需要 RDBMS 的额外功能，例如典型的列、二级索引、事务和高级查询语言等。

第三，保证有充足的硬件。集群的节点数应该至少有 6 个，这是由于 HDFS 在少于 5 个 Datanode 时并不能很好的工作（原因如 HDFS 的块副本默认为 3 个等），另外还要加上 1 个 Namenode。

7.2 使用 HBase 编程

在了解了 HBase 的一些基本特征和优势后，读者可以尝试使用 HBase 来管理数据。在第 3 章中，介绍了 HBase 的基本数据模型，即表、行、列和单元。由于 HBase 是 Java 语言编写的，所以它提供的原生 API 也是采用 Java 语言，HBase 也支持除 Java 外的其他数据存取方式，例如 REST 和 Thrift 等。在这节本书将重点讨论 HBase 提供的 Java API。

7.2.1 HBase 的 Java API

作为一个 NoSQL 数据库，HBase 并没有提供原生的类 SQL 的查询语言支持，而是提供了一系列的 Java API 供开发者使用。在 Apache HBase 的官网上，读者可以看到关于 HBase API 的详细文档。当然，该文档包含了 HBase 提供的所有包的 API，包括使用 Thrift 和 Avro 服务的 API 等。

下面将对重要的包进行一些介绍：

- org.apache.hadoop.hbase：该包主要提供了 HBase 的基本信息和配置 API，以及比较重要的类。例如 HBaseConfiguration 类将 HBase 的配置文件添加到 Configuration 中；KeyValue 类提供了对 HBase 键值对的定义；HTableDescriptor 类提供了对 HTable 表

模式创建的定义；ClusterStatus 类提供 HBase 集群状态信息；此外还有 HServer 和 HRegion 的信息等类。

- org.apache.hadoop.hbase.avro：该包提供了 HBase 的 Avro 服务接口。
- org.apache.hadoop.hbase.client：该包提供了 HBase 客户端编程的 API，包含了很多非常基本而重要的数据操纵 API，例如读取数据的 Get 类，写入数据的 Put 类，获取数据的结果集 Result 类，对 HTable 进行浏览的 Scan 类等。此外，还提供了管理 HBase 数据库表的元数据和基本管理方法的 HBaseAdmin 类等。
- org.apache.hadoop.hbase.filter：该包主要提供了对 HBase 浏览结果的行级别的过滤器，用来对 Region 上数据进行过滤，以获取符合特定模式的结果集。
- org.apache.hadoop.hbase.mapred 和 org.apache.hadoop.hbase.mapreduce：这两个包提供了 HBase 使用 MapReduce 进行输入输出、索引和相关工具的接口，是 HBase 对 MapReduce 提供的原生支持。
- org.apache.hadoop.hbase.util：该包提供了很多的 HBase 数据类型和工具的定义，例如 Bytes 类提供了 Byte 数组以及各种数据类型转换的支持，Base64 编码支持等。

更多详细的说明可以参照 HBase 的官方 API 文档，此处不再赘述，下面将对 HBase 客户端编程 client 包的相关 API 进行详细说明。

7.2.2 HBase 客户端编程

client 包提供了 HBase 的客户端 API。对于该包中的各个类的功能，读者可以先有一个大概认识。

要对 HBase 进行管理，例如表的创建和删除、列出表清单以及表结构更改等，则使用 HBaseAdmin 类。一旦表被创建，则需要通过 HTable 类的实例来操作该表。每次可以增加一行内容到一个表中。对于插入操作，则需要创建一个 Put 类的对象实例，并指明目标列名（target column）、值（value）以及一个可选的时间戳，最后使用 HTable.put(Put) 方法执行插入操作。要获取表中已插入的值，则使用 Get 类，Get 类的实例可以被指定为获取指定行的所有内容或者仅仅获取该行中的某一个单元格的值。在创建了 Get 的一个实例后，调用 HTable.get(Get) 执行查询，返回结果是一个 Result 类的实例。此外，还可以使用 Scan 类建立一个扫描器（Scanner），这类似于数据库中的游标。在创建并配置了 Scan 类的实例后，则调用 HTable.getScanner(Scan)获取一个 ResultScanner 类的实例，该实例就是查询得到的结果集，ResultScanner 事实上是 Result 实例的一个集合，循环调用 ResultScanner.next()方法可以获取每个 Result 实例。一个 Result 是一组 KeyValue 的集合，它具有将不同类型的返回值进行打包的功能。使用 Delete 类来删除表中的内容，用户可以设定 Delete 类的实例是用于删除一个独立的单元格或者整个列族，并且将该实例传递给 HTable.delete(Delete)来执行。

Put、Get 和 Delete 操作会在操作执行期间启动目标行的锁机制，因此同一行上并发的修改操作会被序列化执行。Get 和 Scan 操作的并发执行不存在行锁定的干扰，并且能够保证不会读到写操作未执行完的半写入行。

下面将对 HBase 的客户端 API 进行更为详细的介绍。

1. HBase 的模式定义

模式定义指的是对 HBase 的表结构的定义。前面说过 HBase 中的表并没有固定的模式，指的是列级的模式，本节 HBase 模式定义指的是表和列族的定义。HBase 提供了对模式定义的 API，主要包括表的创建、删除，列族的定义等。

HBase 中表的创建由 HBaseAdmin 类实现，因此，要对 HBase 中的表进行创建、删除、显示等操作，首先要实例化 HBaseAdmin。该类的构造方法为：

```
HBaseAdmin(Configuration conf)
```

这里的 Configuration 是 org.apache.hadoop.conf.Configuration 包中的类，该类的实例包含了 Hadoop 和 HBase 配置文件中设置的参数，也可以通过该类的一些设置方法修改或添加某些参数。

（1）创建表

在获得 HBaseAdmin 实例后，就可以创建表了。该类提供了 createTable()方法创建一个新的表。

```
void createTable(HTableDescriptor desc) ;
void createTable(HTableDescriptor desc, byte[][] splitKeys);
void createTable(HTableDescriptor desc, byte[] startKey,  byte[] endKey,
int numRegions);
```

从这些创建表的方法参数中可以看到，HTableDescriptor 的实例是必须指定的，HTableDescriptor 是对要创建表的模式描述，包括表名、列族等信息。其他的可选参数则指定了要创建表的 Region 信息等。

下面进一步介绍 org.apache.hadoop.hbase.HTableDescriptor 类。首先需要了解 HTableDescriptor 类的构造方法：

```
    HTableDescriptor();
    HTableDescriptor(String name);
    HTableDescriptor(byte[] name);
    HTableDescriptor(HTableDescriptor desc);
```

默认构造方法创建一个空的 HTableDescriptor 实例，而第二个和第三个构造方法则通过 name 参数指明了要创建的表名称。最后一个构造方法提供了对另一个 HTableDescriptor 实例的复制构造。

对于默认构造函数创建的 HTableDescriptor 实例，可以通过 setName()方法设置要创建的表名称。

```
    void setName(byte[] name);
```

在设置了表名称后，则需要设置表的列族。

```
void addFamily(HColumnDescriptor family);
```

该方法需要传递一个 HColumnDescriptor 类的实例，称之为列族描述实例。每个 HColumnDescriptor 实例都描述着一个列族。添加完表中的所有列族后，则可以查看所有 HTableDescriptor 中已添加的列族：

```
HColumnDescriptor[] getColumnFamilies();
HColumnDescriptor getFamily(byte[]column);
```

也可以通过下述方法移除一个列族：

```
HColumnDescriptor removeFamily(byte[] column) ;
```

关于 HTableDescriptor 的其他方法此处不再赘述。

org.apache.hadoop.hbase.HColumnDescriptor 类中包含了列族的定义，其构造方法为：

```
    HColumnDescriptor();
    HColumnDescriptor(String familyName);
    HColumnDescriptor(byte[] familyName);
    HColumnDescriptor(HColumnDescriptor desc);
    HColumnDescriptor(byte[] familyName, int maxVersions, String
compression,
         boolean inMemory, boolean blockCacheEnabled, int timeToLive,
         String bloomFilter);
HColumnDescriptor(byte[]familyName,int maxVersions,String compression,
         boolean inMemory, boolean blockCacheEnabled, int blocksize,
         int timeToLive, String bloomFilter, int scope);
```

默认的构造方法创建一个空的 HColumnDescriptor 实例，第二个和第三个构造方法则可以指定列族名 familyName，第 4 个构造方法是用其他的列族描述实例初始化。后两个构造方法参数较多，除了列族名 familyName，还有允许保持的最大版本数 maxVersions，默认为 3；压缩算法 compression，默认为 NONE；inMemory 和 blockCacheEnabled 参数设置是否保持整个 Block 数据在内存中以高效的顺序访问；blocksize 设置 Block 块大小，默认情况下每个 Block 为 64KB；timeToLive 设置数据的生存期，默认为 Integer.MAX_VALUE，实际就是永不失效；bloomFilter 设置指定当前列使用的 Bloom Filter 的类型；scope 设置远程副本，默认为 0，即本地规模，设置为 1 则表示全局规模，支持远程列族副本。

Bloom Filter（布隆过滤器）是由 Howard Bloom 在 1970 年提出的一种二进制向量数据结构，它的主要功能是快速检测一个元素是否是集合中的成员。布隆过滤器具有很好的时间和空间效率，它也使用哈希的思路实现，因此插入和查询操作的时间复杂度都是常数级，但具有比一般哈希方法高效的多的空间利用率，因此常被用在大量数据集合的查询中。但布隆过滤器判断可能存在误判，即某些不在集合中的元素被误判为在集合内。但这个错误率很低，一般不大于万分之一，因此在一些能够容忍低错误率的应用场景中，布隆过滤器通过极少的错误换取了时间和空间的极大节省。

从上面的参数可以看出，HBase 对访问控制、存储方式、文件块大小等参数设置的基本单位是列族。这些参数也可以通过 HColumnDescriptor 类提供的 set 和 get 方法设置和获取，表 7.2 列出了一些常用的方法。

表 7.2 HColumnDescriptor 类的部分常用方法

getName()	以 byte 数组方式返回该实例中设定的列族名称
getNameAsString()	获取该列族在创建时设定的列族名称的字符串
getMaxVersions()	获取该列族设定的最大版本数目
setMaxVersions(int maxVersions)	设置该列族所能存储的最大版本数目
setBlocksize(int s)	设置该列族存储时每个 block 的最大尺寸
setTimeToLive()	设置该列族中数据的生命期
getTimeToLive()	获取该列族中数据的生命期

（2）删除表

有些时候，读者需要将不再使用的表从 HBase 中删除。在以往使用 RDBMS 产品时，直接通过 drop table 就可以删除一张表，但是在 HBase 中删除表时首先要禁用（disable）该表，在第 3 章的 HBase shell 操作中本书已经讲过这种使用方式，这一小节进一步介绍如何通过客户端 API 删除一张表。

在删除某张表之前，读者可能需要确定该表是否确实存在于 HBase 中，HBaseAdmin 提供了下述方法：

```
boolean tableExists(String tableName);
boolean tableExists(byte[] tableName);
```

类似于在 HBase shell 下删除表的步骤，首先需要禁用该表：

```
void disableTable(String tableName);
void disableTable(byte[] tableName);
```

无论提供的表名是 byte[]数组类型或者 String 类型，都可以被接受。禁用操作事实上是告知所有的 Region，执行所有未完成操作，并关闭该表的所有 Region 等。在禁用该表后，进一步使用 delete 操作删除它：

```
void deleteTable(String tableName);
void deleteTable(byte[] tableName);
```

有时候，读者需要将已禁用的表重新启用，启用某张表会将该表的所有 Region 重新部署到 RegionServer 上。可以采用下列方法：

```
void enableTable(String tableName);
```

```
void enableTable(byte[] tableName);
```

最后，还可以通过下列方法判断该表是否被禁用或启用：

```
boolean isTableEnabled(String tableName);
boolean isTableEnabled(byte[] tableName);
boolean isTableDisabled(String tableName);
boolean isTableDisabled(byte[] tableName);
```

（3）修改表

有时读者会对表的结构做一些修改，这仍然需要使用 HBaseAdmin 提供的 API。如果需要查看 HBase 当前所有表的结构，可以使用 listTable()方法。

```
HTableDescriptor[] listTable();
```

或许只需要重新确定一下要修改的表原来的结构：

```
HTableDescriptor getTableDescriptor(byte[] tableName);
```

当确定要修改某张表时，首先需要重新制定一个新的 HTableDescriptor 表描述实例，然后类似于删除表之前的操作，修改表的模式也要先禁用该表，最后再通过 modifyTable()方法实现 alter 操作：

```
void modifyTable(byte[] tableName, HTableDescriptor htd);
```

相应的，在修改完表的模式后，要通过 enableTable()方法启用该表。

除了通过 HTableDescriptor 和 modifyTable 方法修改整张表结构，HBase 还提供了一些针对表中部分列族进行修改的方法：

```
void addColumn(String tableName, HColumnDescriptor column);
void addColumn(byte[] tableName, HColumnDescriptor column) ;
void deleteColumn(String tableName, String columnName) ;
void deleteColumn(byte[] tableName, byte[] columnName) ;
void modifyColumn(String tableName, HColumnDescriptor descriptor);
void modifyColumn(byte[] tableName, HColumnDescriptor descriptor);
```

虽然不是整张表结构的修改，但仍然要先禁用该表，修改完成后再启用它。

2. HBase 的基本操作

对于任何数据库来讲，必须支持的、也是最基础的操作就是读、写、删、改。这些操作称为基本操作。在不同的数据库中，这些操作的定义和操纵方式也不同。对于 HBase 来说，表上的读写删改操作都定义在了 org.apache.hadoop.hbase.client.HTable 中。另外，包括表的查询等操作也属于基本操作。

（1）写入操作 Put

通过 Put 操作写入数据到 HBase 中，主要有两种方式：第一种是单行数据写入，第二种是多行数据批量写入。

单行数据的写入，会调用 HTable 类中的 put 方法：

```
void put(Put put) throws IOException
```

对于单行数据的写入，需要一个 Put 的实例作为参数。显然，要写入的数据是通过该 Put 实例传递的。在 Put 实例创建时，其构造方法为：

```
Put(byte[] row);
Put(byte[] row, RowLock rowLock);
Put(byte[] row, long ts);
Put(byte[] row, long ts, RowLock rowLock);
```

这几个重载的 Put 构造方法，都需要指明一个关键的参数 row，即 HBase 中待插入行的行关键字，行关键字是 HBase 中行的唯一标识符，行关键字可以任意选择，然而设计巧妙的行关键字能使 HBase 爆发出更惊人的效率。rowLock 是行锁定参数，ts 则用于指定时间戳。若没有在构造方法中指定 ts 的值，则默认为插入时的精确时间。

获取 Put 实例后，可以通过 add 方法将要写入 HBase 中的数据传入 Put 实例中。add 方法的一般形式为：

```
Put add(byte[] family, byte[] qualifier, byte[] value);
Put add(byte[] family, byte[] qualifier, long ts, byte[] value);
```

通过 add 方法指定插入 Put 实例指定行的 family:qualifier 列，该单元格的值为 value。当然，也可以设置 ts 参数，指定该单元格的时间戳。如果 add 方法没有指明 ts 参数，那么插入时将采用 Put 实例创建时的默认时间戳。

表 7.3 列出了 Put 类中一些其他的常用方法。更多的方法可以参照 HBase 的官方 API 文档。

表 7.3　Put 类中的常用方法

has(byte[] family, byte[] qualifier, {long ts, } {byte[] value})	判定 Put 实例中是否已经存在列族为 family，标签为 qualifier，时间戳为 ts，值为 value 的单元格。其中 ts 和 value 两个参数是可选的
getRow()	获取该 Put 实例在创建时设定的行关键字
getRowLock()	获取该 Put 实例的行锁实例
isEmpty()	判断该 Put 实例是否为空，即是否没有任何单元格的值
numFamilies()	获取该 Put 实例当前包含的列族数目
size()	获取该 Put 实例当前包含的所有列的数目

下面介绍如何写入一组 Put 实例集。HBase 客户端 API 提供了对一个 Put 实例的 List 的写入支持，方法原型为：

```
void put(List<Put> puts) throws IOException
```

通过上面对 Put 方法的介绍，读者应该能够理解，事实上批量的输入就是通过 Put 实例的 List 数组进行写入的。因此，在调用该方法时，首先需要创建一个 List<Put>实例，并将各个 Put 实例添加到该实例中。

HBase 的更新操作 update 事实上是对某一行数据的重新插入的过程，当新插入的行的行关键字、列名、时间戳都相同时，则会替换掉前一次的值。

（2）读取操作 Get

在使用 put 方法将数据存入数据库后，读者还可以通过 HTable 类提供的 get 方法获取数据库中特定行的数据。client 包中提供了 Get 类用来设置 put 方法要获取数据的条件，类似于 Put 操作，Get 操作也有读取单行或者多行之分。

```
Result get(Get get) throws IOException;
Result[] get(List<Get> gets) throws IOException;
```

下面重点介绍 Get 类的使用。每一个 Get 类的实例都指明了要获取数据所在的位置，这个位置可以是一行，也可以精确到一个单元格。Get 类同样需要在创建实例时，通过构造方法指定要操作的行关键字。下面是 Get 类的构造方法：

```
Get(byte[] row);
Get(byte[] row, RowLock rowLock);
```

row 用来指定行关键字，用户可以通过 rowLock 自己设定锁。在创建了 Get 的一个实例后，可以通过 API 提供的方法设置具体的条件。例如要获取某一个确定的列族的所有数据，使用如下方法：

```
Get addFamily(byte[] family);
```

当然，也可以通过下面的方法进一步指定获取某一个单元格的值：

```
Get addColumn(byte[] family, byte[] qualifier);
```

默认情况下，如果某个单元格有多个时间戳不同的值，称为有多个版本，在不指明时间戳的情况下，获取到的是该单元格最新版本的值（不同的时间戳即不同的版本，最新版本默认为时间戳最大的值）。有时候，读者可能需要获取某一特定时间戳的数据，可以通过 setTimeStamp 方法设置该时间戳：

```
Get setTimeStamp(long timestamp);
```

然而并非所有时候都能准确地指出该时间戳，或许读者只是大概记得该时间戳所在的范围，可以通过下面方法获取时间戳处于 minStamp 到 maxStamp 之间的所有数据：

```
Get setTimeRange(long minStamp, long maxStamp) throws IOException;
```

对于有多个版本的单元格，并非只能通过指定时间戳范围来获取多个版本，HBase 的客户端 API 也提供了方便获取指定个数最近版本的方法。

```
Get setMaxVersions();
Get setMaxVersions(int maxVersions);
```

无参数的 setMaxVersions()方法可以获取该行的所有版本的值，加上 maxVersions 参数时，只获取时间戳最新的 maxVersions 个版本的值。

熟悉 SQL 的用户可能会有疑问，HBase 只提供了通过行关键字获取一行的支持吗？难道不能像 SQL 那样设定查询条件？事实上，HBase 提供了这样的功能，这就得用到 HBase 下一个常用的类——Filter。该类会在后面详细介绍，这里先给出 Get 实例添加 Filter 的方法。

```
Get setFilter(Filter filter);
```

当然，Get 类还提供了很多其他的方法，表 7.4 列出了一些常用的方法。

表 7.4　Get 类的部分常用方法

getRow()	获取 Get 实例创建时设置的行关键字
getRowLock()	获取该 Get 实例当前的锁实例
getTimeRange()	获取该 Get 实例设定的时间戳范围，如果之前没有通过 setTimeRange 方法指定，则默认为 0 ~ Long.MAX_VALUE
getFilter()	获取该 Get 实例中设定的 Filter
hasFamilies()	判断该 Get 实例是否通过 add 添加过列族或列
numFamilies()	获取该 Get 实例通过 add 方法添加的列族数目

通过 get 方法获取到的结果会以一个 Result 类的实例或者实例数组的方式返回，该实例中包含了所有匹配的结果单元格。用户在获得这个 Result 实例后，可以通过 Result 类提供的方法对该实例中的值进行操作。

当获取到一个 Result 结果实例时，首先要判断该实例是否为空，即这次 Get 操作的结果集是否为空：

```
boolean isEmpty();
```

事实上，Result 中获取到的结果集是以 KeyValue 类型的键值对形式存在的，KeyValue 定义在包 org.apache.hadoop.hbase 中的类，每个 KeyValue 实例都是一个具体的单元格的值。通过名字不难理解，这里每一个单元格都是通过键值对方式存储的，可以理解为以行关键字、列族名、列标签和时间戳为键（Key），以单元格的值作为该 KeyValue 实例的值（Value）。

在确定某个 Result 实例不为空时，就需要从中读出数据。一般情况下，可以通过指明列名的方式获取某个单元格的值：

```
byte[] getValue(byte[] family, byte[] qualifier);
```

getValue()方法能够获取指定列名的单元格最新版本的值。有时候，读者会需要获取某个单元格中所有版本的值，则可以采用 getColumn 方法：

```
    List<KeyValue>getColumn(byte[] family, byte[] qualifier);
```

getColumn()方法返回的是一个 KeyValue 数组，当然，要获取那些版本的值可以通过 Get 类的 setMaxVersions()等方法设置。

表 7.5 给出了 Result 类的一些其他常用方法。

表 7.5　Result 类的部分常用方法

getColumnLatest(byte[] family, byte[] qualifier)	返回一个指定列的、最新版本的 KeyValue 实例
getRow ()	获取该 Result 实例中结果所在的行关键字
list()	返回该 Result 实例中经过排序的 List<KeyValue>
raw()	返回该 Result 实例中所有的 KeyValue 实例
size()	获取该 Result 实例中 KeyValue 实例的数目
toString()	获取该 Result 实例中所有 KeyValue 序列化的字符串

（3）扫描操作 Scan

Scan 是 HBase 客户端获取数据的重要 API，其基本功能类似于 Get，但是 Scan 比 Get 具有更高的灵活性，它更类似于传统数据库中的游标。通过 Scan 操作，可以有条件地对数据库进行检索。

Scan 并不像 Get 那样提供了直接的 get()方法，HTable 中提供的是一个 getScanner()方法，如下所示。

```
    ResultScanner getScanner(Scan scan) throws IOException;
    ResultScanner getScanner(byte[] family) throws IOException;
    ResultScanner getScanner(byte[] family, byte[] qualifier)throws
IOException;
```

getScanner 提供了 3 种重载方法，从其方法声明可以看出，用户甚至可以不指定 Scan 类的一个实例，而是直接指定列族或者列来查找。其实后两种方法并不是不需要 Scan 类的实例，只是为了用户方便起见，HBase 隐含地创建了一个 Scan 实例，最终调用的仍然是第一个方法。

Scan 类不同于 Get 类的关键点，在于它并不是针对某一行数据的获取，而是像扫描器一样获取某一个区间内的数据。从 Scan 类的构造方法可以进一步了解这一点：

```
    Scan();
    Scan(Get get);
    Scan(byte[] startRow);
    Scan(byte[] startRow, Filter filter);
    Scan(byte[] startRow, byte[] stopRow);
```

Scan 类的构造方法参数是一个起始行关键字 startRow，当用户指定一个起始行关键字后，Scanner 会从该行关键字起开始获取数据。还可以指定一个终止行关键字 stopRow，事实上，这个扫描区间包含了 startRow，但是并不包含 stopRow。如果没有行关键字等于 startRow，则会从第一个大于 startRow 的行关键字开始扫描，如果没有行关键字等于 stopRow，也会在第一个大于 stopRow 的行关键字处停止扫描。没有指定 stopRow 时，会扫描至表的最后一行，若连起始行关键字也没有指定，则从表的起始行开始扫描。采用 Get 实例作为参数，事实上效果和 get 方法是相同的。对于可选参数 filter，是指定扫描过滤条件的 Filter 类的实例。即使用户没有在创建 Scan 类的实例时指明任何构造方法参数，也可以通过该类提供的设置方法进行补充设置。

```
Scan setFilter(Filter filter);
Scan setStartRow(byte[] startRow);
Scan setStopRow(byte[] stopRow);
```

如果要获取的是某一个列族，或者是某一个列，那么可以通过下面两个方法指明要获取的目标：

```
Scan addFamily(byte[] family);
Scan addColumn(byte[] family, byte[] qualifier);
```

类似于 Get，如果想要获取最近的几个版本，或者所有版本，可以通过 setMaxVersions()方法进行设置。没有参数的该方法，表明获取所有版本的数据，有参数 maxVersions 的，则获取最近的 maxVersions 个版本的数据，如下所示。

```
Scan setMaxVersions();
Scan setMaxVersions(int maxVersions);
```

表 7.6 给出了 Scan 类其他的一些常用方法。

表 7.6　Scan 类的部分常用方法

getFamily()	返回一个二维 byte 数组 byte[][]，包含 Scan 实例中所有列族名
getFilter ()	获取该 Scan 实例中所使用的过滤器 Filter 实例
getTimeRange()	返回该 Scan 实例中设置的时间戳范围
getMaxVersions()	获取该 Scan 实例中设置的最大版本数
getStartRow()	获取该 Scan 实例中设置的起始扫描行
getStopRow()	获取该 Scan 实例中设置的终止扫描行
hasFamilies()	判断该 Scan 实例是否通过 add 方法添加过列族
hasFilter()	判断该 Scan 实例是否设置过过滤器
numFamilies()	获取该 Scan 实例中设置的列族数目
setTimeRange()	设置该 Scan 实例要获取的数据所在的时间戳范围
setTimeStamp()	设置该 Scan 实例要获取的数据所在的特定时间戳

在设置完 Scan 实例所有的参数后，直接调用 HTable 实例中的 getScanner()方法检索数据

库，并解析获得的 ResultScanner 结果集。在本节的开头已经提到过，ResultScanner 是继承自 Iterable<Result>的类，它的实例事实上是 Result 实例数组。ResultScanner 类提供了两种方法获取 Result 实例：

```
Result next();
Result[] next(int nbRows);
```

第一种方法获取下一个 Result 实例，第二种方法则获取 nbRows 个 Result 实例。ResultScanner 在使用完后，可以通过 close()方法显式关闭释放资源。

（4）删除操作 Delete

删除 HBase 中的某些数据，可以使用 Delete 操作。删除操作由 HTable 提供的 delete()方法实现，同样包括了删除单行数据和多行数据两种形式：

```
void delete(Delete delete) throws IOException;
void delete(List<Delete> delete) throws IOException;
```

Delete 类的构造方法：

```
Delete(byte[] row);
Delete(byte[] row, long timestamp, RowLock rowLock);
```

第一个构造方法为指定行关键字 row 的行创建一个删除操作，第二个构造方法则用于指定行关键字和时间戳的删除操作，并且使用 rowLock 作为行锁。

对于只指定了行关键字的 Delete 实例，采用 delete 方法的结果是删除该行关键字对应行的所有列数据。当然，Delete 也提供了其他的方法用于进一步指定删除条件。删除指定的列族：

```
Delete deleteFamily(byte[] family);
```

如果还要制定被删除列族数据的时间戳，则使用：

```
Delete deleteFamily(byte[] family, long timestamp);
```

除了对列族的指定，还可以指定删除某一列的数据：

```
Delete deleteColumn(byte[] family, byte[] qualifier);
```

该方法会删除指定列的最新版本的值，如果需要删除该列某一特定时间戳版本的值，则使用下面的方法：

```
Delete deleteColumn(byte[] family, byte[] qualifier, long timestamp);
```

有些时候，读者需要清楚某一列的所有版本数据，则使用方法：

```
Delete deleteColumns(byte[] family, byte[] qualifier);
```

如果在这个方法之上进一步指定一个时间戳的话，则会删除该列指定时间戳以及比该时间戳更早的所有版本数据：

```
    Delete deleteColumns(byte[] family, byte[] qualifier, long
timestamp);
```

表 7.7 列出了 Delete 类的一些其他常用方法。

表 7.7　Delete 类的部分常用方法

getRow()	获取 Delete 实例创建时设置的行关键字
getRowLock()	获取该 Delete 实例当前的锁实例
getTimeStamp()	获取该 Delete 实例设定的时间戳的值
isEmpty()	判断该 Delete 实例是否已经设置待删除的列族或列标签
setTimestamp(long timestamp)	指定该 Delete 实例要删除的数据的时间戳

在设置完所有需要的条件后，则使用 HTable 实例的 delete()方法删除指定的数据即可。

除了本节介绍的这些客户端 API 之外，HBase 还提供了非常丰富的 API 供用户使用，例如集群管理等，部分常用的 API 将在后续章节逐步介绍到，其他的 API 还需要用户自行查阅官方文档进一步学习。

3. HBase 的过滤器(Filter)

关系数据库的 SQL 语句提供了丰富的查询条件，方便用户对表中数据进行过滤。HBase 作为一款数据库，也提供了对数据的过滤功能。通过前面我们了解到，HBase 的 Scan 和 Get 操作都能够获取指定行关键字的数据，甚至还可以指定获取特定列族、列标签以及某个时间戳范围内的数据，但对于用户而言，可能还希望对行、列以及值进行过滤，以获取包含特定部分或符合特定条件的数据，例如获取所有值在 100 到 200 之间的行。

显然，上面的需求客户端可以通过 Scan 或者 Get 操作获取到数据后，再在客户端编程获取需要的数据，但客户端过滤会增加用户实现应用的复杂度，同时占用更多的客户端性能。

事实上，HBase 通过过滤器提供了更细粒度的查询功能，例如通过正则表达式过滤行关键字或者值。HBase 提供了一个过滤器结构类 Filter，并预先实现了多种过滤器。用户需要对数据进行过滤时，可以选择 HBase 已经实现的过滤器在服务端对数据进行过滤。即使 HBase 提供的过滤器功能不够理想，开发者也可以通过实现 FilterBase 类编写自己的过滤器，这使得 HBase 的过滤功能非常灵活。

HBase 提供的过滤器都有一个公共的顶层接口类 Filter，和一个公共的抽象基类 FilterBase。FilterBase 是 Filter 接口的抽象实现，大多数的、具有具体功能的过滤器实现类都是 FilterBase 类的直接派生类，但也有一些过滤器实现类与 FilterBase 类之间还有一层中间类，如图 7.4 所示。

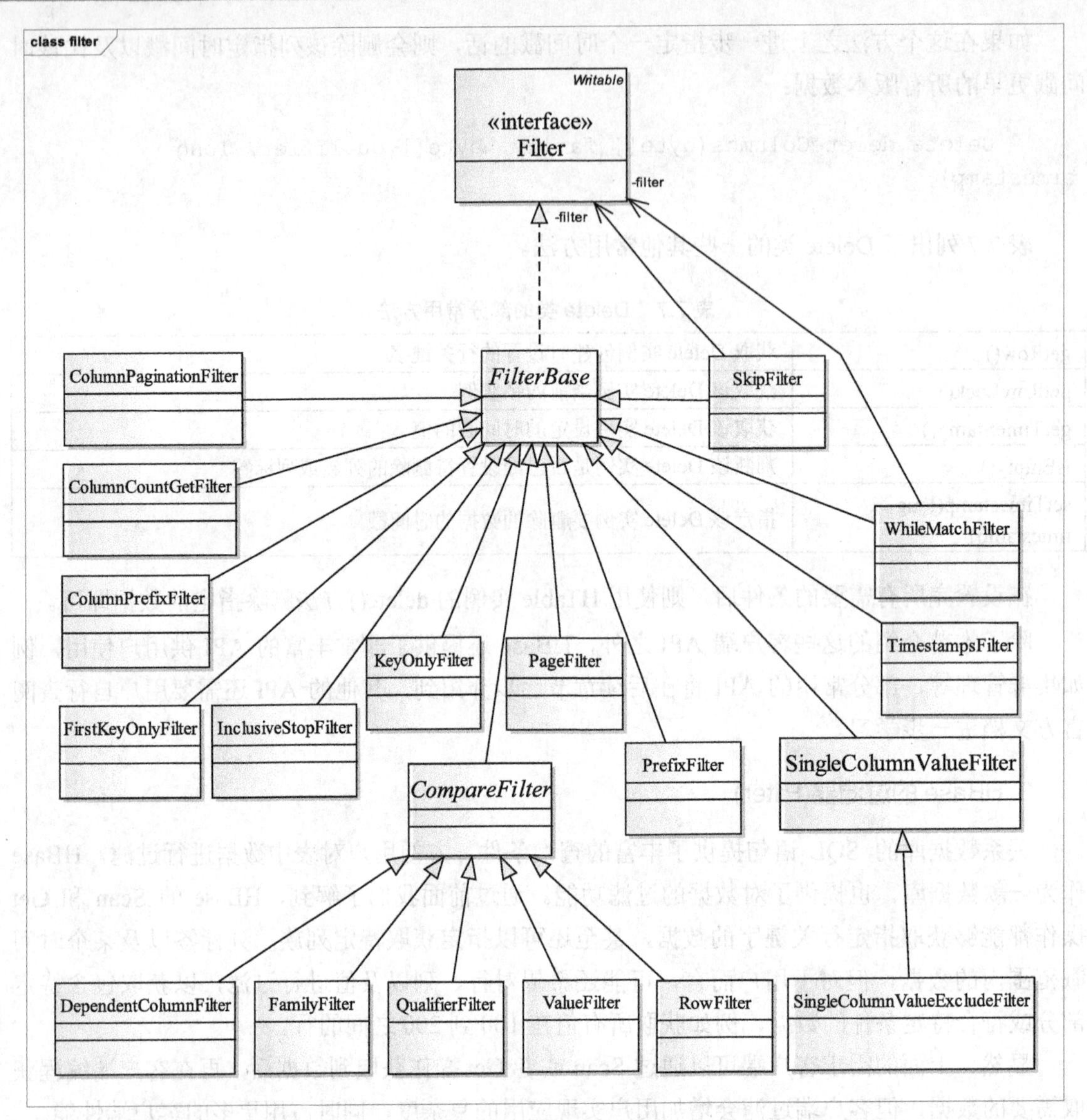

图 7.4 Filter 类的层次结构

从功能来划分，HBase 提供的过滤器主要分为以下 3 个类别：

- 比较过滤器（Comparision Filters）。
- 专用过滤器（Dedicated Filters）。
- 装饰过滤器（Decorationg Filters）。

（1）比较过滤器（Comparision Filters）

比较过滤器是实现比较过滤的过滤器，所谓比较过滤，满足的过滤条件是比较大小的操作符，这些操作符定义在 CompareFilter 的一个内部枚举类型 CompareOp 中。主要包括以下操作符：

- EQUAL：等于提供的值的数据命中。
- NOT_EQUAL：不等于提供的值的数据命中。
- LESS：比提供的值小的数据命中。
- LESS_OR_EQUAL：小于等于提供的值的数据命中。
- GREATER：大于提供的值的数据命中。
- GREATER_OR_EQUAL：大于等于提供的值的数据命中。
- NO_OP：无操作符。

比较操作是二元操作符，因此除了操作符和 HBase 中的数据外，还需要指定一个操作数，这个操作数被用来和 HBase 中的数据比较，满足比较条件的数据会被选中。这个操作数需要客户端在初始化过滤器类 Filter 时进行指定，即上面操作符解释中“提供的值”。由于不同的操作数比较方法不同，因此 HBase 提供了一些比较过滤器的比较器，比较器在构造时传入一个值作为左操作数进行比较，这些比较器都继承自抽象类 WritableByteArrayComparable，如图 7.5 所示。

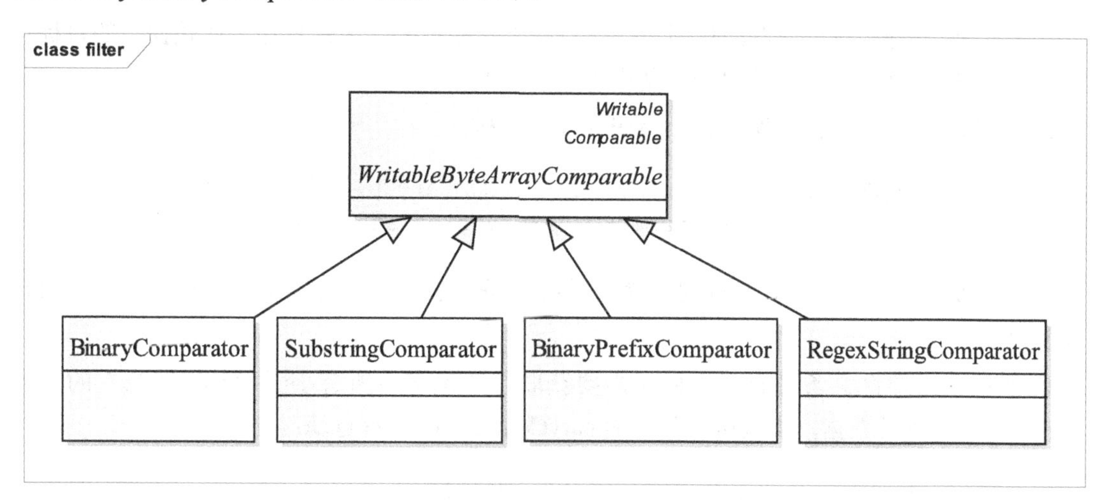

图 7.5　比较器的类图

- BinaryComparator：二进制比较器，以字典序方式比较两个操作数，其内部使用的是 util 包中的 Bytes.compareTo(byte[], byte[])比较两个字节数组。
- SubstringComparator：子串比较器，主要用来比较列值是否包含某个子串。由于是包含子串的比较，因此比较操作符只支持 EQUAL 和 NOT_EQUAL 两个。另外，子串比较是大小写不敏感的。
- BinaryPrefixComparator：二进制前缀比较器，仍然是以字典序方式比较，但是最多比较到左操作数（即比较器中的值）的长度。
- RegexStringComparator：正则表达式比较器，传入一个正则表达式，所有符合正则表达式的行命中。这个比较器主要用于 CompareFilter 的实现子类，同样操作符只支持 EQUAL 和 NOT_EQUAL。

在了解了操作符和比较器后，读者就可以尝试着使用 Filter 创建一个比较过滤器了。比较过滤器的构造函数是这样的：

```
public CompareFilter(final CompareOp compareOp,
                     final WritableByteArrayComparable comparator)
```

比较过滤器接受两个参数，一个是比较操作符 compareOp，另一个是比较器 comparator。HBase 提供了 5 个具体实现的比较过滤器，分别是：

- RowFilter：通过比较行关键字过滤数据。
- FamilyFilter：通过比较列族名过滤数据。
- QualifierFilter：通过比较列标签过滤数据。
- ValueFilter：通过比较值内容过滤数据。
- DependentColumnFilter：通过比较获取与命中列相关的所有数据，这里的相关指同一列中具有相同的时间戳。

事实上前 4 种比较过滤器的使用方法与目的都是相似的，区别只在于比较操作的目标位置。此处以 RowFilter 为例，给出分别使用不同比较器的实例。

RowFilter 的构造方法类似于 CompareFilter 的结构：

```
public RowFilter(final CompareOp rowCompareOp,
                 final WritableByteArrayComparable rowComparator)
```

因此需要传入两个参数，首先是一个比较操作符，表示对行关键字的比较操作，然后是一个比较器。

例如对于图像百科条目而言，如果需要获取行关键字中所有小于“no100722”的行的“content:text”列的数据，那么可以使用 BinaryComparator 进行过滤：

```
HTable table = new HTable(conf, "pedia");
Scan scan = new Scan();
scan.addColumn(Bytes.toBytes("content"), Bytes.toBytes("text"));
Filter filter = new RowFilter(CompareFilter.CompareOp.LESS,
                new BinaryComparator(Bytes.toBytes("no100722")));
scan.setFilter(filter);
ResultScanner scanner = table.getScanner(scan);
for(Result rs : scanner){
      System.out.println(rs);
}
scanner.close();
```

读者可能也很关心如何通过正则表达式获取指定行数据。例如，需要获取行关键字中所有符合“no1007.[05]”的百科条目中“content:text”列的数据，则使用 RegexStringComparator 比较器实现（需符合 Java 正则表达式的语法定义）：

```
HTable table = new HTable(conf, "pedia");
Scan scan = new Scan();
scan.addColumn(Bytes.toBytes("content"), Bytes.toBytes("text"));
Filter filter = new RowFilter(CompareFilter.CompareOp.EQUAL,
                new RegexStringComparator("no1007.[05]"));
scan.setFilter(filter);
ResultScanner scanner = table.getScanner(scan);
for(Result rs : scanner){
    System.out.println(rs);
}
scanner.close();
```

这里细心的读者可能会发现，BinaryComparator 构造时传入的参数是 Byte 数组，而 RegexStringComparator 构造时传入的参数是 String 类型的字符串。事实上，基于 Binary 的比较，都是采用 Byte 数组进行的，包括 BinaryComparator 和 BinaryPrefixComparator；基于 String 的比较，如果传入 Byte 数组，还得将 Byte 数组先转换为 String，这样效率反而不高，因此构造方法的参数直接使用 String，这类比较器包括 RegexStringComparator 和 SubstringComparator。

DependentColumnFilter 将会选中与指定列具有相同时间戳的所有列，这隐含着一种关联关系，即相同的时间戳或版本号。这个过滤器的构造方法有多个：

```
DependentColumnFilter(final byte [] family, final byte [] qualifier);
DependentColumnFilter(final byte [] family, final byte [] qualifier,
                          final boolean dropDependentColumn);
DependentColumnFilter(final byte [] family, final byte[] qualifier,
                    final boolean dropDependentColumn, final
CompareOp valueCompareOp,
                final WritableByteArrayComparable valueComparator)
```

由于是针对列的过滤器，因此需要指定目标列。作为比较过滤器的子类，通过指定比较操作符和操作数，可以实现比较过滤，因此这个过滤器又可以看成是 ValueFilter 的扩展。

（2）专用过滤器（Dedicated Filters）

专用过滤器直接继承自 FilterBase 类，一般适用于某种特定的场合。此处给出几个常用的专用过滤器的说明以及构造方法。具体的使用方法类似于比较过滤器，因此不再给出具体实例代码。

① PrefixFilter

PrefixFilter 是行关键字的前缀过滤器，这个过滤器的主要功能是命中所有以特定前缀开头的行关键字所在的行。例如前缀是“an”，那么例如行关键字为“and”、“anti”等行会被命中，而“text”、“random”等不是以该前缀开头的行被过滤掉。

PrefixFilter 的构造方法如下：

```
PrefixFilter(final byte [] prefix);
```

因此创建一个 PrefixFilter 过滤器时需要传入一个 Byte 数组格式的前缀，作为过滤条件。此外，PrefixFilter 提供了一个 getPrefix()方法用于获取过滤器中的前缀。

② ColumnPrefixFilter

ColumnPrefixFilter 即列前缀过滤器，这个过滤器非常类似于 PrefixFilter，它的主要功能是对列名进行过滤，只获取具有特定前缀的列名。

ColumnPrefixFilter 的构造方法如下：

```
ColumnPrefixFilter(final byte [] prefix);
```

这个过滤器也提供各类 getPrefix()方法，用户可以通过客户端程序查看过滤器中设定的前缀。

③ KeyOnlyFilter

KeyOnlyFilter 是只关心 Key 数据的过滤器。这个过滤器会将 KeyValue 数据的 Value 部分置为空，因此客户端获取的结果集中只包含 Key 部分的数据。这个过滤器的构造方法如下：

```
KeyOnlyFilter(boolean lenAsVal);
```

参数中的 lenAsVal 指定对 KeyValue 中 Value 部分的处理方式，默认为 false，即返回的 KeyValue 数据中 Value 部分长度为 0；如果设置为 true 时，则 Value 会被写为原来的 KeyValue 中 Value 部分的长度。

④ FirstKeyOnlyFilter

FirstKeyOnlyFilter 是一个只获取各行中第一个 KeyValue 数据的过滤器，即对于所有的行，只将该行的第一个 KeyValue 的数据放入结果集中。这个过滤器一般用于快速完成行计数操作，其构造方法不接受任何参数。

⑤ PageFilter

在实际使用中，读者可能需要对结果集分页。SQL 中提供了类似 limit 的语句实现数据分页获取，HBase 也提供了类似的 API 实现同样的功能。PageFilter 就是用于获取一页数据的过滤器，该过滤器的构造方法可以设定每页的行数，当过滤器命中的行数达到设定的每页行数后，停止过滤，将结果集返回。其构造方法如下：

```
PageFilter(final long pageSize);
```

pageSize 即该页获取的数据行数。由于 Scan 可以设定起始行，结合起始行就可以实现数据分页获取功能。此处给出一个范例：

```
HTable table = new HTable(conf, "pedia");
Filter filter = new PageFilter(10);
byte[] lastRow = null;
while(true){
        Scan scan = new Scan();
        scan.setFilter(filter);
```

```
        if(lastRow != null){
            byte[] startRow = Bytes.add(lastRow, Bytes.toBytes(1));
            System.out.println("start row:" +
Bytes.toString(startRow));
            scan.setStartRow(startRow);
        }
        ResultScanner scanner = table.getScanner(scan);
        int rowNum = 0;
        Result result;
        while((result = scanner.next()) != null){
            System.out.println(++rowNum + ":" + result);
            lastRow = result.getRow();
        }
        scanner.close();
        if(rowNum == 0) break;
    }
```

上面的代码会分页打印百科条目，每页打印 10 行数据。读者可能会注意到，startRow 使用了 Bytes.add()方法，事实上是给上一页最后一行的行关键字加上一个 1，作为下一页的扫描起始行。

⑥ ColumnPaginationFilter

ColumnPaginationFilter 是一个对列分页的过滤器，对于一张有很多列的表，客户端可以通过 ColumnPaginationFilter 指定要获取的列，这样分页的方式可以使用户获取数据更灵活，并减小网络通信和客户端处理的负担。

ColumnPaginationFilter 的构造方法如下：

```
ColumnPaginationFilter(final int limit, final int offset);
```

这个构造方法接受两个参数，limit 是列分页的每页包含的列数，offset 是起始列，类似于 PageFilter，起始列也是包含在内的。

⑦ InclusiveStopFilter

InclusiveStopFilter 是一个指定终止行过滤器，通过指定终止行的行关键字，过滤器只检查该行关键字前（包含该行）的所有行。

这个过滤器的构造方法如下：

```
InclusiveStopFilter(final byte [] stopRowKey);
```

stopRowKey 为设定的终止行关键字。

⑧ SingleColumnValueFilter

SingleColumnValueFilter 是一个单列值过滤器，当对表中各行的过滤条件是某一个特定的列是否满足某条件时，可以使用这个过滤器。这个过滤器提供了两种构造方法：

```
SingleColumnValueFilter(final byte [] family, final byte []
```

```
qualifier,final CompareOp compareOp, final byte[] value);
    SingleColumnValueFilter(final byte [] family, final byte []
qualifier,final CompareOp compareOp, final WritableByteArrayComparable
comparator);
```

这两个构造方法都接受一个指定的列名，并指定对该列过滤的操作符和操作数，不同的是，两种构造方法的操作数分别为一个 Byte 数组或者一个比较器。虽然这个过滤器不是继承自 CompareFilter 的类，但仍然接受比较操作符和操作数进行过滤，具体的过滤方法类似于 CompareFilter，但过滤对象是制定的列。如果采用 Byte 数组，则直接通过字典序方式比较，如果采用比较器，则可以指定不同的比较器类型进行过滤，关于比较器，前面已经介绍过了，此处不再赘述。

值得说明的是，SingleColumnValueFilter 提供了一些辅助的方法，例如指定是否只通过指定列的最近的时间戳的数据进行过滤。

```
    void setLatestVersionOnly(boolean latestVersionOnly);
    boolean getLatestVersionOnly();
```

latestVersionOnly 的值默认是 true，即只检查最新版本的数据；读者通过 set 方法将该值设置为 false，这样该列过去的所有时间戳对应的数据中，只要有任意一个满足条件，都会被命中。

对于某些行，如果没有指定的列，这个行要不要被过滤掉的问题，可以通过以下辅助方法设置：

```
    void setFilterIfMissing (boolean filterIfMissing);
    boolean getFilterIfMissing ();
```

如果 filterIfMissing 为 true，那么对于没有指定列的行，过滤器会跳过这个行；而 filterIfMissing 为 false 时，则该列直接被选中并包含在结果集中。filterIfMissing 的默认值为 false。

⑨ SingleColumnValueExcludeFilter

单列值排除过滤器继承自 SingleColumnValueFilter，它的构造方法也是两种，并且参数与 SingleColumnValueFilter 的两个构造方法的参数完全相同。不同的是，SingleColumnValueFilter 会将符合指定条件的行放入结果集中，而 SingleColumnValueExcludeFilter 则把符合条件的行过滤掉，结果集中都是不符合指定条件的行。

⑩ TimestampsFilter

TimestampsFilter 是一个针对时间戳的过滤器。使用该过滤器时，用户需要指定一个时间戳列表，对于所有时间戳包含在给定的时间戳列表的数据，都会被命中并加入结果集中。因此，此过滤器的构造方法如下：

```
    TimestampsFilter(List<Long> timestamps);
```

参数为一个时间戳列表。值得注意的是，如果一个 Scan 操作指定了 TimestampsFilter，那么 Scan 中通过 setTimeRange()和 setTimeStamp()方法设定的时间戳限定条件将与 TimestampsFilter 同时生效，读者可以自行测试。

此外，时间戳过滤器还提供了一个 getMin()方法用来获取设定的时间戳列表中最小的时间戳。

⑪ ColumnCountGetFilter

ColumnCountGetFilter 过滤器是对指定数量的列进行过滤。构造此过滤器时，需要指定一个整数 n，过滤器对前 n 个列的数据进行过滤。由于这个过滤器只过滤前 n 列，无论总共有多少行数据，只要检查够 n 个列，过滤过程就会终止，因此这个过滤器不适合用于 Scan 操作。事实上，这个过滤器正是为 Get 操作设计的。

（3）装饰过滤器（Decorationg Filters）

在图 7.4 中，可以看到两个特殊的过滤器类，即 SkipFilter 和 WhileMatchFilter，这两个类中都有一个 Filter 的实例。事实上，这两个类是对前面介绍的那些 Filter 具体实现类的一个包装，即在其他 Filter 执行完后，对结果集进一步过滤的过滤器，因此被称为装饰过滤器。从构造方法上也可以看出，这两个过滤器与其他过滤器的不同。

SkipFilter 的构造方法如下：

```
SkipFilter(Filter filter);
```

WhileMatchFilter 的构造方法如下：

```
WhileMatchFilter(Filter filter);
```

这两个过滤器的构造方法接受的参数都是 filter，即另一个过滤器的实现实例。接着，具体来介绍这两个装饰过滤器。

SkipFilter 的功能是：使用传入的过滤器对某行的所有 KeyValue 进行检查，如果存在任何一个 KeyValue 不满足传入的过滤器的条件，则整行数据会被过滤出去。例如，一个表中的各个列都表示的是权重，如果需要获取没有 0 权重的行，即一行里所有列的值都不为 0，那么可以通过如下方法实现：

```
Filter filter = new SkipFilter(new ValueFilter(CompareOp.EQUAL,
                new BinaryComparator(Bytes.toBytes(0))));
Scan scan = new Scan();
scan.setFilter(filter);
```

通过 SkipFilter 和 ValueFilter 的组合，实现了更为强大的功能，而这种组合的方式也使得过滤器逻辑上粒度更细，功能实现上更为灵活。

WhileMatchFilter 类似于 SkipFilter，不过逻辑上功能不同。WhileMatchFilter 的功能是：当被它装饰的过滤器（即构造方法中传入的过滤器）命中数据时，立刻停止整个 Scan。

7.2.3 HBase 编程示例

根据上面介绍过的 API，此处给出基本的 HBase 读写例程。

1. 初始化操作

HBase 首先要创建相关配置，并进行初始化操作。

```
    private static Configuration conf = null;
  static {
      Configuration HBASE_CONFIG = new Configuration();
      conf = HBaseConfiguration.create(HBASE_CONFIG);
  }
```

2. 创建表

初始化之后需要通过 HBaseAdmin 的实例来创建表，创建表的步骤如下：

步骤01 采用 conf 初始化一个 HBaseAdmin 实例。

步骤02 判断要创建的表 tableName 是否存在，若不存在转步骤 3，否则结束该创建过程。

步骤03 以 tableName 为参数实例化 HTableDescriptor。

步骤04 以 ColumnFamilys 数组为列族名，逐个实例化 HColumnDescriptor。

步骤05 调用 HBaseAdmin.createTable()创建该表。

代码示例如下：

```
    public static void createTable(String tableName, String[]
ColumnFamilys)
        throws Exception {
        HBaseAdmin admin = new HBaseAdmin(conf);
        if (admin.tableExists(tableName)) {
            System.out.println("该表已存在!");
        } else {
            HTableDescriptor tableDesc = new HTableDescriptor(tableName);
            for(int i=0; i<ColumnFamilys.length; i++){
    tableDesc.addFamily(new HColumnDescriptor(ColumnFamilys [i]));
            }
            admin.createTable(tableDesc);
            System.out.println(tableName + "表创建成功!");
        }
  }
```

3. 删除表

相应的，删除表的操作 API 在 7.2.2 小节中也已介绍过。具体步骤如下：

步骤01 创建 HBaseAdmin 类的实例。

步骤02 采用 HBaseAdmin.disableTable()方法禁用该表。

步骤03 采用 HBaseAdmin.deleteTable()方法删除该表。

代码示例如下：

```
public static void deleteTable(String tableName) throws Exception {
 try {
   HBaseAdmin admin = new HBaseAdmin(conf);
   admin.disableTable(tableName);
   admin.deleteTable(tableName);
   System.out.println(tableName + "表删除成功!");
  } catch (MasterNotRunningException e) {
   e.printStackTrace();
  } catch (ZooKeeperConnectionException e) {
   e.printStackTrace();
  }
}
```

4. 插入单行数据

创建表之后，可以向该表中插入数据。具体步骤如下：

步骤01 以 conf 和表名称 tableName 为参数，实例化 HTable。

步骤02 以 rowKey 为行关键字实例化 Put。

步骤03 使用 add()方法分别设置要插入的单元格所在的列族 columnFamily，列标签 qualifier 和该单元格的值 value。

步骤04 使用 HTable.put()方法插入该行数据。

代码示例如下：

```
    public static void insertRow(String tableName, String rowKey, String
columnFamily, String qualifier, String value)  throws Exception{
    try {
          HTable table = new HTable(conf, tableName);
          Put put = new Put(Bytes.toBytes(rowKey));
          put.add(Bytes.toBytes(columnFamily), Bytes.toBytes(qualifier)
, Bytes.toBytes(value));
          table.put(put);
          System.out.println(" 行 " + rowKey + "插入成功!");
    } catch (IOException e) {
          e.printStackTrace();
    }
  }
```

5. 获取单行数据

当表中有数据时，就可以采用Get方法获取HBase中的数据。具体步骤如下：

步骤01 以conf和表名称tableName为参数，实例化HTable。

步骤02 以rowKey为行关键字实例化Get类。

步骤03 采用HTable.get()方法获取查找结果Result实例。

步骤04 对结果集Result中的每个KeyValue，输出其值。

代码示例如下：

```
    public static void getRow(String tableName, String rowKey) throws
IOException{
    HTable table = new HTable(conf, tableName);
    Get get = new Get(Bytes.toBytes(rowKey));
    Result rs = table.get(get);
    for(KeyValue kv : rs.raw()){
            System.out.print(Bytes.toString(kv.getRow()) + " " );
            System.out.print(Bytes.toString (kv.getFamily()) + ":" );
            System.out.print(Bytes.toString (kv.getQualifier()) + " " );
            System.out.print(kv.getTimestamp() + " " );
            System.out.println(Bytes.toString (kv.getValue()));
    }
  }
```

6. 删除数据

删除数据是通过HTable的delete()方法实现的，删除数据的步骤如下：

步骤01 以conf和表名称tableName为参数，实例化HTable。

步骤02 创建待删除的所有Delete示例数组List<Delete>。

步骤03 对于每行要删除的数据，以rowKey为行关键字，实例化Delete类，并加入到List<Delete>中。

步骤04 调用HTable.delete()方法删除数据。

此处以删除一行数据为例，代码示例如下：

```
    public static void deleteRow(String tableName, String rowKey) throws
IOException{
    HTable table = new HTable(conf, tableName);
    List list = new ArrayList();
    Delete del = new Delete(Bytes.toBytes(rowKey));
    list.add(del);
    table.delete(list);
    System.out.println("行 " + rowKey + " 删除成功!");
```

```
}
```

7. 获取表中所有数据

获取表中的所有数据可以采用 Scan 方式。具体步骤如下：

步骤01 以 conf 和表名称 tableName 为参数，实例化 HTable。

步骤02 以 Scan 类的默认构造方法实例化 Scan 类。

步骤03 通过 HTable.getScanner()方法获取包含表中所有数据行的 ResultScanner 实例。

步骤04 逐个输出 ResultScanner 中的每行数据。

代码示例如下：

```
public static void scanTable(String tableName) {
try{
        HTable table = new HTable(conf, tableName);
        Scan scan = new Scan();
        ResultScanner rss = table.getScanner(scan);
        for(Result rs : rss){
            for(KeyValue kv : rs.raw()){
    System.out.print(Bytes.toBytes(kv.getRow()) + " ");
    System.out.print(Bytes.toBytes (kv.getFamily()) + ":");
    System.out.print(Bytes.toBytes (kv.getQualifier()) + " ");
    System.out.print(kv.getTimestamp() + " ");
    System.out.println(Bytes.toBytes (kv.getValue()));
            }
        }
} catch (IOException e){
    e.printStackTrace();
}
}
```

本小节的代码示例权当抛砖引玉，由于 HBase 的客户端 API 非常多，此处不再一一列出代码示例。读者如果想熟练掌握 HBase 客户端编程，重在多做练习。

7.3 Fotospedia 系统的数据库设计

在 Fotospedia 的设计过程中，对后台数据库的设计是非常重要的环节。由于 Fotospedia 的所有数据都是存储在数据库中的，所以数据库设计合理与否将直接影响到系统的性能。该项目面向的是数以百万计的百科条目，而每个条目中可能容纳着零到无限多的图片，因此考虑到水平可扩展性是非常必要的。此外，随着图像百科用户数的增多，后台上传的图片将会是海量的，当系统面对海量的图片库时再进行图像检索将会是一个非常困难的问题。因此，系统的分区容忍性和并行处理性能是非常重要的。得益于 HBase 的透明化可伸缩性和

MapReduce 的支持，采用 HBase 作为 Fotospedia 项目的数据库是合理和高效的。

在本节中，将重点围绕着 HBase 对图像百科项目的数据库设计进行说明，并对 HBase 设计中一些值得关注的内容进行讲解。

7.3.1 数据库模块总体设计

在图像百科系统中，HBase 用来持久化数据。因此，系统中的数据库模块需要与图像百科系统的业务逻辑进行交互。这种交互主要包括以下几个部分：

（1）百科数据交互。对于从维基百科抓取的百科数据，首先通过 MapReduce 进行解析，得到具体的条目并存储到 HBase 中。然后，对于用户查询命中的条目，需要从 HBase 中读取，并返回给用户。

（2）条目图片编辑。用户编辑百科条目时，主要是对百科条目中包含的图片进行增加或者删除。用户添加的图片，需要获得在 HDFS 上的地址，并存入数据库，还要更新条目中图片的地址信息。对于删除的图片，则在数据库中删除相应信息。

（3）用户信息编辑。主要从业务逻辑模块获取对用户信息的编辑操作，并在数据库中进行相应的更新。对用户信息的更新主要包括新用户注册、用户信息更新和删除用户等几种。

根据上述交互内容，可以得到数据库系统的总体设计图，如图 7.6 所示。

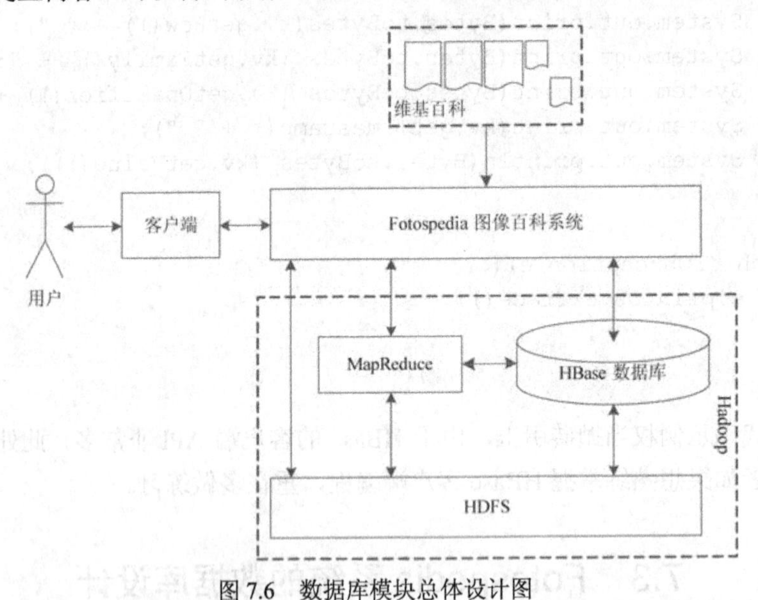

图 7.6　数据库模块总体设计图

数据库模块的总体设计思路是对图像百科系统提供数据持久化支持，并能够结合 MapReduce 完成数据的并行处理和分析。数据库设计方面需要能够完整地实现百科系统的功能，并尽量提高性能。

7.3.2 数据库模块详细设计

在确定数据库的总体设计思路后，进一步完成对系统中数据库表的设计。由于 HBase 是面向列的分布式数据库系统，因此数据库设计过程并不能像 RDBMS 那样通过 ER 图转化到物理设计。

1. HBase数据库特点与设计概要

HBase 数据库设计需要重点关注以下特点：

（1）HBase 较为简单的数据模型。由于不存在关系约束等，所以在数据库表的设计上应该简单些。

（2）HBase 面向列存储的特点。读取同列数据往往具有更高的性能，在设计中应该考虑列的划分。

（3）HBase 中空单元格不占空间。其实这个特点是面向列存储的结果，这使得读者可以不必像设计关系数据库那样，将一对多和多对多关系分裂成多张表来存储，而是可以直接将数据放入一张大表，省去空单元格。

（4）HBase 的列可以动态添加。没有固定的模式使得 HBase 数据库设计的灵活性大增，客户端可以随时增加新的列，改变现有的模式。

（5）HBase 的行关键字（Row Key）有序。在物理存储中，相邻的列一般在同一个 Region 中，利用行关键字有序的特点，可以大幅度提高数据库查找性能，并且，HBase 只支持通过 Row Key 查询，所以 Row Key 的设计非常重要。

（6）HBase 中的更新操作都对应着一个时间戳。在设计时可以适当考虑通过时间戳来记录数据的版本号，或者对数据进行备份等。

图像百科系统的数据库设计，其核心内容还在于对百科条目以及图片的存储。系统的需求是对用户提供的图像，通过 CBIR 进行检索，并将命中条目返回给用户，因此查询需求较为简单，并不需要复杂的查询条件，然而却要面对海量的图像存储和检索。从系统需求上来讲，采用 HBase 这种 NoSQL 数据库是非常合适的。

对于图像百科数据库的设计，首先从需求着手。根据第 4 章中图 4.2 的图像百科系统核心用例图，可以得到 3 个实体：用户、百科条目和百科图片。用户是系统对外提供功能的使用者，分为普通用户和注册用户，注册用户享有编辑百科条目的能力。百科条目是从维基百科中抓取到的百科内容，以关键字为条目划分，包括了条目的详细解释文本。百科图片包括从维基百科下载到的条目解释图片和用户编辑条目时上传的图片，主要用于用户对百科条目的检索以及对百科条目的解释。按照百科条目的设计目标，每条百科的说明图片越多，意味着能够获得更高的检索命中率。

2. 关系数据库中图像百科数据库的设计

如果按照数据关系模型，对于这些实体，一个用户可以编辑多个百科条目，每个百科条目也可以被多个用户编辑，所以用户和百科条目之间形成一种多对多的关系。百科条目可以拥有零到多张说明图片，而每张说明图片只对应着一条百科内容，所以百科条目和百科图片之间形成一种一对多的关系。于是在传统的 RDBMS 数据库设计中，可能会得到如图 7.7 所示的 ER 图。

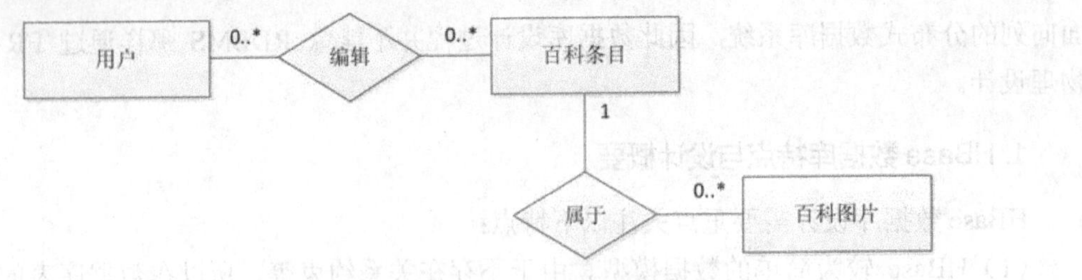

图 7.7 关系数据库的 ER 图

根据 ER 图可以得到如图 7.8 所示的逻辑关系图。

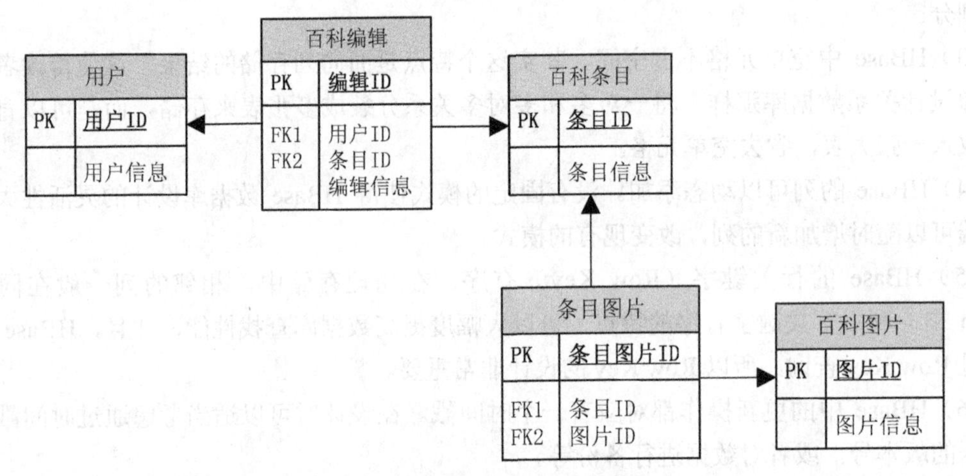

图 7.8 关系数据库的逻辑关系图

这样将一对多或者多对多关系分裂成多张表的方式，在关系数据库中往往能达到更高的范式，具有减少冗余、增强一致性并保证完整性的作用。然而在 NoSQL 数据库中，由于没有关系的约束，此处必须考虑到前面提到的 HBase 的特点来设计合适的数据库模型。

3. HBase 中图像百科数据库的设计

前面给出了图像百科系统在关系数据库系统中的设计，然而对于图像百科这种开放性较大、核心数据主要靠用户编辑上传的应用来讲，系统的可扩展性显然是最重要的，这一点使得采用 RDBMS 变得有些困难。

HBase 中没有数据关系，例如百科条目和百科图片两个实体，在 HBase 设计中仍然可以当作实体考虑，然而实体之间的关系则不能通过外键等约束来保证，所以需要按照 HBase 的特点来对这种关系进行体现。

对于用户和百科条目之间的关系，考虑到每次百科条目的更新都对应着一次用户的编辑，所以可以利用 HBase 的时间戳来记录更新的版本号，并将更新内容与更新用户 ID 记录为同一个时间戳，放在更新内容中。这样可以将用户编辑百科条目的关系融入到百科条目的表中，并且合理利用了 HBase 的时间戳来记录编辑版本，还可以通过 HBase 的配置设定百科条目需要保留的最近修改版本的最高数目。在 RDBMS 中，这两个实体之间对应的是多对多的关系。在 HBase 中，这种关系变得更加简单，只是通过每次条目编辑时记录编辑者来实现，同样能保证数据的完整性和一致性，并且使数据库变得更加简单。

对于百科条目和百科图片，由于是一对多关系，而且每条百科条目对应的图片数目不定，在 RDBMS 这样的固定模式的数据库中，是无法将图片 ID 都放入到百科条目中的，因此通过一张条目图片表来记录条目与图片之间的关系。然而在 HBase 中，由于列可以随时增加，所以每个条目对应的所有图片 ID 都可以在同一个列族中记录下来，并且空的列并不占用存储空间。

对于图像百科系统实体间的关系，利用 HBase 的特点，设计出的数据库可以满足系统的需求。这样，图像百科系统的数据库形成了 3 张大表，分别为用户表、百科条目表和百科图片表。表 7.8、表 7.9、表 7.10 分别为 HBase 中的数据库表设计。

（1）用户表（user）的设计

- 列和列族：用户表主要记录用户基本信息和用户历史记录。基本信息包括用户昵称、密码和联系邮箱等，这些不易变动的信息放在列族 userinfo 中，而对于历史记录等经常变动并会作为后期系统分析资料的数据，则放在 history 列族中，包括最后登录时间等。
- 行关键字：用户表的行关键字设计采用用户 ID 作为 Row Key，用户 ID 为用户注册时的用户名，唯一且不可改变。

表 7.8　用户表 user

行关键字 Row Key	列族 Column Family			
	userinfo		history	
用户 ID	列标签	备注	列标签	备注
	nickname	用户昵称	lastlogin	最后登录时间
	passwd	密码		
	email	联系邮箱		

（2）百科条目表（pedia）的设计

- 列和列族：百科条目表主要记录从维基百科下载并解析的百科文本内容。主要分为基本百科信息和文本信息两种。条目标题和条目类别构成百科条目的基本信息，放在列族 basicinfo 中，而条目文本以及编辑信息则放在 content 列族中。对于百科条目的版本信息主要通过 content 列族中各列的时间戳来区分，可以同时记录多个条目版本的内容和编辑信息等。此外，百科条目的文本部分作为一个列放在 HBase 中，主要是考虑到文本列中的所有内容都是同时展示的，在物理上也一般在同一个 Region 中，读取具有较高的效率。细粒度的文本划分可能有利于编辑条目时的较小的带宽消耗，但是考虑到百科系统是一个读取密度远大于写入密度的应用，因此，较高的读取效率可能对系统更为重要。
- 行关键字：为了和维基百科中的条目关键字对应，以在条目链接中实现平滑使用，图像百科系统中条目的行关键字直接采用维基百科中条目的 ID。

表 7.9　百科条目表 pedia

行关键字 Row Key	列族 Column Family			
	basicinfo		content	
	列标签	备注	列标签	备注
条目 ID	title	条目标题	text	条目文本
	category	条目类别	editor	编辑者
			time	编辑时间
			reason	编辑理由

（3）百科图片表（photos）的设计

- 列和列族：百科图片表主要用来存储百科条目对应的说明图片信息。此外，由于系统需要按照 CBIR 算法来检索图片，所以需要预先对图片的内容特征信息进行提取，并存入数据库中。图片地址和大小等作为基本信息放在列族 basicinfo 中，而图片的内容特征如颜色、形状和纹理等特征向量则存放在列族 feature 中。HBase 存放图像特征具有较好的可扩展性，对于后期检索特征算法的修改具有很好的兼容性。
- 行关键字：考虑到每张图片事实上对应着一个百科条目，因此最好能够将同一条目的所有图片信息放在相邻的行中，这样使得物理存储上同一条目的图片具有连续性。利用 HBase 行关键字的有序特性，可以将百科图片的行关键字设计为“百科条目 ID + 图片编号”的方式，例如条目“云计算”对应的百科条目表行关键字为“00274562”，则将“云计算”条目下对应的图片在百科图片表中的行关键字设置为“0027456200001”这样的格式。由于相同条目的图片具有公共的行关键字前缀，按照字典序排列后其物理位置应该是相邻的。

表 7.10　百科图片表 photos

行关键字 Row Key	列族 Column Family			
	basicinfo		feature	
	列标签	备注	列标签	备注
图片 ID	address	图片地址	color	颜色特征
	size	图片大小	shape	形状特征
			texture	纹理特征

7.3.3　数据库模块交互设计

图像百科系统中存在着用户表、百科条目表和百科图片表，那么这些表如何配合系统的业务逻辑模块完成系统功能呢？本小节围绕数据库模块与系统业务逻辑的交互设计进行说明。

1. 用户信息交互

用户信息的交互主要在于用户通过图像百科系统注册或者修改用户信息，在此过程中，

HBase 中的用户表和图像百科系统中的用户信息处理逻辑模块进行交互，完成相应功能，如图 7.9 所示。

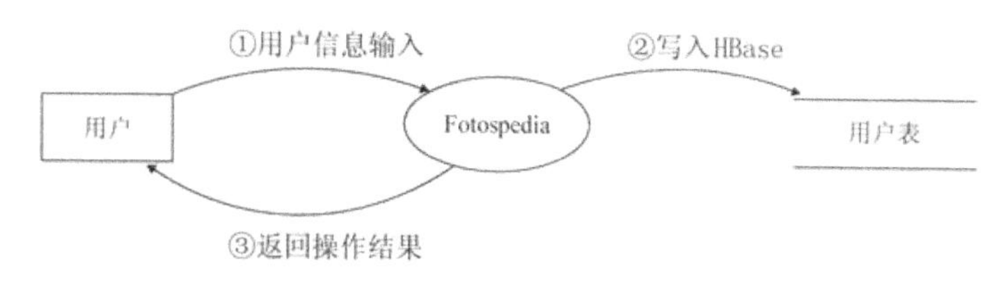

图 7.9 用户信息编辑

2. 百科条目搜索交互

百科条目的搜索主要通过用户上传图片的特征信息，并与数据库中百科图像的特征信息进行对比，得到命中的百科图片后，根据百科图片 ID 获得所属百科条目的 ID，再对百科条目表进行查询，获取命中的百科条目内容并展示给用户的客户端。整个交互过程如图 7.10 所示。

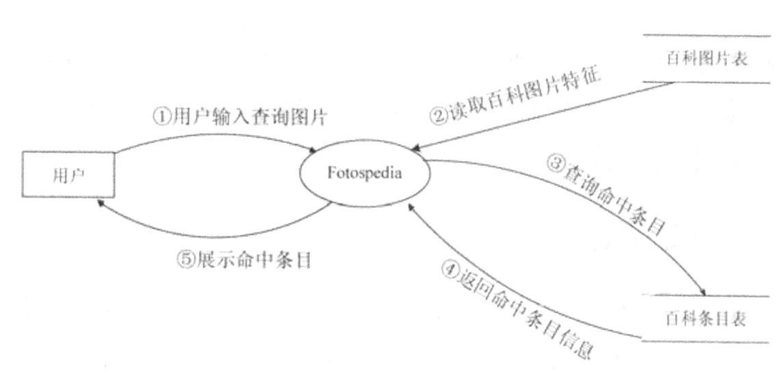

图 7.10 查询百科条目

3. 百科条目编辑交互

用户可以对百科条目进行编辑，主要是对百科图片的操作、并根据百科图片的更新情况对百科条目表的信息进行修改。例如，用户在“云计算”条目中插入一张新的说明图片，首先会上传该图片，Fotospedia 系统会提取该图片的特征信息，并将该图片的信息存入数据库，得到该图片在百科图片表中的 ID 为“0027456200012”，然后修改百科条目表中的内容，将该图片 ID 插入到百科条目表中，并将修改后的条目信息返回给用户，如图 7.11 所示。

本小节中的交互操作围绕着 HBase 中的表，并没有涉及到 HDFS 和 MapReduce 的相关交互，有关 HBase 和 HDFS 与 MapReduce 间的操作，本书在第 4 章已经介绍过。

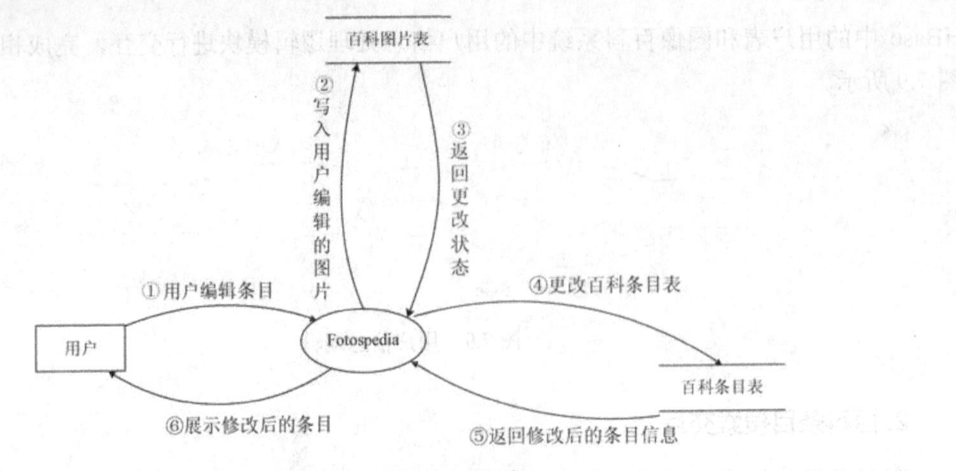

图 7.11 编辑百科条目

7.4 Fotospedia 系统的数据库实现

在完成了数据库的设计后，就要将之付诸实现。由于采用 Java API，所以主要采用 Eclipse 进行客户端编程实现。本节主要介绍如何实践 HBase 客户端编程，并尝试通过代码实现 Fotospedia 系统的数据库部分。

7.4.1 数据库模块类交互图

在 7.2 节中，本书已经给出了一个简单的 HBase 基本操作的示例，事实上，通过单独的封装 HBase 操作类来提供对 HBase 的操作接口是一种值得推荐的方法，这样使得对数据库的基本操作独立出来，便于应对 HBase 更新产生的 API 变更。由于在图像百科的数据库设计中，有用户表、百科条目表和百科图片表 3 张不同的表，而对于每张表需要提供的方法都不尽相同，因此，对于每张表提供一个单独的类进行操作是有必要的，然而这 3 张表也具有一些公共操作，可以将其抽象为一个表的基本数据操作类，于是形成了如图 7.12 所示的类图。

从图 7.12 中可以看出，数据库模块主要由 5 个类组成，其中 HBaseBasicOperation 类为 HBase 的基本操作类，该类是一个通用的操作类。其余的 BaseData、UserData、PediaData、PhotoData 4 个类是表的操作类，这些类使用通用操作类封装好的 HBase 操作接口。下面就这 5 个类分别进行介绍：

（1）HBaseBasicOperation 类：这是一个对 HBase 基本操作进行了封装的通用类。该类主要是利用 HBase 提供的 API，对 HBase 的配置文件等进行初始化，并实现了包括创建、插入、删除、查找等基本操作的通用方法。

（2）BaseData 类：这个类是对表操作的基本类。该类是 UserData、PediaData 和 PhotoData 等类的基类，主要是抽象出了这些特定表的一些共同操作，提高代码复用率和开发效率。该类直接调用 HBaseBasicOperation 类的方法，实现了表的初始化操作和读写操作等。

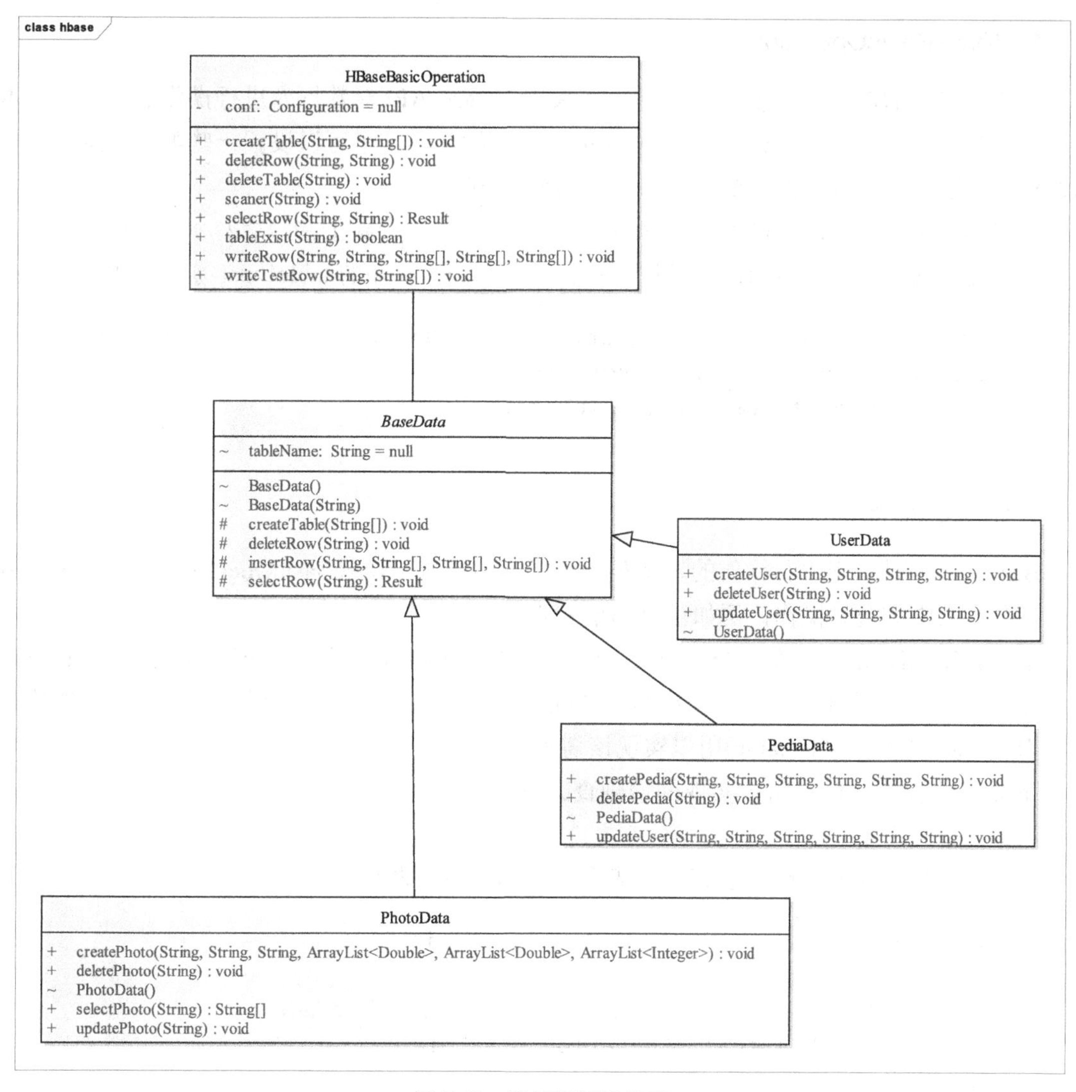

图 7.12　数据库模块类图

（3）UserData 类：这个类主要实现了对用户表 user 的相关操作。包括创建新注册用户，记录用户登录信息，删改用户信息，查询符合特定条件的用户等方法。

（4）PediaData 类：该类主要实现了对百科条目表 pedia 的相关操作。同样包括创建百科词条，修改百科条目，记录百科条目更改信息，查询特定词条等方法。通过编辑者信息与 UserData 类相联系。

（5）PhotoData 类：该类主要实现了对百科图片表 photos 的相关操作。包括将用户上传的图片信息插入数据库，删除图片信息，修改图片信息，查询特定特征信息等方法。该类通过行关键字和 PediaData 类相联系。

7.4.2　数据库模块核心类实现

本小节进一步对数据库模块的核心类的实现进行详细的分析。

1. HBaseBasicOperation 类

作为通用的 HBase 操作类，该类是直接采用 HBase API 对数据库进行操作的，它的基本代码在 7.2.3 小节中已经给出。该类首先完成配置初始化，这里可以设置一些配置信息，并在初始化时按照设置参数获得一个 HBase 配置实例 conf。

完成初始化配置后，便可以对 HBase 进行操作。该类中除了在 7.2.2 小节中列出的基本操作外，还包括了一些其他的核心操作，例如判断表是否存在的 tableExist 方法，如下所示：

```
public static boolean tableExist(String tableName) throws IOException{
     HBaseAdmin admin = new HBaseAdmin(conf);
     return admin.tableExists(tableName);
}
```

2. BaseData 类

BaseData 类是对表进行操作的基本类，该类主要通过 HBaseBasicOperation 类中提供的方法实现各个表中的公共操作，例如信息的增删查改等。

首先，BaseData 中存在一个 String 类型的变量 tableName，在子类继承时，应该首先通过构造方法对该变量进行赋值，以指明子类操作的表名。所以该类提供了一个带参数的构造方法 BaseData(String tableName)用以实现该需求。

下面来详细讨论 BaseData 实现的增删查改方法。

（1）createTable

该方法是用于在 HBase 中创建一个表名为 tableName 的表，代码如下。

```
protected void createTable(String[] columnFamilys){
     try {
           if(!HBaseBasicOperation.tableExist(tableName)){
                 HBaseBasicOperation.createTable(tableName,
columnFamilys);
           }
           else{
                 System.out.println("该表已经存在！");
           }
     } catch (IOException e) {
           e.printStackTrace();
     }
}
```

首先，应该利用 HBaseBasicOperation 提供的 tableExist(tableName)方法检查要创建的表是否已经存在，如果数据库中没有重名的表，则调用 HBaseBasicOperation 创建表的方法 createTable(tableName, columnFamilys)来创建一个表名为 tableName、列族为 columnFamilys 的表。

（2）insertRow

该方法是用于向 HBase 中插入一行信息，代码如下。

```
protected void insertRow(String rowKey, String[] columnFamilys
                        , String[] qualifiers, String[] Values){
     HBaseBasicOperation.writeRow(tableName, rowKey, columnFamilys
                                        , qualifiers, Values);
}
```

由于要插入的新行会包含多个列，因此要对每列的值表明其所属的列。在前面 HBase 的数据模型中介绍过，确定一个单元格 Cell 需要知道该行的行关键字 RowKey，列族名 columnFamily，标签名 qualifier。insertRow 方法的参数是一组字符串数组，在这组参数中：

- columnFamilys 是列族名。
- qualifiers 是标签名。
- Values 是单元格的值。

这 3 个数组的元素个数相同，并且 3 个数组中相同下标的元素指明了要插入的值所在的单元格，即 Value[i] 所在的单元格由 columnFamilys[i]:qualifiers[i] 确定。最后调用 HBaseBasicOperation 中的 writeRow 方法插入该行信息。

（3）deleteRow

该方法用于删除表中行关键字为 rowKey 的一行，代码如下。

```
protected void deleteRow(String rowKey)      {
     try {
            HBaseBasicOperation.deleteRow(tableName, rowKey);
     } catch (IOException e) {
            e.printStackTrace();
     }
}
```

直接调用 HBaseBasicOperation 类的 deleteRow(tableName, rowKey)方法即可。

（4）selectRow

该方法用于选择表中行关键字为 rowKey 的一行信息，并返回一个 Result 结果集，代码如下。

```
protected Result selectRow(String rowKey){
     Result rs = null;
     try {
            rs = HBaseBasicOperation.selectRow(tableName, rowKey);
     } catch (IOException e) {
            e.printStackTrace();
     }
     return rs;
}
```

直接调用 HBaseBasicOperation 类的 selectRow(tableName, rowKey)方法，返回的结果是一

个定义在 org.apache.hadoop.hbase.client.Result 中 Result 实例。由于不同的表对结果的解析不同，所以基本操作类中不对结果实例进行分析，而是直接返回给上层具体的表操作类。

3. UserData 类

作为针对用户表的操作类，UserData 类继承了 BaseData 类，并封装了需要对用户信息进行操作的基本方法。主要包括用户信息的增删改，以及对用户信息的详细查询操作。

UserData 类首先要实现 user 表的创建，这在该类的构造方法中完成，代码如下。

```
UserData() throws IOException   {
     super("user");
     //user 表有两个列族
     String[] columnFamilys = new String[2];
     columnFamilys[0] = "userinfo";
     columnFamilys[1] = "history";
     createTable(columnFamilys);
}
```

在创建表时，必须首先产生一个 columnFamilys 数组，用于记录要创建的表的列族名，即创建 HBase 表中的 schema。user 表中有两个列族 userinfo 和 history，因此创建具有两个元素的 columnFamilys 数组，并调用继承自父类的 createTable 方法创建 user 表。

下面详细讨论 UserData 类在 HBase 中插入、删除、修改和查询数据的方法。

（1）createUser 方法

该类用户向 user 表中插入一行新数据，完成用户注册信息持久化，代码如下。

```
public void createUser(String username, String nickname
                          , String passwd, String email)   {
     String rowKey = username;
     String[] columnFamilys = new String[4];
     String[] qualifiers = new String[4];
     String[] values = new String[4];
     //将用户数据赋值到列族、标签和值数组
     columnFamilys[0] = "userinfo";
     qualifiers[0] = "nickname";
     values[0] = nickname;
     //此处省去更多赋值操作
     …
     //将信息插入数据库
     insertRow(rowKey,columnFamilys, qualifiers, values);
}
```

由于用户信息包括了 4 列，分为两个列族，所以 createUser 类需要 4 个参数，分别为：用户名 username，用户昵称 nickname，用户密码 passwd，用户电子邮箱 email。其中，username 将作为行关键字，而用户最后登录时间 lastlogin 则为当前时间，因此不需要参数传递。对单元格赋值需要符合 BaseData 类中插入新行的方法 insertRow(rowKey,columnFamilys, qualifiers, values)的规则，columnFamilys、qualifiers 和 values 分别对应列族名、标签和单元格的值，3 个数组中下标相同的为一组。

（2）deleteUser 方法

该方法直接调用父类的 deleteRow(String tableName)方法删除一个用户。而需要的参数则是用户名 username，此处不再列出源码。

（3）updateUser 方法

该方法用于更新用户信息，由于 HBase 的 API 中没有对现有行的更改接口，因此更新操作事实上是一个插入操作，用来覆盖掉之前的版本，代码如下。

```
public void updateUser(String username, String nickname
                                    , String passwd, String email)  {
      Result rs = selectRow(username);
      if(rs.isEmpty())
            System.out.println("不存在用户"+username);
      else
            createUser(username, nickname, passwd, email);
}
```

可以看到，如果要修改的用户行确实存在，那么直接调用 createUser 方法插入一个 rowKey 相同的新行即可。

（4）selectUser 方法

该方法用于查询特定的用户，并对查询到的用户信息进行解析，代码如下。

```
public String[] selectUser(String username)  {
      String rowKey = username;
      String[] userinfo = null;
      Result rs = selectRow(rowKey);
      if(rs.isEmpty())
            System.out.println("不存在用户"+rowKey);
      else{
            userinfo = new String[5];
            userinfo[0] = rowKey;
            userinfo[1] =
Bytes.toString(rs.getValue(Bytes.toBytes("userinfo"),
Bytes.toBytes("nickname")));
            userinfo[2] =
Bytes.toString(rs.getValue(Bytes.toBytes("userinfo"),
Bytes.toBytes("passwd")));
            userinfo[3] =
Bytes.toString(rs.getValue(Bytes.toBytes("userinfo"),
Bytes.toBytes("email")));
            userinfo[4] =
Bytes.toString(rs.getValue(Bytes.toBytes("history"),
```

```
Bytes.toBytes("lastlogin")));
        }
        return userinfo;
}
```

这里，需要重点介绍 Result 的使用方法。Result 类是一个客户端类，该类是 HTable.get (Get)和 HTable.getScanner(Scan)等查询方法返回的结果集。事实上，Result 是由一系列 KeyValue 构成的，是对不同的返回结果数据类型的包装。

4. PediaData 类

PediaData 类也是 BaseData 类的子类，实现了百科条目信息的基本操作，包括对百科条目的增删改，百科条目针对条目名和行关键字的查询等。由于其基本操作与 UserData 类似，此处不再赘述代码。

5. PhotoData 类

PhotoData 类同样继承了 BaseData 类。该类实现了对百科图片信息表的操作。类似于 UserData 类和 PediaData 类，首先仍然是图片信息的插入、删除和更改。此外，由于图片的特征信息是系统中使用最频繁的部分，每次图像检索都需要查询数据库中的一部分图像特征，因此该类还包含了对图像信息特别是特征信息的查找获取等方法。由于其基本操作与 UserData 类似，此处不再赘述代码。

在完成各个核心类的实现后，运行程序可以创建数据库中的 3 个表，并与 MapReduce 和 HDFS 相结合，实现整个系统功能。图 7.13 为创建的 user 表及其结构，以及在 HBase 监视页面的呈现。

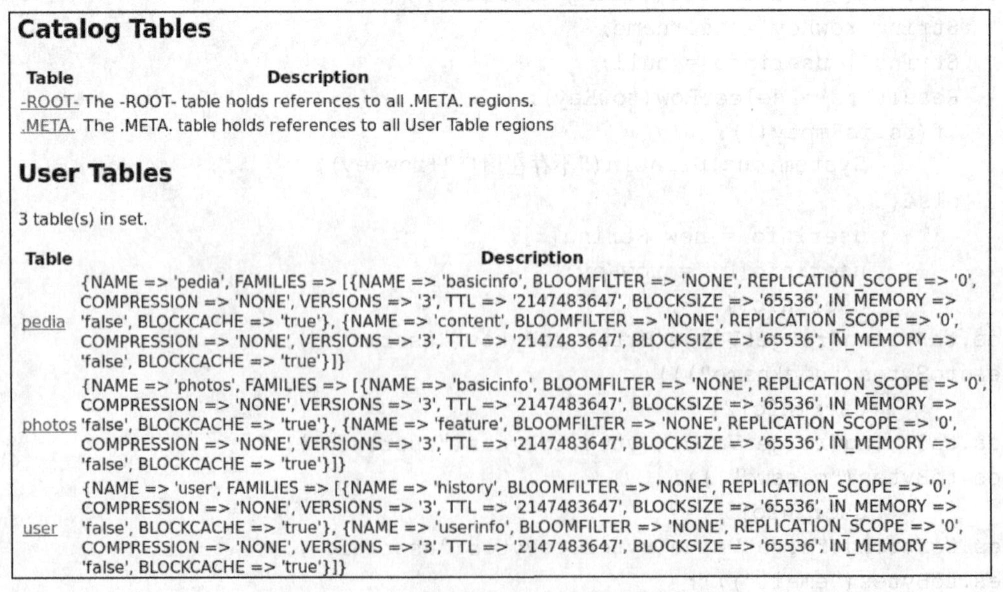

Catalog Tables

Table	Description
-ROOT-	The -ROOT- table holds references to all .META. regions.
.META.	The .META. table holds references to all User Table regions

User Tables

3 table(s) in set.

Table	Description
pedia	{NAME => 'pedia', FAMILIES => [{NAME => 'basicinfo', BLOOMFILTER => 'NONE', REPLICATION_SCOPE => '0', COMPRESSION => 'NONE', VERSIONS => '3', TTL => '2147483647', BLOCKSIZE => '65536', IN_MEMORY => 'false', BLOCKCACHE => 'true'}, {NAME => 'content', BLOOMFILTER => 'NONE', REPLICATION_SCOPE => '0', COMPRESSION => 'NONE', VERSIONS => '3', TTL => '2147483647', BLOCKSIZE => '65536', IN_MEMORY => 'false', BLOCKCACHE => 'true'}]}
photos	{NAME => 'photos', FAMILIES => [{NAME => 'basicinfo', BLOOMFILTER => 'NONE', REPLICATION_SCOPE => '0', COMPRESSION => 'NONE', VERSIONS => '3', TTL => '2147483647', BLOCKSIZE => '65536', IN_MEMORY => 'false', BLOCKCACHE => 'true'}, {NAME => 'feature', BLOOMFILTER => 'NONE', REPLICATION_SCOPE => '0', COMPRESSION => 'NONE', VERSIONS => '3', TTL => '2147483647', BLOCKSIZE => '65536', IN_MEMORY => 'false', BLOCKCACHE => 'true'}]}
user	{NAME => 'user', FAMILIES => [{NAME => 'history', BLOOMFILTER => 'NONE', REPLICATION_SCOPE => '0', COMPRESSION => 'NONE', VERSIONS => '3', TTL => '2147483647', BLOCKSIZE => '65536', IN_MEMORY => 'false', BLOCKCACHE => 'true'}, {NAME => 'userinfo', BLOOMFILTER => 'NONE', REPLICATION_SCOPE => '0', COMPRESSION => 'NONE', VERSIONS => '3', TTL => '2147483647', BLOCKSIZE => '65536', IN_MEMORY => 'false', BLOCKCACHE => 'true'}]}

图 7.13　HBase 信息页面中创建好的表信息

7.5 本章小结

本章主要围绕着 Fotospedia 图像百科系统的设计和实现，对 HBase 的基本操作和设计思想进行了一些介绍。首先介绍了 HBase 的基本特征，并分析了 HBase 与关系数据库的一些异同；其次介绍了 HBase 的常用 API，如表模式操作、数据添加删除操作、过滤器等，并通过编程示例来演示 HBase 的基本操作；然后再立足于图像百科系统数据库模块的设计，介绍了 HBase 数据库设计的一些特征和思想；最后详细地介绍了图像百科系统数据库模块的实现。

本章的核心是 HBase API 的使用，以及数据库设计的特征和思想。通过对本章的学习，读者能够掌握 HBase 数据库开发的基本方法。结合实现部分的代码，对读者希望能够起到一个抛砖引玉的作用。

本章对 HBase 的介绍仍然处于一个了解基本使用的程度，对于 HBase 内部一些机制的深入剖析，将放在后面的章节重点介绍。

第 8 章　使用 ZooKeeper 管理集群

8.1　ZooKeeper 详细介绍

ZooKeeper 提供了构建分布式应用时通用的底层基础设施，利用这些基础设施，分布式系统能够实现统一命名服务、配置管理、集群管理、分布式共享锁、队列和选举等核心功能[①]，这些功能可以通过对 ZooKeeper 提供的 namespace 数据模型（一种类似文件系统的树形结构）进行适当的操作而实现。namespace 数据映像模型上的操作包括创建、删除、修改等，这些操作具有顺序一致性、原子性、单一系统映像（Single System Image）、可靠性、及时性（Timeliness）等特性[②]，同时数据模型上的每个节点还支持安装触发器（Watcher）。下面首先对使用 ZooKeeper 基础设施实现的几个有代表性的功能做简要介绍。

1. 统一命名服务（Name Service）

在分布式应用中，通常需要有一套完整的命名规则，既能够产生唯一的名称又便于识别和记忆。通常情况下，使用树形名称结构是一个较为理想的选择，因为树形名称结构可以看作是一个有层次的目录结构，对人友好且不会重复。读者比较熟知的 JNDI（Java Naming and Directory Interface，Java 命名和目录接口），就提供了一组在 Java 应用中访问命名和目录服务的 API，将有层次的目录结构关联到一定的资源上。ZooKeeper 与 JNDI 完成的功能类似，但 ZooKeeper 的命名服务提供的是含义更加广泛的关联，并不要求一定将名称关联到具体资源上，可以仅提供一个不会重复的名称，类似数据库中的唯一主键。

命名服务是 ZooKeeper 内置的功能，只要调用 ZooKeeper 的相关 API 就能实现。例如调用 create 接口可以创建一个节点，称为 znode。znode 既可以作为保存数据的容器（如同文件），也可以作为保存其他 znode 的容器（如同目录）。所有的 znode 构成一个层次化的命名空间。图 8.1 给出用于集群管理的层次结构图，其中，子目录项 group 就是一个 znode，它的全局路径标识是/group。group 下面存储了 3 个子项目：host1、host2 和 host3，它们分别存储对应服务器的数据信息。ZooKeeper 监控系统会在/group 节点上注册一个 Watcher，以后每动态增加一个机器，就在/group 下创建一个 EPHEMERAL 类型的节点：/group/{hostname}。这样，监控系统就能够实时监控机器的增减情况，进行集群管理。

---

① 分布式服务框架 ZooKeeper. http://www.ibm.com/developerworks/cn/opensource/os-cn-zookeeper/

② ZooKeeper 官方文档. http://zookeeper.apache.org/doc/r3.4.3/zookeeperOver.html#Guarantees

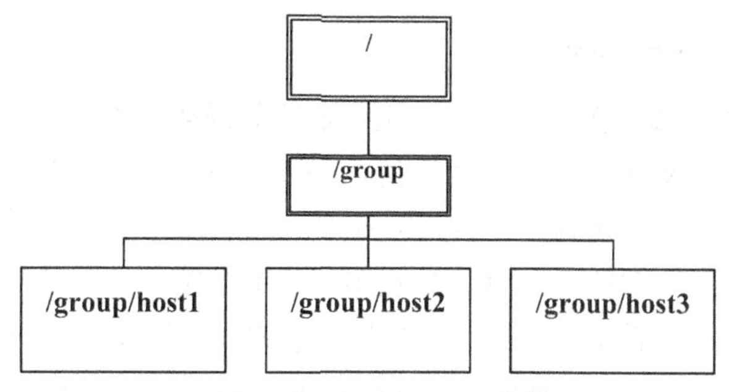

图 8.1 集群管理层次示意图

2. 配置管理（Configuration Management）

配置管理是分布式系统需要实现的一种基础功能。例如某分布式应用需要多台服务器支持其运行，这些服务器上运行的应用系统的某些配置项是相同的，当修改其中某个系统的配置项时，需要同时修改其他服务器上应用系统的相同配置项。如果修改过程采用手动方式进行，非常麻烦且很容易出错。

上述配置过程可以采用 ZooKeeper 进行自动化管理：在 ZooKeeper 中的某个目录节点下保存一份配置信息，然后对所有需要修改配置项的服务器设置监控器。当配置项需要修改时，只需要修改 ZooKeeper 目录节点中的配置项，一旦该配置项发生变化，每台被监控的服务器都会收到 ZooKeeper 的通知，然后从 ZooKeeper 目录节点处获取新的配置项进行更新。图 8.2 是这个过程的示意图。

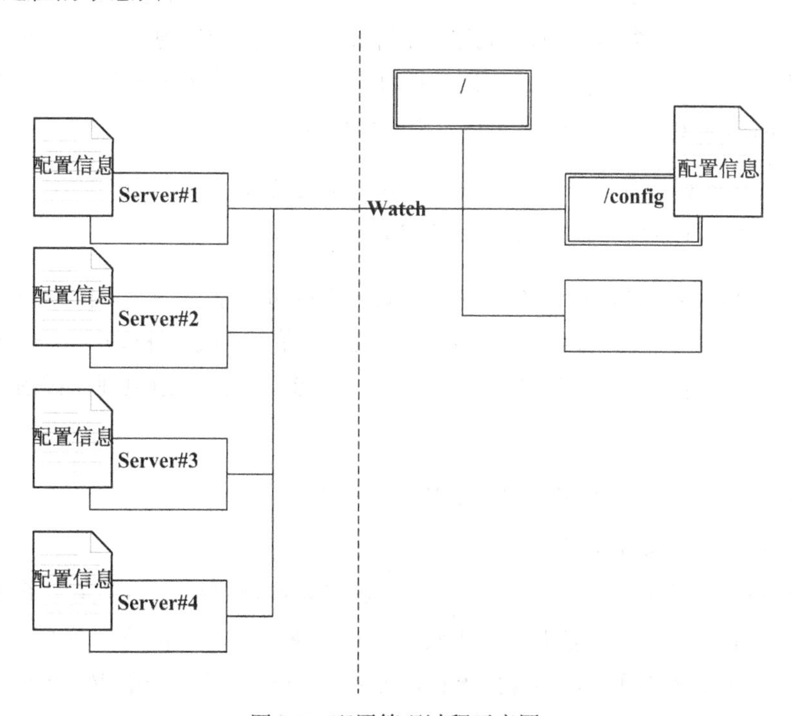

图 8.2 配置管理过程示意图

3. 集群管理 (Group Management)

分布式应用系统通常部署在一个有多台服务器的集群环境中，当集群规模达到一定程度后，宕机事件极易发生。对于一个高可用系统，必须能够容忍一定数量的机器故障，当故障发生时，其他机器应该可以感知到并作出相应处理。

ZooKeeper 本身部署在 2N+1（N>0）台机器的集群系统中，可以容忍 N 台机器宕机，在保证高可用性同时还支持高性能的写操作（Yahoo!有测评，见 ZooKeeper 官方网站）。用户构建的分布式应用可以使用 ZooKeeper 提供的 namespace 数据模型来表达用户集群的结构，当用户集群中有机器宕机时，ZooKeeper 可以提供通知机制，应用系统可以根据自己的业务需求处理宕机事件。图 8.1 已经给出了采用 namespace 数据模型描述的某个集群结构。

从图 8.1 可以看出，该集群由 3 台机器组成（host1～host3），分别对应 namespace 模型中 group 节点下的 3 个子节点，这些子节点是瞬时顺序节点。瞬时表示每个节点的寿命不会超过创建节点的进程的寿命，当创建节点的进程结束时，这些节点会自动删除，其他在该节点上设置了 Watcher 的进程会收到通知；顺序表示每个进程创建节点都有一个序号，该序号是单调递增的（自然数）。利用节点的这种特性，集群中每台机器对应一个瞬时顺序节点，当某台机器宕机后，其他机器中的进程可以收到该节点被删除的通知，这样每台机器都可以感知集群中机器的状态信息，从而实现了集群管理。

4. 分布式锁

在某些应用系统中，要求数据必须保持一致性。对于几个分布式系统，由于存在大量的并发数据访问，如果不对数据的访问方式做任何限制，必然会出现多个进程同时对同一目标数据进行访问的情况，这很可能会导致该数据被破坏，从而破坏了系统本身要求的一致性。一种解决方式是采用锁协议，锁协议（排他锁）可保证一致性。

- 系统中任意时刻最多有一个进程 P 获得某个数据 Q 的访问锁 L。
- 只有获得数据 Q 的访问锁 L 的进程 P 可以访问数据 Q。

分布式应用是典型的多进程协作系统，不同的进程可能部署在不同的物理机上，多进程间的协作通常需要数据同步、锁机制，利用 ZooKeeper 提供的数据模型（namespace），可以容易的实现锁，从而保证应用系统的数据一致性。图 8.3 是排他锁原理流程图，具体操作步骤如下：

步骤 01 在某目录（如:/lock）下创建一个瞬时序列节点。

步骤 02 获得/lock 的所有子节点。

步骤 03 判断/lock 的最小序号子节点是否是自己刚才所创建的，如果是，表明自己是第一个锁申请者（锁的持有者目前为空），可以持有锁（申请锁成功）；如果不是，则表明锁正在被占用，自己需要等待，可以在/lock 上设置一个 Watcher，当/lock 有变动（有申请/释放锁行为）时提供通知，得到通知时再次转步骤 2 执行，直到申请锁成功。

步骤04 当要释放自己的锁时，直接删除/lock下自己创建的子节点即可。

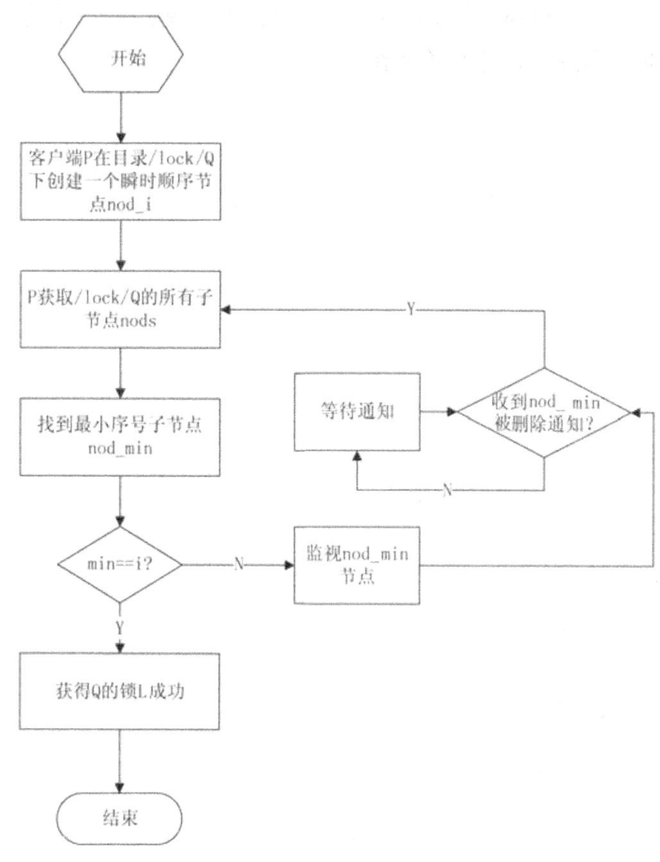

图 8.3 排他锁原理

5. 队列

队列是一种很重要的数据结构，在分布式系统也有很多应用，比如利用分布式队列实现任务调度、资源管理、搜索算法等。ZooKeeper 也可以容易地实现分布式队列，包括同步队列、FIFO 队列、优先队列等。

实现原理非常简单，基本思想是利用 znode 表示一个队列节点（瞬时序列），在某个目录（如:/queue）下创建 n 个子节点就表示某队列有 n 个节点，并且可以保证入队/出队（创建/删除节点）的顺序。

6. 选举

在 Master/Slave 模式的分布式集群系统中，系统需要在多台服务器上选举出 Master，负责管理或处理集群某些信息，构成 Master/Slave 结构，利用 ZooKeeper 可以完成 Leader（Master）的选举。

基本实现原理是应用程序利用 ZooKeeper API 在“类文件系统树”的某个目录（如:/election）下创建一个瞬时序列节点，规定序列号最小的节点为当前系统的 Leader，同时应用程序在/election 上设置 Watcher，当/election 目录有变化时，触发 Watcher。假如 Leader 出现故障，挂掉了，则其他 follower 可以感知到，并及时更新当前系统的 Leader，从而保证系统中总有一个 Leader。图 8.4 是选举流程图。

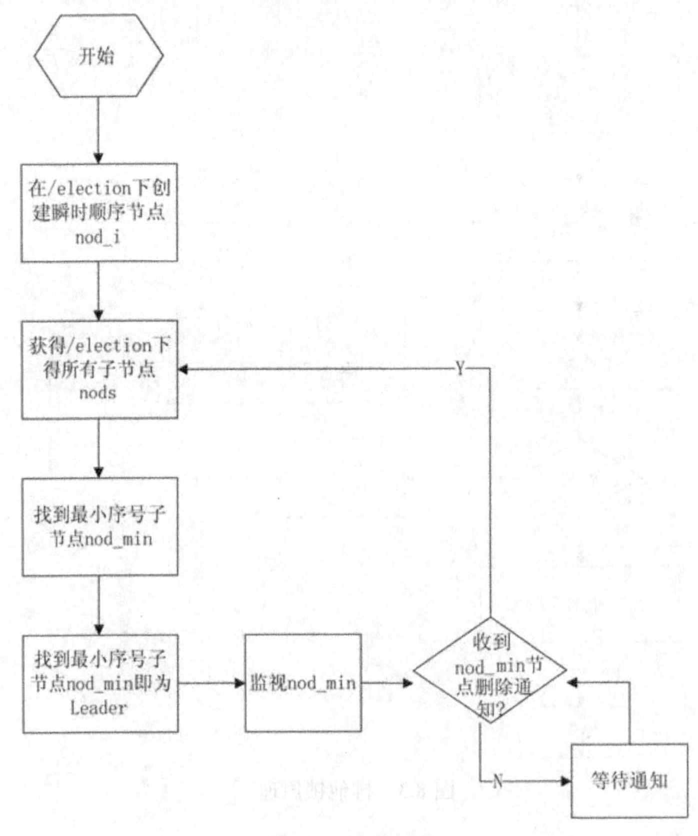

图 8.4　选举原理

ZooKeeper 的核心是 namespace 数据模型，ZooKeeper 本身又是分布式系统，有高可用性以及写性能的保证，还可以在该数据模型上建立很多其他的应用[①]，如优先队列、共享锁、两阶段提交协议等，读者可以参考 ZooKeeper 官网。

8.2　ZooKeeper 的使用方法及 API 介绍

8.2.1　ZooKeeper 的使用方法

如上文所说，ZooKeeper 本身是一个独立的分布式 C/S 系统，先需要在 2N+1 台机器上部署 ZooKeeper Server 端，在 Server 端提供数据存储以及操作的性质保证。应用程序使用 ZooKeeper 时，是作为 ZooKeeper 的客户端来操作/访问 ZooKeeper Server 上的数据，在

① ZooKeeper 典型使用场景一览. http://rdc.taobao.com/team/jm/archives/1232

ZooKeeper的类文件系统树上建立自己的应用模型从而构建自己需要的应用。

ZooKeeper提供的客户端API有C和JAVA版本，这里只介绍JAVA版本，C版本的使用方法类似。

8.2.2 基本类和接口

ZooKeeper提供的API十分丰富，如表8.1所示。可以参考ZooKeeper官网的docs，对于ZooKeeper应用编程，使用的客户端API非常简单，以下对于要使用的类做简单介绍，然后介绍具体使用方法。

表8.1 ZooKeeper API说明

类别	类名	描述
基本类	ZooKeeper	ZooKeeper类是ZooKeeper最主要的客户端操作类，它封装了客户端，是应用程序与ZooKeeper服务器通信的接口，应用程序将通过ZooKeeper类来操作/获取ZooKeeper服务器上的数据结构
	WatchedEvent	WatchedEvent代表设置了Watcher的事件，由WatchedEvent可以获得事件类型与状态
	ZooDefs	ZooDefs是一个ZooKeeper的定义相关类，它包含了几个嵌套接口，Ids（权限控制ACL）、Perms（访问权限）、OpCode（权限操作/管理）
	KeeperException	ZooKeeper的异常基类，还有很多其他具体异常，详细请参考文档
基本接口	Watcher	Watcher是一个监视器处理接口，使用时实现该接口的process方法。当ZooKeeper有状态变化时，如果设置了Watcher，则ZooKeeper会回调Watcher的process方法来处理事件
常用枚举类	CreateMode	表示创建znode的类型，目前有4种：EPHEMERAL（瞬时节点）、PERSISTENT（永久节点）、EPHEMERAL_SEQENTIAL（瞬时顺序节点）、PERSISTENT_SEQENTIAL（永久顺序节点）
	ACL	表示znode访问控制权限
	Event.EventType	Event的内嵌枚举，表示事件类型
	Event.EventState	事件发生时此次Session的状态

8.2.3 常用类与方法的实例介绍

如上所述，应用程序使用ZooKeeepr类与Server通信，所以一般的使用过程是，应用程序创建一个ZooKeeper对象zk，通过zk来操作类文件系统树，下面先简单介绍ZooKeeper类的基本方法的使用，然后给出一个实例。

1. ZooKeeper类的主要方法与使用说明

（1）ZooKeeper（String connectString, int sessionTimeout, Watcher watcher）

- 功能说明：构造一个ZooKeeper对象，connectString为ZooKeeper服务器地址列表，形式为:ip:port(,ip:port)*；sessionTimeout为与服务器一次会话时间容限（如果失去与Server的联系超过这个容限，则断开连接）；当Server上有状态变化时，会触发Watcher，执行Watcher的process方法。

- 使用方法：假设有 3 台 ZooKeeper Server，地址分别为 ipX:portX，应用程序与 ZooKeeper Server 每 5s 发送一次心跳包，设置状态监听。对应代码如图 8.5 所示，其中 3 个服务器的地址以字符串的形式传入。

```
Watcher wc=new StateWatcher();
try{
ZooKeeper zk= new  ZooKeeper("ip1:port1,ip2:port2,ip3:port3",5000,wc);
}catch(KeeperException e)
{
e.printStackTrace();
}
```

图 8.5　创建 ZooKeeper 实例

（2）public void close()

- 功能说明：关闭与 ZooKeeper Server 的连接。
- 使用方法：zk.close();

（3）public String create(String path, byte[] data, List<ACL> acl, CreateMode createMode)

- 功能说明：创建 znode，可以包含 data 的数据（不超过 1MB），acl 代表 znode 的权限控制列表，createMode 为 znode 的类型，返回路径。
- 使用方法：假设要创建/cfg 的节点，该节点永久存在。然后创建/cfg/cfg-序号的节点，该节点与当前应用程序关联（当应用程序断开与 Server 的连接时，该节点自动删除），任何用户可以访问该节点。对应代码如图 8.6 所示。

```
String dir = zk.create("/cfg",null,ZooDefs.Ids.OPEN_ACL_UNSAFE,
CreateMode.PERSISTENT);
String path1 = zk.create("/cfg/cfg-", "path1".getBytes(),
ZooDefs.Ids.OPEN_ACL_UNSAFE,
CreateMode.EPHEMERAL_SEQUENTIAL);
String path2 = zk.create("/cfg/cfg-", "path2".getBytes(),
ZooDefs.Ids.OPEN_ACL_UNSAFE,
CreateMode.EPHEMERAL_SEQUENTIAL);
```

图 8.6　create 使用方法

dir=/cfg 创建成功后，创建 path1=/cfg/cfg-0000000001 和 path2=/cfg/cfg-0000000002 时，需要注意的是，包含 EPHEMERAL 选项。

（4）void delete(String path, int version)

- 功能说明：删除与 path 对应的 znode，version 为版本号（-1 匹配任何版本数据）。
- 使用方法：假设要删除 path2 的节点，这会触发 getChildren 方法对 dir 所设置的 Watcher，以及 exists 对 path2 设置的 Watcher。

```
zk.delete(path2,-1);
```

（5）Stat exists(String path, Watcher watcher)

- 功能说明：获取对应 path 的 znode 信息，如果 watcher 非空，则当 znode 有状态变化时触发 watcher，返回 znode 的状态信息。
- 使用方法：假设此时需要监视 path1 的瞬时节点，当 path1 节点的数据变化或者 path1 被删除时，设置的 watcher 可以被通知。

```
Watcher path1Watcher = MyStateWatcher();
zk.exists(path1,path1Watcher);
```

（6）List<String> getChildren(String path, Watcher watcher)

- 功能说明：获得 path 对应 znode 的所有子节点，并决定是否设置 watcher。若 watcher 非空，则当 path 对应的 znode 子节点有状态变化时提供通知（watcher 非空时触发 watcher）。
- 使用方法：如图 8.7 所示，children 列表会获得 dir 下的所有子节点，并设置 watcher，当 dir 下子节点有变化时会提供通知。需要注意一点，ZooKeeper 不保证按顺序返回子节点，这个顺序是无法保证的，不会按照创建先后或者字典序。

```
Watcher dirWatcher=new MyChildrenWatcher();
List<String> children = zk.getChildren(dir,dirWatcher);
for(String child:children)
{
        System.out.println(child);
}
```

图 8.7 getChildren 使用方法

（7）byte[] getData(String path, Watcher watcher, Stat stat)

- 功能说明：获得对应 path 的 znode 的数据信息，当 watcher 非空时，如果 znode 上数据有变化则触发 watcher，stat 为返回的 znode 状态。
- 使用方法:假设此时希望获得 path1 上设置的关联数据，并在 path1 上有数据变化时希望获得通知，则代码如下。

```
Watcher datWatcher=new MyDataWatcher();
byte [] data=zk.getData(path1,datWatcher,null);
//此时 data 为设置的 path1.getBytes();
```

（8）Stat setData(String path, byte[] data, int version)

- 功能说明：设置对应 path 的 znode 数据（data 大小不能超过 1MB），version 为数据的匹配版本号，返回 znode 状态，-1 表示匹配任何版本数据。

- 使用方法：此时希望重设 path1 的数据为“HelloWorld”，这将触发 path1Watcher 和 datWatcher。

```
zk.setData(path1,"HelloWorld".getBytes(),-1);
```

（9）ZooKeeper.States getState()

- 功能说明：返回当前 ZooKeeper 的状态。
- 使用方法：States state = zk.getState();

2. Watcher 及其他介绍

Watcher 本身是一个接口，当需要监视某个 znode，可以实现 Watcher 接口的 process 方法。当 Watcher 被触发时，ZooKeeper 客户端会自动调用 process 方法。

使用方法:假设要监视 path1 节点，当 path1 数据变化或者被删除时都能得到通知，实现代码如图 8.8 所示。MyStateWatcher 实现了 Watcher 接口的 process 方法。首先由参数 event 获取事件类型 type 和当前 ZooKeeper 实例的状态 state，如果 state 值为 SyncConnected，说明当前 ZooKeeper 客户端与服务器处于连接状态，于是判断 type 值，确定节点是否被更新。

```
class MyStateWatcher implements Watcher
{
        public void process(WatchedEvent event)
        {
                Watcher.Event.EventType type=event.getType();
                Watcher.Event.KeeperState state=event.GetState();
                switch(state)
                {       case SyncConnected:
                        //此时应用程序已经连接上了 ZooKeeper Server
                        switch(type)
                        {
                                case NodeDataChanged:
                                        log.info("path1 节点数据变化");
                                        break;
                                case NodeDeleted:
                                        log.info("path1 节点被删除");
                                        break;
                        }
                        break;
                }
        }
}
```

图 8.8 MyStateWatcher 实现 Watcher 接口

3. 简单实例分析

这里以 ZooKeeper 提供的一个实例 DistributedQueue（代码节选）来说明 ZooKeeper 的使用模式，完整代码见 ZooKeeper 的安装目录的 recipes 文件夹。下面的分析围绕类 DistributedQueue 展开，讲述它的属性和关键方法，最后说明如何使用。

（1）DistributedQueue 的属性

图 8.9 是 DistributedQueue 的属性部分，主要包含了一个 ZooKeeper 实例 zookeeper, 利用它可以实现与 ZooKeeper 服务器的通信。String 类型的 dir 指定 queue 在服务器上的路径名，prefix 是每个 queue 的节点名前缀。

```
public class DistributedQueue {
  private final String dir;  //queue 使用的目录
  private ZooKeeper zookeeper; //包含 ZooKeeper 对象
        …
        private final String prefix = "qn-"; //规定所有节点名字前缀
}
```

图 8.9　DistributedQueue 类

（2）DistributedQueue 的关键方法

主要介绍 orderedChildren()、element()和 take()方法。图 8.10 是 orderedChildren 方法的代码片段，它返回的 orderedChildren 是 TreeMap 类型节点对<Long,String>，其中 Long 存放节点 Id，String 存放该节点对应的名字。参数 watcher 在调用 ZooKeeper.getChildren 方法时传入，这样可以保证 queue 中节点的变化能够通知到应用程序，使得应用程序作出相应的处理。图 8.11 是 element 方法代码片段，它返回 dir 下序号最小节点的数据，也就是 queue 队列中的队首节点（关联数据）。

```
  private TreeMap<Long,String>orderedChildren(Watcher watcher) throws KeeperException, InterruptedException
{
        TreeMap<Long,String> orderedChildren = new TreeMap<Long,String>();
        List<String> childNames = null;
        try{//获得所有子节点，dir 节点变化触发 watcher 调用 process 方法
                childNames = zookeeper.getChildren(dir, watcher);
                }catch (KeeperException.NoNodeException e){ throw e; }
        for(String childName : childNames){
        try{ ...
        orderedChildren.put(childId,childName);//放入 TreeMap 中
        }catch(NumberFormatException e){ ...}
    }
    return orderedChildren;
}
```

图 8.10　DistributedQueue.orderedChildren 方法

```
public byte[] element() throws NoSuchElementException,
KeeperException, InterruptedException
{
        TreeMap<Long,String> orderedChildren;
        while(true){
                try{
                        orderedChildren = orderedChildren(null);
                        }catch(KeeperException.NoNodeException e){...}
                if(orderedChildren.size() = = 0 )
                        throw new NoSuchElementException();
                for(String headNode : orderedChildren.values()){
                        if(headNode != null){
                        try{return zookeeper.getData(dir+"/"+headNode,false,
                            null);
        }catch(KeeperException.NoNodeException e){
                                //Another client removed the node first, try next
                                }

                        }

                }
        }
}
```

图 8.11　DistributedQueue.element 方法

由于处理的是分布式队列（并发性），因此在访问节点发生异常时，要循环尝试。最后介绍 take 方法，它和 element 方法类似，只是返回队首节点的同时移除该节点，这里略去代码。

（3）如何使用

假设本机上有个 zkServer 在 2181 端口监听客户端，现在利用以上代码在命名空间中建立分布式队列，图 8.12 是关键测试代码部分。首先创建 ZooKeeper 实例 zk，以 zk 为参数构建 DistributedQueue 对象 queue，数据存储在 ZooKeeper 服务器的/queue 下。接着测试 3 个元素进出队列操作，查看运行结果。

```
ZooKeeper zk=new ZooKeeper("127.0.0.1:2181",3000,null);
DistributedQueue queue=new DistributedQueue(zk, "/queue", null);
//入队列 3 个元素
queue.offer("t1".getBytes());
queue.offer("t2".getBytes());
queue.offer("t3".getBytes());
//获得队首元素
System.out.println("queue head:"+queue.peek());
//出队列 3 个元素
System.out.println("out from queue:"+queue.poll());
queue.poll();
queue.poll();
//导致线程阻塞
queue.take();
```

图 8.12　简单实例测试代码

8.3　图像百科系统集群管理详细设计

在图像百科系统中，需要对计算集群进行管理。根据第 3 章描述，由 3 台服务器构成该集群，当集群中任何一台服务器宕机时，应用程序可以得到通知，及时处理相应的事件。由于每个应用程序需要在每台服务器上部署，当应用程序的配置改变时，需要修改每台机器的配置。当集群规模大时，手动完成劳动量会很大，我们可以利用 ZooKeeper 提供的数据模型（namespace）保存配置文件，当配置有变动时，相应的应用程序可以得到通知，及时处理配置变更。

8.3.1　集群管理

如图 8.13 所示，3 台应用服务器（App Server）被作为 ZooKeeper 集群的客户端接入集群中，同时，它们又被作为用户直接访问的服务器，提供图像检索功能。每个 App Server 在接入 ZooKeeper 集群时会向集群注册自己，这样可以利用 ZooKeeper 的集群管理功能，使得 App Server 能够快速响应集群的变化。为了达到上述目的，App Server 需要实现一个集群管理器。

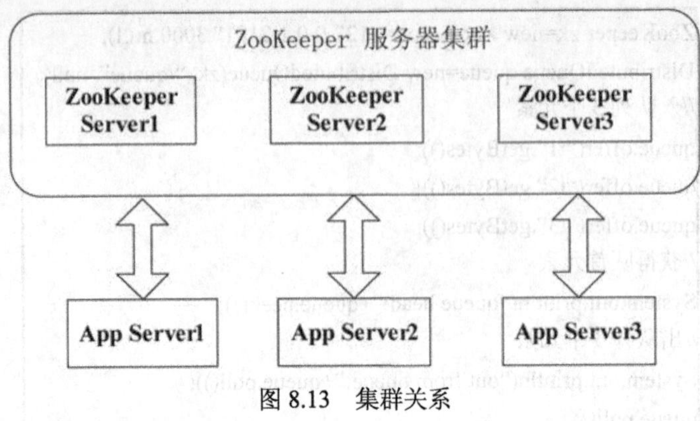

图 8.13　集群关系

集群管理器主要提供以下几个功能：

- 获取当前机器数量。
- 获取某台机器状态。
- 加入集群。
- 退出集群。
- 实时上传机器负载状态。
- 宕机通知。
- 机器状态改变通知（支持扩展）。
- 选举 Leader。
- Leader 变更通知。

根据前面的实例介绍，集群管理器的设计非常简单，只需要一个主要的类封装 ZooKeeper 的功能即可，如图 8.14 所示。

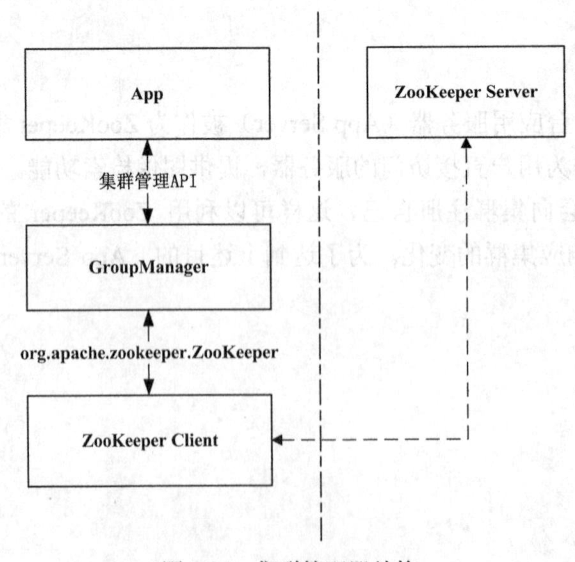

图 8.14　集群管理器结构

GroupManager 在应用程序中作为一个单独模块，向上提供集群管理 API，应用程序通过集群管理 API 可以"实时"感知集群信息，同时也"实时"上传自己的负载信息到集群中被其他机器感知。GroupManager 使用 ZooKeeper 对象（ZooKeeper Client）与 ZooKeeper Server 通信，当某服务器宕机时，ZooKeeper Server 会侦测到与其连接已断开，删除它在 namespace 中对应的 znode。GroupManager 在集群目录上设置了 Watcher，于是 ZooKeeper 向 GroupManager 发送节点变更通知，GroupManager 根据集群管理对外提供的抽象功能，对事件进行处理，向上层应用程序提供宕机事件通知。

在图像百科系统的应用中，部署在多个机器上的应用程序需要感知整个集群的状态，以及某个机器的信息，并在机器状态变化时触发自己的事件处理程序，所以在每个应用程序中都有一个集群管理器的实例，应用程序通过集群管理器访问/管理集群。

8.3.2 配置管理

在图像百科系统中，需要一个配置管理器来统一管理应用程序的配置。将配置存储在 ZooKeeper Server 上，这样当配置有变更需要通知时会非常方便，同时也使得配置是一致的，多个进程需要同一份配置时能保持一致性。

在集群中部署的应用程序都有自己的配置，有些配置是某个进程独有的，有些是不同物理机上所有进程共享的。通常分布式应用程序在多台物理机上部署时，大部分配置都是一致的，可以将一致的部分抽取出来放在 ZooKeeper Server 的 namespace 中作为共享配置，当某个进程修改共享配置时，其他进程会收到 ZooKeeper 提供的通知，做出相应的处理。

配置管理器将主要提供以下几个功能：

- 读取共享配置。
- 修改共享配置。
- 创建自己的私有配置。
- 读取自己的私有配置。
- 修改自己的私有配置。
- 共享配置变更通知。

与集群管理器类似，配置管理器的实现方案也是基于聚合，封装 ZooKeeper 的功能，抽象出配置管理器，如图 8.15 所示。

配置管理器 ConfigManager 在应用程序中也是一个独立模块，通过 API 的形式向上层应用提供写共享配置，读共享配置，写私有配置，读私有配置的功能。由于共享配置被多个应用程序共享，这里也实现一个独立的分布式锁 Lock 模块，Lock 可以独立为外部应用提供锁服务，在配置管理结构中也为 ConfigManager 提供了锁服务。当 ConfigManager 写或者读共享配置时，要加相应的锁保护数据。ConfigManager 和 Lock 都使用 ZooKeeper 对象与 ZooKeeper Server 通信，在 namespace 中建立各自的数据模型。

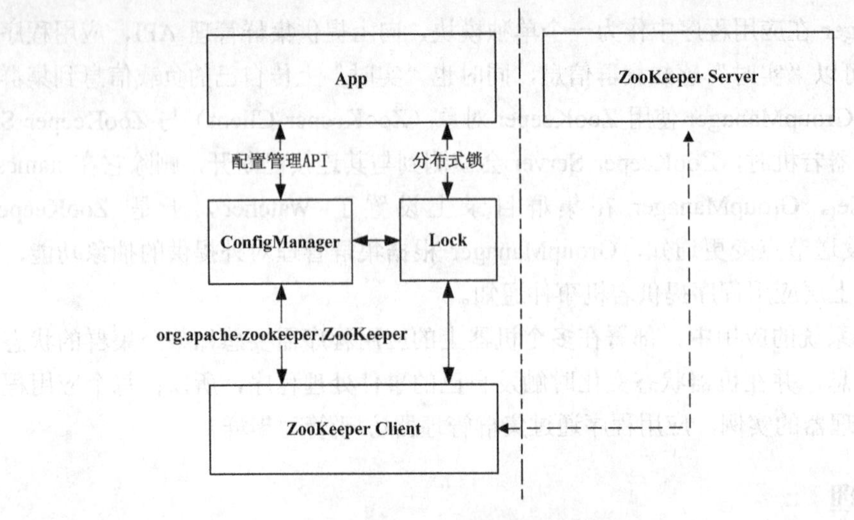

图 8.15　配置管理结构图

应用程序的配置完全由配置管理器来管理，配置管理器可以将应用程序的配置存放在 ZooKeeper znode 中，并且保证对于共享配置的修改是同步的。当应用的某个进程在修改共享配置时，其他进程不可读取/修改共享配置；在进程修改配置结束后，其他进程会收到共享配置更新的通知，然后做相应的处理，所以事实上配置管理器还需要一个分布式锁 Lock 来完成同步，即当应用程序（进程）读共享配置时，对共享配置加读（共享）锁，允许其他进程加读锁，但不允许加写（排他）锁；当进程写共享配置时，对共享配置加写锁，此时不允许其他进程加读锁或者写锁；对共享配置访问完成后释放相应的锁。

8.4　图像百科系统集群管理实现

8.4.1　集群管理实现

8.3 节已经分析过了集群管理的设计，这里画出总体类图，说明集群管理器的实现方法。

1. 总体类图

如图 8.16 所示，集群管理器主要实现的类是 GroupManager。在该类中实现了集群的机器增加、宕机、数据更新、Leader 选举、监视节点、机器运行状态自动上传、日志记录等其他扩展功能，还可以在此基础上实现负载均衡等其他应用。

GroupManager 类在初始化时即生成 ZooKeeper 对象，作为 ZooKeeper 的客户端连接到 ZooKeeper Server，同时已经初始化了很多默认的监视器，包括 stateWatcher（Zookeeper Server 状态连接报告，应用可以继承该类，根据具体业务实现自己的方法，使得状态改变时运行自己的方法），macWatcher（机器状态变更通知，当集群中有宕机、增加机器、数据变化等，自动调用该对象的 process 方法，应用程序应该根据自己的业务继承该类，实现自己的方法，默认对象只是记录日志），LeaderWatcher（Leader 变更通知，包括 Leader 更新、

Leader 数据变化等，如果应用程序需要监视 Leader 的变化，只需要继承 MachineWatcher，实现自己的 process 方法即可）。

在应用程序调用 join 方法后，该应用程序将加入到集群中，其他机器可收到有新的机器加入的通知，同时创建新线程，在新线程中该机器将每隔 5s 上传自己机器的状态信息。

调用 quit 方法可以退出集群，调用 getAllMachines 方法获得集群所有成员（按节点顺序号排序）。

MachineEvent 是机器报告事件类，在用户自己实现的 MachineWatcher 中的 process 方法中，传入参数为 MachineEvent，由它可以获得事件状态以及机器地址（路径）。

UploadState 为一个线程类，在应用程序调用了 join 方法之后，会自动新建一个线程，该线程即为 UploadState，该线程负责自动上报自己机器的运行状态、负载信息（由用户自己实现）。

MachineState 即为机器的运行状态。

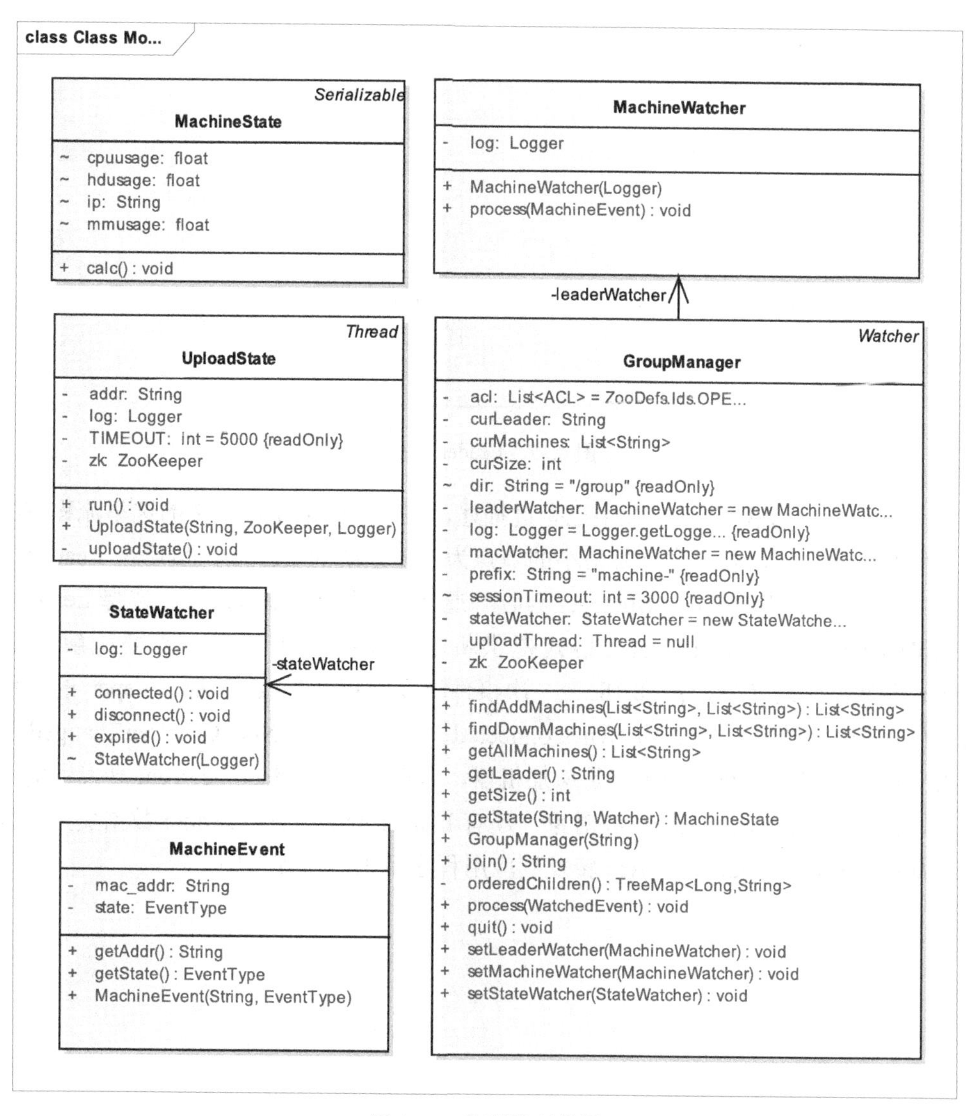

图 8.16 集群管理类图

2. 关键流程

在 GroupManager 中也实现了 Leader 选举的功能，如图 8.17 所示。

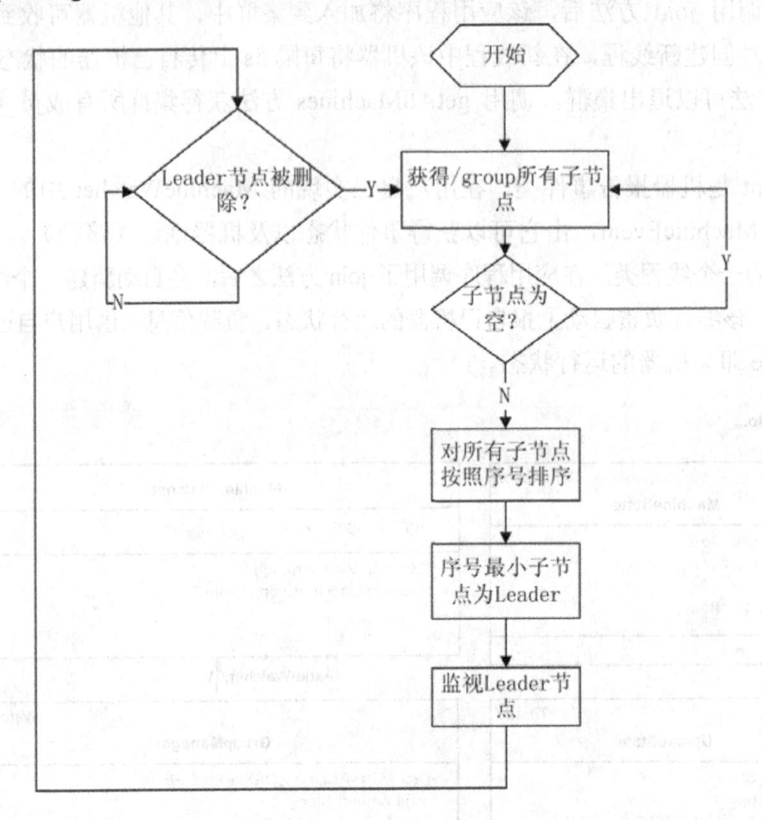

图 8.17 Leader 选举

关于 Leader 选举流程在 8.1 节中已有过描述，在 GroupManager 中的选举流程首先要获得集群中所有机器名字，规定序列号最小的节点为当前系统的 Leader，然后在 Leader 上设置 Watcher，当 Leader 宕机时 GroupManager 会收到通知，触发 Watcher，重新选择 Leader。

GroupManager 可以按照自己的格式提供机器的状态变更报告，需要先解析原来的 ZooKeeper 事件，然后转发，图 8.18 为一次事件转发流程。当收到 ZooKeeper 的事件报告时，关注集群变化，在连接状态为 SyncConnected、事件类型为 NodeChildrenChanged 的事件中，获得变化的机器，判断是宕机还是增加机器，构造相应的 MachineEvent 转发；对于节点数据变化，也需要构造 MachineEvent 对象，还有 Leader 变更事件、Leader 数据变更事件，对这些事件都构造相应的 MachineEvent 转发到应用程序提供的监视器中。

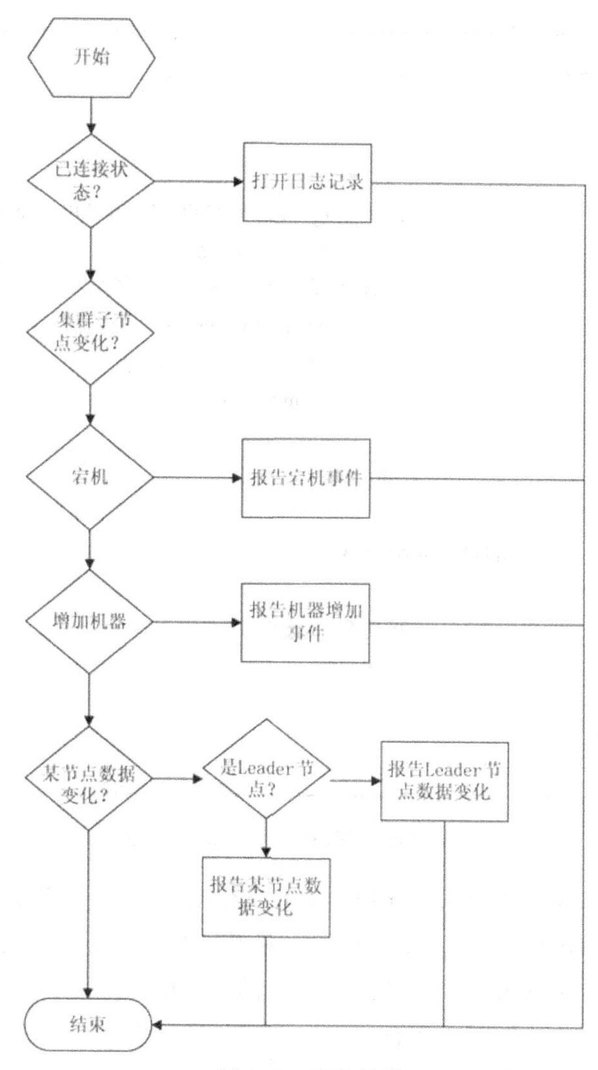

图 8.18　事件转发

3. 关键代码

下面分析 Leader 选举以及事件转发的关键代码。图 8.19 是 getLeader 方法代码，它实现了一次 Leader 的选举过程。首先获得所有机器的名字，这些名字已经按序排好，此时获得最小序号节点名作为 Leader，并设置一个 watcher（GroupManager 类），当 Leader 宕机时 GroupManager 收到通知，对通知解析转发给上层应用程序。

```
public String getLeader()
                {
                        try
                        {
                                List<String> orderedChildren=getAllMachines();
                                if(orderedChildren!=null)
                                {//获得最小序号节点，该节点即为 Leader，同时监视它
                                        String Leader=dir+"/"+orderedChildren.get(0);
                                        zk.exists(Leader,this);
                                        return Leader;
                                }
                                return null;
                        }
                        catch (Exception e)
                        {//异常
                                log.warn(e.toString());
                                return null;
                        }
                }
```

图 8.19 GroupManager.getLeader 方法

GroupManager 类实现了 Watcher 接口，需要具体化 process 方法，如图 8.20 所示。在 process 方法中接收 znode 状态变化事件，然后解析并转发。在 GroupManager 中对/group 和 Leader 设置了 watcher，在 process 中将收到/group 的子节点变更通知和 Leader 变更通知，由于 watcher 是一次性触发，当触发一次后 watcher 会被自动删除，所以在事件处理代码中需要再次设置 watcher。收到事件报告后解析主要通过两个参数，事件类型 type 和事件发生时应用程序，以及 ZooKeeper 服务器的连接状态 state。所有事件发生时连接应该是建立的，在连接建立状态下解析事件类型，发现事件类型为 NodeChildrenChanged 则表示/group 有子节点变化，此时获得集群所有机器名字与上一次获得所有名字比较，找出新增的或者减少的（宕机）机器名，构造相应的机器状态变更事件转发给上层应用。当事件类型为 NodeDataChanged 表示节点数据变化，此时通过 path 判断是否是 Leader 节点，是则构造 Leader 数据变更通知转发；对于其他节点则转发给上层应用提供的一般机器状态变更监视器 macWatcher，由上层应用自行处理。

```
public void process(WatchedEvent event)
{
        Watcher.Event.EventType type=event.getType();
        Watcher.Event.KeeperState state=event.getState();
        String Leader = getLeader();//set all node watcher ...
        switch(state)
        {
         case  SyncConnected:
                {
                 switch(type)
                        {
                         case NodeChildrenChanged:
                         {//集群节点有变化
                                int size=getSize();
                                List<String> children=getAllMachines();
                                if(size<curSize)
                                {//宕机，找到宕机地址
                                List<String> downMachines=

        findDownMachines(children,curMachines);
                                if(downMachines==null)
                                        return;
                                        for(String mac:downMachines)
                                        {
                                                macWatcher.process(new

        MachineEvent(dir+"/"+mac,
                                                MachineEvent.EventType.DOWN));
                                        }
                                }
                                else if(size>curSize)
                                {//机器增加通知，同上
                                ...
                                }
                                else
                                        return ;
                                ...
        }
}
```

图 8.20　GroupManager.process 方法片段

8.4.2 配置管理实现

1. 总体类图

如图 8.21 所示，ConfigManager 类主要包含一个分布式锁 Lock 以及一个 ZooKeeper 客户端对象 zk，提供几个读写配置的方法。

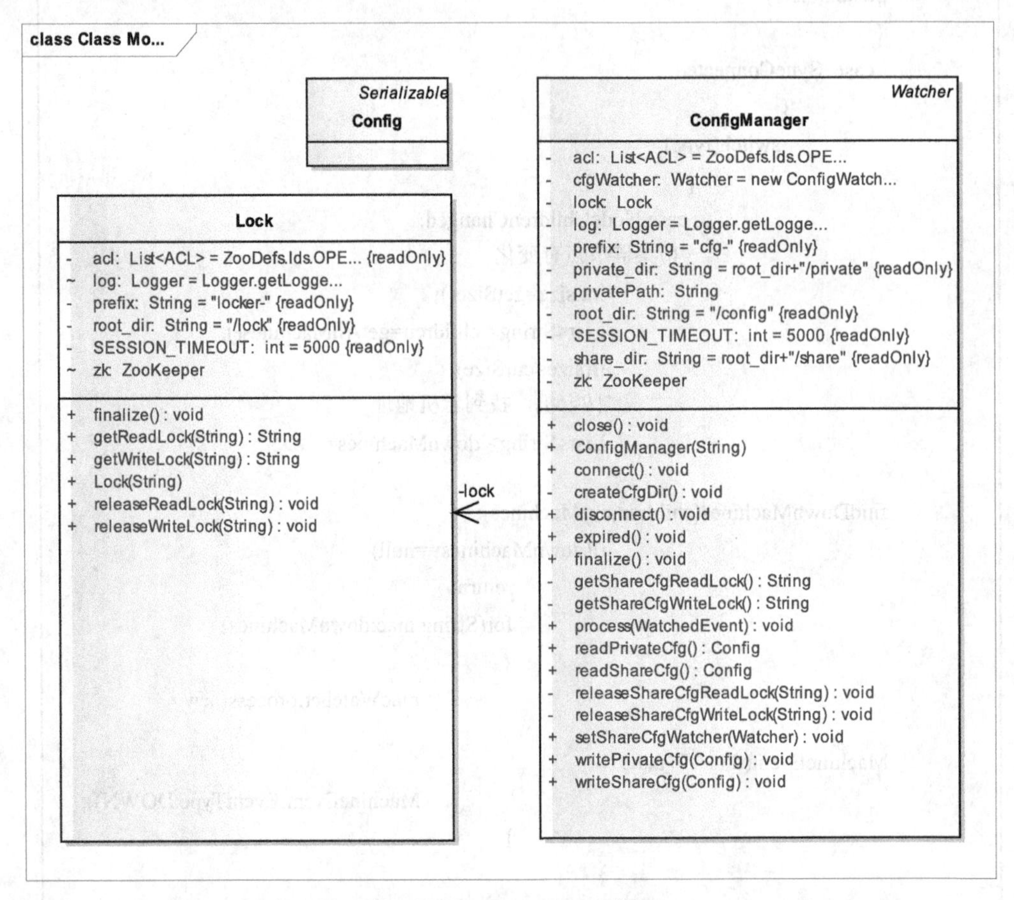

图 8.21 ConfigManager 类图

Lock 是一个分布式锁的实现，提供了读锁和写锁（共享锁和排他锁），提供了 getReadLock 接口对指定路径数据申请读锁，对于有读锁的数据，读锁可以申请成功，即实现可以同时读，有读锁的数据不能申请写锁。getWriteLock 是申请写锁的实现，写锁是互斥的，某数据被申请了写锁，则不能在该数据上读写，直到写锁被释放，关于锁的实现原理见图 8.3。

Config 是一个实现了 Serializable 接口的类，该类代表了配置信息，代表用户读写配置的实体，用户有自己的配置文件时应该继承该类。

2. 关键流程

ConfigManger 中为了保证对于共享数据的一致性访问，采用一个分布式锁对象 Lock 对数据加锁，Lock 支持排他锁和共享锁申请，是一个通用的锁实现。申请锁的方法 getWriteLock 要求传入一个路径参数，改名字为一个唯一名字，在 getWriteLock 中会对该名字处理，生成一个永久节点 dir，该节点代表要加锁的数据。客户对该数据加锁时在 dir 下创建瞬时顺序节点，检查 dir 的所有子节点，如果发现最小子节点是自己创建的节点，则表明获得锁成功。Lock 负责阻塞、监视最小子节点，当最小子节点被删除时重新申请，直到自己获得了锁。

释放锁的操作非常简单，只需要删除自己建立的瞬时顺序节点即可。

图 8.22 显示了 Lock 的写（排他）锁实现原理，给出了流程图。

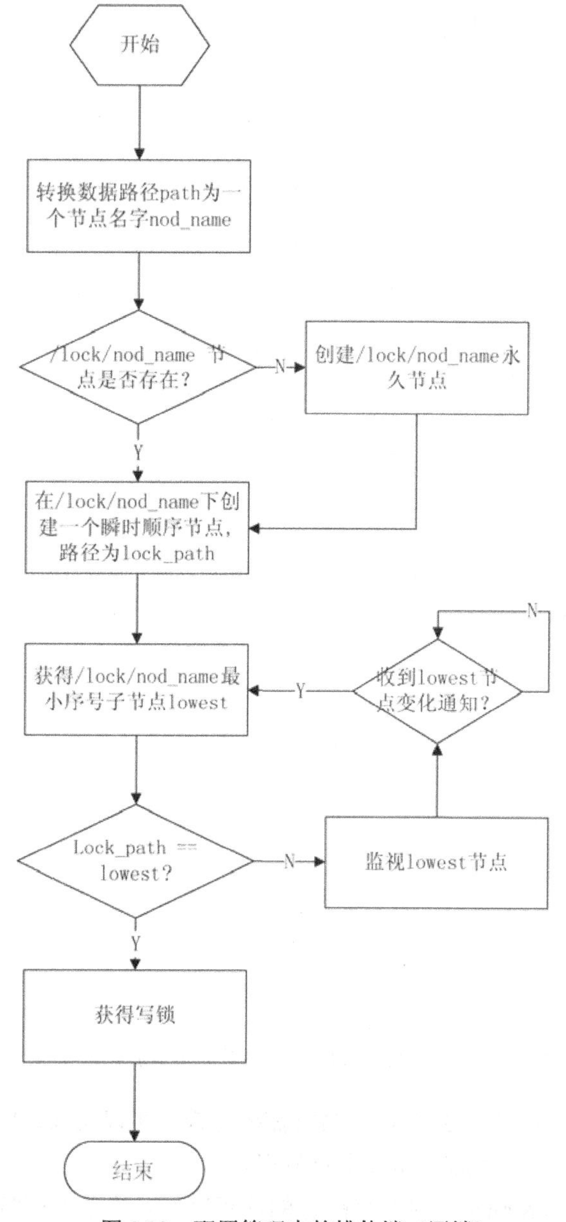

图 8.22　配置管理中的排他锁（写锁）

Lock 的共享锁实现与排他锁类似，只是共享锁可以同时加锁。在申请锁时，向锁节点添加数据 Read，申请锁时检查最小节点，如果是自己刚创建的节点则申请成功；否则检查最小节点的数据，如果数据为 Read 则表明当前加锁为共享锁，也可以申请锁成功；否则监视最小节点，当最小节点删除时再次申请，直到成功，如图 8.23 所示。

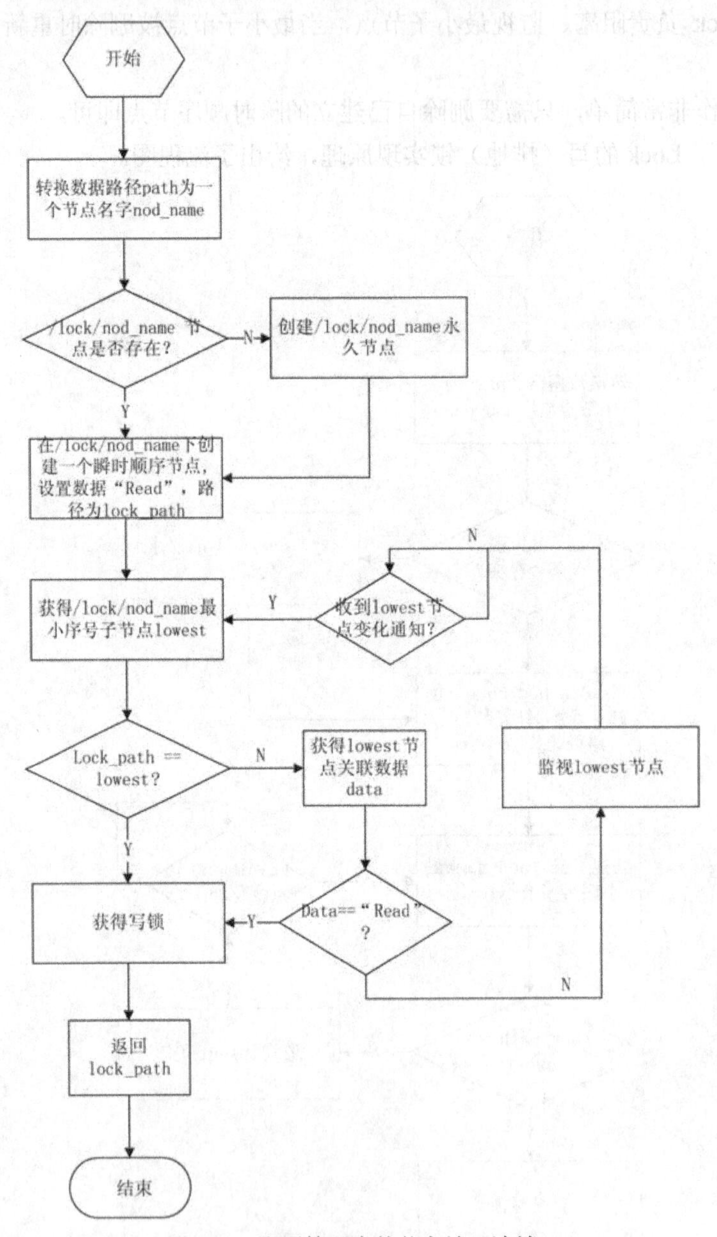

图 8.23　配置管理中的共享锁（读锁）

ConfigManager 中的共享配置数据，读写时需要加锁，可以用 Lock 的申请锁方法，传入共享配置节点的路径获得锁，然后操作数据释放锁。

图 8.24 描述了 ConfigManager 对共享配置的读写过程，为了保证数据不会同时被多个应

用程序写并且在写数据时不能读，在数据访问时都先获得相应的锁，访问完成后释放锁。

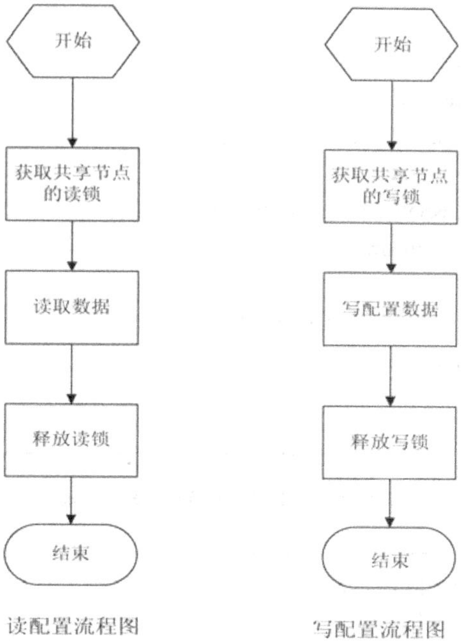

开始
获取共享节点的读锁
读取数据
释放读锁
结束
读配置流程图

开始
获取共享节点的写锁
写配置数据
释放写锁
结束
写配置流程图

图 8.24 读写配置流程图

3. 关键代码

以下是共享锁和读写配置的关键代码。图 8.25 是 LatchChildWatcher 类，它是一个线程阻塞的 Watcher，主要完成当监视的事件发生时，唤醒阻塞进程。图 8.26 是 Lock.releaseReadLock 方法，它和 Lock.releaseWriteLock 的实现都非常简单，直接删除相应的节点即可。Lock.getWriteLock(String path)是申请写锁的方法，传入一个路径参数表示要加锁的数据节点。如图 8.27 所示，首先将路径转化为唯一的名字 nod_name，然后在/lock 下创建 nod_name 节点（如果有则不创建），然后在/lock/nod_name 下创建一个瞬时顺序节点表示当前申请的锁。检查最小序号节点是否为自己创建的节点，如果不是则表示当前数据有其他进程已经加锁并还未释放，此时监视最小序号节点，并调用 watcher 的 await 方法阻塞当前进程，当最小序号节点删除时当前进程唤醒，重新检查，直到获得锁为止。Lock.getReadLock 方法的实现与此类似，只是共享锁是相容的，当发现有其他进程获得共享锁时，当前进程的共享锁也能申请成功。

最后分析 ConfigManager.writeShareCfg 方法，它是写共享配置的实现。如图 8.28 所示，首先申请写锁，然后将配置对象序列化为字节数组，上传到共享配置节点，上传完成后释放共享锁。readShareCfg 方法与 writeShareCfg 类似，只是申请读锁，读数据，释放读锁。

```
private class LatchChildWatcher implements Watcher
{//一个阻塞 Watcher 的实现
        CountDownLatch latch;
        public LatchChildWatcher(){
                latch = new CountDownLatch(1);
        }
        public void process(WatchedEvent event){
                latch.countDown();
        }
        public void await() throws InterruptedException {
                latch.await();
        }
}
```

图 8.25　LatchChildWatcher 类代码

```
public void releaseReadLock(String path)
{//释放读锁，释放写锁类似
        log.info("release lock:"+path);
        if(path==null)
                return ;
        try
        {
                zk.delete(path,-1);
        }
        catch(Exception e)
        {
        log.warn(e.toString());
        }
}
```

图 8.26　Lock.releaseReadLock 方法

```
public String  getWriteLock(String path)
{//申请写锁
        String nod_name=path.replace('/','.');//生成唯一节点名字
        String nod_dir=root_dir+"/"+nod_name;
        try
        {//判断是否存在，是否有其他人申请过该数据
                if(zk.exists(nod_dir,false)==null)
                {//不存在则创建该节点，代表加锁的数据
                        zk.create(nod_dir,null,acl,CreateMode.PERSISTENT);
                }//创建瞬时顺序节点，关联数据表示写锁
                String nod_path=zk.create(nod_dir+"/"+prefix,
                "Write".getBytes(),acl,
                CreateMode.EPHEMERAL_SEQUENTIAL);
                while(true)
                {//阻塞直到获得成功
                        LatchChildWatcher lwc=new LatchChildWatcher();
                        List<String> children = zk.getChildren(nod_dir,lwc);
                        String[] nods=(String[])children.toArray(new String[0]);
                                        Arrays.sort(nods);
                        if(nod_path.endsWith(nods[0]))
                        {//仅当最小节点是自己创建的节点时成功
                                log.info("get lock success :"+nod_path);
                                return nod_path;
                        }//阻塞，等待
                        lwc.await();
                }
        }
        catch(Exception e) {
                e.printStackTrace();
                log.warn(e.toString());
                return null;
        }
}
```

图 8.27 Lock. getWriteLock 方法

```
public void writeShareCfg(Config cfg)
{//写配置
        if(cfg==null)
                return;
        String lk=getShareCfgWriteLock();
        try
        {//将对象序列化为字节，上传数据
                ByteArrayOutputStream bos=new ByteArrayOutputStream();
                ObjectOutputStream oos=new ObjectOutputStream(bos);
                oos.writeObject(cfg);
                byte[] data=bos.toByteArray();
                zk.setData(share_dir,data,-1);
                releaseShareCfgWriteLock(lk);
        }
        catch(Exception e)
        {
                log.warn(e.toString());
                releaseShareCfgWriteLock(lk);
        }
}
```

图 8.28　ConfigManager. writeShareCfg 方法

8.4.3　测试

针对以上实现的集群管理器和配置管理器，下面做出简单的测试，表明实现是可用且正确的。

1. 测试意图

在机器上启动 3 个 ZooKeeper Server，监听不同的端口（伪集群模式）。实现自定义的配置 MyCfg，编写 Test 程序作为应用服务器，测试加入集群、退出集群、事件报告的功能，验证集群管理设计的正确性。

2. 测试步骤

（1）集群管理流程

步骤 01　启动 3 台 ZooKeeper Server。

步骤 02　依次运行 3 个 Test 实例 t1、t2、t3 并加入集群。

步骤 03　t1、t3、t2 依次退出集群。

步骤 04　观察输出。

（2）配置管理流程

步骤01 启动3台ZooKeeper Server。

步骤02 运行Test实例t1。

步骤03 写共享配置，输入两个数字。

步骤04 读取配置，观察t1的输出。

3. 关键代码

图8.29是集群管理测试的Test类，利用本机的3个端口模拟实现集群。图8.30是配置管理测试的Test类，其中配置类MyCfg以两个变量作为测试数据。

```
public class Test
{
        public static void main(String []args)
        {//集群管理测试
                GroupManager gm=new GroupManager("127.0.0.1:2181,
                127.0.0.1:2182,
                127.0.0.1:2183");
                String path=gm.join();//加入集群
                …
                gm.quit();//退出集群
        }
}
```

图8.29 集群管理测试Test类

4. 测试结果

（1）集群管理测试结果分析

根据前面的测试步骤操作，获得如下结果。为了方便说明，将服务器编号为t1、t2和t3。t1最先启动，此时集群中只有一台机器，它被作为Leader，并且每隔5s上传自己的负载信息。接着启动t2和t3，它们陆续加入集群。图8.31是t1的运行结果，可以看到第1、3、5行报告Leader data changed，表示Leader节点数据变化（负载信息更新），第2行和第4行表示收到了集群中加入了编号为139（t2）与140（t3）两台机器的通知。图8.32是t2的运行结果，t2在t3之前加入集群，第2行表示收到140（t3）加入集群的通知。第1、3行表示t1启动时的Leader是138，并且收到了Leader节点数据更新的通知。为了测试宕机场景，我们在t3启动后，手动结束t1，即Leader宕机。此时t2收到新Leader的通知，如图8.32的第4行。t3启动时，Leader是t1（138），如图8.33所示。第1行表示收到Leader数据变更通知，第二行t1停止后，t3收到新Leader（t2,139）通知。最后手动停止t3，此时t2收到t3的宕机通知，如图8.32最后一行所示。上述有关集群管理的测试很好地证明了设计的正确性。

```
class MyCfg extends Config
{
        int a=12;
        int b=2;
        public void print()
        {
                System.out.println("a="+a+"\tb="+b);
        }
}

public class Test
{
        public static void main(String args[])
        {
                ConfigManager    cfgMgr=new ConfigManager("
                127.0.0.1:2181,127.0.0.1:2182,
                127.0.0.1:2183");
                MyCfg cfg=new MyCfg();//配置对象
                …
                cfgMgr.writeShareCfg(cfg);//写配置
                …
                cfg=(MyCfg)cfgMgr.readShareCfg();//读配置
        }
}
```

图 8.30　配置管理测试 Test 类

```
2012-01-07 05:04:20,137 - INFO  - leader data changed： /group/machine-0000000138
2012-01-07 05:04:23,518 - INFO  - machine add： /group/machine-0000000139
2012-01-07 05:04:25,150 - INFO  - leader data changed： /group/machine-0000000138
2012-01-07 05:04:27,381 - INFO  - machine add： /group/machine-0000000140
2012-01-07 05:04:30,156 - INFO  - leader data changed： /group/machine-0000000138
```

图 8.31　t1 的输出内容

```
2012-01-07 05:04:25,149 - INFO  - leader data changed： /group/machine-0000000138
2012-01-07 05:04:27,382 - INFO  - machine add： /group/machine-0000000140
2012-01-07 05:04:30,154 - INFO  - leader data changed： /group/machine-0000000138
2012-01-07 05:04:38,014 - INFO  - new leader： /group/machine-0000000139
2012-01-07 05:04:38,574 - INFO  - leader data changed： /group/machine-0000000139
2012-01-07 05:04:43,580 - INFO  - leader data changed： /group/machine-0000000139
2012-01-07 05:04:44,009 - INFO  - machine down： /group/machine-0000000140
```

图 8.32　t2 的输出内容

```
2012-01-07 05:04:30,160 - INFO  - leader data changed： /group/machine-0000000138
2012-01-07 05:04:38,012 - INFO  - new leader： /group/machine-0000000139
```

图 8.33　t3 的输出内容

（2）配置管理测试结果分析

图 8.34 是配置管理测试程序 Test 的运行实例输出截图。t1 启动后其配置管理模块自动连接到 Zookeeper Server 上，然后执行写配置过程，测试中随机输入两个数字（10256、3214）作为配置数据，写配置时，ConfigManager 输出日志（5、6、7 行）表示申请到了写锁，然后更改了数据，收到了共享配置更新的通知，释放写锁；接着测试读取配置功能，第 10、11、12 行表示先申请读锁，读取数据，释放读锁，最后打印出读取的配置数据（与写配置数据一致）。有关配置管理的测试同样证明了实验的正确性。有兴趣的读者可以自己编写测试用例，完成测试。

```
input: 1(write,then input 2 integers),2(read),3(exit)
1
10256
3214
2012-01-07 05:40:41,521 - INFO  - get lock success :/lock/.config.share/locker-0000000023
2012-01-07 05:40:41,561 - INFO  - /config/shareconfig data changed
2012-01-07 05:40:41,562 - INFO  - release lock:/lock/.config.share/locker-0000000023
input: 1(write,then input 2 integers),2(read),3(exit)
2
2012-01-07 05:40:47,061 - INFO  - getReadLock success :/lock/.config.share/locker-0000000024
2012-01-07 05:40:47,063 - INFO  - release lock:/lock/.config.share/locker-0000000024
a=10256 b=3214
```

图 8.34 t1 读写配置输出

8.5 本章小结

本章从 ZooKeeper 的应用场景、使用方法，以及在图像百科系统中的应用实例各个方面简要介绍了 ZooKeeper 的一般使用模式，事实上 ZooKeeper 包含的内容还有很多，详细内容可以参考 ZooKeeper 的官方文档。

第 3 篇

深入云计算

本篇是本书的重点和难点，以开源的 Hadoop 云计算平台为研究对象，从源代码层次上对其中的分布式文件系统 HDFS、MapReduce 计算框架、NoSQL 数据库系统 HBase 和分布式应用程序协调服务 ZooKeeper 进行了深入的剖析。通过本篇的学习，读者可以掌握 Hadoop 云计算平台的总体架构，各部分的设计思想、交互方式和实现机理，真正理解并掌握云计算的关键技术。

第 9 章　深入分析 HDFS

经过浅出部分的学习，读者基本学会了使用云计算平台来构建实际的应用。通过第 5 章的学习，读者对 HDFS 有了一定的了解，并学会了使用 HDFS 存储海量数据，作为实际应用的底层存储平台。

本章在前面章节的基础上，以实例为背景，深入分析了 HDFS 的特性以及其内部设计实现机制。

9.1　HDFS 核心设计机制

9.1.1　Namenode 和 Datanode

HDFS 采用主/从模式架构。一个集群有一个名字节点（Namenode），也就是主控制服务器，负责管理文件系统的命名空间并协调客户端对文件的访问。还有一堆数据节点（Datanode），一般一个物理节点上部署一个，负责它们所在的物理节点上的存储管理。HDFS 开放文件系统的命名空间，以便让用户以文件的形式在上面存储数据。

从内部看，一个文件被分割为一个或者多个数据块，这些数据块存储在一组 Datanode 中。Namenode 执行文件系统的命名空间操作，比如打开、关闭、重命名文件或目录，还负责数据块到具体数据节点的映射。Datanode 负责处理文件系统客户端的读写请求，还依照名字节点的命令执行数据块的创建、删除和复制操作。

HDFS 支持传统的层次型文件组织，与大多数其他文件系统类似，用户或者应用程序可以创建目录，并在目录中创建、删除、移动和重命名文件。Namenode 负责维护文件系统的命名空间（namespace），任何对文件系统 namespace 和文件属性的修改都将被 Namenode 记录下来。应用程序可以设置 HDFS 保存的文件的副本数目，文件副本的数目称为文件的副本因子，这个信息也是由 Namenode 保存。

HDFS 的主/从设计结构使得用户数据不会流经主控节点，提高了系统性能。读者可回顾第 5 章相关内容来体会 Namenode 和 Datanode 在其中扮演的角色。

9.1.2　数据副本策略

1. 数据块副本

HDFS 被设计成在一个大集群中跨机器地、可靠地存储海量的文件。它将每个文件存储成数据块（Block）序列，除了最后一个，所有的数据块都是同样的大小。文件的所有数据块为了容错都会被复制。HDFS 中的文件都是一次性写入的，并且严格要求在任何时候只有一个写入者。

每个文件的数据块大小和副本因子（Replication）都是可配置的。副本因子可以在文件创建的时候配置，也可以在以后改变。Namenode 全权管理数据块的复制，它周期性地从集群中的每个 Datanode 接收心跳报文和一个数据块状态报告（Blockreport）。心跳报文的正常接收表示该 Datanode 节点正常工作，数据块状态报告包括了该 Datanode 上所有的数据块组成的列表。

图 9.1 描述了数据副本的组织结构。

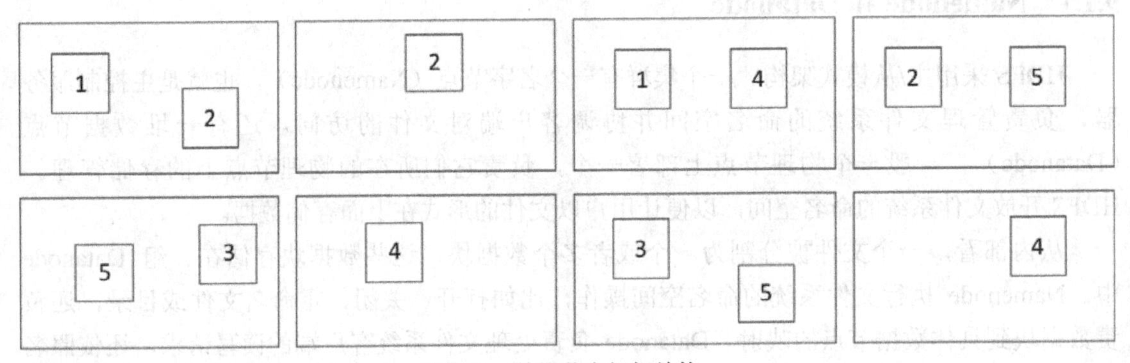

图 9.1　数据节点组织结构

2. 副本存放

副本的存放是 HDFS 可靠性和性能的关键。优化的副本存放策略是 HDFS 区别于其他大部分分布式文件系统的重要特性。这种特性需要做大量的优化，并需要经验的积累。

HDFS 采用一种称为机架感知（rack-aware）的策略来改进数据的可靠性、有效性和网络带宽的利用率。实现这个策略的短期目标是验证它在生产环境下的有效性，观察它的行为，构建测试和研究的基础，以便实现更先进的策略。

大型 HDFS 实例一般运行在跨越多个机架的计算机组成的集群上，不同机架间的两台机器的通信需要通过交换机，显然通常情况下，同一个机架内的两个节点间的带宽会比不同机架间的两台机器的带宽大。

通过一个机架感知的过程，Namenode 决定了每个 Datanode 所属的机架 id。一个简单但没有优化的策略就是将副本存放在单独的机架上。这样可以防止整个机架（非副本存放）失效的情况，并且允许读数据的时候可以从多个机架读取。这个简单策略设置可以将副本分布在集群中，有利于组件失败情况下的负载均衡。但是，这个简单策略加大了写的代价，因为一个写操作需要传输数据块到多个机架。

在大多数情况下，副本因子是3，HDFS的副本存放策略为：

（1）第一个数据副本存放在与客户端所在的本地的一个节点上，若客户端不在集群中，则第一个节点是随即选取的（系统会尝试选取负载较轻的Datanode）。

（2）第二个数据副本随即存放在与第一个节点在不同机架的一个Datanode。

（3）第三个副本与第二个副本在同一机架上，随即存放在不同节点上。

机架的错误远远比节点的错误少，这个策略不会影响到数据的可靠性和有效性，同时也改进了写的性能。

HDFS不能自动判断集群中各个Datanode的网络拓扑情况。这种机架感知机制需要topology.script.file.name属性定义的可执行文件（或者脚本）来实现，文件中提供了IP地址到rackid的翻译。Namenode通过这个得到集群中各个Datanode的rackid。如果topology.script.file.name中没有设定，则每个IP地址都会翻译成/default-rack。

图9.2以一个实例来说明机架感知机制。

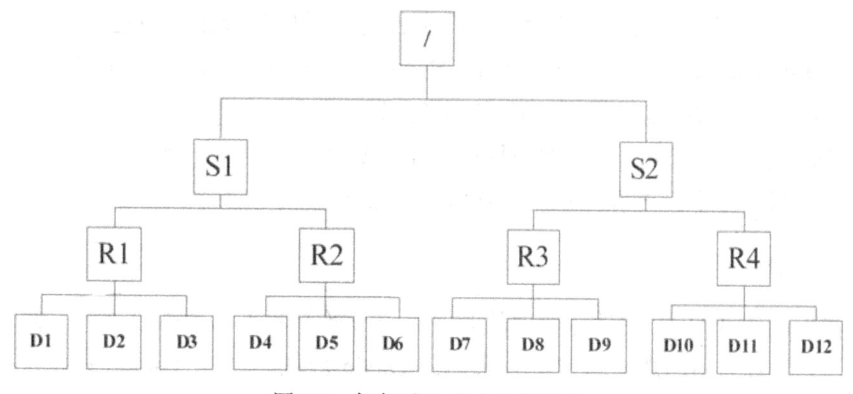

图9.2 机架感知节点组织结构

图9.2中S节点是交换机，R节点是节点所属的机架，最底层的是Datanode。则D1的rackid=/S1/R1/D1，D1的父节点是R1。有了这些，rackid就可以计算出任意两个Datanode之间的距离。

- distance(/S1/R1/D1,/S1/R1/D1)=0，相同的Datanode。
- distance(/S1/R1/D1,/S1/R1/D2)=2，同一机架下的不同Datanode。
- distance(/S1/R1/D1,/S1/R1/D4)=4，不同机架下的不同Datanode。
- distance(/S1/R1/D1,/S2/R3/D7)=6，不同机架下的不同Datanode。

3. 副本选择

为了降低整体的带宽消耗和读延时，HDFS会尽量让reader读最近的副本。比如在reader的同一个机架上有一个副本，那么就读该副本。如果一个HDFS集群跨越多个数据中心，那么reader也将首先尝试读本地数据中心的副本。

9.1.3 数据组织

1. 数据块

HDFS 被设计成支持处理大文件，适合 HDFS 的应用都是处理大数据集合的。这些应用都是写数据一次，读却是一次到多次，并且读的速度应能满足流式读取的需要。HDFS 支持文件的“一次写入多次读取”的语义。一个典型的数据块大小是 64MB，因而，文件总是按照 64MB 切分成数据块，每个块尽可能地存储在不同的 Datanode 中。

2. 文件创建步骤

某个客户端创建文件的请求其实并没有立即发给 Namenode，事实上，HDFS 客户端会将文件数据缓存到本地的一个临时文件。应用的写操作被透明地重定向到这个临时文件。当这个临时文件累积的数据超过一个数据块的大小（默认 64MB)，客户端才会联系 Namenode。Namenode 将文件名插入文件系统的层次结构中，并且分配一个数据块给它，然后返回 Datanode 的标识符和目标数据块给客户端。客户端将本地临时文件上传到指定的 Datanode 上。当文件关闭时，在临时文件中剩余的没有上传的数据也会传输到指定的 Datanode，然后客户端告诉 Namenode 文件已经关闭。此时 Namenode 才将文件创建操作提交到持久存储。如果 Namenode 在文件关闭前宕机了，该文件将丢失。

上述方法是通过对 HDFS 上运行的目标应用认真考虑的结果。如果不采用客户端缓存，由于网络速度和网络堵塞会对吞吐量造成比较大的影响。

3. 流水线复制

当某个客户端向 HDFS 文件写数据的时候，一开始是写入本地临时文件，假设该文件的 Replication 因子设置为 3，那么客户端会从 Namenode 获取一个 Datanode 列表来存放副本。然后客户端开始向第一个 Datanode 传输数据，第一个 Datanode 一小部分一小部分（4KB）的接收数据，将每个部分写入本地仓库，并且同时传输该部分到第二个 Datanode 节点。第二个 Datanode 也是这样，边收边传，一小部分一小部分的收，存储在本地仓库，同时传给第三个 Datanode，第三个 Datanode 接收数据并存储在本地。这个过程就是流水线复制。

9.1.4 健壮性

HDFS 的主要目标就是实现在出错情况下的数据存储可靠性。常见的 3 种出错情况有：Namenode 出错、Datanode 出错和网络割裂。

1. 硬盘数据错误、心跳检测和重新复制

每个 Datanode 节点都向 Namenode 周期性地发送心跳包。网络割裂可能导致一部分 Datanode 跟 Namenode 失去联系。Namenode 通过心跳包的缺失检测到这一情况，并将这些 Datanode 标记为宕机，不会将新的 IO 请求发给它们。寄存在宕机 Datanode 上的任何数据将

不再有效。Datanode 的宕机可能引起一些数据块的副本数目低于指定值，Namenode 不断地跟踪需要复制的数据块，在任何需要的情况下启动复制。在下列情况可能需要重新复制：某个 Datanode 节点失效、某个副本遭到损坏、Datanode 上的硬盘错误，或者文件的 Replication 因子增大。

2. 集群均衡

HDFS 支持数据的均衡计划，如果某个 Datanode 节点上的空闲空间低于特定的临界点，那么就会启动一个计划自动地将数据从一个 Datanode 搬移到空闲的 Datanode。当对某个文件的请求突然增加，那么也可能启动一个计划创建该文件新的副本，并分布到集群中以满足应用的要求。这些均衡计划目前还没有实现。

3. 数据完整性

从某个 Datanode 获取的数据块有可能是损坏的，这个损坏可能是由于 Datanode 的存储设备错误、网络错误或者软件 bug 造成的。HDFS 客户端软件实现了 HDFS 文件内容的校验和。当某个客户端创建一个新的 HDFS 文件，会计算这个文件每个数据块的校验和，并作为一个单独的隐藏文件保存这些校验和在同一个 HDFS 命名空间下。当客户端检索文件内容时，它会确认从 Datanode 获取的数据跟相应的校验和文件中的校验和是否匹配，如果不匹配，客户端可以选择从其他 Datanode 获取该 Block 的副本。

4. 元数据磁盘错误

FsImage 和 Editlog 是 HDFS 的核心数据结构。这些文件如果损坏了，整个 HDFS 实例都将失效。因而，Namenode 可以配置成支持维护多个 FsImage 和 Editlog 的复制。任何对 FsImage 或者 Editlog 的修改，都将同步到它们的副本上。这个同步操作可能会降低 Namenode 每秒能支持处理的 namespace 事务。这个代价是可以接受的，因为 HDFS 是数据密集的，而非元数据密集。当 Namenode 重启的时候，它总是选取最近的、一致的 FsImage 和 Editlog 使用。

9.1.5 存储空间回收

1. 文件的删除和恢复

用户或者应用程序删除某个文件，这个文件并没有立刻从 HDFS 中删除。相反，HDFS 将这个文件重命名，并转移到/trash 目录。当文件还在/trash 目录时，该文件可以被迅速地恢复。文件在/trash 中保存的时间是可配置的，当超过这个时限，Namenode 就会将该文件从命名空间中删除。文件的删除，也将释放关联该文件的数据块。注意到，在文件被用户删除和 HDFS 空闲空间的增加之间会有一个等待时间延迟。

当被删除的文件还保留在/trash 目录中的时候，如果用户想恢复这个文件，可以检索浏览/trash 目录并检索该文件。/trash 目录仅仅保存被删除文件的最近一次复制。/trash 目录与其他文件目录没有什么不同，除了一点：HDFS 在该目录上应用了一个特殊的策略来自动删除文件，目前的默认策略是删除保留超过 6 小时的文件，这个策略以后会定义成可配置的接口。

2. 减少副本系数

当某个文件的副本因子减小，Namenode 会选择要删除的过剩的副本。下次心跳检测就将该信息传递给 Datanode，Datanode 就会移除相应的数据块并释放空间，同样，在调用 setReplication 方法结束和集群中的空闲空间增加之间会有一个时间延迟。

9.2 HDFS 源码总体介绍

Hadoop 总体包图

现以 Hadoop-0.20.203 版本为例来分析 HDFS 的源码。从 Hadoop 官网[①]上下载该版本的源码，解压后各目录、文件结构如图 9.3 所示。

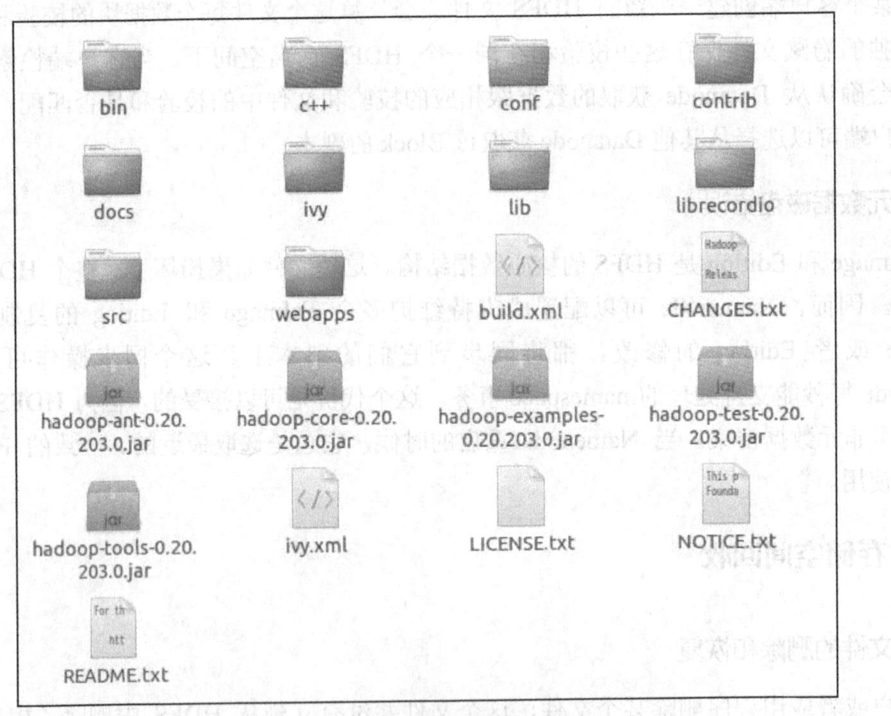

图 9.3　Hadoop 源码解压目录结构

其中 bin 目录下存放包括启动 DFS 的 start-dfs.sh，启动 mapreduce 的 start-mapred.sh 命令等在内的一些脚本文件，c++目录下存放一些函数库文件，conf 目录下存放第 3 章配置

[①] Hadoop 官网.http://hadoop.apache.org/

Hadoop 时提到过的 core-site.xml、hdfs-site.xml 等配置文件，src 目录下存放 Hadoop 的源代码。

图 9.4 列出了 Hadoop 源代码的顶级包图，其中深色部分是整个源码中考察的重点。

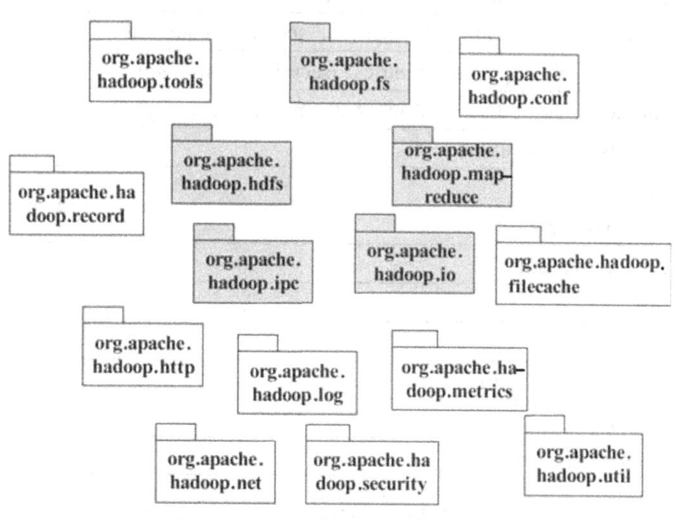

图 9.4　Hadoop 源码顶级包图

表 9.1 列出了各源码包的功能描述。

表 9.1　Hadoop 源码包功能描述

源码包	功能
tools	提供一些命令行工具
fs	文件系统的抽象，为支持多种文件系统实现的统一访问接口
hdfs	Hadoop 分布式文件系统的实现
mapreduce	Hadoop MapReduce 计算框架的实现
io	将各种数据编码/解码
record	根据数据描述语言自动生成其编解码函数
filecache	提供 HDFS 文件的本地缓存，用于加快 MapReduce 的数据访问速度
http	用户可通过浏览器查看文件系统的状态信息
log	提供 HTTP 访问日志的 Servlet
metrics	系统统计数据的收集
net	封装 DNS、Socket 等网络功能
security	用户和用户组信息维护
util	工具类

Hadoop 源码包之间的依赖关系非常复杂，功能的相互引用造成了复杂网状的依赖关系，表 9.2 列出了源码包之间的依赖。

表 9.2 Hadoop 源码包依赖关系

源码包	依赖包
tools	mapreduce、fs、hdfs、ipc、io、security、conf、util
fs	hdfs、ipc、io、http、net、metrics、security、conf、util
hdfs	fs、ipc、io、http、net、metrics、security、conf、util
mapreduce	filecache、fs、hdfs、ipc、io、net、metrics、security、conf、util
io	ipc、fs、conf、util
record	io
filecache	fs、conf、util
http	log、conf、util
log	util
metrics	util
net	ipc、fs、conf、util
security	io、conf、util
util	mapred、fs、io、conf

本章分析的重点是 Hadoop 文件系统的源代码，其中主要涉及 fs、hdfs、ipc、io、conf 等相关包。

9.3 核心代码分析

HDFS 的源码复杂，涉及较多。本书在 4 章描绘了云计算平台的一个应用实例：图像百科系统，本节将以图像百科系统的读取操作为例来分析 HDFS 的核心包/类的源代码。

9.3.1 HDFS 的通信协议

通过 org.apache.hadoop.ipc 包中代码的实现，Hadoop 实现了基于 IPC 模型的 RPC 机制。可以不需要像 Java 中实现的 RMI 机制一样，在 RPC 调用的 C/S 两端分别创建 Stub 和 Skeleton，而是通过一组协议来进行 RPC 调用，进而可以实现通信。这主要是由于 Hadoop 所采用的序列化机制简化了 RPC 调用的复杂性。Hadoop 定义了自己的通信协议，这些协议都是建立在 TCP/IP 协议之上的，规范了通信两端的约定。

为了方便理解 HDFS 的源码，需要对 Hadoop 定义的通信协议簇来进行了解，因为 HDFS 读写数据等操作都是基于协议的规定来实现的，了解该协议的内容会降低读者阅读源码的难度。

首先，了解一下 Hadoop 定义的通信双方需要遵循的一组协议，图 9.5 是协议接口的继承层次关系。

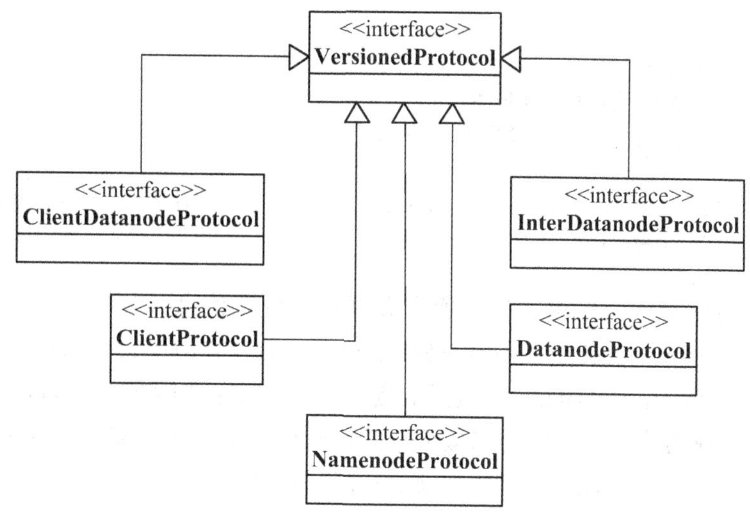

图 9.5　协议接口继承关系

这些协议接口对于 HDFS 源码的实现非常重要，下面分别介绍一下这几个接口。

1. VersionedProtocol 接口

该协议接口位于 org.apache.hadoop.ipc 包中，是 Hadoop 的最顶层协议接口的抽象，是使用 Hadoop RPC 机制的所有协议的超类，该接口的子类同样支持具有一个 static final long 的版本属性字段。

2. ClientProtocol 接口

该接口位于 org.apache.hadoop.hdfs.protocol 包中，是用户进程（包括客户端进程与 Datanode 进程）与 Namenode 进程之间进行通信所使用的协议，如：

（1）客户端进程需要向 Datanode 数据节点复制数据块，需要与 Namenode 进程通信，获取 Datanode 节点列表。

（2）Datanode 进程向 Namenode 进程发送心跳状态报告和块状态报告需要与 Namenode 进程交互。

当客户端进程想要与 Namenode 进程进行通信的时候，需要通过 org.apache.hadoop.hdfs.DistributedFileSystem 类，基于 ClientProtocol 协议来实现交互过程。用户代码通过 ClientProtocol 协议，可以操纵 HDFS 的目录命名空间、打开与关闭文件流等。

该接口中定义了一个 static final 属性的 versionID 字段：

```
public  static  final  long  versionID= 61L;
```

该字段标志着当前的协议版本。

下面来介绍该接口中与文件打开、读写相关的操作：

（1）获取数据块位置信息的 getBlockLocations 方法

该方法定义如下：

```
/**
 * @param src 文件名称
 * @param offset 范围的起始偏移位置
 * @param length 范围大小，即 offset+length
 */
public LocatedBlocks getBlockLocations(String src,long offset,long
length)throws IOException;
```

方法获取到指定范围、指定文件的所有数据块的位置信息。其中，调用该方法返回的 org.apache.hadoop.hdfs.protocol.LocatedBlocks 对象包含的内容为：文件长度、组成文件的数据块及其存储位置（所在的 Datanode 数据节点）。对于每个块所在 Datanode 节点的位置，是基于“到文件系统客户端地址的距离最近”的原则进行了排序。文件系统客户端必须与指定的 Datanode 进行交互，才能获取到所需要的实际的数据块。

（2）在命名空间中创建一个文件入口（entry）的 create 方法

该方法定义如下：

```
/**
* @param src 被创建文件的路径
* @param masked 权限
* @param clientName 当前客户端名称
* @param overwrite 如果待创建的文件已经存在，指定是否重写该文件
* @param replication 块副本因子
* @param blockSize 块的最大长度
*/
public void create(String src,FsPermission masked,String
clientName,boolean overwrite,short replication,long blockSize)throws
IOException;
```

create 方法会在命名空间中创建一个文件入口。该方法将创建一个由 src 路径指定的空文件，该路径 src 反映了从 root 目录开始的一个完整路径名称。从客户端的角度，Namenode 并没有“当前”目录的概念。一旦文件创建成功，该文件就是可见的，并可以被其他客户端来执行读操作。但是，其他客户端不能够对该文件进行删除、重命名、重写，而这些操作只有在该文件被完全或明确指定为租约到期，才可以执行。

每个块都具有最大长度限制，如果客户端想要创建多个块，可以调用 addBlock(String, String)方法来实现。

（3）追加文件写操作 append 方法

该方法定义如下：

```
/**
 * @param src 文件路径
 * @param clientName 当前客户端名称
 */
public LocatedBlock append(String src,String clientName)throws
```

```
IOException;
```

append 方法向文件 src 中追加写入内容，返回一个 org.apache.hadoop.hdfs.protocol.LocatedBlock 对象，该对象封装了 Block（Hadoop 基本文件块）和 DatanodeInfo[]（Datanode 的状态信息），通过追加写操作后的返回信息，可以定位到追加写入最后部分块的信息。

（4）设置副本因子 setReplication 方法

该方法定义如下：

```
/**
 * @param src 文件名
 * @param replication 新的副本因子
 */
public LocatedBlock append(String src,short replication)throws
IOException;
```

setReplication 方法为一个指定的文件修改块副本因子。Namenode 会为指定文件设置副本因子，但是，不期望在调用该方法的过程修改实际块的副本因子，而是由后台块维护进程来执行：如果当前副本因子小于设置的新副本因子，需要增加一些块副本；如果当前副本因子大于设置的新副本因子，就会删除一些块副本。

下面是一些 clientProtocal 定义的与系统的管理相关的方法：

（1）监听客户端的 renewLease 方法

该方法的定义如下：

```
public void renewLease(String clientName)throws IOException;
```

该方法主要是 Namenode 监听到某个客户端发送的心跳状态。如果在一段时间内无法获取到某个客户端的心跳状态，很可能是该客户端因为某些异常崩溃掉了，被加上了不能继续正常工作的状态锁。Namenode 进程会周期地调用该方法来确定指定的客户端 clientName 是否确实挂掉了，如果又重新接收到该客户端发送的心跳报告，则为该客户端进行解锁操作，恢复其正常的工作。

（2）获取文件系统状态统计数据的 getStats 方法

该方法的定义如下：

```
public long[] getStats() throws IOException;
```

该方法返回的数组包含文件系统总存储容量、已使用空间、可使用空间、文件系统中不满足副本因子数量的数据块的数量、已崩溃的副本的数据块数量，不包含任何健康副本的数据块数量等信息。

（3）安全模式开关操作 setSafeMode 方法

该方法的定义如下：

```
public boolean setSafeMode(FSConstants.SafeModeAction action) throws
IOException;
```

通过调用该方法可以执行如下操作：进入安全模式、退出安全模式、获取安全模式。

当一个 Namenode 启动时，首先会进入到安全模式这种特殊状态，在该状态下不能进行数据块的复制操作。Namenode 接收 HDFS 集群中所有 Datanode 节点的心跳状态报告和数据块状态报告，根据状态报告来决定是否开始进入工作状态。如果某些 Datanode 节点发送的心跳状态报告不正常或者根本无法接收到，Namenode 会将这些 Datanode 视为故障节点，在进入工作状态的时候，将这些故障节点排除在工作集群之外。如果某些 Datanode 节点上的数据块状态报告存在问题，会根据要求进行处理，比如某 Datanode 节点上数据块的块副本未达到副本因子，则会在退出安全模式之后，进行块复制操作，满足副本要求。

（4）保存命名空间映像 saveNamespace 方法

该方法的定义如下：

```
public void saveNamespace() throws IOException;
```

该方法保存命名空间映像，保存当前命名空间到存储目录中并重置 Editlog 事务日志，该操作需要具有超级权限，并且在安全模式下进行。

（5）持久化文件系统元数据 metaSave 方法

该方法的定义如下：

```
public void metaSave(String filename) throws IOException;
```

该方法将 Namenode 节点上的数据结构写入到指定的文件中，如果指定文件已经存在，则追加到该文件中。

Hadoop 架构设计要点中这样描述文件系统的元数据持久化：

Namenode 上保存着 HDFS 的命名空间。对于任何对文件系统元数据产生修改的操作，Namenode 都会使用一种称为 Editlog 的事务日志记录下来。例如，在 HDFS 中创建一个文件，Namenode 就会在 Editlog 中插入一条记录来表示；同样地，修改文件的副本系数也将往 Editlog 插入一条记录。Namenode 在本地操作系统的文件系统中存储这个 Editlog。整个文件系统的命名空间，包括数据块到文件的映射、文件的属性等，都存储在一个称为 FsImage 的文件中，这个文件也是放在 Namenode 所在的本地文件系统上。

Namenode 在内存中保存着整个文件系统的命名空间和文件数据块映射（Blockmap）的映像。这个关键的元数据结构设计得很紧凑，因而一个有 4GB 内存的 Namenode 足够支撑大量的文件和目录。当 Namenode 启动时，它从硬盘中读取 Editlog 和 FsImage，将所有 Editlog 中的事务作用在内存中的 FsImage 上，并将这个新版本的 FsImage 从内存中保存到本地磁盘上，然后删除旧的 Editlog，因为这个旧的 Editlog 的事务都已经作用在 FsImage 上了。这个过程称为一个检查点（checkpoint）。在当前实现中，检查点只发生在 Namenode 启动时，在不久的将来将实现支持周期性的检查点。

Datanode 将 HDFS 数据以文件的形式存储在本地的文件系统中，并不知道有关 HDFS 文件的信息。它把每个 HDFS 数据块存储在本地文件系统的一个单独的文件中。Datanode 并不在同一个目录创建所有的文件，实际上，它用试探的方法来确定每个目录的最佳文件数目，并且在适当的时候创建子目录。在同一个目录中创建所有的本地文件并不是最优的选择，这是因为本地文件系统可能无法高效地在单个目录中支持大量的文件。当一个 Datanode 启动时，它会扫描本地文件系统，产生一个这些本地文件对应的、所有 HDFS 数据块的列表，然后作为报告发送到 Namenode，这个报告就是块状态报告。

3. NamenodeProtocol 接口

该协议接口位于 org.apache.hadoop.hdfs.server.protocol 包中，定义了 Secondary Namenode 与 Namenode 进行通信所需要的操作。如前面章节中介绍过的，Secondary Namenode 是一个用来辅助 Namenode 的服务端进程，主要是对映像文件执行特定的操作，另外还包括获取指定 Datanode 上块的操作。

该接口部分重要方法定义如下：

```
/**
 * 获取 Datanode 上大小为 size 的块
 */
public BlocksWithLocations getBlocks(DatanodeInfo datanode,long
size)throws IOException;
/**
 * 获取当前 Editlog 文件的大小
 */
public long getEditLogSize() throws IOException;
/**
 * 关闭当前 Editlog 文件，并打开一个新文件
 * 当系统处于安全模式下，执行该方法会失败
 */
public CheckpointSignature  rollEditLog()throws IOException;
/**
 * 回滚 FsImage 日志，删除旧的 FsImage，复制新的映像到 FsImage
 * 文件中，删除旧的 Editlog 文件并重命名 edits.new 为 edits
 */
public void rollFsImage() throws IOException;
```

4. ClientDatanodeProtocol 接口

该协议接口定义了数据块恢复的方法，当客户端进程需要与 Datanode 进程进行通信时，需要基于该协议。

接口定义了一个数据块恢复方法，如下所示：

```
/**
```

```
* @param block 指定的数据块
* @param keepLength 是否保持数据块的长度
* @param targets 指定块的可能位置列表
* @return 要么返回新的时间戳，要么返回原先的时间戳
*/
LocatedBlock recoverBlock(Block block,boolean keepLength,DatanodeInfo[]
targets)throws IOException;
```

5. DatanodeProtocol 接口

当 Datanode 进程与 Namenode 进程进行通信时需要基于此协议，例如发送心跳报告和块状态报告。

一般来说，Namenode 不直接对 Datanode 进行 RPC 调用，如果一个 Namenode 需要与 Datanode 通信，唯一的方式是通过调用该协议接口定义的方法。

6. InterDatanodeProtocol 接口

该协议接口用于 Datanode 进程之间进行通信，例如客户端进程启动复制数据块，此时可能需要在 Datanode 节点之间进行块副本的流水线复制操作。

9.3.2 HDFS 读文件源码分析

如图 9.6 所示，先来回顾下第 5 章介绍的 HDFS 读文件过程。

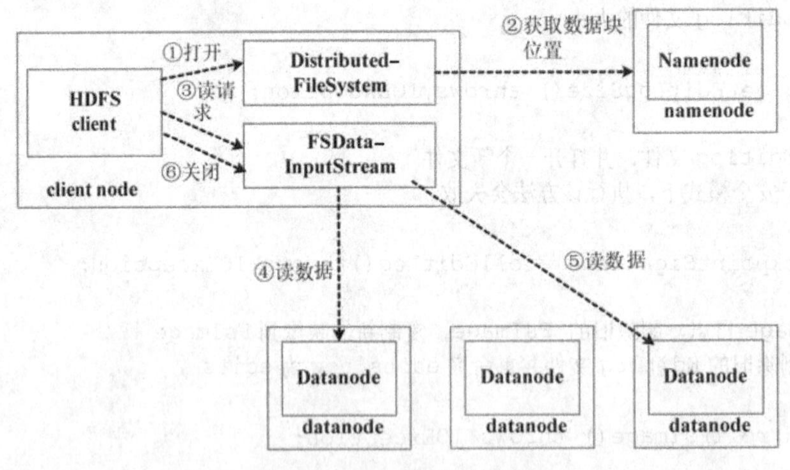

图 9.6　HDFS 读文件过程

读文件过程主要涉及到的核心类有 Configuration、FileSystem、DistributedFileSystem、FSDataInputstream、Namenode、Datanode 等。

1. Configuration 类

Configuration 类位于 org.apache.hadoop.conf 包中，包中还包括 Configurable 接口，Configured 等类，如图 9.7 所示。

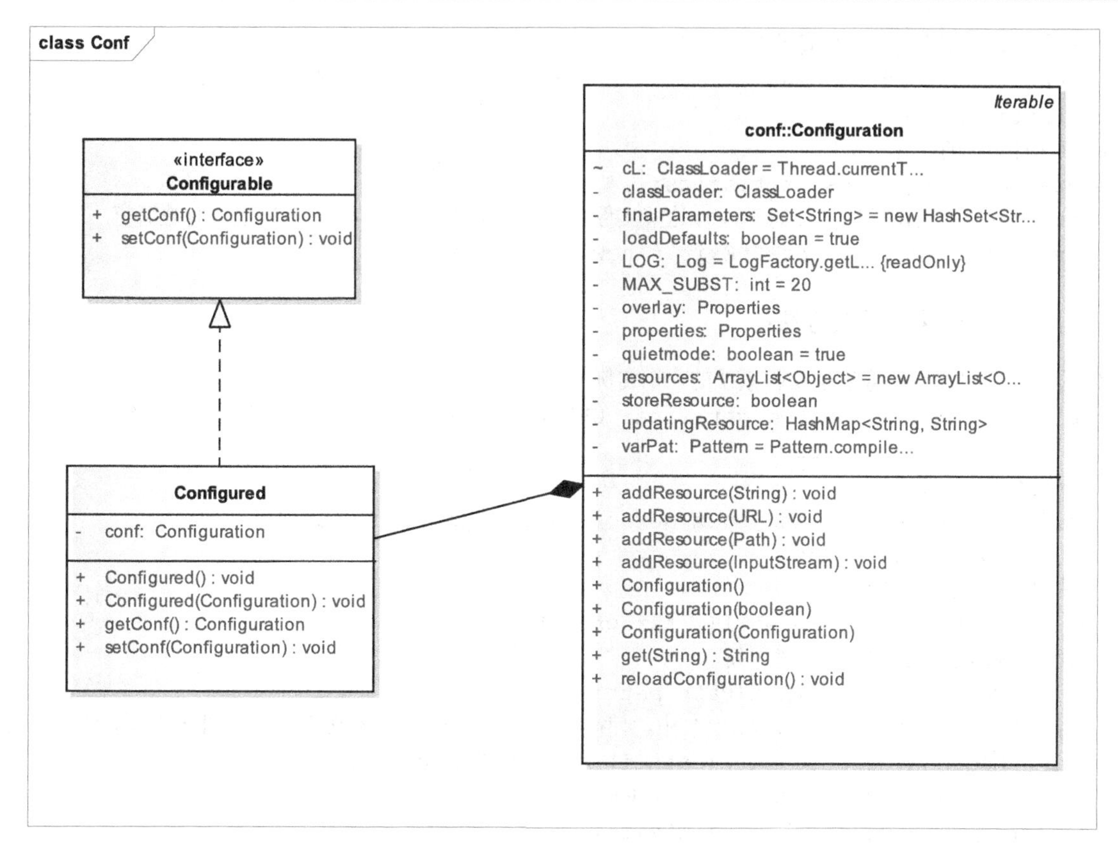

图 9.7 Conf包类图

Configuration类是Hadoop文件系统的配置类，用来根据配置文件中指定的配置项来创建一个配置实例。Configuration封装了client或者server的配置，这些配置从classpath中读取，比如被classpath指向的conf/core-site.xml文件。

Hadoop中的组件是根据Configuration类中的方法进行配置的。一个Configuration实例包括一系列的配置属性。配置属性可以从以下方式加载：

- 通过名值对设置；
- 通过其他的Configuration配置；
- 通过URL配置；
- 通过Path配置（将会从本地读取）。

2. FileSystem类

FileSystem类是文件系统的顶层类，位于org.apache.hadoop.fs包中。该类是一个抽象类，是文件系统的抽象，它定义了文件系统所具有的基本特征和基本操作。

首先来看看该类的一些属性：

```
//文件系统缓存，静态内部类
private static final Cache CACHE = new Cache();
```

```
//记录文件系统类的统计信息的Map变量
private static final Map<Class<? extends FileSystem>, Statistics>
statisticsTable
//该文件系统的统计信息
protected Statistics statistics;
//Set就保存需要清空的文件的Path,这些文件在FileSystem被关闭或JVM退出时被清空
private Set<Path> deleteOnExit = new TreeSet<Path>();
```

FileSystem类的重要方法：

```
//通过URI和配置信息获取文件系统的一个实例
public static FileSystem get(final URI uri, final Configuration conf,
      final String user)
//获取本地文件系统实例
public static LocalFileSystem getLocal(Configuration conf)
    throws IOException
//关闭所有的文件系统
public static void closeAll() throws IOException
//确保path变量指定一个文件系统
public Path makeQualified(Path path)
//将路径path添加到deleteOnExit中，使得在FileSystem关闭或JVM退出时删除该path
public boolean deleteOnExit(Path f) throws IOException
//将所有标记为delete-on-exit的文件递归地删除
protected void processDeleteOnExit()
//根据指定的path，打开一个文件的FSDataInputStream输入流
public abstract FSDataInputStream open(Path f, int bufferSize)
throws IOException;
//为写进程打开一个FSDataOutputStream输出流
public abstract FSDataOutputStream create(Path f,
      FsPermission permission,               //权限
      boolean overwrite,                     //是否重写
      int bufferSize,                        //缓冲区大小
      short replication,                     //文件块副本数
      long blockSize,                        //块大小
      Progressable progress) throws IOException;
//向一个已经存在的文件中追加写操作
public abstract FSDataOutputStream append(Path f, int bufferSize,
      Progressable progress) throws IOException;
//将src文件名重命名为dst
public abstract boolean rename(Path src, Path dst) throws IOException;
//删除文件
public abstract boolean delete(Path f, boolean recursive) throws
IOException;
//如果Path变量是个目录，则列出其下的文件/目录
public abstract FileStatus[] listStatus(Path f) throws IOException;
//创建一个目录
public boolean mkdirs(Path f) throws IOException
```

```
//将本地磁盘上的src文件复制到HDFS中，源文件不变
public void copyFromLocalFile(Path src, Path dst)
throws IOException
//将本地磁盘上的src文件复制到HDFS中,之后删除本地源文件
public void moveFromLocalFile(Path src, Path dst)
   throws IOException
//返回包括主机名、偏移量、文件大小等信息的BlockLocation数组
public BlockLocation[] getFileBlockLocations(FileStatus file,
      long start, long len) throws IOException
```

3. DistributedFileSystem类

DistributedFileSystem类[①]位于org.apache.hadoop.hdfs包中，它继承自FileSystem类，是文件系统的分布式实现。该类提供了大量的API以方便客户端使用HDFS。

DistributedFileSystem类的重要方法有：

```
//初始化方法，利用父类的对应方法进行初始化
public void initialize(URI uri, Configuration conf) throws IOException;
//设定当前的工作目录
public void setWorkingDirectory(Path dir)
//通过DFSClient实例的静态内部类DFSDataInputStream为读进程打开一个输入流
public FSDataInputStream open(Path f, int bufferSize) throws IOException
//在文件后追加内容
public FSDataOutputStream append(Path f, int bufferSize,
      Progressable progress)
//为写进程打开一个输出流
public FSDataOutputStream create(Path f, FsPermission permission,
   boolean overwrite,int bufferSize, short replication, long blockSize,
Progressable progress) throws IOException;
//设置指定文件的副本因子
public boolean setReplication(Path src,
   short replication)throws IOException
```

FileSystem会利用JDK的反射机制创建一个DistributedFileSystem实例，然后调用它的initialize()方法。在类DistributedFileSystem中，有一个DFSClient属性，它是DistributedFileSystem类的核心，DistributedFileSystem中的绝大多数操作都是交由DFSClient来完成的，因为DFSClient负责和Namenode的通信。DFSClient实例的创建是在initialize()方法中完成的。

HDFS打开文件操作，是通过DistributedFileSystem的open(Path,int)方法来完成的。方法中第一个参数是文件的路径，第二个参数是缓存区的大小，方法返回FSDataInputStream对象，得到一个文件输入流。在查看源码时读者可以看出，DistributedFileSystem类的核心是

① HDFS中DistributedFileSystem的创建. http://blog.csdn.net/xhh198781/article/details/6915211

DFSClient，故文件的打开操作其实也是由其内部 DFSClient 成员来实现的。DFSClient 的 open()方法会返回一个比较底层的文件读取流 DFSInputStream 对象，这个类其实是 DFSClient 的一个内部类，它继承自 FSInputStream 类，下面来看看它的一些属性：

```
public class DFSInputStream extends FSInputStream {
    private  Socket  s = null;
    private  boolean  closed = false;
    private  String  src;
    private  long  prefetchSize = 10 * defaultBlockSize;
    private  BlockReader  blockReader = null;
    private  boolean  verifyChecksum;
    private  LocatedBlocks  locatedBlocks = null;
    private  DatanodeInfo  currentNode = null;
    private  Block  currentBlock = null;
    private  long  pos = 0;
    private  long  blockEnd = -1;
```

在 DFSInputStream 的属性中，要重点介绍一下 prefetchSize、blockReader、locateBlocks、pos、blockEnd 这几个属性。prefetchSize 的默认值是 10 个数据块的大小，这个值可以在配置文件中设置，对应的值是 dfs.read.prefetch.size，从 prefetchSize 的默认值和 LocateBlocks 就不难看出了。当创建 DFSInputStream 的时候，它会调用 ClientProtocol 的 getBlockLocations 远程方法，来从 Namenode 节点获取文件 src 在 0 到 prefetchSize 范围内的数据块信息，结果会保存到 locateBlocks 属性中。pos 指出了当前文件流的指针位置，同时，DFSInputStream 会根据 pos 来定位到具体的 Block 数据块，然后从数据块中挑选一个 Datanode，从该 Datanode 节点中获取到所需要的数据，数据块信息和 Datanode 信息分别保存到 currentBlock、currentNode 属性中。blockEnd 记录当前数据块的结束位置。BlockReader 负责和数据块存放的某一个 Datanode 节点进行网络通信，并读取该数据块信息。当然，BlockReader 在读取真正的数据时，网络输入数据流还需要经过 DataChecksum 等处理，来保证数据的可靠性。

对于 DFSInputStream 的随机读，可以改变当前文件流的指针来实现，即改变 pos 的值，然后根据 pos 的值来重新定位到对应的数据块 Block。

图 9.8 给出了 DistributedFilesystem 类创建及数据流向的过程示意图。

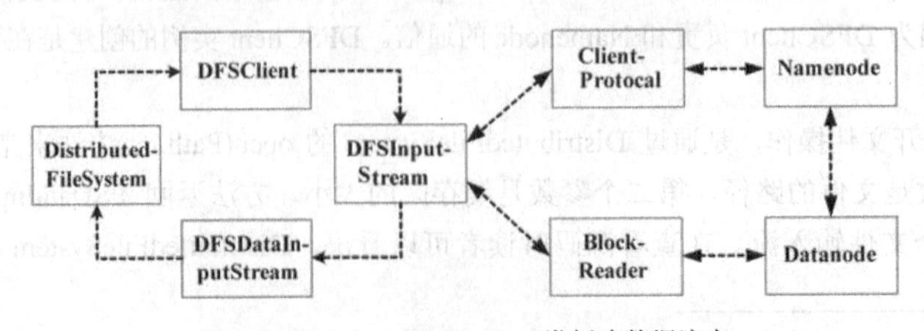

图 9.8　DistributedFileSystem 类创建数据流向

4. FSDataInputstream 类

FSDataInputstream 类位于 org.apache.hadoop.fs 包中，它继承自 DataInputStream 类，并实现了 Seekable、PositionedReadable、Closeable 3 个接口。其主要功能是用 DataInputStream 包装了一个输入流，并且使用 BufferedInputStream 类实现了对输入的缓冲。

HDFS 打开一个文件操作离不开上述的这些类，其中，FSDataInputStream、DFSDataInputStream、FSInputStream、DFSInputStream 的创建关系如图 9.9 所示。

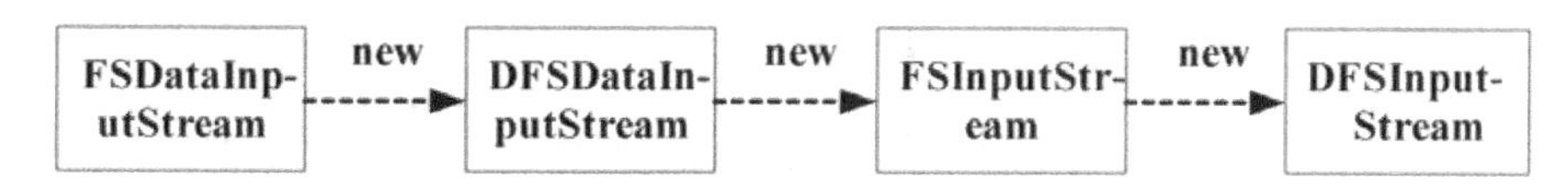

图 9.9　文件打开类创建过程

其中，在创建底层的 DFSInputStream 时，调用了 openInfo()方法，该方法主要通过 ClientProtocal 协议调用远程方法 getBlockLocations()，从 Namenode 获取关于当前打开文件的若干个数据块的位置信息，其代码如下：

```
synchronized void openInfo() throws IOException {
LocatedBlocks newInfo = callGetBlockLocations(Namenode, src, 0,
prefetchSize);
if (newInfo == null) {
throw new FileNotFoundException("File does not exist: " + src);
}
if (locatedBlocks != null) {
Iterator<LocatedBlock> oldIter =
locatedBlocks.getLocatedBlocks().iterator();
Iterator<LocatedBlock> newIter = newInfo.getLocatedBlocks().iterator();
while (oldIter.hasNext() && newIter.hasNext()) {
if(!oldIter.next().getBlock().equals(newIter.next().getBlock())) {
throw new IOException("Blocklist for " + src + " has changed!");
}
}
}
this.locatedBlocks = newInfo;
    this.currentNode = null;
}
```

9.3.3　HDFS 写文件源码分析

如图 9.10 所示，回顾 5.1.3 小节中介绍的 HDFS 创建文件和写文件的过程。

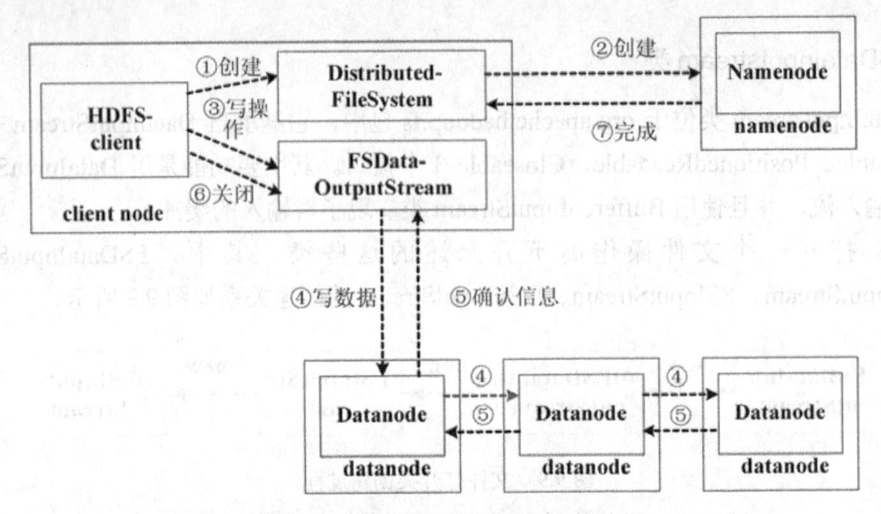

图 9.10　HDFS 创建文件和写文件过程

当需要在 HDFS 中创建一个文件时，可以通过调用 DistributedFileSystem 对象的 create() 方法来完成这个操作。该方法会返回一个 FSDataOutputStream 对象，通过这个对象进一步对文件进行数据的写入。

通过调用 FSDataOutputStream 对象的 write(byte b[], int off, int len)方法来完成对文件的数据写入操作，这个过程如图 9.11 所示。

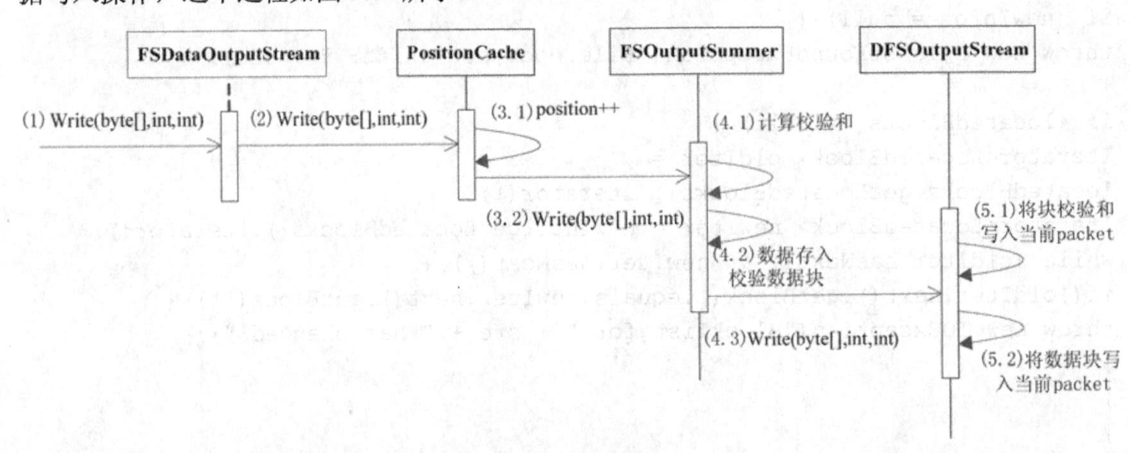

图 9.11　写文件过程

从图 9.11 中可以看出，对文件的写操作的核心是 DFSOutputStream 类，该类被封装在 org.apache.hadoop.hdfs 包中的 DFSClient 类中。

当创建一个 DFSOutputStream 对象实例的时候，首先它会根据 packet 的大小和一个校验块的大小来计算一个 packet 应该包含多少个校验块以及这个 packet 的实际大小：

```
private void computePacketChunkSize(int psize, int csize) {
      int chunkSize = csize + checksum.getChecksumSize();
      int n = Datanode.PKT_HEADER_LEN + SIZE_OF_INTEGER;
      chunksPerPacket = Math.max((psize - n + chunkSize-1)/chunkSize, 1);
```

```
    packetSize = n + chunkSize*chunksPerPacket;
    if (LOG.isDebugEnabled()) {
      LOG.debug("computePacketChunkSize: src=" + src +
                ", chunkSize=" + chunkSize +
                ", chunksPerPacket=" + chunksPerPacket +
                ", packetSize=" + packetSize);
    }
  }
```

由配置文件中的参数 dfs.write.packet.size 来设置 packet 的大小，校验数据块的大小由配置文件中的参数 io.bytes.per.checksum 来设置。注意这个方法是 private 方法。

接着调用 ClientProtocal 的 create()方法，最后启动线程 DataStreamer。这个过程的源码在 DFSOutputStream 的构造方法中体现，源码如下：

```
DFSOutputStream(String src, FsPermission masked, boolean overwrite,
        short replication, long blockSize, Progressable progress,
        int buffersize, int bytesPerChecksum) throws IOException {
    this(src, blockSize, progress, bytesPerChecksum);
    computePacketChunkSize(writePacketSize, bytesPerChecksum);
    try {
      Namenode.create(
          src, masked, clientName, overwrite, replication, blockSize);
    } catch(RemoteException re) {
      throw re.unwrapRemoteException(AccessControlException.class,
                                     NSQuotaExceededException.class,
                                     DSQuotaExceededException.class);
    }
    streamer.start();
  }
```

ClientProtocal 接口的 create()方法定义会在命名空间中创建一个新的文件。

与 Datanode 的交互主要是由 DataStream 类来完成，它同样在 DFSClient 类中定义。该类负责向管道中的 Datanode 发送数据包，它从 Namenode 接受新的数据块编号以及数据块位置信息，进而开始向管道中的 Datanode 传输数据。每个包都有一个序列号与其相关联。当一个数据块的所有数据包都发送完毕而且成功地接受到了确认信息，则 DataStream 类关闭当前数据块，重新申请新的数据块来传送队列中剩余的数据包。

DataStream 总是不停地从 packet 队列中取出待发送的 packet 给 Datanode，当然在这个过程中，它要不断地向 Namenode 申请新的数据块。当没有新的数据块或申请的数据块已满时，它会调用 ClientProtocol 的 addBlock 远程方法得到一个 LocatedBlock。HDFS 对于数据块副本复制采用的是流水线作业的方式：client 把数据块只传给一个 Datanode，这个 Datanode 收到这个数据块之后，传给下一个 Datanode，依次类推，最后一个 Datanode 就不需要往后传数据了。

正如读者了解的，Namenode 在 HDFS 体系结构中处于核心地位。当客户端调用 HDFS 提供的 API 来对文件进行写操作时，Namenode 会对这一请求进行响应。如图 9.12 所示，对源代码中 Namenode 在写文件操作中所做的响应进行分析。

图 9.12 Namenode 响应存取操作

Namenode 类位于 org.apache.hadoop.hdfs.server.Namenode 包中，从图 9.12 中可以看出，Namenode 对于客户端发起的写文件操作响应大体分为 3 个步骤，分别是 create、addBlock、complete。

1. create

Namenode 的 create 方法会为客户端请求的文件名在 HDFS 中申请一个命名空间，并建立一个对应的 iNode（抽象类，主要用于表示文件的目录层次关系），然后为这个文件创建一个锁，以防止其他客户端对这个文件同时进行写操作。

2. addBlock

Namenode 的 addBlock 方法为文件创建一个新的数据块，并为这个数据块的副本分配存储 Datanode 节点，最终返回给客户端一个 LocatedBlock 对象，该对象包含了数据块的副本应该存放的位置。Namenode 此时并不立即保存该数据块的副本位置，而是等到成功接收该数据块所在的 Datanode 的反馈后，才真正记录该数据块的副本位置。这样做的目的是因为 HDFS 不能保证数据块一开始分配的 Datanode 都能成功。

3. complete

Namenode 的 complete 的方法会更改与当前文件节点相关的状态，同时释放文件的锁。此外，还会判断文件数据块的副本数量是否满足参数中设置的副本因子数量，对于不满足的数据块，Namenode 将其放入 neededReplications 队列中，让后台线程来负责这些不符合副本因子的数据块的副本数量补充。

9.4 Hadoop 支持的其他文件系统

在前文中对 HDFS 源码的分析中已经看到，org.apache.hadoop.fs.FileSystem 类是一个抽象类，这个抽象类就表示 Hadoop 的一个文件系统，HDFS 就是 Hadoop 文件系统的一个具体实现。

除了 HDFS 外，Hadoop 还支持其他的文件系统实现，如 KFS、Amzon S3 等。这些文件系统有着区别于 HDFS 的、自己的设计思想，它们共存于 Hadoop 生态系统上。

表 9.3 列出了常见的 Hadoop 文件系统的具体实现。

表 9.3　Haoop 文件系统的具体实现

文件系统名	URI 前缀	Hadoop 源码中具体实现类
Local	file	fs.LocalFileSystem
HDFS	hdfs	hdfs.DistributedFileSystem
HFTP	hftp	hdfs.HftpFileSystem
HSFTP	hsftp	hdfs.HsftpFileSystem
HAR	har	fs.HarFileSystem
KFS	kfs	fs.kfs.KosmosFileSystem
FTP	ftp	fs.ftp.FTPFileSystem
S3（native）	s3n	fs.s3native.NativeS3FileSystem
S3（blockbased）	s3	fs.s3.S3FileSystem

Hadoop 提供了很多接口来访问这些文件系统，最常用的方式就是通过 URI 前缀来访问正确的文件系统，以下两行命令分别访问 KFS 文件系统以及 HDFS 文件系统：

```
hadoop fs -ls kfs:// …
hadoop fs -ls hdfs://…
```

FileSystem 类的静态方法 createFileSystem 会返回一个文件系统的实例，代码如下：

```
private static FileSystem createFileSystem(URI uri, Configuration conf )
throws IOException {
    Class<?> clazz = conf.getClass("fs." + uri.getScheme() + ".impl",
null);
    LOG.debug("Creating filesystem for " + uri);
    if (clazz == null) {
      throw new IOException("No FileSystem for scheme: " +
uri.getScheme());
    }
    FileSystem fs = (FileSystem)ReflectionUtils.newInstance(clazz, conf);
    fs.initialize(uri, conf);
    return fs;
  }
```

只要实现了 org.apache.hadoop.fs.FileSystem 接口，就可以增加一种 Hadoop 能够访问的文件系统，非常方便。

理论上，MapReduce 可以使用任意一种文件系统。但当需要处理海量数据时，还是建议选择分布式的文件系统 HDFS 或是 KFS。

Kosmos FileSystem（KFS）是一个高性能分布式文件系统，也是 GFS 的开源实现，而且它是用 C++实现的，有一定的优势。下面重点比较一下 KFS 与 HDFS 文件系统。

9.4.1　KFS 文件系统体系架构

图 9.13 描绘了 HDFS 的系统架构图。

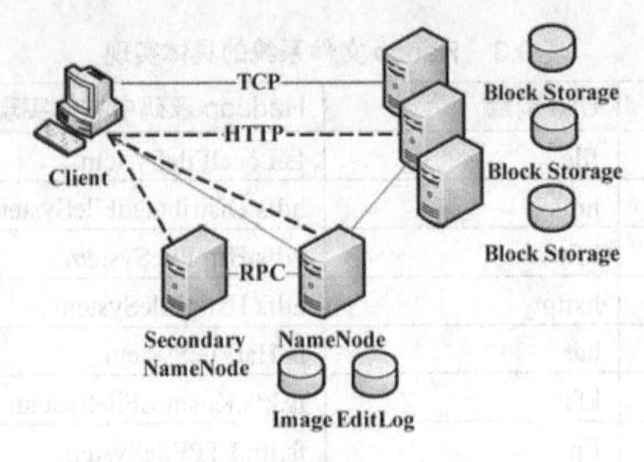

图 9.13　HDFS 系统架构

图 9.14 描绘了 KFS 的系统架构图[①]。

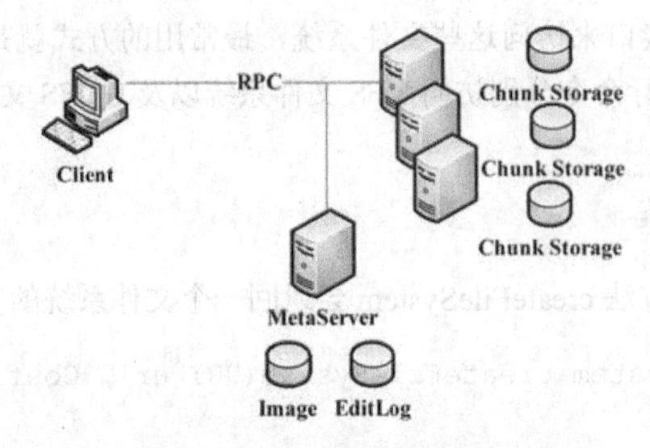

图 9.14　KFS 系统架构

从两幅图中可以看出，HDFS 和 KFS 都属于分布式文件系统，它们的元数据管理采用集中式方式实现，数据实体先分片然后分布式存储。

9.4.2　KFS 各模块关键技术

KFS 主要由两个模块组成：MetaServer 和 ChunkServer。

（1）MetaServer 主要包含如下功能。

- Namespace 管理。
- Layout 管理。
- MetaImage 管理。
- Lease 管理。

（2）ChunkServer 主要包含如下功能。

- Chunk 管理。
- Chunk 存储。

① Hadoop HDFS 和 KFS（CloudStore）的比较. http://blog.csdn.net/cloudeep/article/details/4467238

这两个模块实现的关键技术如下所示。

（1）MetaServer 实现如下技术。

- Namespace 的组织和维护。
- MetaData 的序列化和加载。
- 系统恢复。
- Chunk Layout 的 ChunkServer 选择。
- Lease 的管理和维护。

（2）ChunkServer 实现如下技术。

- Chunk 存储组织。
- 本地 Chunk 信息的重建。
- Chunk 失效处理。

9.4.3 HDFS 与 KFS 写数据的区别

KFS 对于数据块的写操作与 HDFS 的写操作有着不同的设计机制，下面通过两幅流程图来比较它们之间的区别。

图 9.15 描绘了 HDFS 写数据的过程，读者应该已经对这个过程非常熟悉了。

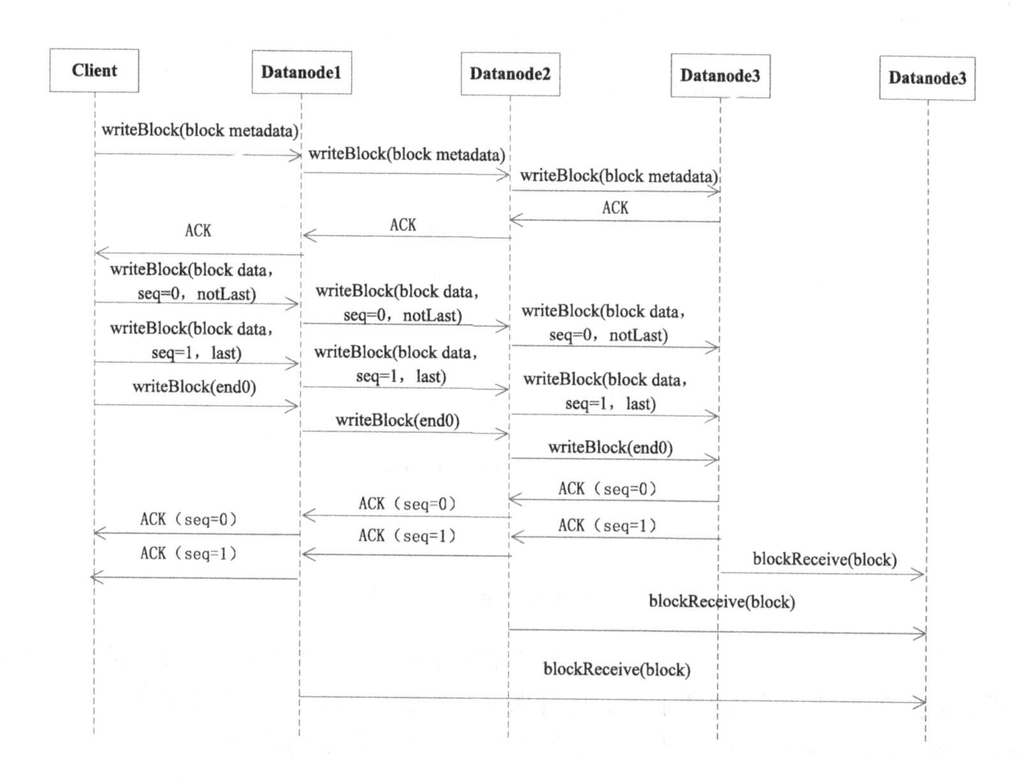

图 9.15 HDFS 写数据过程

图 9.16 描绘了 KFS 文件系统写数据的过程。

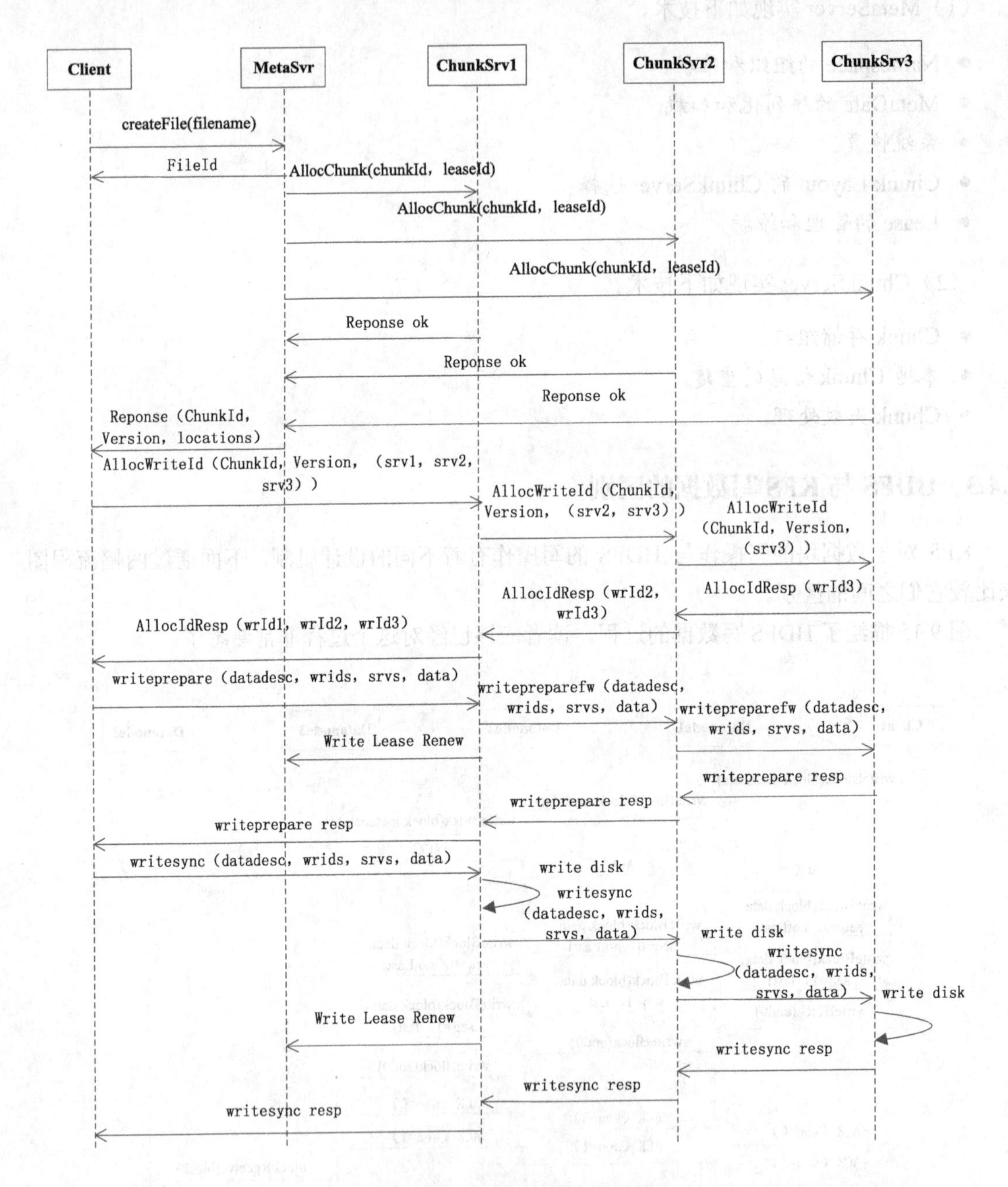

图 9.16　KFS 文件系统写数据过程

从图 9.16 可以看出，KFS 文件系统在写数据时与 HDFS 有较大区别，在写数据过程中多次采用了类似 TCP 中的确认应答机制，这样保证了系统的可靠性，但同时也使得写数据过程显得略为复杂，读者如有兴趣，可自行阅读 Hadoop 源码中的 KFS 部分。

9.5　本章小结

本章内容首先对包括 HDFS 数据副本策略、数据组织在内的核心设计机制进行了介绍，读者在阅读的时候不妨思考为什么要这样设计以及这样设计的方便之处。对于 HDFS 源码的分析阅读，一是抓住它核心的数据结构，知道它们的作用是什么，关注围绕这些数据结构的操作；二是跟踪核心操作的流程。

接着以 Hadoop-0.20.203 源码为例，主要分析了源码中 HDFS 通信协议、HDFS 读写文件过程等部分。这些重要操作涉及了 HDFS 源码中的关键数据结构及算法，并在分析过程中将这些重要数据结构串了起来。本章最后介绍了 Hadoop 对于除 HDFS 外的其他文件系统的支持，拓宽了读者理解的广度。

学习完本章后，读者应该对 HDFS 源码的核心部分有了较深的理解，并对其设计机制有了一定的认识。Hadoop 源码规模庞大，结构复杂，本书不可能也没有必要将每一个细节都分析得透彻。授人以鱼不如授人以渔，本章旨在抛砖引玉，使读者学会阅读源码的技巧及方法，真正做到见微知著，举一反三。

第 10 章　深入分析 MapReduce

Hadoop 源代码分为三大模块：MapReduce、HDFS 和 Hadoop Common。其中 MapReduce 模块主要实现了 MapReduce 模型的相关功能；HDFS 模块主要实现了 HDFS 的相关功能；而 Hadoop Common 主要实现了一些基础功能，比如说 RPC（远程过程调用）、网络通信等。

MapReduce 是一个用于大规模数据处理的分布式计算模型，它最初是由 Google 工程师设计并实现的，Google 已经将完整的 MapReduce 论文公开发布。其中对它的定义是，MapReduce 是一个编程模型（programming model），是一个用于处理和生成大规模数据集（processing and generating large data sets）的相关的实现。用户定义一个 map 函数来处理一个 key/value 对以生成一批中间的 key/value 对，再定义一个 reduce 函数将所有这些中间的、有着相同 key 的 values 合并起来。很多现实世界中的任务都可用这个模型来表达。

10.1　MapReduce 框架结构

10.1.1　MapReduce 中的角色

1. Job

用户的每一个计算请求，即用户所需要完成的工作。

2. Task

一个 Job 可以分解为多个 Task，每一个 Task 都是一个独立的运行单元，交由多个计算节点并行运行，从而实现了 MapReduce 的并行计算。

3. JobClient

JobClient 通过 RPC 将 Job 以及配置参数打包成 jar 文件存储到 HDFS，并把路径提交到 JobTracker，JobClient 通过返回的 JobStatus 对象获得执行过程的统计数据来监控并打印到用户控制台。

4. JobTracker

在 Hadoop MapReduce 模型中负责 Job 调度的角色，负责各个 Task 的分配，并管理所有的 TaskTracker。如果发现有失败的 Task，就重新运行该 Task。一般情况下，应该把 JobTracker 部署在单独的机器上。

5. TaskTracker

在 Hadoop MapReduce 模型中负责 Task 调度的角色，负责执行具体的任务。

以上角色之间的关系如图 10.1 所示。

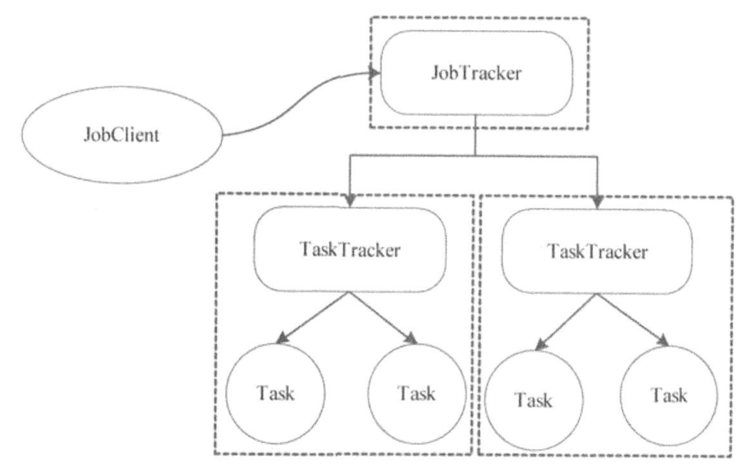

图 10.1 JobClient、JobTracker 和 TaskTracker 的关系

6. JobInProgress

JobClient 提交 Job 后，JobTracker 会创建一个 JobInProgress 来跟踪和调度这个 Job，并把它添加到 Job 队列里。JobInProgress 会根据提交的 Job jar 中定义的输入数据集（已分解成 FileSplit），创建对应的一批 TaskInProgress 用于监控和调度 MapTask；同时再创建指定数目的 TaskInProgress 用于监控和调度 ReduceTask，默认为 1 个 ReduceTask。

7. TaskInProgress

JobTracker 启动 Task 时通过每一个 TaskInProgress 来 launchTask，这时会把 Task 对象（即 MapTask 和 ReduceTask）序列化写入相应的 TaskTracker 服务中，TaskTracker 收到后会创建对应的 TaskInProgress（此 TaskInProgress 实现并非 JobTracker 中使用的 TaskInProgress，而是 TaskTracker 的内部类）用于监控和调度该 Task。

8. MapTask 和 ReduceTask

一个完整的 Job 会自动依次执行 Mapper、Combiner（只有在 JobConf 指定了 Combiner 时才会执行）和 Reducer，其中 Mapper 和 Combiner 是由 MapTask 调用执行，Reducer 则由 ReduceTask 调用，Combiner 实际也是 Reducer 接口类的实现。Mapper 会根据 Job jar 中定义的输入数据集按 key1/value1 对读入，处理完成生成临时的 key2/value2 对，如果定义了 Combiner，MapTask 会在 Mapper 完成调用。该 Combiner 将相同 key 的值做合并处理，以减少输出结果集。MapTask 的任务全部完成后，即交给 ReduceTask 进程调用 Reducer 处理，生成最终结果 key3/value3 对。

图 10.2 描述了 MapReduce 框架中的主要组成和它们之间的关系。

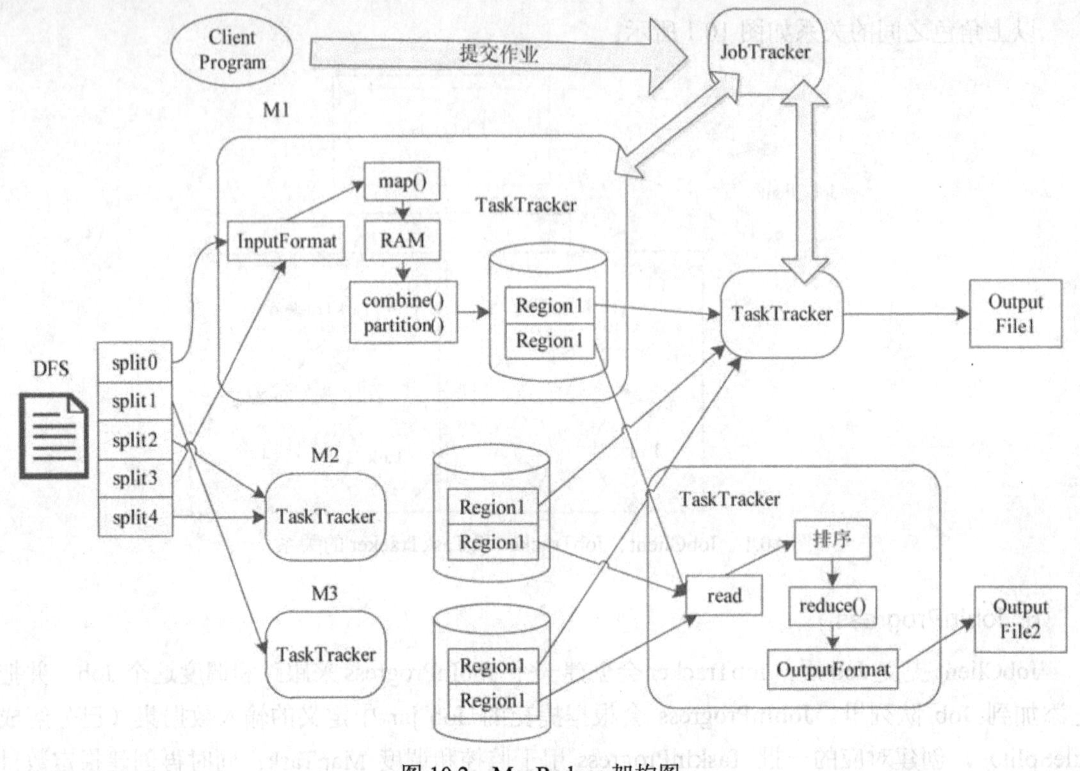

图 10.2 MapReduce 架构图

10.1.2 MapReduce 流程

在用户使用 Hadoop MapReduce 模型进行并行计算时，用户只需要写好 Map 函数、Reduce 函数，之后调用 JobClient 将 Job 提交即可。JobClient 不是一个单独的进程，而是一组 API，用户需要自定义自己需要的内容，经由客户端相关的代码，将作业及其相关内容和配置，提交到作业服务器去，并时刻监控执行的状况。在 JobTracker 收到提交的 Job 之后，便会对 Job 进行一系列的配置，然后交给 TaskTracker 进行执行。执行完毕之后，JobTracker 会通知 JobClient 任务完成，并将结果存入 HDFS 中。详细流程如图 10.3 所示。

JobClient 提交 Job 后，JobTracker 会创建一个 JobInProgress 来跟踪和调度这个 Job。在 Hadoop 源代码中，一个被提交了的 Job 由 JobInProgress 类的一个实例表示。该类封装了表示 Job 的各种信息，以及 Job 所需要执行的各种动作。JobTracker 接到 JobClient 的提交作业请求后把其加入到作业队列中，这个队列的名字叫做 jobInitQueue。

在客户端把作业提交给 JobTracker 之后，JobTracker 就需要开始考虑把这个 Job 交给哪些 TaskTracker 来执行，即 Job 任务调度，而且还要确保在 JobTracker 调度该 Job 之前，该 Job 的 JobInProgress 实例被初始化了，即将 Job 划分为 M 个 Map 任务和 R 个 Reduce 任务。这些工作依赖于 JobTracker 中默认的任务调度器 JobQueueTaskScheduler，它会不断轮询 jobInitQueue 队列，一旦发现有新的 Job 加入，便将其取出并初始化，然后负责对这些 Job 进行调度，如图 10.4 所示。

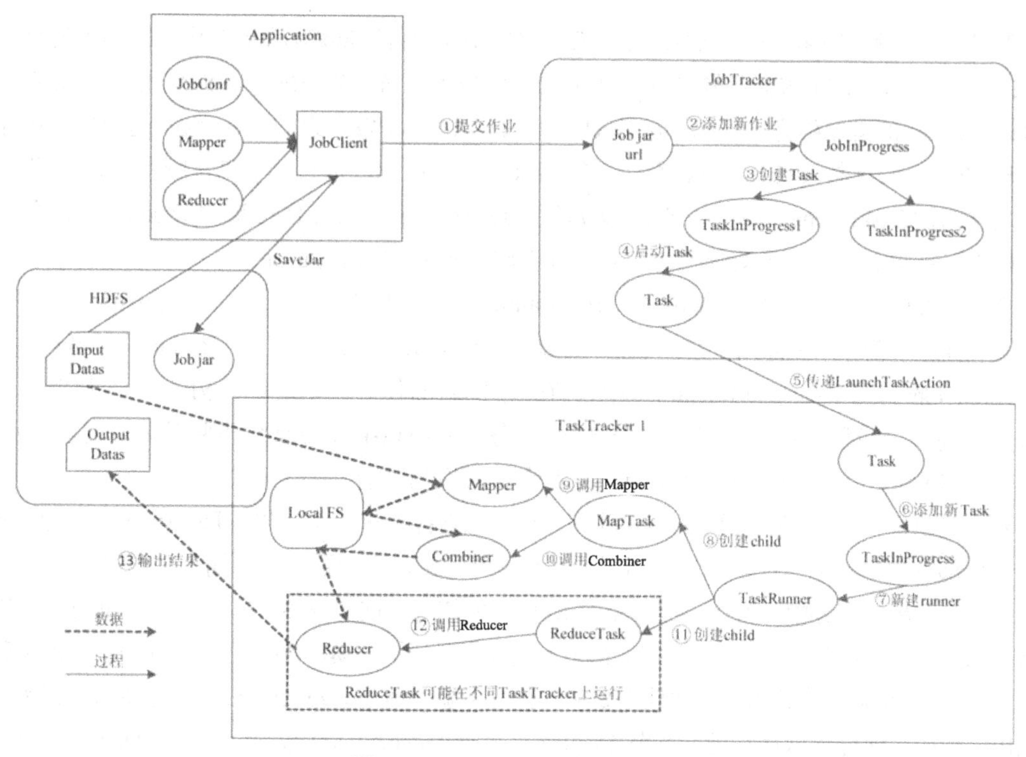

图 10.3　MapReduce 详细流程图

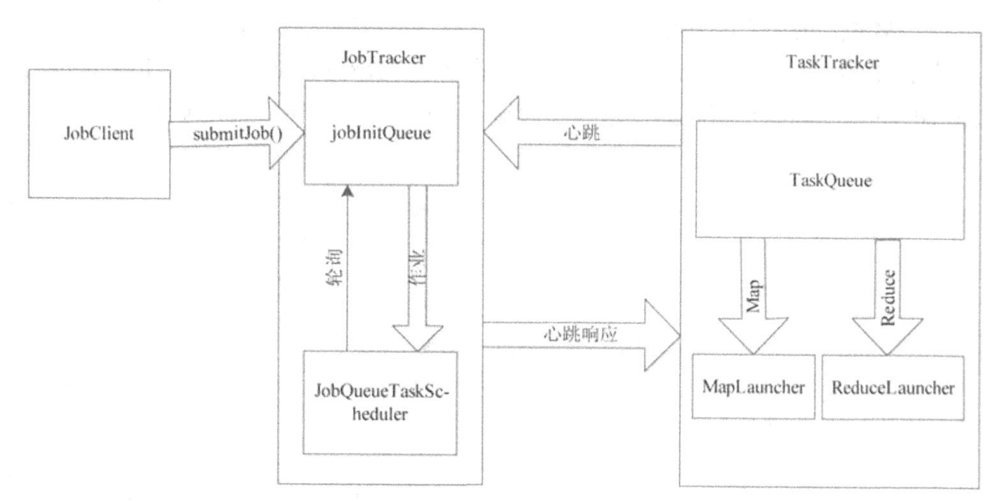

图 10.4　Job 任务调度

TaskTracker 负责直接执行每一个 Task，其中 Task 的分配是 TaskTracker 对 JobTracker 的 pull 过程。在 Hadoop 代码中，一个 Task 由一个 TaskInProgress 类的实例表示。该类封装了描述 Task 所需的各种信息以及 Task 执行的各种动作。

TaskTracker 一直通过 RPC 向 JobTracker 发送心跳 Heartbeat，汇报此时此刻其上各个任务执行的情况，并向 JobTracker 申请新的任务。Heartbeat 中包含了该 TaskTracker 当前的状态以及对 Task 的请求。JobTracker 在收到 Heartbeat 之后，会检查该 Heartbeat 里所包含的各种信息。如果

TaskTracker 在心跳 Heartbeat 中添加了对 Task 的请求，而且 JobTracker 的作业队列不为空，则 TaskTracker 发送的心跳将会获得 JobTracker 给它派发的任务。在 Hadoop 源代码中，JobTracker 对 TaskTracker 的指令称为 action，JobTracker 对 TaskTracker 发送来的 Heartbeat 的回复消息称为 HeartbeatResponse。与 jobInitQueue 类似，在 TaskTracker 内部，也有一个包含所有 Task 的队列，它的名字叫做 TaskQueue。每当 TaskTracker 收到 JobTracker 回复的 HeartbeatResponse 后，会对其进行检查，如果其中包含了新分配的 Task，便会将其加入到 TaskQueue 中。

在 TaskTracker 内部，有两个 TaskLauncher 线程不断轮询 TaskQueue，一个是 MapLauncher，等待 Map 任务；另一个是 ReduceLauncher，等待 Reduce 任务。一旦 TaskTracker 收到的 HeartbeatResponse 中含有分配的新的任务，则最终会构建一个 TaskRunner 对象，新建一个线程来执行。对于一个 Map 任务，MapTaskRunner 负责将其取出并且执行。对于一个 Reduce 任务，ReduceTaskRunner 负责将其取出执行。

不论是执行 Map 任务还是 Reduce 任务，执行之前都要进行本地化。TaskRunner 会先将所需的文件全部下载到本地文件系统，包括需要运行的 jar 文件、配置文件、输入数据等。这些文件被记录到一个全局缓存中，可以供此 Job 的所有任务使用，这样做的目的是为了方便任务在某台机器上独立执行。但是，Reduce 任务与 Map 任务的最大不同，是 Map 任务的输入输出文件都存储到本地，而 Reduce 任务的输入文件需要从其他服务器中收集。JobTracker 负责把所需的 Map 任务输出文件的存储位置信息发送给每个 Reduce 任务，Reduce TaskTracker 会与原 Map TaskTracker 服务器联系，通过 FTP 服务得到 Map 任务输出文件。本地化之后，TaskTracker 会根据不同参数，配置出一个 JVM 执行的环境，为每一个 Task 单独创建一个 JVM，然后单独运行。

当所有的 Map 任务和 Reduce 任务都完成的时候，JobTracker 会通知 JobClient 工作完成，MapReduce 返回到用户程序的调用点。对该过程简单概括如图 10.5 所示。

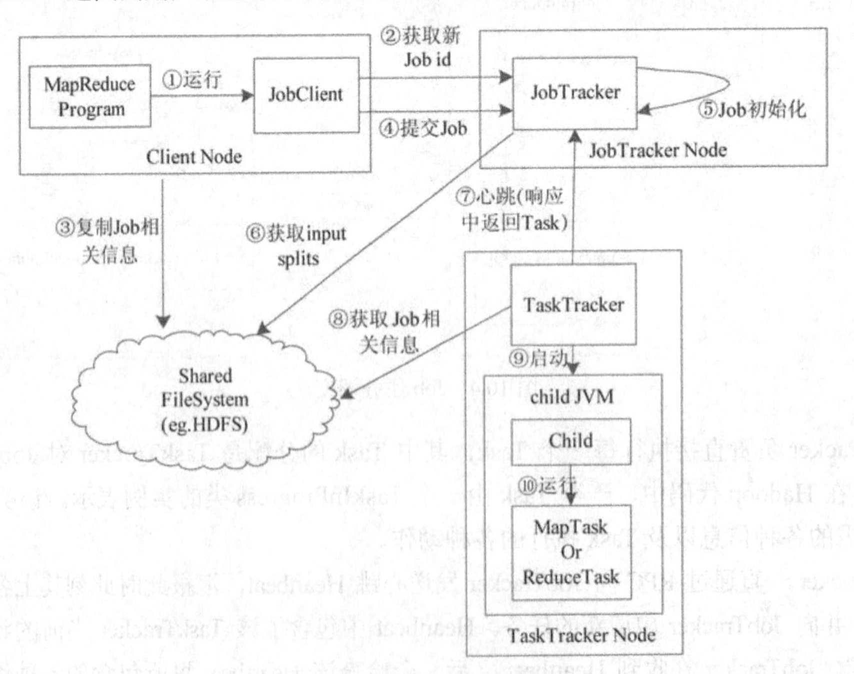

图 10.5 MapReduce 流程概括

10.2 代码静态分析

10.2.1 创建 Job 的相关类

与创建 Job 过程相关的类和方法，如图 10.6 所示。

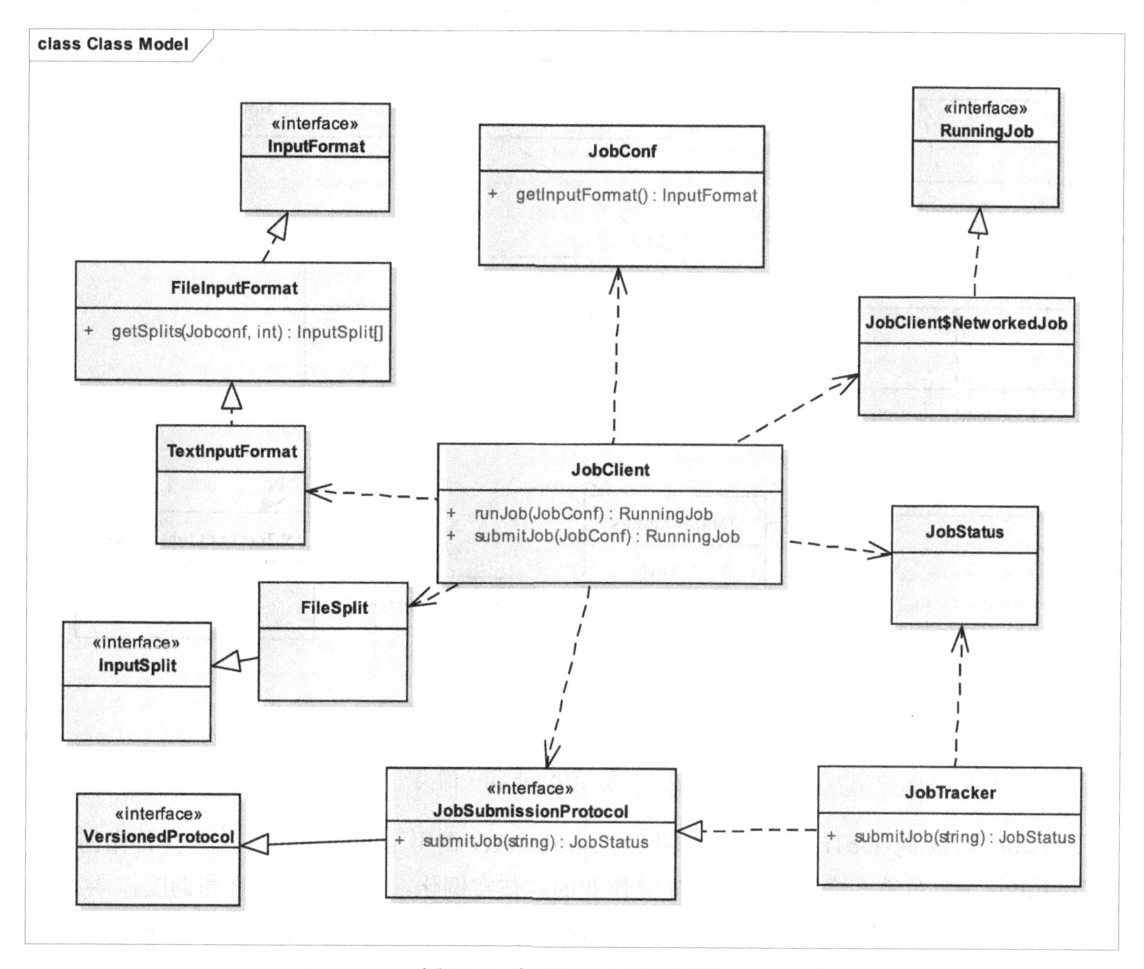

图 10.6 与创建 Job 相关的类

JobClient 将 Job 以及配置参数打包成 jar 文件存储到 HDFS，并通过返回的 JobStatus 对象获得执行过程的统计数据来监控并打印到用户控制台。

JobClient 通过 runJob(job)来提交 Job，参数是 JobConf 类型，该方法调用 JobClient 的 submitJob(job) 方法正式提交作业。在提交作业的过程中，JobClient 会使用默认的 FileInputFormat 类调用 FileInputFormat.getSplits()方法生成小数据集，提交到 JobTracker 上。JobClient 最后通过 RPC 调用 JobTracker 节点上的 submitJob(job)方法向 JobTracker 提交作业，JobTracker 必须实现 JobSubmissionProtocol 接口。

10.2.2 初始化 Job 的相关类

与初始化 Job 过程相关的类和方法如图 10.7 所示。

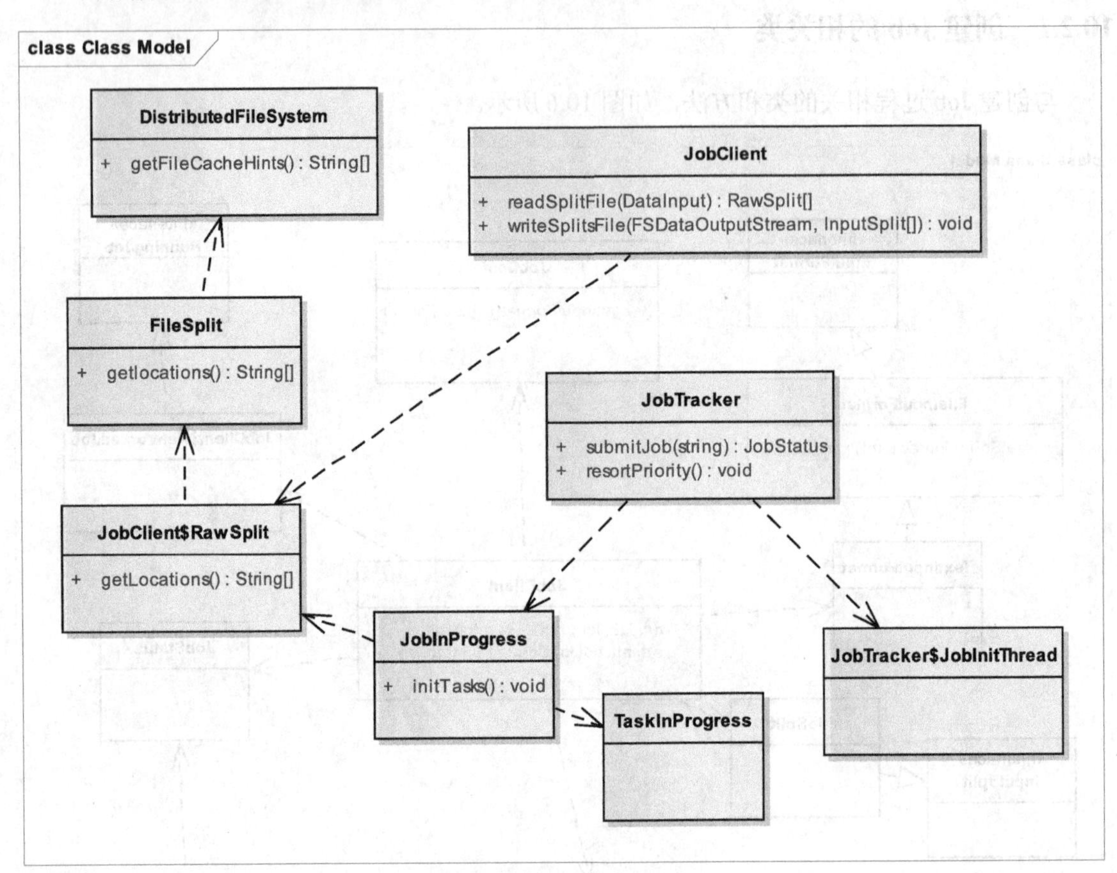

图 10.7 与初始化 Job 相关的类

当 JobClient 向 JobTracker 提交作业时，JobTracker 调用 submitJob()方法，会首先创建一个 JobInProgress 对象，该对象是一个提交作业的具体实例化，通过它来管理和调度作业。

JobInProgress 在创建的时候，会把刚在 JobClient 端上传的所有文件下载到本地的文件系统中，包括 job.jar、job.split 和 job.xml。每个 Job 的初始化工作最终是调用 JobInProgress.initTasks()完成。在 initTasks()函数里通过调用 JobClient 的 readSplitFile()获得已分解的、输入数据的 RawSplit 列表，然后根据这个列表创建对应数目的 Map 执行管理对象 TaskInProgress，默认只创建一个 Reduce 任务。

10.2.3 作业调度相关类

与调度作业相关的类和方法如图 10.8 所示。

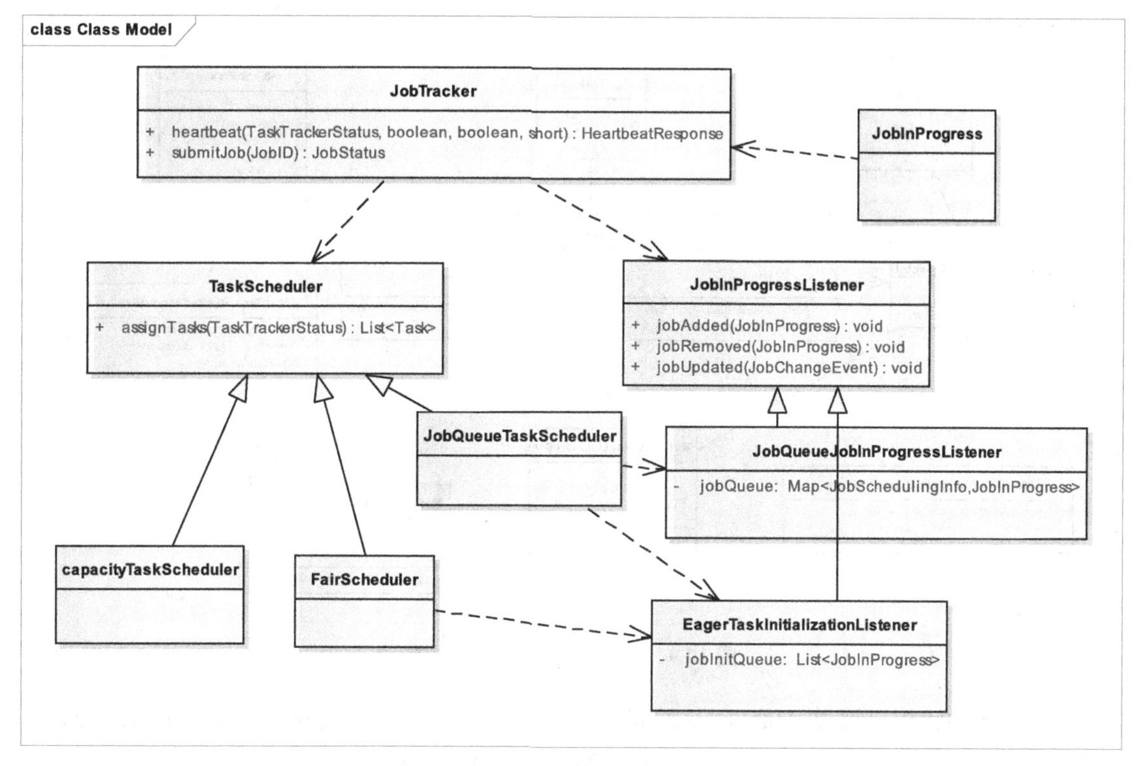

图 10.8　作业调度的相关类

TaskTracker 通过 InterTrackerProtocol 向 JobTracker 发送心跳包 Heartbeat，当 JobTracker 被 RPC 调用来发送 Heartbeat 的时候，JobTracker 的 heartbeat()函数被调用。

Hadoop 默认的调度器是 FIFO 策略的 JobQueueTaskScheduler，它有两个成员变量 JobQueueJobInProgressListener 与 EagerTaskInitializationListener。JobQueueTaskScheduler 最重要的方法是 assignTasks，它实现了工作调度。

10.2.4　执行 MapTask 的相关类

与执行 MapTask 相关的类和方法如图 10.9 所示。

MapTask 的成员变量少，只有 split 和 splitClass。splitClass 是 InputSplit 子类的类名，通过它可以利用 Java 的反射机制，创建出 InputSplit 子类。而 split 是一个 BytesWritable，它是 InputSplit 子类串行化以后的结果，再通过 InputSplit 子类的 readFields 方法，可以回复出对应的 InputSplit 对象。

MapTask 执行 Mapper 分为 runOldMapper 和 runNewMapper。对于 runOldMapper，最开始部分是构造 Mapper 处理的 InputSplit，更新 Task 的配置，然后就开始创建 Mapper 的 RecordReader，rawIn 是原始输入，然后分正常（使用 TrackedRecordReader）和跳过部分记录（使用 SkippingRecordReader）两种情况，构造对应的真正输入 in。

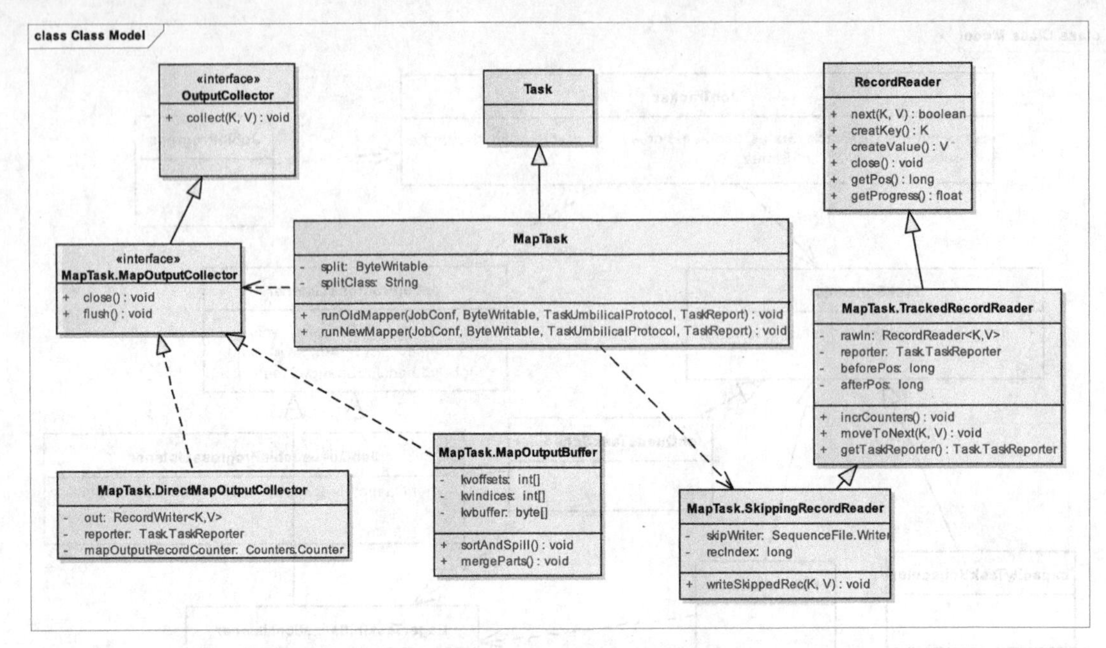

图 10.9　执行 MapTask 的相关类

Mapper 的输出是通过 MapOutputCollector 进行的，也分两种情况：如果没有 Reducer，使用 DirectMapOutputCollector；否则，使用 MapOutputBuffer。

10.3　代码详细分析

10.3.1　JobClient 提交 Job

JobClient 通过静态方法 runJob(job)来提交作业。参数是 JobConf 类型，它继承自 Configuration 类，该类是对一个作业的完整描述，包括配置文件和 InputStream 等。静态方法 runJob(job)利用配置类实例化一个 JobClient 实例，然后用该实例的 submitJob(job)方法正式向 JobTracker 提交作业。此方法会返回一个 RunningJob 对象，它是一个查询正在运行的 MapReduce 作业的详细信息的接口，如作业名字、配置信息、运行进度和错误信息等，JobClient 在作业提交后根据此对象开始轮询作业的进度，直到作业完成。

通过 submitJob(job)提交作业的过程，其实是通过 submitJobInternal(job)方法完成的。submitJobInternal(job)方法在真正提交作业前会首先从 Hadoop 分布式文件系统 HDFS 初始化一块空间，并在这块共享空间里依次上传 3 个文件：job.jar、job.split 和 job.xml。

- job.jar：作业的程序包，jar 包里面包含了执行此任务需要的各种类，比如 Mapper、Reducer 等具体实现类。
- job.split：文件分块的相关信息，比如有数据分多少个块，块的大小（默认 64MB）等。JobClient 会使用默认的 FileInputFormat 类，调用 FileInputFormat.getSplits()方法生成小数据集。如果判断数据文件 isSplitable()为 true 的话，就会将大的文件分解成小的 FileSplit。这里并不是对文件进行真正的分割，而只是记录文件在 HDFS 里的路径及偏移量和分片的大小。

- job.xml：作业配置，例如 Mapper、Combiner、Reducer 的类型，输入输出中 key/value 的类型等，主要由用户程序中的设置生成。

以上 3 个文件在 HDFS 上的存储路径由 hadoop-default.xml 文件中的 mapreduce 系统路径 mapred.system.dir 属性和 jobId 决定。其中，mapred.system.dir 属性默认是/tmp/hadoop-username/mapred/system。jobId 通过 JobClient 和 JobTracker 之间的通信协议 JobSubmissionProtocol 分配。

上传完这 3 个文件之后，submitJobInternal(job)会通过 RPC 调用 JobTracker 节点上的 submitJob(job)方法来提交作业。其中，JobClient 类是通过 RPC 实现的 Proxy 接口调用 JobTracker 的 submitJob()方法，而 JobTracker 必须实现 JobSubmissionProtocol 接口。

JobTracker 创建 Job 成功后会返回一个 JobStatus 对象，该对象可以记录作业的状态信息，包括调度信息、错误信息以及 Map 和 Reduce 任务执行的比例等。JobClient 根据这个 JobStatus 对象创建一个 NetworkedJob 对象，用于监控 JobTracker 上的执行过程并打印统计数据到用户的控制台[①]。

10.3.2 JobTracker 初始化作业

org.apache.hadoop.mapred.JobTracker 类实现了 Hadoop MapReduce 模型的 JobTracker 的功能，主要负责任务的接收、初始化以及分发 Task 到各个 TaskTracker 节点执行，并对 TaskTracker 进行监控。

当 JobClient 向 JobTracker 提交作业时，JobTracker 调用 submitJob()方法，会首先创建一个 JobInProgress 对象，该对象是一个提交作业的具体实例化，通过它来管理和调度作业。JobInProgress 在创建的时候会初始化一系列与提交作业有关的参数，调用分布式文件系统 FileSystem 的 copyToLocalFile()方法，把刚在 JobClient 端上传的所有文件下载到本地的文件系统中。下载的文件包括已经上传的 jar 包、作业配置信息 xml、作业源文件的分片信息 split，把这些文件全部下载到本地文件系统保证了作业可以在任何节点上独立运行。

JobTracker 在启动时，由 JobQueueTaskScheduler 类注册了两个重要的监听器，JobQueueJobInProgressListener 和 EagerTaskInitializationListener[②]。前者以先进先出的方式维护了一个存放作业的队列 jobQueue，主要是将新提交的作业加入到该队列，或者从队列中删除作业，以及更新队列中作业的状态。EagerTaskInitializationListener 监听器负责任务 Task 的初始化，它时刻监听一个自己的、需要专门管理初始化的作业队列，即 jobInitQueue。相关代码如下。

[①] MapReduce 源码分析总结.http://blog.csdn.net/heyutao007/article/details/5725379

[②] Hadoop MapReduce 任务执行流程源代码详细解析.http://blog.csdn.net/riverm/article/details/6826200

```
public synchronized void start() throws IOException {
//调用 TaskScheduler.start()方法，实际上没有做任何事情
super.start();
//注册一个 JobInProgressListerner 监听器
taskTrackerManager.addJobInProgressListener(jobQueueJobInProgressListener)
;
eagerTaskInitializationListener.setTaskTrackerManager(taskTrackerManager);
eagerTaskInitializationListener.start();
taskTrackerManager.addJobInProgressListener(eagerTaskInitializationListene
r)
}
```

JobTracker 使用 jobAdded(job)将作业 Job 添加到该队列后，resortInitQueue()方法根据作业的优先级和开始时间排序，紧接着调用 notifyAll()函数，唤起一个守护线程 JobInitManagerThread 来初始化作业（JobTracker 会有几个内部的线程来维护 Jobs 队列，它们的实现都在 JobTracker 代码里）。JobInitManagerThread 收到信号后按照优先级别依次取出队列中的 Job，采用线程池来完成多个 Job 的初始化。每个 Job 的初始化工作最终是调用 JobInProgress.initTasks()完成的，相关代码如下。

```
public void jobAdded(JobInProgress job) {
    synchronized (jobInitQueue) {
      jobInitQueue.add(job);
      resortInitQueue(); //将作业排序
      jobInitQueue.notifyAll();
    }
}
```

初始化 TaskInProgress 任务分两种：MapTask 和 ReduceTask，它们的管理对象都是 TaskInProgress。

首先，JobInProgress 会创建 Map 的监控对象。在 initTasks()函数里通过调用 JobClient 的 readSplitFile()获得已分解的、输入数据的 RawSplit 列表，然后根据这个列表创建对应数目的 Map 执行管理对象 TaskInProgress。在这个过程中，还会记录该 RawSplit 块对应的所有在 HDFS 里的 blocks 所在的 DataNode 节点的 host，这个会在 RawSplit 创建时通过 FileSplit 的 getLocations()函数获取，该函数会调用 DistributedFileSystem 的 getFileCacheHints()获得。当然如果是存储在本地文件系统中，使用 LocalFileSystem 时当然只有一个 location，即 localhost。

创建这些 TaskInProgress 对象完毕后，initTasks()方法会通过 createCache()方法为这些 TaskInProgress 对象产生一个未执行 Map 任务缓存 nonRunningMapCache。nonRunningMapCache 的数据结构是 Map<Node,List<TaskInProgress>>，从中可看出每一个 Map 任务与一个 Node 对应，也即对于 Map 任务来说，它将被分配到其 input split 所在的 Node 上。在此，Node 代表一个 Datanode 或者机架或者数据中心。Slave 端的 TaskTracker 向

Master 发送心跳时，就可以直接从这个 cache 中取任务去执行。相关代码如下。

```
public synchronized void initTasks(){
      …
      //从 HDFS 中读取 job.split 文件，从而生成 input splits
TaskSplitMetaInfo[] splits = createSplits(jobId);

    numMapTasks = splits.length;

    maps = new TaskInProgress[numMapTasks]; //创建与分片数目相同的 Map 任务
    for(int i=0; i < numMapTasks; ++i) {
      inputLength += splits[i].getInputDataLength();

      //为每个 Map 任务生成一个 TaskInProgress 来处理一个 input split
      maps[i] = new TaskInProgress(jobId, jobFile, splits[i],
                    jobtracker, conf, this, i, numSlotsPerMap);
    }
    LOG.info("Input size for job " + jobId + " = " + inputLength
        + ". Number of splits = " + splits.length);

    if (numMapTasks > 0) {
      //未执行的 Map 任务缓存
      nonRunningMapCache = createCache(splits, maxLevel);
}
…
}
```

其次，JobInProgress 会创建 Reduce 的监控对象。这个比较简单，根据 JobConf 里指定的 Reduce 数目创建，默认只创建 1 个 Reduce 任务。监控和调度 Reduce 任务的是 TaskInProgress 类，不过构造方法有所不同，TaskInProgress 会根据不同参数分别创建具体的 MapTask 或者 ReduceTask。同样地，initTasks()也会通过 createCache()方法产生 nonRunningReduceCache 成员。相关代码如下。

```
public synchronized void initTasks(){
…
this.reduces = new TaskInProgress[numReduceTasks]; //创建 Reduce 任务
    for (int i = 0; i < numReduceTasks; i++) {
      reduces[i] = new TaskInProgress(jobId, jobFile,
                    numMapTasks, i, jobtracker, conf, this,
                    numSlotsPerReduce);
/*Reduce Task 放入 nonRunningReduces，其将在 JobTracker 向 TaskTracker
分配 Reduce Task 的时候使用。*/
nonRunningReduces.add(reduces[i]);
}
}
```

JobInProgress 创建完 TaskInProgress 后，最后构造 JobStatus 并记录 Job 正在执行中，然后再调用 JobHistory.JobInfo.logStarted()记录 Job 的执行日志。到这里，JobTracker 里初始化 Job 的过程全部结束。执行则是通过另一异步方式处理的。

10.3.3 TaskTracker 启动

Task 的执行实际是由 TaskTracker 发起的，TaskTracker 会定期与 JobTracker 进行一次通信，报告自己 Task 的执行状态，接收 JobTracker 的指令等。通信间隔默认为 3s，由 MRConstants 类中定义的 HEARTBEAT_INTERVAL_MIN 变量控制。如果在 JobTracker 的回应中发现有自己需要执行的新任务，新任务也会在这时启动。

1. TaskTracker 启动

org.apache.hadoop.mapred.TaskTracker 类实现了 MapReduce 模型中 TaskTracker 的功能。

TaskTracker 也是作为一个单独的 JVM 来运行的，其 main 函数就是 TaskTracker 的入口函数。当启动 Hadoop 服务的时候，在命令行中输入 start-all.sh 启动 JobTracker、TaskTracker、Namenode、Datanode 时，该脚本就是通过 SSH 运行 main 函数来启动 TaskTracker 的。

main 函数中最重要的语句如下。

```
TaskTracker tt = new TaskTracker(conf);
tt.run();
```

TaskTracker 的启动过程会初始化一系列参数和服务，然后尝试连接 JobTracker，所以 JobTracker 必须实现 InterTrackerProtocol 接口。如果连接断开，则会循环尝试连接 JobTracker，并重新初始化所有成员和参数。

2. TaskTracker 发送 Heartbeat

TaskTracker 启动的 run 函数中主要调用了 offerService 函数，该函数部分代码如下所示。

```
State offerService() throws Exception {
…
    //TaskTracker 进程一直存在，所以循环体会一直循环执行
    while (running && !shuttingDown) {
      try {
        long now = System.currentTimeMillis();
        //每隔一段时间就向 JobTracker 发送 Heartbeat
        synchronized (finishedCount) {
        //计算发送下次 Heartbeat 的剩余时间
          long remaining =
            (lastHeartbeat + getHeartbeatInterval(finishedCount.get())) -
now;
          while (remaining > 0) {
           //在剩余时间内睡眠
```

```
            finishedCount.wait(remaining);
            now = System.currentTimeMillis();
            remaining =
              (lastHeartbeat + getHeartbeatInterval(finishedCount.get()))
- now;
          }
          //计数器重置
          finishedCount.set(0);
        }
        //向 JobTracker 发送 HeartBeat
        HeartbeatResponse heartbeatResponse = transmitHeartBeat(now);
…
      //从 JobTracker 返回的 heartbeatResponse 中获得 TaskTracker 需要做的事
TaskTrackerAction[] actions = heartbeatResponse.getActions();
          …
    }
    return State.NORMAL;
}
```

如果连接 JobTracker 服务成功，TaskTracker 就会调用 offerService()函数进入主执行循环中。这个循环会每隔 3s 与 JobTracker 通信一次，调用 transmitHeartBeat()，并获得 JobTracker 返回的 HeartbeatResponse 信息。然后调用 HeartbeatResponse 的 getActions()函数获得 JobTracker 传过来的所有指令，即一个 TaskTrackerAction 数组。遍历这个数组，如果存在一个新任务指令，即属于 LaunchTaskAction 类型，TaskTracker 会调用 addToTaskQueuc()方法加入到待执行队列，否则加入到 tasksToCleanup 待清理队列，该队列会交给一个 taskCleanupThread 线程来处理，如执行 KillJobAction 或者 KillTaskAction 等。

其中，transmitHeartBeat 函数的作用就是：TaskTracker 向 JobTracker 发送 Heartbeat。其主要代码如下所示。

```
HeartbeatResponse transmitHeartBeat(long now) throws IOException {
…
      if (status == null) {
      synchronized (this) {
        status = new TaskTrackerStatus(taskTrackerName, localHostname,
             httpPort, cloneAndResetRunningTaskStatuses(sendCounters),
             failures, maxMapSlots, maxReduceSlots);
      }
}
/*当满足下面的条件的时候，此 TaskTracker 请求 JobTracker 为其分配一个新的 Task 来运行：
当前 TaskTracker 正在运行的 Map Task 的个数小于可以运行的 Map Task 的最大个数；
当前 TaskTracker 正在运行的 Reduce Task 的个数小于可以运行的 Reduce Task 的最大个数；
*/
boolean askForNewTask;
    long localMinSpaceStart;
```

```
    synchronized (this) {
      askForNewTask =
        ((status.countOccupiedMapSlots() < maxMapSlots ||
          status.countOccupiedReduceSlots() < maxReduceSlots) &&
         acceptNewTasks);
      localMinSpaceStart = minSpaceStart;
}
…
HeartbeatResponse heartbeatResponse = jobClient.heartbeat(status,
      justStarted,justInited, askForNewTask, heartbeatResponseId);
…
return heartbeatResponse;
}
```

在 transmitHeartBeat()函数处理中，TaskTracker 会创建一个新的 TaskTrackerStatus 对象记录目前任务的执行状况，检查目前执行的 Task 数目以及本地磁盘的空间使用情况等，如果可以接收新的 Task 则设置 heartbeat()的 askForNewTask 参数为 true。然后通过 IPC 接口调用 JobTracker 的 heartbeat()方法发送过去，参数 status 描述了 TaskTracker 机器状态信息，包括空闲磁盘信息、虚拟和实际内存信息、Map 使用内存、Reduce 使用内存、可以虚拟和物理内存、累计 CPU 时间、CPU 频率、CPU 处理器个数、CPU 使用率等。

heartbeat()返回 TaskTrackerAction 数组，其中包括 TaskTracker 需要做的 job 或 Task 操作，是否开启新的任务。TaskTracker 可以从 JobTracker 取得当前文件系统路径，需要执行 Job 的 jar 文件路径等。

10.3.4 JobTracker 调度作业

1. JobTracker 接收 Heartbeat

TaskTracker 中的 offerService()周期性地调用 transmitHeartBeat()，此时 Heartbeat 通过 InterTrackerProtocol 向 JobTracker 发送心跳包。当 JobTracker 被 RPC 调用来发送 Heartbeat 的时候，JobTracker 的 heartbeat()函数被调用，进行下面的工作[①]：

（1）检查 TaskTracker 是否为被允许节点。对于 MapReduce，可以设置 mapred.hosts.exclude 属性来控制，该属性引用排除文件 exclude，exclude 文件列出了不允许连接到集群中的节点。对于 TaskTracker 是否可以连接到 JobTracker 的规则是：只有 include 文件中包含，但 exclude 文件不包含时，TaskTracker 才可以连接到 JobTracker。没有定义的或者空的 include 文件意味着所有节点都在 include 文件中。

（2）JobTracker 中维护了 trackerID→last sent HeartBeatResponse 的映射关系，该关系保存了该 TaskTracker 上次 Heartbeat 的 response。如果 TaskTracker 的这次连接不是初始连接，而

① 磨磋 Hadoop：hadoop heartbeat 分析.http://blog.csdn.net/baggioss/article/details/5462593

且 JobTracker 中的上次 HeartbeatResponse 为空，则表示 JobTracker 出现了严重的问题，此时会记录一个 warning，然后建立一个新的 response。相关代码如下所示。

```
HeartbeatResponse prevHeartbeatResponse =
trackerToHeartbeatResponseMap.get(trackerName);
if (initialContact != true) {
if (prevHeartbeatResponse == null) {
…
LOG.warn("Serious problem, cannot find record of 'previous' " +
                 "heartbeat for '" + trackerName +
                 "'; reinitializing the tasktracker");
return new HeartbeatResponse(responseId,
      new TaskTrackerAction[] {new ReinitTrackerAction()});
}
}
```

（3）调用 processHeartBeat()，根据此次 Heartbeat 中所包含的 TaskTracker 和 Task 的信息，更新 JobTracker 中相应的数据结构。

（4）新建并初始化 JobTracker 返回的 response 对象。

（5）检测将在该 TaskTracker 上运行的新 Task，并检测需要被 kill 的 Task 以及需要被 kill 或者 cleanup 的 Job。

（6）更新 JobTracker 中的 trackerID→last sent HeartBeatResponse 映射关系，即 trackerToHeartbeatResponseMap 结构。

（7）处理完 Heartbeat，删除该 TaskTracker 上全部“marked”Tasks，调用的方法是把 non-running 属性的 Task 标记成“marked”Tasks。相关代码如下所示。

```
processHeartbeat(status, initialContact, now);
HeartbeatResponse response = new HeartbeatResponse(newResponseId, null);
…
List<TaskTrackerAction> killTasksList = getTasksToKill(trackerName);
if (killTasksList != null) {
      actions.addAll(killTasksList);
}
List<TaskTrackerAction> killJobsList = getJobsForCleanup(trackerName);
if (killJobsList != null) {
      actions.addAll(killJobsList);
}
…
trackerToHeartbeatResponseMap.put(trackerName, response);
removeMarkedTasks(trackerName);
```

2. JobTracker 调度作业

Hadoop 默认的调度器是 FIFO（先进先出）策略的 JobQueueTaskScheduler，它有两个成员变量 JobQueueJobInProgressListener 与 EagerTaskInitializationListener。JobQueueJobInProgressListener 是 JobTracker 的一个监听器类，它包含了一个 Map 类型的 jobQueue，用来管理和调度所有的 JobInProgress，如增加作业、移除作业以及更新作业等。

JobQueueTaskScheduler 最重要的方法是 assignTasks，它实现了工作调度。具体实现如下：

（1）首先它会计算该作业剩余的 Map 和 Reduce 工作量，然后检查每个 TaskTracker 端还可以承受的平均 Map 和 Reduce 任务负载，并继续检查将要派发的任务数是否超出集群的任务平均剩余可负载数。

（2）Map 任务的分配优先于 Reduce 任务，如果 TaskTracker 上运行的 Map 任务数目小于平均的工作量，则为此 TaskTracker 分配一个 MapTask。产生 Map 任务使用 JobInProgress 的 obtainNewMapTask() 方法，其主要调用了 JobInProgress 的 findNewMapTask()，根据 TaskTracker 所在的 Node 从 nonRunningMapCache 中查找 TaskInProgress。相关代码如下。

```
for (JobInProgress job : jobQueue) {
…
     Task t = null;
     //分配新的 Map 任务
     t = job.obtainNewLocalMapTask(taskTrackerStatus, numTaskTrackers,
       taskTrackerManager.getNumberOfUniqueHosts());
     if (t != null) {
        assignedTasks.add(t);
        ++numLocalMaps;
}
}
```

在前文中任务初始化时，createCache()方法在创建未执行任务的缓存时，会在网络拓扑结构上挂载所有需要执行的 TaskInProgress。findNewMapTask()方法由近到远分层寻找 TaskTracker，首先是同一 Node，然后再寻找同一机柜上的节点，接着寻找相同数据中心下的节点，直到找到 maxLevel 层结束。应用此寻找机制，在 JobTracker 给 TaskTracker 派发任务的时候，可以迅速找到最近的 TaskTracker，让它执行任务。

最终生成一个 Task 类对象，该对象被封装在一个 LanuchTaskAction 中，发回给 TaskTracker，让它去执行任务。

（3）产生 Reduce 任务的过程与产生 Map 任务类似，使用 obtainNewReduceTask() 方法，其主要调用了 JobInProgres 的 findNewReduceTask()访问 nonRuningReduceCache，从中找到 TaskInProgress。相关代码如下。

```
for (JobInProgress job : jobQueue) {
…
Task t = job.obtainNewReduceTask(taskTrackerStatus, numTaskTrackers,
taskTrackerManager.getNumberOfUniqueHosts() );
    if (t != null) {
```

```
        assignedTasks.add(t);
        break;
    }
}
```

10.3.5　TaskTracker 加载 Task

TaskLauncher 是用来处理新任务的线程类，包含了一个待运行任务的队列 tasksToLaunch。TaskTracker 在向 JobTracker 发送 Heartbeat 后，如果返回的 reponse 中含有分配好的任务 LaunchTaskAction，TaskTracker 则调用 addToTaskQueue 方法，将其加入 TaskTracker 类中 MapLauncher 或者 ReduceLauncher 对象的 taskToLaunch 队列（详见 10.3.3 小节）。其中，MapLauncher 和 ReduceLauncher 对象均为 TaskLauncher 类的实例。TaskLauncher 类是 TaskTracker 类的一个内部类，具有一个数据成员，是 TaskTracker.TaskInProgress 类型的队列。如果应答包中包含的任务是 MapTask 则放入 MapLancher 的 taskToLaunch 队列，如果是 ReduceTask 则放入 ReduceLancher 的 taskToLaunch 队列。

在 TaskTracker 类内部所提到的 TaskInProgress 类均为 TaskTracker 的内部类，本文用 TaskTracker.TaskInProgress 表示。读者一定要把该类和 org.apache.hadoop.mapred 包中的 TaskInProgress 类区分开来，后者我们直接用 TaskInProgress 表示。

TaskInProgress 和 TaskTracker.TaskInProgress 的区别如下：JobClient 提交 Job 后，JobTracker 会创建一个 JobInProgress 来跟踪和调度这个 Job，并把它添加到 Job 队列里。JobInProgress 会根据提交的 Job jar 中定义的输入数据集（已分解成 FileSplit）创建对应的一批 TaskInProgress 用于监控和调度 MapTask，同时再创建指定数目的 TaskInProgress 用于监控和调度 ReduceTask，默认为 1 个 ReduceTask。TaskTracker 接收到任务后会创建对应的 TaskTracker.TaskInProgress 用于监控和调度该 Task。JobInProgress 和 TaskInProgress 都运行在 Master 上，其中 JobInProgress 监控 Master 上的 TaskInProgress。Master 上的 TaskInProgress 监控 Task，并将这些 Task 序列化后，分发到各个 Slave 中。而 TaskTracker.TaskInProgress 运行在 Slave 上。

TaskTracker.addToTaskQueue 会调用 TaskTracker 的 registerTask，创建 TaskInProgress 对象来调度和监控任务，并把它加入到 runningTasks 队列中。相关代码如下所示。

```
public void addToTaskQueue(LaunchTaskAction action) {
synchronized (tasksToLaunch) {
TaskInProgress tip = registerTask(action, this);
tasksToLaunch.add(tip);
tasksToLaunch.notifyAll();
}
}
```

```
private TaskInProgress registerTask(LaunchTaskAction action,
      TaskLauncher launcher) {
Task t = action.getTask();
LOG.info("LaunchTaskAction (registerTask): " + t.getTaskID() +
          " task's state:" + t.getState());
TaskInProgress tip = new TaskInProgress(t, this.fConf, launcher);
synchronized (this) {
tasks.put(t.getTaskID(), tip);
runningTasks.put(t.getTaskID(), tip);
}
return tip;
}
```

同时，TaskLauncher 将这个 TaskInProgress 加到 tasksToLaunch 中，并使用 notifyAll()唤醒一个线程运行，该线程从队列 tasksToLaunch 取出一个待运行任务，调用 TaskTracker 的 startNewTask 运行任务。TaskLauncher 类继承了 Thread 类，所以在程序运行过程中，它们各自都以一个线程独立运行。它们的启动在 TaskTracker 初始化过程中已经完成。该类的 run 函数就是不断监测 taskToLaunch 队列中是否有新的 TaskTracker.TaskInProgress 对象加入。如果有则从中取出一个对象，然后调用 TaskTracker 类的 startNewTask(TaskInProgress tip)来启动一个 Task，其又主要调用了 localizeJob(TaskInProgress tip)，该函数的工作就是真正初始化 Task 并开始执行。

localizeJob 函数首先创建一个 RunningJob 并调用 addTaskToJob()函数将它添加到 runningJobs 监控队列中。addTaskToJob 方法把一个任务加入到该任务属于的 runningJob 的 Tasks 列表中。如果该任务属于的 runningJob 不存在，则先新建一个 runningJob 对象，再将该任务加入到 runningJobs 中。该函数其次的任务是调用 initializeJob 初始化工作目录，首先将 Job 的配置文件 job.xml 从 HDFS 复制到本地文件系统中，然后唤醒 TaskController 完成余下的初始化工作。TaskController 主要复制 job.jar 文件到本地文件系统，再调用 RunJar.unJar()将包解压到工作目录。初始化 Task 操作完成后，即调用 launchTaskForJob()开始执行 Task。

启动 Task 的工作实际是调用 TaskTracker.TaskInProgress 的 launchTask()函数来执行的。执行任务前，先调用 localizeTask()更新一下 jobConf 文件并写入到本地目录中。然后通过调用 Task 的 createRunner()方法创建 TaskRunner 对象，并调用其 start()方法最后启动独立的 Java 执行子进程。

Task 有两个实现版本，即 MapTask 和 ReduceTask，它们分别用于创建 Map 和 Reduce 任务。MapTask 会创建 MapTaskRunner 来启动 Task 子进程，而 ReduceTask 则创建 ReduceTaskRunner 来启动。

TaskRunner 负责将一个任务放到一个进程里面来执行。它会调用 run()函数来处理，主要的工作就是初始化 Java 子进程启动的一系列环境变量，包括设定工作目录 workDir，设置 CLASSPATH 环境变量，装载 job.jar 等。当 JVM 环境配置好后，launchJvmAndWait 方法启动一个 Task 子进程来执行 Task。JvmManager 用于管理该 TaskTracker 上所有运行的 Task 子进程。每一个进程都是由 JvmRunner 来管理的，它也是位于单独线程中的。JvmManager 的 launchJvm 方法，根据任务是 Map 还是 Reduce，生成对应的 JvmRunner，并放到对应 JvmManagerForType 的进程容器中进行管理，相关代码如下。

```
abstract class TaskRunner extends Thread {
public final void run() {
…
//设定工作目录 workDir
final File workDir =
    new File(new Path(localdirs[rand.nextInt(localdirs.length)],
    TaskTracker.getTaskWorkDir(t.getUser(),taskid.getJobID().toString(),
        taskid.toString(),
        t.isTaskCleanupTask())).toString());
//设置环境变量
List<String> classPaths = getClassPaths(conf, workDir,
taskDistributedCacheManager);
//启动 Task 子进程
launchJvmAndWait(setupCmds, vargs, stdout, stderr, logSize, workDir);
…
}
}
```

JvmManagerForType 的 reapJvm()分配一个新的 JVM 进程。如果 JvmManagerForType 槽满，就寻找 idle 的进程。如果是运行相同的 Job，就将其直接放进去；否则，这个进程被杀死，用一个新的进程代替。如果槽没有满，那么就启动新的子进程。生成新的进程使用 spawnNewJvm 方法。spawnNewJvm 使用 JvmRunner 线程的 run 方法，run 方法用于生成一个新的进程并运行它，具体实现方法是调用 runChild。

10.3.6　子进程执行 MapTask

执行 MapTask 的真实的载体是 Child，它包含一个 main 函数，进程执行会将相关参数传进来，子进程会拆解这些参数，通过 getTask(context)向父进程索取任务，并且构造出相关的 Task 实例，然后使用 Task 的 run()启动任务，主要代码如下。

```
while (true) {
//从 TaskTracker 通过网络通信得到 JvmTask 对象
JvmTask myTask = umbilical.getTask(context);
task = myTask.getTask();
taskid = task.getTaskID();
final JobConf job = new JobConf(task.getJobFile());
task.setConf(job);
…
final Task taskFinal = task;
//运行 Task
```

```
taskFinal.run(job, umbilical);
...
}
```

run 方法比较简单，首先配置系统的 TaskReporter，reporter 用于启动一个线程，用来和 TaskTracker 交互目前运行的状态。然后有 4 个 if 语句根据任务类型的不同进行相应的操作：runJobCleanupTask、runJobSetupTask、runTaskCleanupTask 或执行 Mapper。

JobSetup、JobCleanup、TaskCleanup 是作业的 3 种类型的辅助任务，而 Map 和 Reduce 是作业的两种正式任务。JobSetup 的工作是当一个提交的 Job 在被初始化之后，JobTracker 首先调用该任务的 SetupTask 进行 Task 实例，然后再调度该任务的 MapReduce 任务。JobCleanup 的工作是当一个作业完成时（成功、失败、kill），JobTracker 节点就会调度这个任务来结束作业。TaskCleanup 与 JobCleanup 的区别是：当任务实例停止执行之后，JobTracker 将任务实例交给合适的 TaskTracker 来执行对该任务的清理操作。

由于 MapReduce 现在有两套 API，MapTask 需要支持这两套 API，使得 MapTask 执行 Mapper 分别为 runNewMapper 和 runOldMapper。主要代码如下。

```
if (jobCleanup) {
runJobCleanupTask(umbilical, reporter);
return;
}
if (jobSetup) {
runJobSetupTask(umbilical, reporter);
return;
}
if (taskCleanup) {
runTaskCleanupTask(umbilical, reporter);
return;
}
if (useNewApi) {
runNewMapper(job, splitMetaInfo, umbilical, reporter);
} else {
runOldMapper(job, splitMetaInfo, umbilical, reporter);
}
```

本章先分析 runOldMapper，runOldMapper 最开始先构造需要进行 Mapper 处理的 InputSplit，然后就开始创建 Mapper 的 RecordReader，从而得到 Mapper 的输入（InputSplit 和 RecordReader 的概念及应用详见第 6 章）。runOldMapper 然后构造 Mapper 的输出，输出是通过 MapOutputCollector 进行的。输出的构造分为两种情况，如果该任务没有 Reducer 操作，那么使用 DirectMapOutputCollector 构造输出，否则使用 MapOutputBuffer 构造。

构造完 Mapper 的输入输出，根据配置文件中的配置构造 MapRunnable，由此来执行 Mapper 操作。目前，Hadoop 系统提供两个 MapRunnable：MapRunner 和 MultithreadedMapRunner。MapRunner 是单线程执行器，相对比较简单。MapRunner 使用反射机制生成用户自定义的

Mapper 接口实现类，作为 MapRunner 的一个成员。

MapRunner 的 run 方法会先创建对应的 key、value 对象，然后程序不断地获取 InputSplit 的每一对 key/value，调用用户实现的 Mapper 接口实现类的 map 方法。每处理一个数据对，就要使用 OutputCollector 收集每次处理 key/value 对后得到的新的 key/value 对（用户在自定义的 map 函数中执行收集操作），最后通过调用 flush()方法把它们 spill 到文件或者放到内存，以做进一步的处理，比如排序、combine 等。相关代码如下。

```
public void run(RecordReader<K1, V1> input, OutputCollector<K2, V2>
     output,Reporter reporter) throws IOException {
try {
      //创建需要进行 Map 操作的 key、value 对象
      K1 key = input.createKey();
      V1 value = input.createValue();
      //循环获取所有的 key/value 对
      while (input.next(key, value)) {
        mapper.map(key, value, output, reporter); //用户自定义的 Map 操作
...
      }
    } finally {
      mapper.close();
    }
}
```

MapOutputCollector 有两个子类：MapOutputBuffer 和 DirectMapOutputCollector。DirectMapOutputCollector 用在只有 Map 阶段而不需要 Reduce 阶段的时候，如果 Map 任务完成后还有 Reduce 任务，系统会使用 MapOutputBuffer 作为输出。

通过 OutputCollector 将 Map 的结果输出时，如果输出的数据量很大，Hadoop 的机制是通过一个 circle buffer 收集 Mapper 的输出。缓存区中的数据量到了 io.sort.mb * percent 的时候，就会被 spill 到硬盘中，如图 10.10 所示。

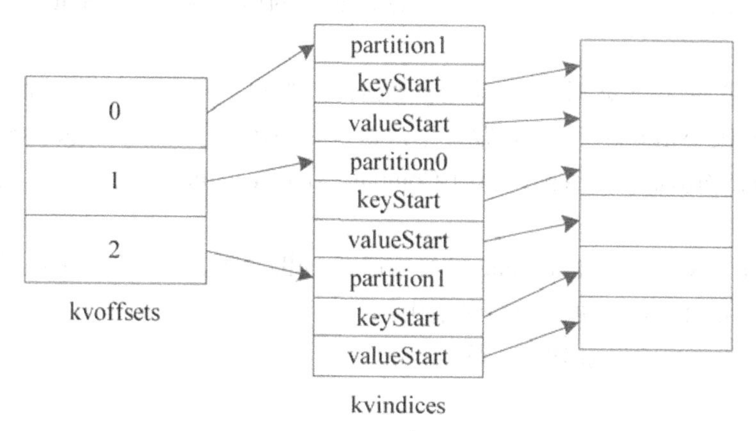

图 10.10　Map 的处理结果 key/value 对的缓存方式

MapOutputBuffer 使用两个数组和一个缓冲区对 map 的处理结果 key/value 对进行缓存，放在内存中。其中，kvindices 保持了记录所属的（Reduce）分区，key 在缓冲区开始的位置和 value 在缓冲区开始的位置，通过 kvindices 可以在缓冲区中找到对应的记录。kvoffets 用于在缓冲区满的时候对 kvindices 的 partition 进行排序，排完序的结果将输出到本地磁盘上，其中索引（kvindices）保持在 spill{spill 号}.out.index 中，数据保存在 spill{spill 号}.out 中。

当 Mapper 任务结束后，有可能会出现多个 spill 文件，这些文件会做一个归并排序，形成 Mapper 的一个输出，如图 10.11 所示。这个输出是按 partition 排序的，Mapper 的输出被分段，Reducer 要获取的就是 spill.out 中的一段。

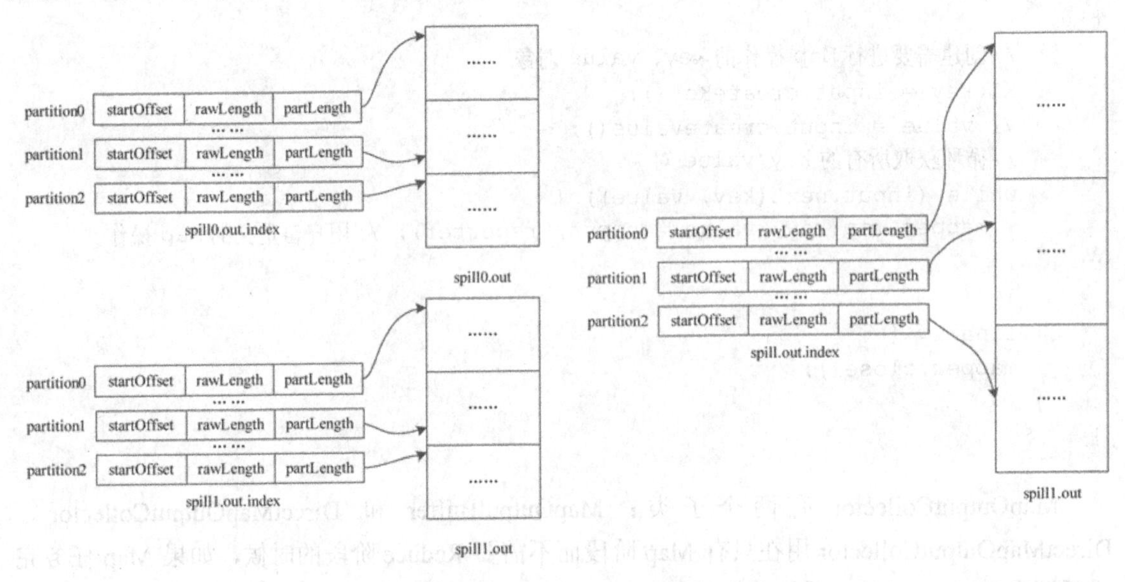

图 10.11 多个 spill 文件的合并

在适当的时机，缓冲区中的数据会被 spill 到硬盘中，向硬盘中写数据的时机有以下 3 种情况：

（1）当内存缓冲区不能容下一个太大的 key/value 对时，调用 spillSingleRecord 方法将数据写入硬盘。

（2）内存缓冲区已满时，启动 SpillThread 线程写数据。该线程首先调用函数 sortAndSpill，按照 partition 和 key 做排序，默认使用的是快速排序 QuickSort。如果没有 combiner，则直接输出记录；否则，调用 CombinerRunner 的 combine 方法，先做 combine 然后输出。

（3）Mapper 的所有输出 key/value 结果都已经 collect 了，需要对缓冲区做最后的清理，调用 flush 方法将缓冲区的数据 spill 到硬盘中。

Map 任务执行序列图如图 10.12 所示。

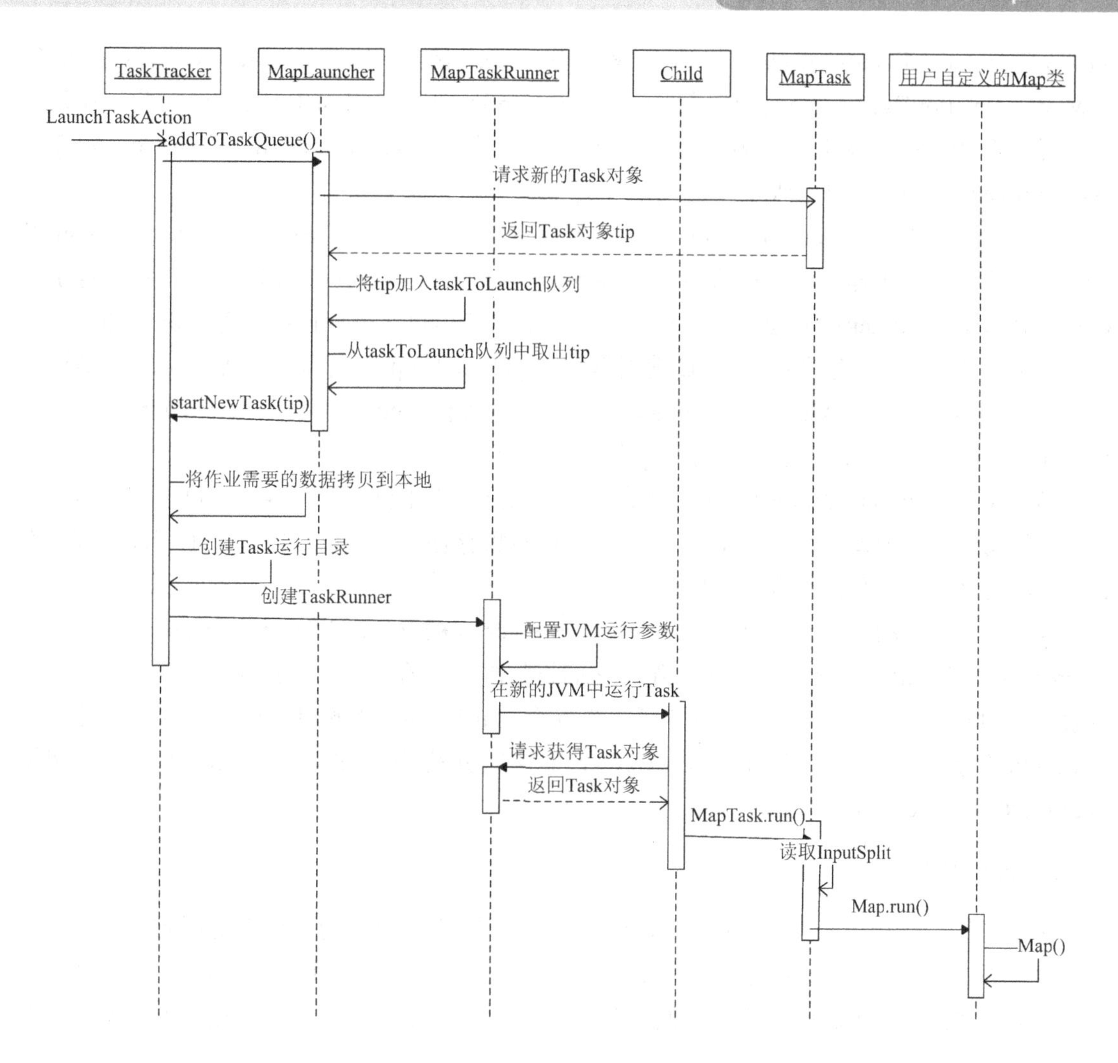

图 10.12 Map 任务执行序列图

10.3.7 子进程执行 ReduceTask

ReduceTask.run 方法执行 Reduce 任务，该方法开始和 MapTask 的 run 方法类似，包括初始化 initialize()、runJobCleanupTask()、runJobSetupTask()、runTaskCleanupTask()。之后进入正式的工作，主要有 3 个阶段：Copy、Sort、Reduce。添加 Reduce 过程需要经过这 3 个阶段，以便通知 TaskTracker 目前运行的情况。

1. Copy 阶段

该阶段就是从执行各个 Map 任务的服务器那里，收集 Map 的输出文件。由 ReduceTask.ReduceCopier 类来负责复制的任务。调用 ReduceCopier.fetchOutputs 开始进入复制的流程：

（1）索取任务。启动 GetMapEventsThread 线程，该线程的 run 方法循环的调用

getMapCompletionEvents 方法，该方法又通过 RPC 调用 TaskUmbilicalProtocol 协议的 getMapCompletionEvents 方法，使用作业所属的 jobID 向其父 TaskTracker 询问此作业每个 Map 任务的完成状况。该方法返回一个数组 TaskCompletionEvent events[]。TaskCompletionEvent 包含 taskid 和 ip 地址之类的信息。

（2）当获取到相关 Map 任务执行服务器的信息后，会有若干个线程 MapOutputCopier 开启，做具体的复制工作。线程的数量由 mapred.reduce.parallel.copies 参数决定，它决定了把 Map 输出复制到 Reduce 所使用的线程数量，增加这个值可以提高网络传输速度，加快复制 Map 输出的过程，但是也会增加 CPU 使用量。MapOutputCopier 线程负责某个 Map 任务服务器上文件的复制工作，MapOutputCopier 的 run 循环调用 copyOutput，copyOutput 又调用 getMapOutput，使用 HTTP 远程复制 Map 任务的输出。

（3）getMapOutput 复制 Map 任务的输出，可以是远程主机上的内容，也可以是本地文件系统中的输出。复制过来的内容作为 MapOutput 对象存在，它可以在内存中也可以序列化在磁盘上，这个根据内存使用状况来自动调节。

（4）复制过程的同时，还启动了一个内存 Merger 线程 InMemFSMergeThread 和一个文件 Merger 线程 LocalFSMerger 在同步工作，它们将复制过来的文件做归并排序，降低输入文件的数量，可以节约时间，为后续的排序工作减负。InMemFSMergeThread 的 run 循环调用 doInMemMerge，该方法使用工具类 Merger 实现归并排序，如果需要 combine，则调用 combinerRunner.combine 方法。

2. Sort 阶段

排序工作，就相当于上述排序工作的一个延续，它会在所有的文件都复制完毕后进行。使用工具类 Merger 归并所有的文件。经过排序这个流程，一个合并了所有所需 Map 任务输出文件的新文件产生了。而那些从其他各个服务器收集过来的 Map 任务输出文件，全部被删除了。

3. Reduce 阶段

Reduce 阶段是 Reduce 任务的最后一个阶段。在这个阶段首先获取用户设置的 keyClass（mapred.output.key.class 或 mapred.mapoutput.key.class），valueClass（mapred.mapoutput.value.class 或 mapred.output.value.class）和 Comparator（mapred.output.value.groupfn.class 或 mapred.output.key.comparator.class）。同样，由于 MapReduce 现在有两套 API，ReduceTask 也需要支持这两套 API，所以 ReduceTask 执行 Reducer 分为 runNewReducer 和 runOldReducer。本章仅分析 runOldReducer 方法。

（1）输出方面，它会准备一个 OutputCollector 收集输出，与 MapTask 不同，这个 OutputCollector 更为简单，仅仅是打开一个 RecordWriter，collect 一次，write 一次。最大的不同在于，这次传入 RecordWriter 的文件系统，基本都是分布式文件系统，或者说是 HDFS。

（2）输入方面，ReduceTask 会用前面准备好的 KeyClass、ValueClass、KeyComparator 等

的自定义类，构造出 Reducer 所需的键类型和值的迭代类型 Iterator。

（3）有了输入和输出，不断循环调用用户自定义的 Reducer，最终完成 Reduce 阶段。

Reduce 任务执行序列图，如图 10.13 所示。

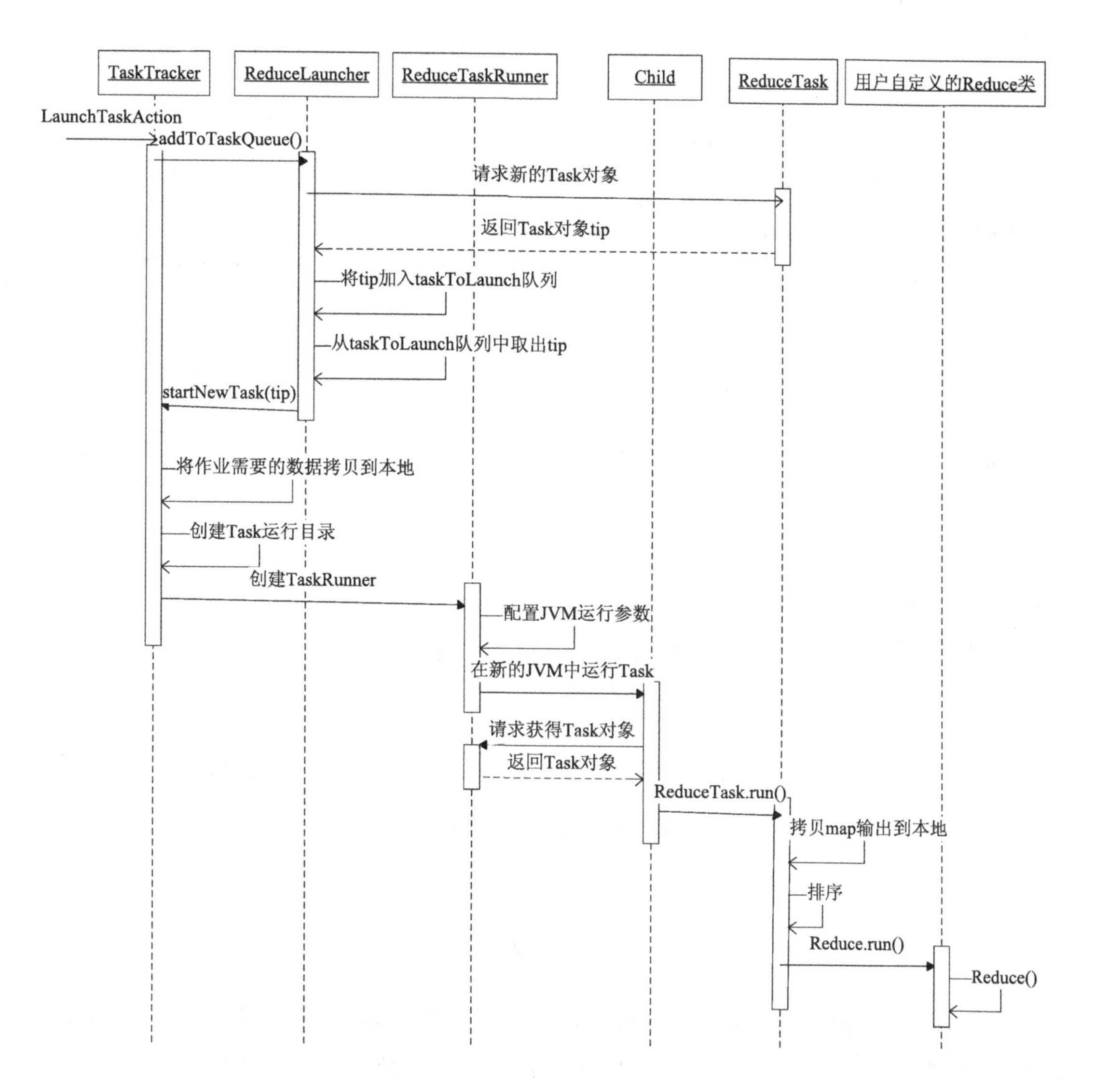

图 10.13　Reduce 任务执行序列图

MapReduce 的过程总结如图 10.14 所示。

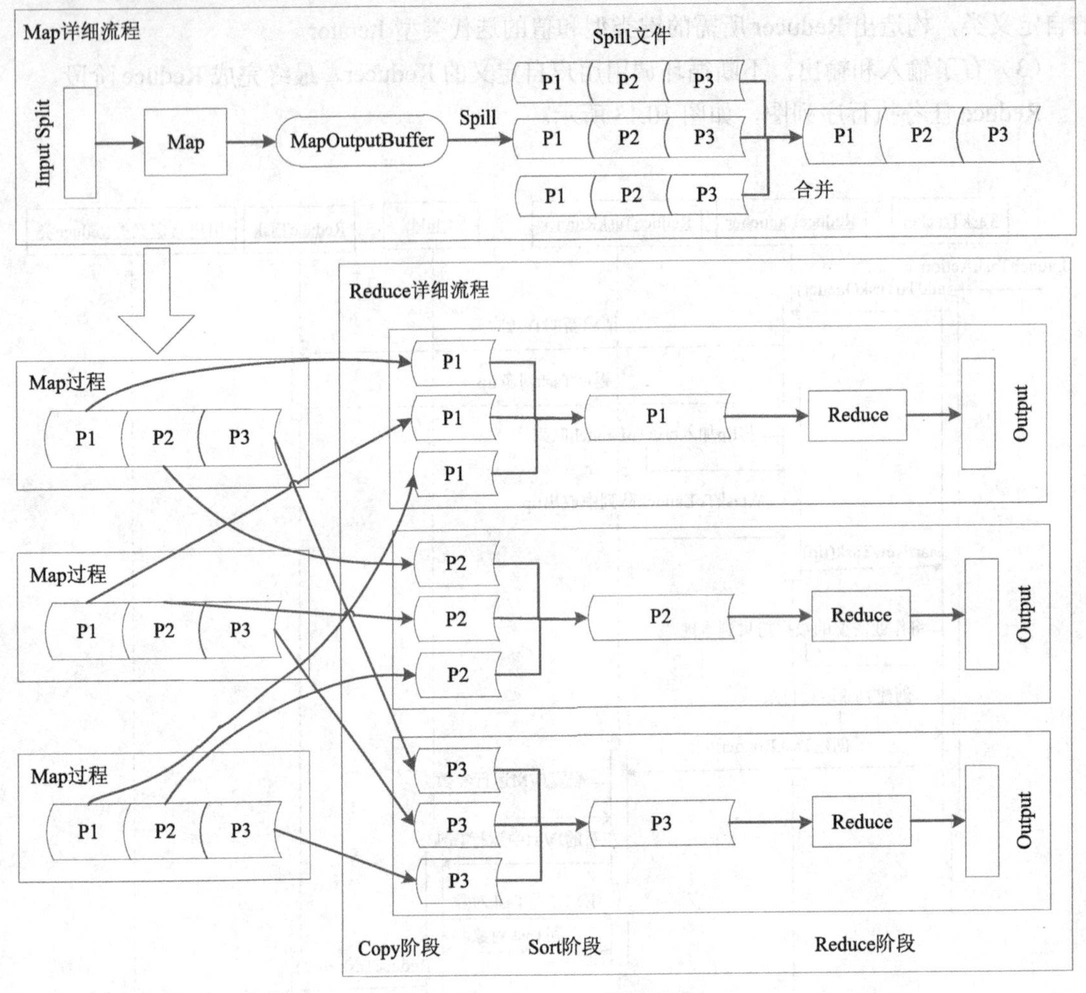

图 10.14　MapReduce 详细流程

10.4　本章小结

本章通过深入分析 Hadoop 中 MapReduce 部分的源码，希望读者能充分理解 MapReduce 的执行流程和内部机制，从而在实际开发中更好地应用 MapReduce 编程模型。本章先介绍了 MapReduce 的框架结构，引入 MapReduce 模型中的所有角色，并对角色如何参与 MapReduce 执行流程做了简单介绍。然后，本章通过源码类图引出了 MapReduce 执行过程中的 7 个场景。最后对从提交作业到执行完作业流程的这 7 个场景分别进行详细深入分析，旨在让读者清楚了解 MapReduce 模型如何实现分布式计算。限于时间和篇幅，本章对于某些细节没能更详细的介绍，读者若有兴趣，可自行下载阅读 Hadoop 官网中关于 MapReduce 部分的源码。

第 11 章　深入分析 HBase

在前面的章节中，本书对分布式数据库 HBase 给出了简单的介绍，特别在第 7 章重点介绍了 HBase 的基本特征和使用方法，并围绕图像百科系统介绍了使用 HBase 作为数据库时的设计思路。

本章将在前面的基础上，进一步介绍 HBase 的机制和原理，并以图像百科系统作为切入点，深入分析 HBase 的源代码。通过图像百科系统的实现，深入到 HBase 代码的交互分析，使读者对 HBase 内部机制有更深入的认识。

11.1　HBase 体系与原理

本书的第 3 章和第 7 章已经对 HBase 的数据模型和体系结构有了初步的介绍，本节将对 HBase 的体系和原理进行更为深入的介绍，其中的重点是对 HBase 在集群中的存储原理和机制进行分析。

11.1.1　HBase 的集群架构

由于安装 HBase 是需要 Hadoop 环境的，因此 HBase 事实上是搭建在 Hadoop 集群中的。事实上，HBase 中的数据是以文件的形式存在于 HDFS 中的，从集群结构上讲，也是主从结构，由一个主服务器和多个从属服务器组成。图 11.1 为 HBase 的集群组成。

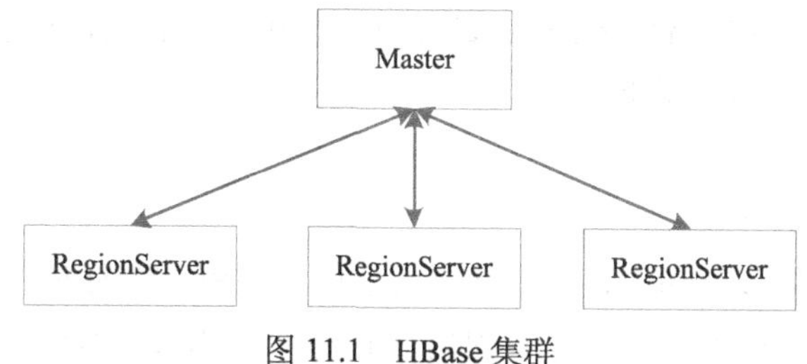

图 11.1　HBase 集群

前面已经介绍过，在 HBase 中，主服务器命名为 Master，从属服务器命名为 RegionServer。Master 是整个系统的入口，系统启动时会由 Master 将数据库中表的子表 Region 分配到各个 RegionServer 上，并维护 Region 分配表。当客户端的请求到达时，由 Master 处理并分配到具体的 RegionServer，在此过程中，Master 会保持与各个 RegionServer 的连接，并监控其运行情况，在分配客户端请求时保持集群负载平衡。HRegionServer 则管理着一组 Region 的对象 HRegion，并直接处理来自客户端的读写操作等。通过下面的介绍[①]，读者或许会对 Master 和 RegionServer 有更深入的了解。

1. Master

Master 服务器的实现是 HMaster 类。Master 服务器主要负责监控集群中的所有 RegionServer 实例，并提供表的元数据更改的接口。在一个分布式集群中，Master 一般运行在 Hadoop 的 Namenode 上。

（1）启动时动作

当启动一个多 Master 集群环境时，所有的 Master 服务器会进行竞争。当前活动的 Master 服务器如果在 ZooKeeper 中竞争失败（或者该服务器宕机），那么其他仍然可用的 Master 服务器会取代它成为新的 HMaster。

（2）运行时影响

由于 HBase 客户端会直接与 RegionServers 进行通信，因此即使集群中的 Master 服务器宕机，集群仍然能够运行在一个稳定状态。此外，由于-ROOT-和.META.并不存在于 Master 中，而是存在于 HBase 中的表，因此不会因为 Master 的宕机导致元数据丢失。然而，Master 服务器负责 RegionServer 故障恢复和 Region 分裂等关键功能，所以尽管集群在没有 Master 服务器时仍然能运行，但还是需要尽快重启 Master 服务器。

（3）提供的接口

HMasterInterface 暴露的方法接口主要是面向元数据的方法，如下所示。

- 表操作：createTable、modifyTable、removeTable、enableTable、disableTable。
- 列族操作：addColumn、modifyColumn、removeColumn。
- Region 操作：move、assign、unassign。

例如，当调用 HBaseAdmin 的 disableTable 方法禁用某个表后，该表上只能进行元数据操作，此时由 Master 服务器来提供服务。

（4）后台的线程

① LoadBalancer 负载平衡

在分布式集群的运算和存储中，一个非常重要的问题就是进行负载平衡，而 Master 服务器有一个专门进行负载平衡的线程，该线程负责 Region 在 RegionServer 之间的移动。

② CatalogJanitor 目录清理

Master 有一个目录清理线程，该线程会定期地对.META.表做扫描，默认 5min 扫描一次。该线程会扫描.META.表中 split 和 offline 状态为 true 的那些 Region，检查是否有子 Region 指向它。如果没有的话，该线程会认为这个 Region 是已经 split 成功的，并将该 Region 从.META.表中清除。

[①] Apache HBase Reference Guide. http://hbase.apache.org/book.html

2. RegionServer

HRegionServer 则是 RegionServer 服务器的实现。RegionServer 服务器主要负责对 Region 的服务和管理。在分布式集群中，RegionServer 服务器一般运行在 Datanode 上。

（1）提供的接口

HRegionInterface 暴露的方法主要包括了面向数据的操作和对 Region 的维护操作。

- 数据操作：get、put、delete、next 等。
- Region 操作：splitRegion、compactRegion 等。

（2）运行的线程

- CompactSplitThread：该线程主要完成 Region 的 compact 和 split。
- MajorCompactionChecker：定期检查 Region 是否需要做 major Compaction 操作。
- MemStoreFlusher：定期将存于内存 MemStore 中的数据 flush 到 StoreFiles 中。
- LogRoller：定期检查 HLog，将 HLog 写入到新的文件中去。

（3）Block 缓存

为了提高 I/O 的效率，HBase 会将数据块（Block）缓存在内存中，这样可以减少后续的磁盘读取操作。对于每个表而言，块缓存都是默认开启的。HBase 的块缓存采用 LRU（Least Recently Used，最近最少使用）缓存实现，一般来说，下载大规模的读操作时会有较好的缓存命中率。然而并不是所有情况下都需要块缓存的，例如对于表中数据的顺序读取。如果需要禁用块缓存机制，可以将 block cache 的标志位设为 false，其 API 为：

```
void setBlockCacheEnabled(boolean blockCacheEnabled);
```

（4）预写式日志

在关系数据库中，为了保证数据的一致性和事务的完整性，一般存在一种 Redo Log 文件。该文件的目的是防止在系统崩溃时，还有事务没完成且无法恢复导致的数据不一致或不完整。而在 HBase 中引入了 Write Ahead Log（WAL）日志，称之为预写式日志，其目的也是类似的。

WAL 的核心思想是对数据文件的修改只能发生在这些修改已经记录了日志之后。也就是说，如果需要写入数据到 HBase，在写入操作作用于 HFile 之前，应该先将该操作记录在 WAL 日志中。如果遵循这个过程，那么就不需要在每次修改数据后就立即持久化到磁盘，因为即使出现崩溃的情况时，系统仍然可以用日志来恢复数据库。

具体来说，当 RegionServer 中有对数据的更新操作时（例如 Puts 和 Deletes 操作），会将该更新先记录到 WAL 中，然后将其更新到 MemStore 里面，这样就保证了 HBase 的写操作可靠性。如果没有 WAL，当 RegionServer 由于某种原因宕机时，如果 MemStore 中的数据还没有 flush，那么 StoreFile 还没有保存，数据就会丢失。

11.1.2 HBase的系统架构

HBase 的集群并不是有了 Master 和 RegionServer 就能工作的，为了支撑 HBase 的正常运行，事实上 HBase 也有它自己的生态群。读者可以通过划分层次的方式进一步认识 HBase 的系统架构。

图 11.2 给出了 HBase 的系统架构。HBase 的集群结构处于服务层，HBase 客户端处于应用层，而分布式文件系统和分布式锁服务处于支撑层。从各层关系来看，支撑层向服务层提供必要的底层服务支持，例如 HDFS 向 HRegionServer 提供数据持久化，分布式锁机制协调集群调度、管理 HMaster 节点等；服务层则向应用层提供业务逻辑处理服务，HBase 向客户端提供的服务调用接口主要是客户端 API；应用层的客户端可以调用客户端 API 实现特定应用。

细心的读者会发现该图中没有出现元数据表-ROOT-和.META.，其实这两个表也是在 HBase 集群启动时分配的，它们也被当作 Regions 分配到 HRegionServer 来管理，所以没有特别标注出来。

支撑层的 HDFS 对于 HBase 而言是不可或缺的，HBase 本身不会存储数据，表中的数据都需要以文件的方式持久化到分布式文件系统中，在 11.1.3 小节“HBase 的存储架构”中会进一步介绍。而 ZooKeeper 主要是为了解决 HMaster 的单点失效问题，当启动多个 HMaster 时，由 ZooKeeper 保证总有一个 Master 在运行，因此没有配置 ZooKeeper 的 HBase 仍然是可以使用的，但要明确认识到单点失效所带来的风险。

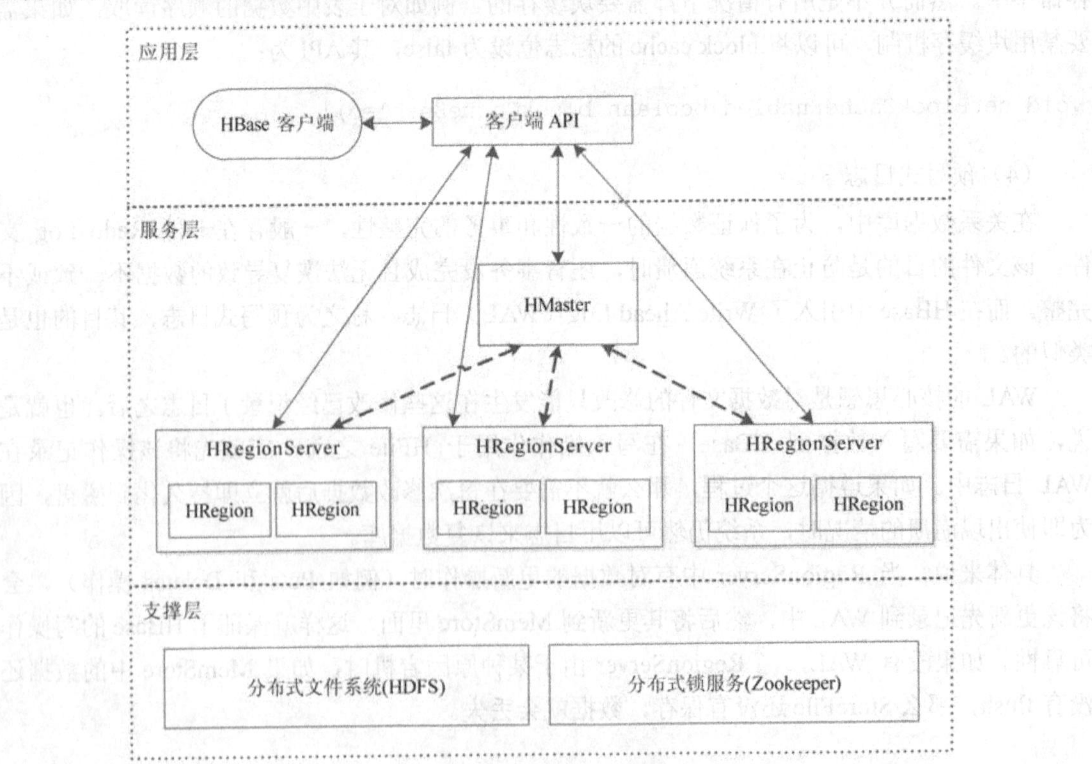

图 11.2　HBase 的系统架构

11.1.3 HBase的存储架构

HBase 中的数据以表的形式存储，一张表是一簇数据的集合，而表中的数据则按照 HBase 的数据模型，即<行关键字，列族，标签，时间戳>这样的四元组的数据结构进行组织。

1. HBase存储目录

前面已经介绍过，HBase 数据实际上是以文件的形式存放在 HDFS 上的。读者可以在 http://namenode:50070 中 Browse the filesystem 查看 HDFS 上的文件。一般情况下，HBase 会在 HDFS 上生成一个默认的根目录/hbase，所有的数据和配置信息都会存储在该目录下，如图 11.3 所示。

Contents of directory /hbase

Goto : /hbase go

Go to parent directory

Name	Type	Size	Replication	Block Size	Modification Time	Permission
-ROOT-	dir				2012-04-24 16:33	rwxr-xr-x
.META.	dir				2012-04-24 16:33	rwxr-xr-x
.corrupt	dir				2012-02-16 16:45	rwxr-xr-x
.logs	dir				2012-05-07 17:00	rwxr-xr-x
.oldlogs	dir				2012-04-28 13:32	rwxr-xr-x
hbase.version	file	0 KB	3	64 MB	2012-01-20 21:10	rw-r--r--
pedia	dir				2012-02-13 20:14	rwxr-xr-x
photos	dir				2012-02-13 20:14	rwxr-xr-x
user	dir				2012-04-15 19:54	rwxr-xr-x

图 11.3　HDFS 上的/hbase 存储目录

在/hbase 目录下存在着很多不同的目录。事实上该目录下的子目录主要有两种：一种是表目录，另一种是日志目录。

- 表目录：主要包含了元信息表-ROOT-和.META.以及用户表两种。例如本系统中使用到的用户表 pedia、photos 以及 user 表都为用户表。
- 日志目录：.logs、.oldlogs 以及.corrupt 目录都是与日志有关的目录，具体如下。

（1）.logs 目录

该目录存储了所有由 HLog 管理的 WAL Log 文件。每个 HRegionServer 中都会保持一个 HLog 实例，并在 HRegion 初始化时，将 HLog 作为其构造方法的参数传入，每一个 HRegion 会对应着该目录下的一个 Log 文件。HLog 是 HBase 的日志类，在写入时进行 Write Ahead Log（WAL），该日志文件主要用于数据恢复。

（2）.oldlogs 目录

该目录存储着一些不再需要的日志文件。当 WAL 日志都被持久化到存储文件时，记录这些操作的日志文件已经不再需要了，这时这些日志文件将被移动到.oldlogs目录下。

这些旧的日志会在一个默认时间段后被 Master 进程清理掉。默认的时间是 600 000ms，即旧的 HLog 文件在.oldlogs 目录中一般默认保留 10min。这个时间可以通过修改 hbase.master.logcleaner.ttl 参数改变。

（3）.corrupt 目录

这个目录主要用于处理 WAL 日志记录过程中产生的错误。当日志文件进行 split 时发生错误时，有问题的 WAL 日志会被移动到.corrupt 目录下，而 split 则继续进行。

设置 hbase.hlog.split.skip.errors 参数会影响该目录下的文件。该参数默认为 true，即在 split 执行时，将 WAL 移动到.corrupt 目录并继续处理其他 Log 文件。而当该参数为 false 时，split 过程会抛出 EOFExceptions 异常，而该异常一般是在一行一行读取 Log 时，发现最后一行 Log 内容不完整时产生的，然而即使抛出该异常，日志的分割过程还是会继续进行下一个日志文件。

此外，在进行 split 操作时，还会产生一个 splitlog 目录，用来存储日志 split 过程中产生的一些中间分割文件。

2. HBase 表目录

在介绍了/hbase 目录下的各个目录之后，读者可能希望了解这些目录里（特别是表目录）具体存储着什么样的文件。HBase 中表数据都是以文件方式存储的，因此了解表目录中存储的文件对读者进一步理解 HBase 存储架构非常有利。

首先说明的仍然是 Log 文件。在/hbase/.log 目录中会有 HLog 实例产生的 WAL 文件。在该目录下，常常会有多个子目录，而每一个子目录事实上对应着一个 RegionServer。在每个 RegionServer 下，都会有至少一个 HLog 文件，这些 HLog 文件是该 RegionServer 下所有 Region 共享的。

在/hbase 目录下一般会存在两个以 hbase 开头的文件，这两个文件如下所示：

- hbase.id：该文件标注了该集群的唯一 ID。
- hbase.version：该文件的内容为 HBase 的文件系统版本，0.20.x 的文件系统版本号为 7。

在 HBase 中，每个表都有自己单独的文件夹，包括元数据表在内。对于单个表而言，该表中的目录结构如图 11.4 所示。

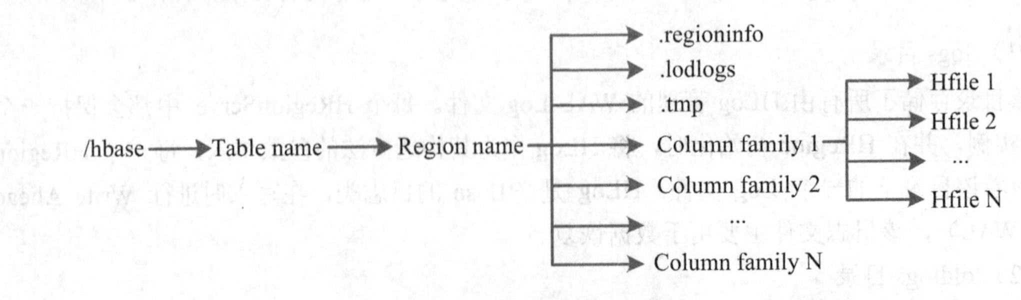

图 11.4　HBase 的表目录结构

以 user 表为例，看看在 HBase 中该表的目录结构。该目录下首先存在一个命名为 2d5505b361be6948bd0ca874f5a6c28f 的目录，如图 11.5 所示。

Contents of directory /hbase/user

Goto : /hbase/user go

Go to parent directory

Name	Type	Size	Replication	Block Size	Modification Time	Permission
2d5505b361be6948bd0ca874f5a6c28f	dir				2012-05-15 15:15	rwxr-xr-x

图 11.5 user 表的一级目录

这串看似乱码的目录名事实上是 HBase 的 Region 名的 MD5 散列值部分。在 HBase 中，为了保证对 Region 命名的唯一性，Region 的名字由“表名,起始行关键字,时间戳.MD5 散列值.”组成。在 HBase 的 Web UI 中，读者可以看到用户表的元数据，单击用户表后，就可以看到该表的 Region 信息。例如 user 表中的 Region 名为：user,,1328808737061.2d5505b361be6948bd0ca874f5a6c28f.，而 2d5505b361be6948bd0ca874f5a6c28f.则是前面的字符串 user,,1328808737061 的 MD5 散列（Hash）值，最后的“.”表示采用新的命名方式。由于 Region 名中的 MD5 值唯一，因此表目录下直接采用该值作为 Region 目录的名称[①]。

用户表的命名采用了新的命名方式，而老的命名方式现在还在使用，但只在元数据表-ROOT-和.META.中使用。例如：

```
-ROOT-,,0.70236052
.META.,,1.1028785192
```

这两个表的命名串的最后并不是采用 MD5 的散列值，在名称的结尾也没有使用“.”作为结尾。

在 HBase 表的每个 Region 目录下，都会包含类似的结构，如图 11.6 所示。

Goto : /hbase/user/2d5505b361be6948b go

Go to parent directory

Name	Type	Size	Replication	Block Size	Modification Time	Permission
.oldlogs	dir				2012-02-10 01:32	rwxr-xr-x
.regioninfo	file	1.07 KB	3	64 MB	2012-02-10 01:32	rw-r--r--
.tmp	dir				2012-05-15 17:48	rwxr-xr-x
history	dir				2012-05-15 17:48	rwxr-xr-x
userinfo	dir				2012-05-15 17:48	rwxr-xr-x

图 11.6 user 表的二级目录

history 和 userinfo 是 user 表的两个列族，真正存储着数据的 HFile 文件都位于各个列族目录下。如图 11.7 所示，是 userinfo 列族中的数据文件。HBase 对于 HFile 文件的命名，是采

① Lars George. HBase: The Definitive Guide. O'Reilly Media. 2011.9

用 Java 随机数生成器的方式生成一个随机数，并检查生成的随机数是否与现有文件名重名，如果检测到重名文件，则会循环检测下一个随机数，直到得到一个唯一的数来命名 HFile 文件。

Name	Type	Size	Replication	Block Size	Modification Time	Permission
6529591971191515400	file	10.25 MB	3	64 MB	2012-05-15 17:48	rw-r--r--

图 11.7 userinfo 列族中的数据文件

.oldlogs 文件夹中存储着一些不再使用的 HLog 文件。

.tmp 文件夹用来存放临时文件，一般该目录都为空，因为临时文件使用完后一般会立即清理掉。该目录并非在任何 Region 中都存在，一般在进行 Compaction 操作时才会产生该目录。

有时，读者可能会在 Region 目录下发现一个 recovered.edits 目录，该目录用于记录日志重放（replay）期间应该由该 Region 来重放的相应记录。日志重放主要用于使用 WAL 日志进行数据恢复时，那些记录于日志中尚未提交的修改操作会通过 log splitting 将需要提交的操作按 Region 分割成文件，并将文件移动到对应 Region 的 recovered.edits 目录下。这样当 RegionServer 打开一个 Region 时，会检测到这些需要恢复的文件并重放其中的记录。

每个 Region 目录下还会包含一个.Regioninfo 文件，这个文件包含了该 Region 的 HRegionInfo 实例序列化后的数据。

3. HBase 数据文件

在了解了 HBase 存储的目录结构后，本书具体分析 HBase 数据文件的存储方式。在 HBase 中，文件的存储是通过 HFile 类来实现的，HFile 也是 HBase 的文件格式。HFile 文件中存储的是有序的 Key/Value 键值对，其中所有 Key 和 Value 都是字节数组格式的。

HFile 文件的结构组织是基于 Block 的，文件中存储着 1 到多块数据块（Data Block），此外还有零到多块元数据块（Meta Block）、一个 FileInfo 数据块、一个数据块索引（Data Block Index）块、一个元数据块索引（Meta Block Index）块以及一个尾指针（Trailer）块。图 11.8 展示了 HFile 文件中各个 Block 的布局。

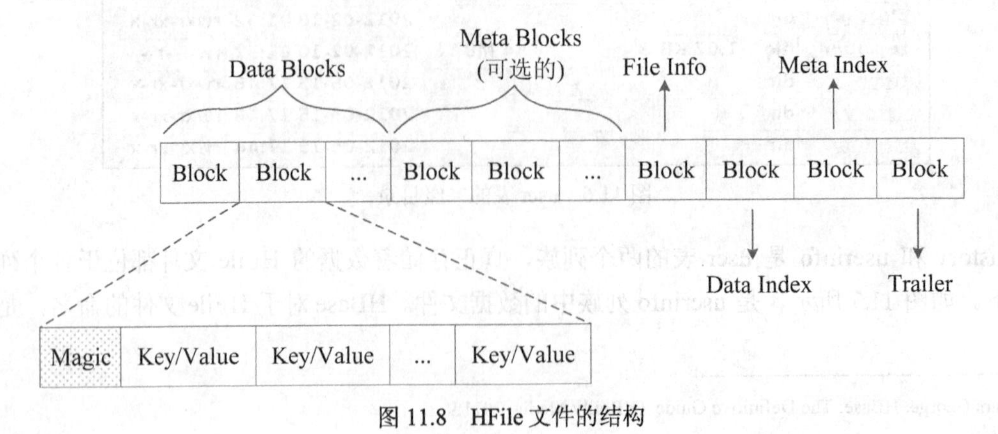

图 11.8 HFile 文件的结构

各个 Block 存储着不同的数据如下所示：

- Data Block：存储着 HBase 表的记录数据。
- Meta Block：存储着 Bloom Filter 索引数据。
- File Info：存储了该文件的相关信息。
- Data Index：存储着指向各个数据块的索引。
- Meta Index：存储着指向各个元数据块的索引数据。
- Trailer：存储着 FileIndex 块、Data Index 块和 Meta Index 块在文件中的偏移地址。

这些不同的块通过每个块最开始的 8 个字节的魔数（Magic）进行区分。例如 Data Block 的 Magic 就是 0x44415441424C4B2A，这串数目转换成 ASCII 的字符就是“DATABLK*”，Meta Block 的 Magic 的 ASCII 表示方式为“METABLKc”等。不同的 Magic 唯一的标注一个 Block 的类型，但是需要了解的是，File Info 块没有 Magic。

显然，HFile 文件是一个变长的文件，Data Block 和 Meta Block 的数量都是可变的。对于单个 Block 而言，HBase 提供了对 Block 大小的配置参数，HBase 的 Block 默认大小是 64KB。然而这并不意味着每个 Block 是固定的 64KB 大小，虽然大部分时候 Block 的大小都在 64KB 左右，但如果单条记录就超过 64KB，也会当作一个 Block 写入 HFile，而不会对该条记录进行分割。这跟 HFile 类的内嵌 Writer 类实现有关，在将记录写入 Block 时，并不会首先检查写入数据的大小，将数据写入 Block 后才会检查当前 Block 的大小。如果当前 Block 的大小超过了设置的 Block 默认大小，则会对当前 Block 执行 flush 操作，并打开一个新的 Block，因此， Block 的大小一般会大于默认大小。

HFile 中所说的 Block 与 Hadoop HDFS 的 Block 并不相同，也没有联系。对于 HDFS 而言，HFile 中的 Block 只属于存储在 HDFS 上的 HFile 文件中的一部分。HDFS 的 Block 默认大小为 64MB，在这个块中可能存储着一个或多个 HBase 的 HFile 文件，但对 HDFS 而言，HFile 文件只是一个二进制文件，不包含任何结构。

由于 Data Index 和 Meta Index 分别记录了指向各个 Data Block 和 Meta Block 块的索引信息，而 Data Block 和 Meta Block 在 HFile 中的数目是不定的，因此 Data Index 和 Meta Index 块的长度也是不定的。

需要特别留意的是，Block 默认大小会影响 HBase 的读写性能。一般应用中，HBase 的开发者推荐的最小 Block 大小介于 8KB 到 1MB 之间。较大的块大小在顺序访问时会有更好的性能，然而，在随机访问时却会影响效率，因为读取块中的部分数据需要解压整个数据块。较小的块在随机读取时具有更高的效率，然而对于 Block Index 块而言，更小的块需要更多的块索引，因此会增大 Block Index 块所占的空间。另外，在创建新的块时，由于需要对之前的块执行压缩器流（compressor stream，Block 在执行 flush 之前存储在其中）的 flush 操作，因此更小的块意味着同样的数据需要的 flush 操作次数会更多。

并不是所有块大小都是不定的，File Info 和 Trailer 两个块的大小就是确定的。File Info

块以 Key/Value 的方式存储着该文件中表数据最后一个 Key、所有 Key 的平均长度、所有 Value 的平均长度、该文件所使用的压缩器算法等内容，前面提到过，File Info 块没有 Magic，FileInfo 类继承自 HbaseMapWritable 类，该类写入文件时首先写入的是 Map 中的记录数，因此 File Info Block 的最前端是该 Block 中 Key/Value 的数目。

Trailer 块是一个长度为 60 字节的块，代码中是一个定义为 FixedFileTrailer 类的实例，其类图如图 11.9 所示。该块以 Magic 开头，包含了指向 Data Block、Meta Block 和 File Info Block 在文件中偏移位置的指针，以及 Data Index 和 Meta Index 索引数目（其实也是 Data 块和 Meta 块的数目），所有 Data Block 包含的 Key/Value 总数（entryCount），压缩相关数据（compressionCodec 为压缩算法编号，totalUncompressedBytes 为所有 Data Block 未压缩前的数据大小），还有 HFile 的版本号（version）等。本书所分析的 0.90.4 版 HBase 使用 HFile v1，HBase 0.92 版本加入了对 HFile v2 的支持，关于 v2 版本的 HFile 结构本书不再详细介绍。

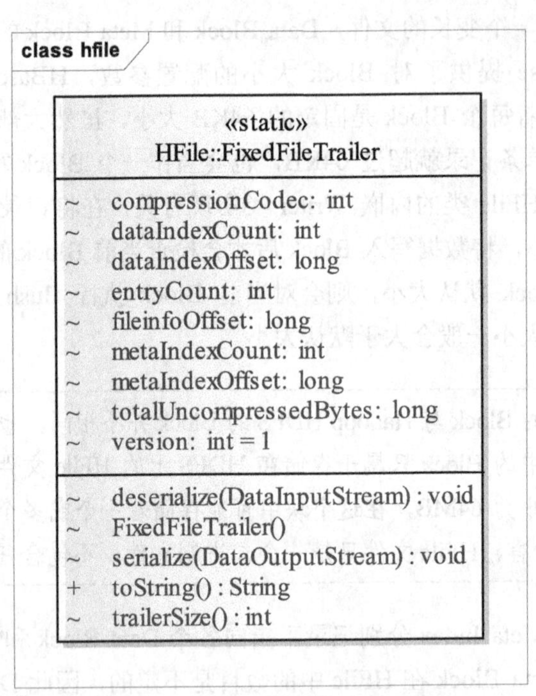

图 11.9 FixedFileTrailer 类的类图

11.2 HBase 总体结构

在了解了 HBase 的体系和原理后，将进入本章的重点部分，深入 HBase 源代码进行分析。

本节将从总体角度讲解 HBase 源代码，主要对 HBase 中比较重要的包和类进行分析，从而使读者能够把握 HBase 实现的轮廓。

11.2.1 总体包图

做源代码分析，首先需要从整体上对 HBase 的工程进行把握。在 HBase 的工程文件中，首先还是来看 org.apache.hadoop.hbase 包，该包是 HBase 工程的顶层包，所有的功能包都包含在该包内，如图 11.10 所示。

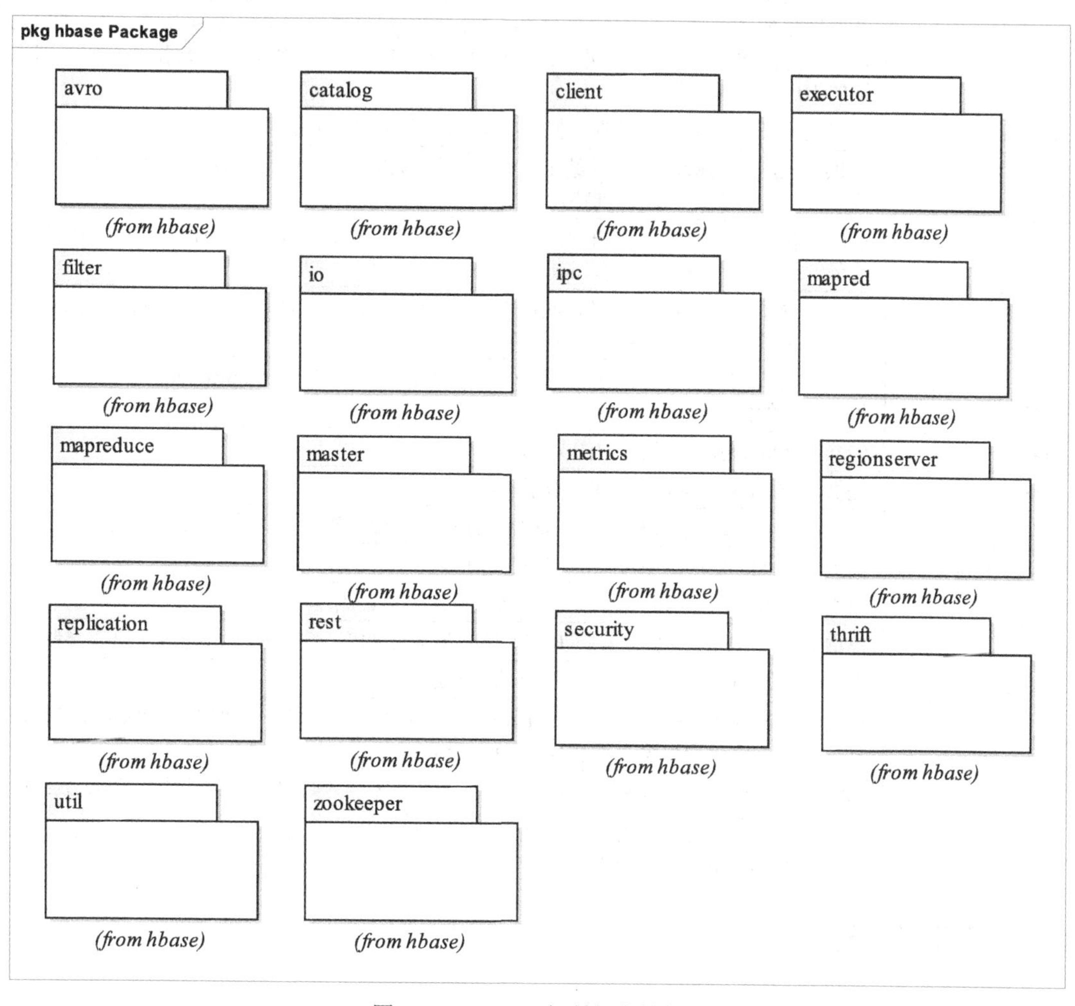

图 11.10 HBase 包所包含的包图

org.apache.hadoop.hbase 包主要提供了 HBase 的基本信息和配置 API，比较重要的类，如 HBaseConfiguration 类将 HBase 的配置文件添加到 Configuration 中；KeyValue 类提供了对 HBase 键值对的定义；HTableDescriptor 类提供了对 HTable 表模式创建的定义；ClusterStatus 类提供了 HBase 集群状态信息；此外还有 HServer 和 HRegion 的信息等类。

org.apache.hadoop.hbase 中是 HBase 的各个包，HBase 包内的各个包如表 11.1 所示。

表 11.1　HBase 中各包简介

包名	简介
avro	提供 HBase Avro 服务，Avro 是一个数据序列化的系统
catalog	提供目录表访问操作，用于访问和修改元数据表，定位-ROOT-表等
client	该包提供了 HBase 的客户端 API，包含了很多非常基本而重要的数据操纵 API，例如读取数据的 Get 类，写入数据的 Put 类，获取到数据的结果集 Result 类，对 HTable 进行浏览的 Scan 类等。此外，还提供了管理 HBase 数据库表的元数据和基本管理方法的 HBaseAdmin 类等
executor	该包定义了 HBase 中的事件，提供了 HBase 对事件响应的服务等
filter	提供了应用于 HRegion 扫描结果的行级别过滤器，能够对 Get 或 Scan 的结果集中行或者列上的数据过滤，得到特定结果
io	该包包含了 HBase 输入输出相关的描述。主要定义了 HBase 对 HFile 的读写操作，此外，还包括了块缓存、Compression 压缩算法等
ipc	该包包含了客户端和服务器之间网络通信相关定义。主要定义了 HBase 的 RPC 机制，抽象了通信的客户端和服务器等
mapreduce	该包提供了 HBase 作为 MapReduce 输入/输出源，以及对 MapReduce 作业索引表和相关工具的定义
mapred	同 mapreduce 包，但此包中的类已被弃用
master	提供了 Master 服务器的相关工作描述
metrics	提供 Metrics 服务的支持，描述系统运行状态供用户查看，并支持 JMX 框架
Regionserver	提供了 RegionServer 服务器的相关工作描述
replication	提供多集群副本服务，包括集群中副本设定，验证副本数据等
rest	提供 HBase REST 服务，支持 REST 风格的 http API 访问 HBase，解除了语言限制
security	主要提供了 HBase 中用户和组信息的抽象定义
thrift	提供 HBase Thrift 服务，利用 Thrift 序列化技术，支持 C++、PHP、Python 等多种语言，适合其他异构系统在线访问 HBase 表数据
util	该包提供了很多的 HBase 数据类型和工具的定义，例如 Bytes 类提供了 Byte 数组以及各种数据类型转换的支持，Base64 编码支持等
ZooKeeper	提供对 ZooKeeper 信息和工具的封装

11.2.2　常用类分析

1. HConstants 类

HConstants 类位于 org.apache.hadoop.hbase 包中，该类包含了一系列与 HBase 相关的常量。

该类中包含了超过 70 个静态变量，其中绝大部分被声明为 final，因此可以将其看作常量。在进行 HBase 代码分析的过程中，会多次遇到使用定义在该类中的常量的情况。在这些常量中，包含了 HBase 的配置参数常量、HBase 工程中使用到的辅助数值以及一些状态值的枚举类等。

（1）HBase 的配置参数，例如定义 HBase 集群分部模式的常量 CLUSTER_IS_DISTRIBUTED 以及 CLUSTER_IS_LOCAL，Master 所在的端口号 MASTER_PORT、

DEFAULT_MASTER_PORT，当前文件系统版本号 FILE_SYSTEM_VERSION 等，这类定义在 HConstants 类中占了绝大部分。

（2）HBase 工程中使用到的辅助数值，如对 Long 型数值零的定义 ZERO_L、一周的总秒数 WEEK_IN_SECONDS，以及判定读操作返回的所有版本数据的定义 ALL_VERSIONS 等。

（3）HBase 中还定义了两个状态枚举值，如图 11.11 所示。OperationStatusCode 定义了一些批量操作时用作返回值的状态代码，Modify 定义了在修改表描述符（table descriptor）时的一些表修改操作。

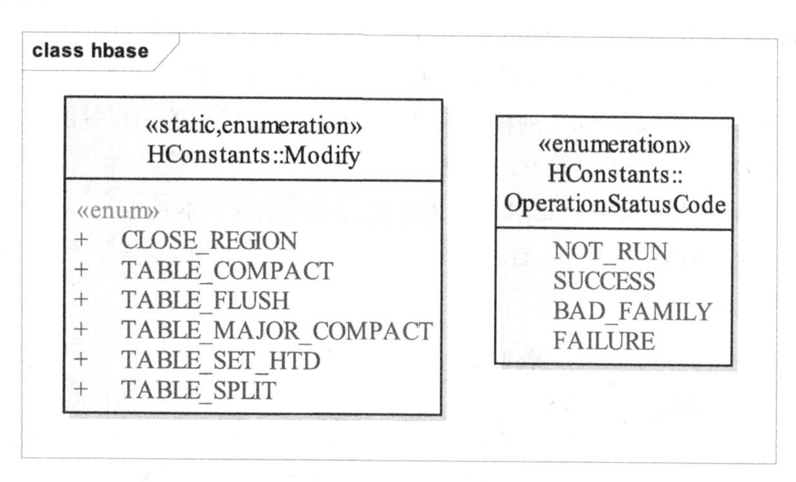

图 11.11 HConstants 中的两个枚举

2. KeyValue 类

HBase 的数据都是以 KeyValue 的形式存在的，在使用客户端 API 时，例如结果集 Result 实例等数据结构中都能发现 KeyValue 实例的身影。HBase 的数据存储采用 KeyValue 的方式，其显而易见的优势就是随机读取速度快。

KeyValue 类包含了一个字节数组，该数组包含了相关的长度和偏移位置来定位二进制 KeyValue 数据进行内容解释。在这个字节数组中，二进制格式的 KeyValue 数据分别为：Key 的长度、Value 的长度、Key、Value。具体数据在字节数组中的位置如图 11.12 所示，固定长度的内容已在图中标出长度。

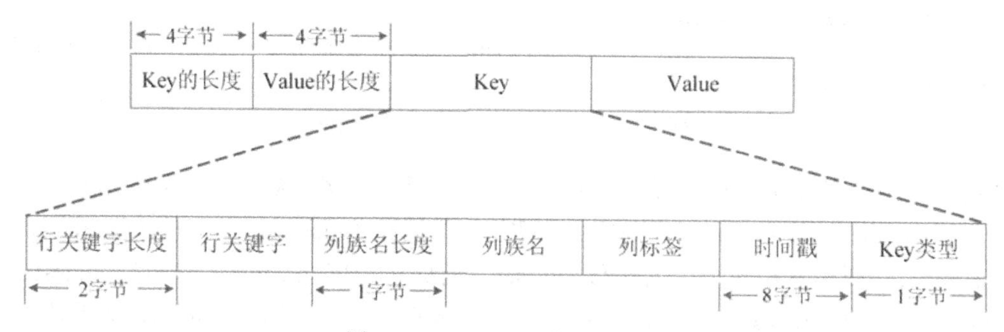

图 11.12 KeyValue 数组的结构

由于 KeyValue 类型存储的数据长度不定，因此 KeyValue 包含的字节数组的长度也是不定的。为了能够在访问时便于区分并能直接定位于具体数据，该结构使用开头的两个整数分别表示了该字节数组中 Key 和 Value 的长度，这相当于标示出了 Key 和 Value 实际数据在该结构中的偏移位置。

KeyValue 中 Key 的结构是由数据所在表的结构确定的。Key 由以下数据组成：

（1）Row Length（行关键字长度）：标注出后面紧跟的行关键字的长度。

（2）Row（行关键字）：该数据所在行的行关键字。

（3）Column Family Length（列族名长度）：表示后面紧跟的列族名的长度。

（4）Column Family（列族）：记录该数据所在列族的列族名。

（5）Column Qualifier Length（列标签长度）：标注后面紧跟的列标签的长度。

（6）Column Qualifier（列标签）：记录该数组所在列的列标签。

（7）TimeStamp（时间戳）：记录了这条数据的时间戳或版本号。

（8）Key Type（Key 类型）：记录着这条数据的类型，这个类型是一个 Byte 类型的整数，其典型值如表 11.2 所示。

表 11.2　Key Type 的取值

类型	数值	意义
Put	4	该类型表示这是一个正常的 Put 操作产生的 KeyValue 实例
Delete	8	该类型表明这是一条已经被删除的数据的 KeyValue 实例，这种记录删除数据的方式在 HBase 中称为“墓碑（tombstone）”标记。关于删除操作的分析可见 11.3 节“关于删除操作实现的分析”
DeleteColumn	12	该类型表示这个 KeyValue 实例所在的整个列都被标记为已删除
DeleteFamily	14	该类型表示这个 KeyValue 实例所在的整个列族都被标记为已删除

KeyValue 结构中的 Value 并没有规定的结构，只是一段存储的二进制数据。

KeyValue 数据的访问由 KeyValue 类管理，通过客户端 API，用户也可以创建或者访问该类。KeyValue 类通过构造方法接受要存入 byte 数组的数据，代码如下：

```
public KeyValue(final byte [] row, final int roffset, final int
rlength,final byte [] family,
                    final int foffset, final int flength, final byte []
qualifier, final int qoffset,
                    final int qlength,final long timestamp, final Type type,
final byte [] value,
                    final int voffset, final int vlength);
```

构造方法传入的参数包括：行关键字 row，行关键字在字节数组中的偏移 roffset，行关键字长度 rlength，列族名 family，列族名在数组中的偏移 foffset，列族名的长度 flength，列标签 qualifier，列标签在数组中的偏移 qoffset，列标签长度 qlength，时间戳 timestamp，KeyValue 的类型 type，KeyValue 的值 value，值内容在数组中的偏移 voffset，以及值内容长度 vlength。

该构造方法会调用一个静态成员方法 createByteArray，将参数中的数据写入到 KeyValue 所管理的字节数组中。虽然行关键字、列族名等参数都是以字节数组方式传入，但 HBase 表中的各个字段事实上是有长度限制的。从分析该方法可以了解到，HBase 规定行关键字长度不能超过 Short.MAX_VALUE，即 32 768；列族名长度不能超过 Byte.MAX_VALUE，即 127；列标签名、列关键字和列族名这三者长度之和不超过 Integer.MAX_VALUE，即 2 147 483 647；整个 KeyValue 字节数组的 Key 长度也不能超过 Integer.MAX_VALUE。Value 部分的最大长度定义在 HConstants 类中，其默认值也为 Integer.MAX_VALUE。

该类提供了获取 KeyValue 中具体字段的值的接口，例如获取 Key 的相关信息的接口：

```
public byte [] getKey();
public int getKeyLength();
public int getKeyOffset();
public String getKeyString();
```

这些方法分别可以获取 Key 的 byte 数组副本、Key 的长度、Key 在 byte 数组中的偏移，以及 Key 内容的字符串形式。类似的方法还可以获取行关键字、列族、列标签、Value 等部分的相关信息。

此外，KeyValue 类中定义着一些比较器，这些比较器都是 Comparator 接口的实现类，并可以通过客户端 API 调用。这些比较器在用来检索 KeyValue 实例或者对 KeyValue 实例进行排序等操作时非常有用。例如：对 KVComparator 类用来比较两个 KeyValue，该类中提供了多个方法用于分别比较两个 KeyValue 实例的不同字段。这些比较器事实上只是对 KeyValue 中的 Key 进行比较，而不去关心其 Value，也就是说，两个具有相同 Key 的 KeyValue 实例，即使其 Value 值不同，比较器也会认为这两个 KeyValue 实例是相等的。

11.3 HBase 关键剖析

在了解了 HBase 的总体结构后，本小节将进一步详细深入 HBase 源代码，并以图像百科系统为切入点，剖析 HBase 源代码的关键点。

11.3.1 集群启动与关闭

对于用户来讲，HBase 集群的启动和关闭只是一个执行脚本的操作，启动时运行 start-hbase.sh，关闭是运行 stop-hbase.sh。然而，很多人在启动或者关闭集群过程中会出现各种各样的错误，读者如果不了解一个简单的脚本运行动作背后、HBase 具体的运行过程时，就可能在出现错误信息时，显得茫然和不知所措。本节就以用户启动和关闭集群的情景为切入点，分析集群启动和关闭过程中 HBase 的具体操作过程。

1. 集群的启动过程

当集群管理员使用 start-hbase.sh 启动集群时，该脚本会首先调用 hbase-config.sh 脚本，对集群的一些参数和配置信息进行初始化。hbase-config.sh 脚本的初始化过程需要运行 hbase-env.sh 脚本，这两个脚本共同完成对参数的配置操作。hbase-env.sh 脚本在之前安装和配置 HBase 时曾接触过，在该文件中，读者配置过 JAVA_HOME 参数设置 JDK 的目录。事实上，该脚本中有很多参数可供配置，这里不对该脚本进一步介绍，读者可以自行查看该脚本了解相关配置参数。

hbase-config.sh 脚本会初始化如下参数：HBASE_HOME、HBASE_CONF_DIR、HBASE_REGIONSERVERS、HBASE_BACKUP_MASTERS。这些参数分别是 HBase 安装目录、配置文件目录、RegionServer 列表和备份 Master 列表。

接下来，start-hbase.sh 脚本会启动 HBase 的相关守护进程（Daemon），如果 HBase 被部署为单机模式，那么仅启动 Master；如果是集群模式，会按照下列顺序启动集群：

（1）启动 ZooKeeper。

```
"$bin"/hbase-daemons.sh --config "${HBASE_CONF_DIR}" start ZooKeeper
```

（2）启动 Master。

```
"$bin"/hbase-daemon.sh --config "${HBASE_CONF_DIR}" start master
```

（3）启动 RegionServer。

```
"$bin"/hbase-daemons.sh --config "${HBASE_CONF_DIR}" \
--hosts "${HBASE_REGIONSERVERS}" start regionserver
```

（4）启动备份 Master。

```
"$bin"/hbase-daemons.sh --config "${HBASE_CONF_DIR}" \
--hosts "${HBASE_BACKUP_MASTERS}" start master-backup
```

可以看到，Master 的启动动作定义在 hbase-daemon.sh 中，而 ZooKeeper、RegionServer 和备份 Master 则由 hbase-daemons.sh 脚本执行。接着进一步分别分析 Master 和 RegionServer 的启动过程。

（1）Master 的启动过程

启动 Master 使用 hbase-daemon.sh 脚本，并以 start master 为参数。hbase-daemon.sh 脚本接受该参数和命令，并设置 log 目录，获得进程 pid 和权限等。hbase-daemon.sh 接受的关于集群的命令主要有：

- start：创建 HBase 进程的 PID_DIR，如果该进程已存在会输出提示命令。然后设置 log 输出目录，并启动 Master 进程。
- stop：首先查看 Master 进程是否存在，如果不存在会输出提示信息。如果存在，则将该动作写入日志，并使用 kill 命令直接关闭该进程。
- restart：首先调用本脚本中的 stop 命令关闭 Master，等待该操作完成，并休眠一段时间，然后调用 start 命令启动集群。

当使用了 start 命令后，就会调用 bin/hbase 脚本启动 hbase 了。hbase 脚本接受到 start master 的命令，就开始设置一些环境变量，包括 java 的类库、HBase 配置目录、log 目录等。然后运行启动 Master 的命令：

```
CLASS='org.apache.hadoop.hbase.master.HMaster'
"$JAVA" $JAVA_HEAP_MAX $HBASE_OPTS -classpath "$CLASSPATH" $CLASS "$@"
```

此处读者能清楚看到，Master 的启动是执行了 HMaster 类的 main 方法：

```
public static void main(String [] args) throws Exception {
new HMasterCommandLine(HMaster.class).doMain(args);
  }
```

接下来，本书从 main 方法开始详细分析 Master 启动过程。

① HMasterCommandLine 类继承自 ServerCommandLine 类，该类如图 11.13 所示。它定义了 doMain 方法，该方法会执行 HMasterCommandLine 中的 run 方法。run 方法接受一个 args 命令列表，该命令使用格式为：

```
Master [opts] start|stop
```

其中，可选参数 opts 可以是两种参数：--minServers=<servers>表示完整包含所有用户表数据需要启动的最小 RegionServer 集群列表，--backup 表示 Master 启动在备份模式。

start 参数会调用 startMaster()方法启动 Master，而 stop 参数则调用 stopMaster()方法关闭 Master。

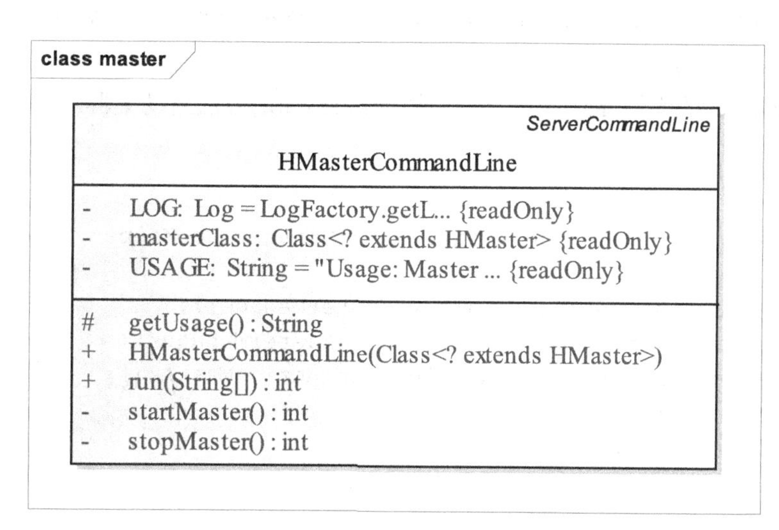

图 11.13　HMasterCommandLine 类图

② 调用 startMaster()方法启动 Master。该方法首先会判断集群是否是分布模式，即判断 hbase.cluster.distributed 的值。如果其值为 false，那么集群运行在本地（Local）模式，本地模式会使用 LocalHBaseCluster 实例创建本地集群 JVM，使 HMaster 和 HRegionServer 都运行在

该JVM中，另外还有一个JVM用于运行ZooKeeper，本地模式直接调用LocalHBaseCluster.startup()方法启动本地集群，即完成了集群启动。相关代码如下。

```
if (LocalHBaseCluster.isLocal(conf)) {
      //集群设置为 Local 时的操作
} else {
      HMaster master = HMaster.constructMaster(masterClass, conf);
      if (master.isStopped()) {
              LOG.info("Won't bring the Master up as a shutdown is
requested");
              return -1;
      }
      master.start();
      master.join();
}
```

③ 此处本书重点讨论分布模式下集群的启动，即hbase.cluster.distributed的值为true。调用constructMaster方法创建一个HMaster的实例，该方法需要传入HBaseConfiguration的实例，并调用HMaster(final Configuration conf)构造方法创建HMaster的实例。

首先获取配置文件中HMaster的ip地址和端口号port，并获取RPC handler的最大数目，该值来自hbase.regionserver.handler.count参数。然后调用HBaseRPC.getServer()方法创建RPC Server的实例，并设置Master的线程名称和Replication。

接下来，调用HBaseServer.startThreads()方法启动RPC Server线程，并修改Master的mapred.task.id。并使用ZooKeeperWatcher方法创建ZooKeeper连接，最后创建Master的指标类MasterMetrics的实例。

④ 获得HMaster的实例master后，调用该master.start()方法启动集群。

```
publicvoid run() {
try {
this.activeMasterManager = newActiveMasterManager(ZooKeeper, address,
this);
this.ZooKeeper.registerListener(activeMasterManager);
stallIfBackupMaster(this.conf, this.activeMasterManager);
this.activeMasterManager.blockUntilBecomingActiveMaster();
if (!this.stopped) {
finishInitialization();
loop();
      }
   } catch (Throwable t) {
abort("Unhandled exception. Starting shutdown.", t);
   } finally {
//执行 Master 的关闭操作
   }
LOG.info("HMaster main thread exiting");
```

```
}
```

由于 HMaster 类继承自 Thread 类，因此 start()方法会调用 HMaster.run()方法。上面为 Master 启动 run()方法的核心流程代码，Master 的启动步骤如下。

步骤01 以该 HMaster 的地址作为参数，实例化 ActiveMasterManager 对象。ActiveMasterManager 类继承自 ZooKeeperListener，管理着在 Master 竞争中与 Master 相关的信息，该类会监听 ZooKeeper 发出的关于 Master znode 的通知，并做出两种响应：nodeCreated 和 nodeDeleted，该类还包含了对备份 Master 的阻塞方法。

步骤02 将 ActiveMasterManager 的实例注册为 ZooKeeper 的监听者，用来接收 ZooKeeper 事件（Event）。此处以 ActiveMasterManager 对象作为参数，指定该监听者接收 znode 的创建和删除事件。

步骤03 调用 stallIfBackupMaster()方法。此方法检查本 HMaster 实例是否被设置为备份 Master，如果本 HMaster 实例是备份 Master，则会使本线程进入休眠，直到监听到 ZooKeeper 中一个 Master 被激活。

步骤04 调用 ActiveMasterManager.blockUntilBecomingActiveMaster()方法。该方法的主要目的是竞争 Active Master，如果竞争失败，则本线程进入阻塞状态，直到它通过竞争成为 Active Master。

Master 的竞争过程为：尝试创建 Master 节点，如果创建成功，则自己成为 Active Master；否则获取已存在的 Master 的节点地址，并验证该地址，如果发现该地址是自己的地址，那么说明本线程之前已经是 Active Master，但刚刚重启了，因此删除之前的 Master 节点，如果该地址不是自己的地址，那么说明别的 Master 在活动（Active）状态；接下来使用 clusterHasActiveMaster.get()方法获取 Active Master 是否存在，如果当前活动 Master 宕机，那么递归调用 blockUntilBecomingActiveMaster()竞争成为 Active Master。

步骤05 当本线程成为首选 Master 后，调用 finishInitialization()完成 HMaster 的初始化。

初始化的步骤为：首先初始化 Master 的相关组件，这些组件如下所示。

- MasterFileSystem: 封装了 master 常用的一些文件系统操作，包括 split log file，Region 目录和 Table 目录的操作以及检查文件系统状态等。
- HConnection: 调用 HConnectionManager.getConnection(conf)方法，创建与 ZooKeeper 的连接。
- ExecutorService: 维护一个 ExecutorMap，一个 Event 对应一个 Executor（线程池）。可以提交 EventHandler 来执行异步事件。
- ServerManager: 管理 RegionServers 的信息，维护着在线 RegionServer 的一个 Map 表和已死亡 RegionServer 的集合。

- CatalogTracker: 记录元数据表-ROOT-和.META.的 Server 地址信息。
- AssignmentManager: 负责管理和分配 Region，同时它也会接收 ZooKeeper 上关于 Region 的 Event，并响应 Event 执行 Region 的上下线，关闭打开等工作。
- LoadBalancer: 负责 Region 在 RegionServer 之间的移动。
- RegionServerTracker: 监听 ZooKeeper 的 Event，当有 RegionServer 下线时，在 ServerManager 的在线 RegionServer 表中删除响应的 RegionServer。
- ClusterStatusTracker: 维护集群状态，包括启动和关闭状态。

初始化相关组件后，finishInitialization()方法会启动一些必须的服务线程，这些线程主要有：启动 RPC Server 线程，RPC 开始接受客户端请求；启动 Info Server 线程；启动 ExecutorService 池中的每个服务；启动 Log Cleaner 线程，每隔 60s 清理 old logs 等。

服务线程启动后，HMaster 等待各 RegionServer 报告自己的存在，并统计 Region 的总数。HMaster 等待 RegionServer 报告自己的存在有一定的等待时间：每次等待 1.5s，最少等待时间 4.5s，如果在线 RegionServer 数达到预设的最少值 minCount，则在等待一段时间内没有新的 RegionServer 报道时，就不再等待。之后执行 split log（日志分割），在需要恢复的 RegionServer 上执行数据恢复。接着分配元数据表-ROOT-和.META.的 Region 到 RegionServer，并根据当前集群中的 Region 数目选择执行启动（startup）操作或故障恢复（failover）操作。当前 Region 数目如果为 0，则说明集群刚刚启动，执行启动操作，清除所有未分配 Region，并重新分配所有用户 Regions；否则执行故障恢复。然后启动 balancer 线程以及.META.表定时清理线程。至此，finishInitialization()执行完成。

步骤06 调用 loop()方法使 HMaster 线程进入循环休眠，每秒中检查一次是否收到 Master stop 关闭命令，如果没有则继续休眠；如果收到关闭命令，则执行 Master 关闭操作。

（2）RegionServer 的启动过程

在 start-hbase.sh 脚本中，调用了 hbase-daemons.sh 脚本启动 RegionServer，该脚本会远程调用各个 RegionServer 所在主机的 hbase-daemon.sh 脚本，启动各个 RegionServer。hbase-daemons.sh 会在本地调用 HRegionServer 类的 main 方法，并将 start 作为参数传入 main 方法。接下来，本书以 main 方法开始，分析 RegionServer 的启动过程。

① HRegionServer 的 main 方法同样通过下面语句执行集群命令：

```
HRegionServerCommandLine(regionServerClass).doMain(args)
```

doMain 方法调用了 HRegionServerCommandLine 类的 run()方法。分析该类的代码可以了解到，HRegionServerCommandLine 只定义了一个命令的操作，就是 start 命令来启动 RegionServer。

② 调用 HRegionServerCommandLine.start()方法，该方法会首先检查集群是否运行在本地（Local）模式，如果运行在本地模式，则不会启动单独的 RegionServer。本书重点讨论运行在分布模式的情况。

③ 集群运行在分布模式下，则会调用：

```
HRegionServer.constructRegionServer(regionServerClass, conf)
```

方法产生一个 RegionServer 的实例。该方法调用 HRegionServer 的构造方法，主要执行操作为：创建一个连接到 ZooKeeper 的 HConnection 实例，并将 isOnline 设为 false 表示该 RegionServer 尚未上线；然后验证 hbase.regionserver.codecs 设置的 codecs；接下来会读取配置文件的值，并对 HRegionServer 中的成员变量赋值，这些参数包括 RPC 超时时间 hbase.rpc.timeout，客户端连接重试次数 hbase.client.retries.number 等；最后创建 RPC Server 实例接收客户端请求。

④ 调用 HRegionServer.startRegionServer()方法，启动该 RegionServer。该方法会创建 RegionServer 的主线程，并调用该线程的 start()方法执行 HRegionServer.run()方法。

⑤ HRegionServer.run()方法首先会执行线程初始化的相关操作，并等待一个 Master 被激活。初始化操作包括初始化 ZooKeeper 和初始化相关线程，以及为 HRegionServer 预留堆（Heap）空间（4 个 byte 数组，每个 5MB，共 20MB），预留的堆空间用于在发生 JVM 抛出 OOME（Out Of Memory Error）时再释放，以从异常中恢复。

初始化 ZooKeeper 的操作为：首先创建一个 ZooKeeper 连接，然后创建 MasterAddressManager 的实例，用来获取 ZooKeeper 中 Master 的地址，如果集群中还没有 Active Master，则调用 blockAndCheckIfStopped()方法堵塞线程，直到集群中选举出一个 Active Master。之后，创建 ClusterStatusTracker 类的实例，并等待 Master 将 ClusterStatus 置为已启动。最后，创建 CatalogTracker 类的实例获取元数据表的地址。

初始化相关线程的操作为：首先创建 MemStoreFlusher 类的线程，用来接受 MemStore flush 请求，并对内容大小达到上限的 MemStore 执行 flush 操作。然后创建 CompactSplitThread 类的线程，该线程接收 Compaction 请求，并根据需要执行 split 操作。接着创建 majorCompactionChecker 线程，该线程每隔一段时间（默认为 1s）执行一次 major Compaction 检查。最后，创建 Lease 线程，该线程管理 RegionServer 的会话（Session）租约，每份租约的非活跃有效时间为 60s。

⑥ 完成初始化工作后，HRegionServer 会循环执行 tryReportForDuty()，直到 RegionServer 被关闭。tryReportForDuty()方法的主要功能是：RegionServer 尝试向 Master 发送心跳信息。该方法代码如下：

```
private boolean tryReportForDuty() throws IOException {
    MapWritable w = reportForDuty();
if (w != null) {
handleReportForDutyResponse(w);
return true;
    }
sleeper.sleep();
LOG.warn("No response on reportForDuty. Sleeping and then retrying.");
return false;
```

```
}
```

reportForDuty()方法向 Master 写入自己的状态，该方法从 ZooKeeper 中获取 Master 的地址，并在 ZooKeeper 上创建自己的 RegionServer 节点记录地址信息。然后调用 buildServerLoad()整理该 RegionServer 的负载信息（例如内存占用、服务请求数等），并记录在 ServerInfo 的实例中。最后调用 HMaster .regionServerStartup()方法将当前 RegionServer 的 ServerInfo 和时间戳发送给 Master。如果 Master 成功接收到来自 RegionServer 的信息，则会返回一个 MapWritable 的实例，包含 RegionServer 的地址以及 hbase.regionserver.address、fs.default.name 和 hbase.rootdir 等 Master 的配置信息。

reportForDuty()方法执行成功后，调用 handleReportForDutyResponse()方法，处理 Master 的响应。首先会按照 Master 返回的相关配置参数覆盖 RegionServer 中 HBaseConfiguration 实例的参数。然后获取 FileSystem 实例，构造 HLog 实例并创建 LogRoller 线程、HLog replicationHandler 对象。接着创建 RegionServer 的指标类 RegionServerMetrics 的实例。最后调用 startServiceThreads()方法启动 RegionServer 所需的服务进程，即启动在 initialize()方法中已创建的服务。启动 Web UI 服务处理 HTTP 请求，以及 RPC Server 接收来自客户端的请求。

当服务线程正常运行后，RegionServer 会每隔一段时间与 Master 交换信息，因此叫心跳信息。这里信息主要有两种：一种是 RegionServer 的指标（metrics），包括 HStore、HStoreFile、索引、所有 Region 的内存大小、Block 缓存的命中率、RegionServer 负载信息等；另一种则是通过 RPC 向 Master 发送的 HMsg 信息，并返回 Master 的指令。Master 返回的指令类型包括停止 RegionServer、重启 RegionServer 等。这个过程如图 11.14 所示。

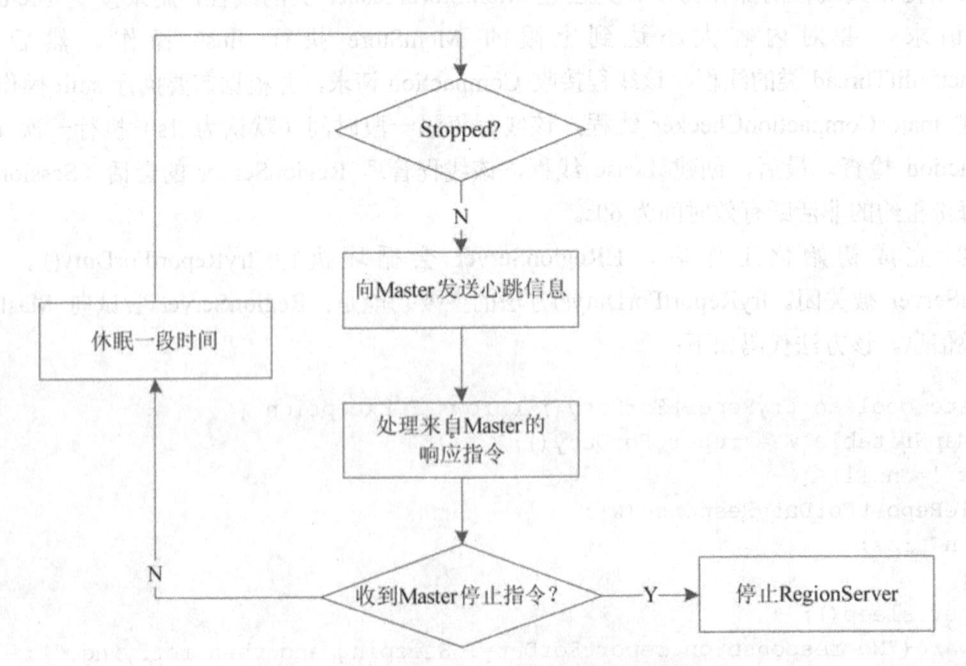

图 11.14　RegionServer 发送心跳信息流程

2. 集群的关闭过程

类似于 HBase 的启动是调用脚本执行的，关闭 HBase 的动作定义在 stop-hbase.sh 脚本中。该脚本首先调用 hbase-config.sh 脚本对关闭命令需要的变量进行赋值，例如 HBASE_LOG_DIR 和 HBASE_IDENT_STRING 等，然后将操作写入日志中，并执行：

```
nohup nice -n ${HBASE_NICENESS:-0} "$HBASE_HOME"/bin/hbase \
          --config "${HBASE_CONF_DIR}" \
          master stop "$@" > "$logout" 2>&1 < /dev/null &
```

命令调用 bin/hbase 脚本，执行 master stop 命令。

接下来，如果集群处于分布模式，则调用 hbase-daemons.sh 脚本顺序关闭备份 Master 和 ZooKeeper。

关闭集群同样会通过 HMasterCommandLine 类执行，当参数为 stop 时，该类会调用 stopMaster()方法。

stopMaster()方法会创建一个 HBaseAdmin 的对象，并调用 HBaseAdmin.shutdown()发出集群关闭命令。如下面代码所示，isMasterRunning()方法检查 Master 是否运行，如果没在运行，则会抛出 MasterNotRunningException 异常。接着调用 getMaster().shutdown()方法，getMaster()方法通过与 ZooKeeper 的连接获取当前 Active Master 的调用接口，并调用 HMaster.shutdown()方法。

```
public synchronized void shutdown() throws IOException {
isMasterRunning();
try {
getMaster().shutdown();
    } catch (RemoteException e) {
throw RemoteExceptionHandler.decodeRemoteException(e);
    }
  }
```

HMaster.shutdown()的代码如下：

```
public void shutdown() {
this.serverManager.shutdownCluster();
try {
this.clusterStatusTracker.setClusterDown();
    } catch (KeeperException e) {
LOG.error("ZooKeeper exception trying to set cluster as down in ZK", e);
    }
}
```

ServerManager.shutdownCluster()方法将调用 HMaster.stop()方法执行 Master 关闭动作，并将 clusterShutdown 状态置为 true。然后调用 ClusterStatusTracker.setClusterDown()方法，通过 ZooKeeper 执行删除 Master znode 操作，删除 ZooKeeper 中的 Master 节点记录。

（1）Master 的关闭过程

当关闭集群时调用 HMaster.stop()方法，首先该方法会将集群关闭原因写入日志文件中，然后将 HMaster 的 stopped 状态置为 true，并调用 ActiveMasterManager.clusterHasActiveMaster.notifyAll()方法，该方法会将 Active Master 已关闭的消息通知所有备份 Master，备份 Master 接收到该消息后，从休眠中醒来，执行竞争 Master 操作。事实上，当集群被关闭时，备份 Master 也会在随后通过命令方式进行关闭。

HMaster 线程从 loop()中被唤醒后，会执行关闭集群的相关清理工作，这部分代码如下：

```
stopChores();
if (!this.abort && this.serverManager != null &&
    this.serverManager.isClusterShutdown()) {
    this.serverManager.letRegionServersShutdown();
}
stopServiceThreads();
if (this.activeMasterManager != null) this.activeMasterManager.stop();
if (this.catalogTracker != null) this.catalogTracker.stop();
if (this.serverManager != null) this.serverManager.stop();
if (this.assignmentManager != null) this.assignmentManager.stop();
HConnectionManager.deleteConnection(this.conf, true);
this.ZooKeeper.close();
```

首先检查 isClusterShutdown()的状态，前面 ServerManager 实例中该状态已被设置为 true，因此会执行 ServerManager.letRegionServersShutdown()方法关闭所有 RegionServer，所有 RegionServer 关闭后会发来一个 HMsg 消息：MSG_REGIONSERVER_STOP 表示该 RegionServer 已关闭。

其次，执行 stopServiceThreads()方法关闭 Master 启动的一些服务线程，服务线程关闭顺序与启动顺序相反，此处不再赘述。

然后，依次关闭 ActiveMasterManager、CatalogTracker、ServerManager 以及 AssignmentManager 等组件，并删除 HConnection 连接，调用 ZooKeeperWatcher.close()方法关闭与 ZooKeeper 的连接。

最后，在日志中添加 HMaster 主线程已退出的记录。

（2）RegionServer 的关闭过程

在上面 Master 的关闭过程中介绍过，在 HMaster 执行关闭方法时，会调用 ServerManager.letRegionServersShutdown()方法来关闭所有 RegionServer。

RegionServer 会每隔一段时间向 Master 发送心跳信息，而 Master 获得来自 RegionServer 的心跳信息后，会返回一个响应，该响应来自 HMaster 线程的 ServerManager 实例中的 regionServerReport()方法。当集群关闭时，该方法检查到 clusterShutdown 状态为 true，则会向 RegionServer 的响应信息中添加一个 HMsg. STOP_REGIONSERVER_ARRAY 记录，告知 RegionServer 执行 stop 操作。

当 RegionServer 接收到来自 Master 的关闭响应后，HRegionServer.run()方法执行如下关

闭操作：

首先关闭 Leases 线程，然后将关闭 HBaseServer 的 RPC 响应，停止 InfoServer 线程，并执行 LruBlockCache 的 shutdown()方法关闭该进程中所有的定时检查服务，并发送一个中断给所有可能在休眠状态的线程，以便让这些线程注意到集群关闭操作，需要中断的线程包括 MemStoreFlusher、CompactSplitThread、HLogRoller、MajorCompactionChecker 等。然后关闭 RegionServer 上所有的 Region，并关闭 WAL 日志和所有的 Scanner。最后关闭 ZooKeeper 连接，完成 RegionServer 的关闭过程。

11.3.2 HBase 配置过程

在 HBase 客户端 API 中，读者可以看到对 HBase 的任何操作都需要首先创建 HBaseConfiguration 类的实例。HBaseConfiguration 类继承自 Configuration 类，而 Configuration 类属于 Hadoop 核心包中实现的类，该类的主要作用是提供对配置参数的访问途径。

Configuration 类中的配置参数都是来自于 Hadoop 的配置文件，而这些配置文件在 Configuration 类中被当作一个个资源（Resource），每个资源都包含了一组以 XML 格式存在的 name/value 对，事实上，这些资源每一个都是单独的 XML 文件，例如第 3 章中提到过的 core-site.xml 等。对于 Configuration 类而言，最重要的就是提供访问配置信息的接口，该类提供了一系列的 Set/Get 方法用于读写特定名称（name）的值（value）。此外，Configuration 类除了提供加载默认配置文件的方法外，还提供了 addResource 方法加载指定的 XML 配置文件，这样就允许一些基于 Hadoop 的子项目甚至是用户自己定义的配置参数被加载使用。

addResource 类共有 4 种方式加载指定的配置信息：

- String: 加载指定文件名的配置文件，该文件须在 Hadoop 的 classpath 中。
- Path: 直接加载本地文件系统上以该参数为完整路径的配置文件。
- URL: 指定配置文件的 Url 路径并加载。
- InputStream: 从输入流中反序列化所得到的配置对象。

Configuration 类在默认情况下，会按照顺序加载下列配置文件：

- core-default.xml: 该文件包含了 Hadoop 的只读配置参数。
- core-site.xml: 该文件即用户设置的 Hadoop 配置参数。

由于 Configuration 类同时提供了对参数的 Set 方法，而出于集群的安全性等原因，管理员可能并不想某些参数在后期被改动，这时可以将配置文件中不希望被改动的参数设置为 final，Configuration 类在加载配置参数后，就会禁止对声明为 final 的参数的改动。如图 11.15 所示，可以设置 core-site.xml 中的 fs.default.name 参数为 final，以禁止该值被修改。

```
<property>
        <name>fs.default.name</name>
        <value>hdfs://localhost:9000</value>
        <final>true</final>
</property>
```

图 11.15 final 在配置文件中的使用示例

值得注意的是，早期版本的 Hadoop 配置是通过 hadoop-site.xml 文件实现的，在近期的版本中，该配置文件已被弃用，而改用 core-site.xml、mapred-site.xml 和 hdfs-site.xml 结合来完成配置。因此，在载入配置文件时，Hadoop 会检查在 classpath 中是否存在 hadoop-site.xml，如果存在，则会在日志中输出一条 DEPRECATED 的 Warnning 信息。

在了解了 Configuration 类之后，再分析其子类 HBaseConfiguration 类。图 11.16 为 HBaseConfiguration 类的类图，除了继承自 Configuration 类之外，该类还实现了私有或公有的方法。从功能上讲，该类也提供对 HBase 配置参数的访问。

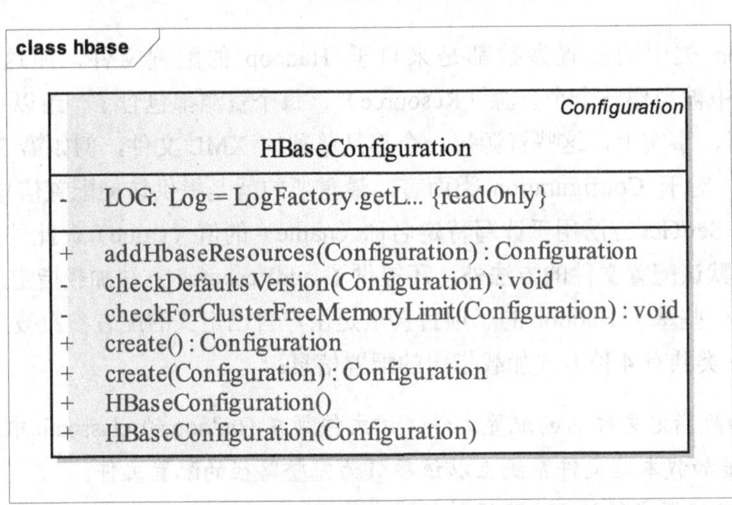

图 11.16 HBaseConfiguration 的类图

从图 11.16 可以看到，该类有两个构造方法：

```
public HBaseConfiguration();
public HBaseConfiguration(final Configuration c);
```

这两个构造方法是用来实例化 HBaseConfiguration 类的，然而只在早期版本中使用，目前本书分析的 0.90.4 以及后期版本中，这两个构造方法都已被弃用。由于新的 HBaseConfiguration 类中所有的成员变量和成员方法都被声明为 static，因此该类已经被禁止实例化，而当需要使用 HBaseConfiguration 对 HBase 的配置信息进行访问时，事实上获得的是一个 Configuration 类的实例。

```
private static Configuration conf = null;
static{
```

```
    conf = HBaseConfiguration.create();
}
```

显然，HBaseConfiguration.create()方法返回的是一个能够访问HBase配置信息的Configuration的实例。

```
public static Configuration create() {
    Configuration conf = new Configuration();
return addHbaseResources(conf);
}
```

create()方法中主要进行两个操作：首先创建一个Configuration类的实例conf，然后调用addHbaseResources方法对conf实例进行处理，并将处理后的conf实例返回给该方法的调用者。

进一步分析addHbaseResources方法会执行哪些操作：

```
public static Configuration addHbaseResources(Configuration conf) {
conf.addResource("hbase-default.xml");
conf.addResource("hbase-site.xml");
checkDefaultsVersion(conf);
checkForClusterFreeMemoryLimit(conf);
return conf;
}
```

首先，调用conf对象的addResourcc(String name)方法，依照次序加载如下配置文件：

- hbase-default.xml: 该文件是hbase的默认配置参数。
- hbase-site.xml: 该文件为用户对hbase的配置参数。

然后，调用checkDefaultsVersion(Configuration conf)方法，该方法通过conf实例获取hbase.defaults.for.version的值，即配置文件hbase-default.xml中的版本信息，同时获取当前运行的HBase的版本信息，如果默认配置文件中的版本号不同于当前运行的HBase的版本号，则会抛出一个RuntimeException，报告配置文件与当前HBase环境的版本不一致。

最后，调用checkForClusterFreeMemoryLimit(Configuration conf)方法，该方法通过conf实例获取两个参数：

- hbase.Regionserver.global.memstore.upperLimit: RegionServer中每个MemStore的内存上限比例，超过这个值，一个新的update操作将被挂起，并强制执行flush操作。默认值为0.4，表示最大比例为堆大小的40%。
- hfile.block.cache.size: HFile文件的块缓存大小占堆内存大小的比例。默认值为0.2，表示最大比例为20%。

获取这两个参数的值后，该方法将判断这两个参数的总大小是否超过堆内存大小的

80%，如果这两个参数之和超过 0.8，就会抛出一个 RuntimeException，报告当前 MemStore 和 BlockCache 所占堆内存比例超过要成功执行集群操作的阈值上限。这里参数之和不能超过 0.8 的原因，是由于在 HConstants 类中，定义了一个 HBASE_CLUSTER_MINIMUM_MEMORY_THRESHOLD 常量，该常量的值为 0.2，该值为集群成功启动所需要的最小空闲堆内存百分比，即集群成功启动所需要的空余堆空间至少为堆大小的 20%。因此，当 MemStore 和 BlockCache 所占堆空间比例超过 80%时，将导致集群无法成功启动。

11.3.3 读取图像百科数据

数据库最主要的能力就是将存储在其中的数据通过某种方式展示给数据库使用者。在图像百科系统中，当用户上传一张图片后，图像百科的业务逻辑模块会读取 HBase 中的图像特征表 photos 中的数据，并对比匹配用户上传图像与 photos 表中图像的特征值。

本小节将从图像百科系统的读取数据库操作入手，进一步深入到 HBase 读取数据的代码实现中。

HBase 读取数据主要由 Get 和 Scan 两种方式，事实上其实现原理类似，所有的 Get 操作都能够改变为 Scan 操作。本书会对 Get 方式的操作进行分析。

在第 7 章 HBase 客户端 API 中，本书已经介绍过了如何使用 Get 操作向 HBase 中写入数据，代码如下：

```
public static Result selectRow(String tableName, String rowKey)throws
IOException {
     HTable table = new HTable(conf, tableName);
     Get g = new Get(rowKey.getBytes());
     Result rs = table.get(g);
     return rs;
}
```

Get 操作的实现由 HTable 提供，get 方法的代码实现如下所示：

```
public Result get(final Get get) throws IOException {
return connection.getRegionServerWithRetries(
new ServerCallable<Result>(connection, tableName, get.getRow()) {
public Result call() throws IOException {
return server.get(location.getRegionInfo().getRegionName(), get);
          }
        });
}
```

从代码中可以看出， get 方法事实上是一个 RPC 调用的过程，其返回结果为 Result 类的实例。该结果是调用 HConnection 类中的 getRegionServerWithRetries 方法。

图 11.17 是 HConnection 接口与其实现类的类图，事实上 HConnection 只是一个接口，而其具体的实现定义在 HConnectionManager 类中。HTable 的每个实例都需要一个与远程服务器

的链接，而这个链接就定义在 HConnection 类中。

对于用户而言，可能并不需要直接操作 HConnectionManager 和 HConnection 类，而只需要通过创建一个新的 Configuration 实例以及调用客户端 API 来简单地使用这个连接。因为 HConnectionManager 实例内部对每个 HBaseConfiguration 会分配一个 HConnectionImplementation 实例，并建立一个 HBaseConfiguration 与 HConnectionImplementation 的映射，用户只需要通过 Configuration 实例就可以确定连接，并进行操作。

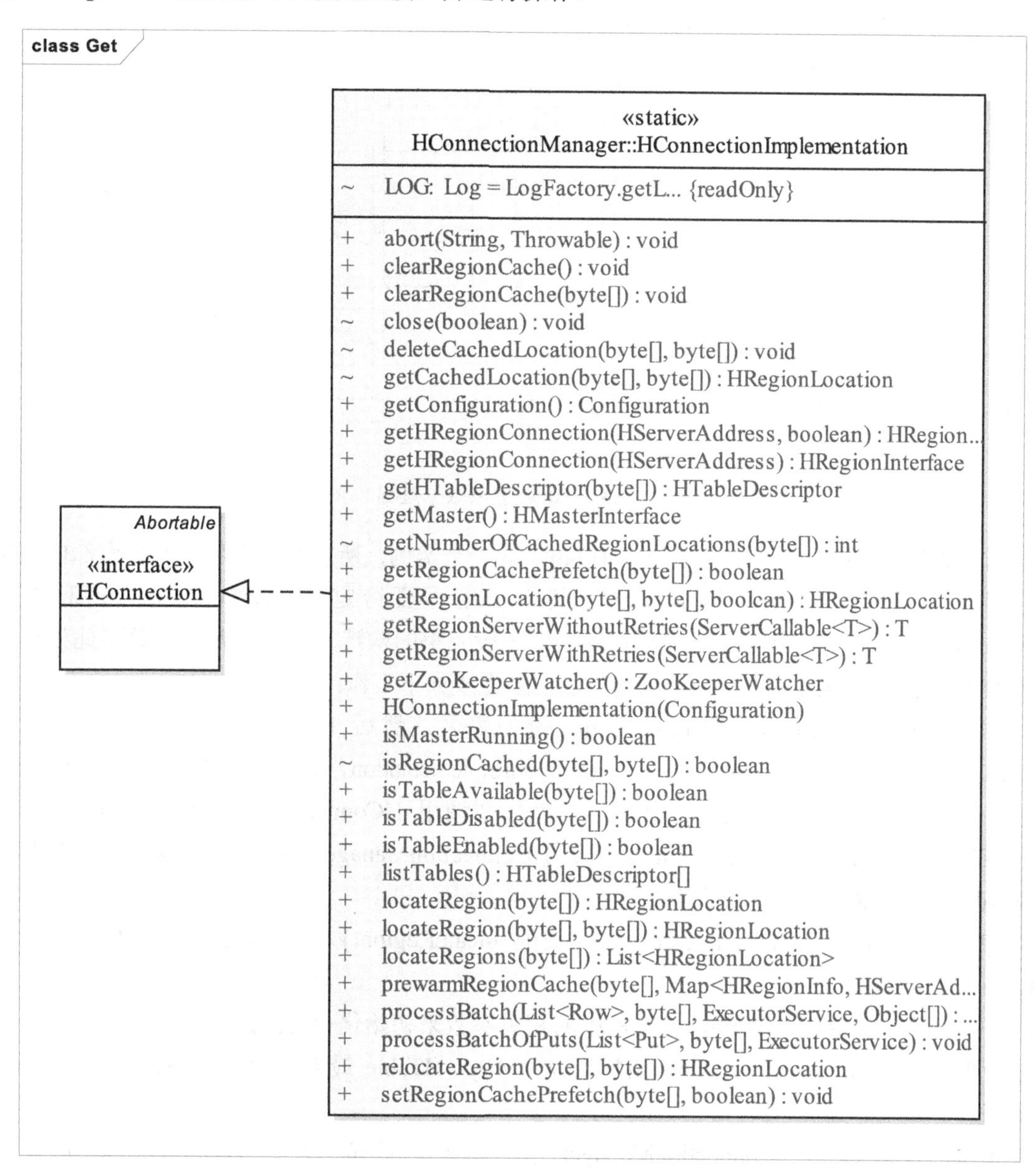

图 11.17 HConnection 接口与其实现

接着本书从 HTable 的创建开始，分析 HBase 使用 get 读取数据的过程。读取过程序列图如图 11.18 所示。

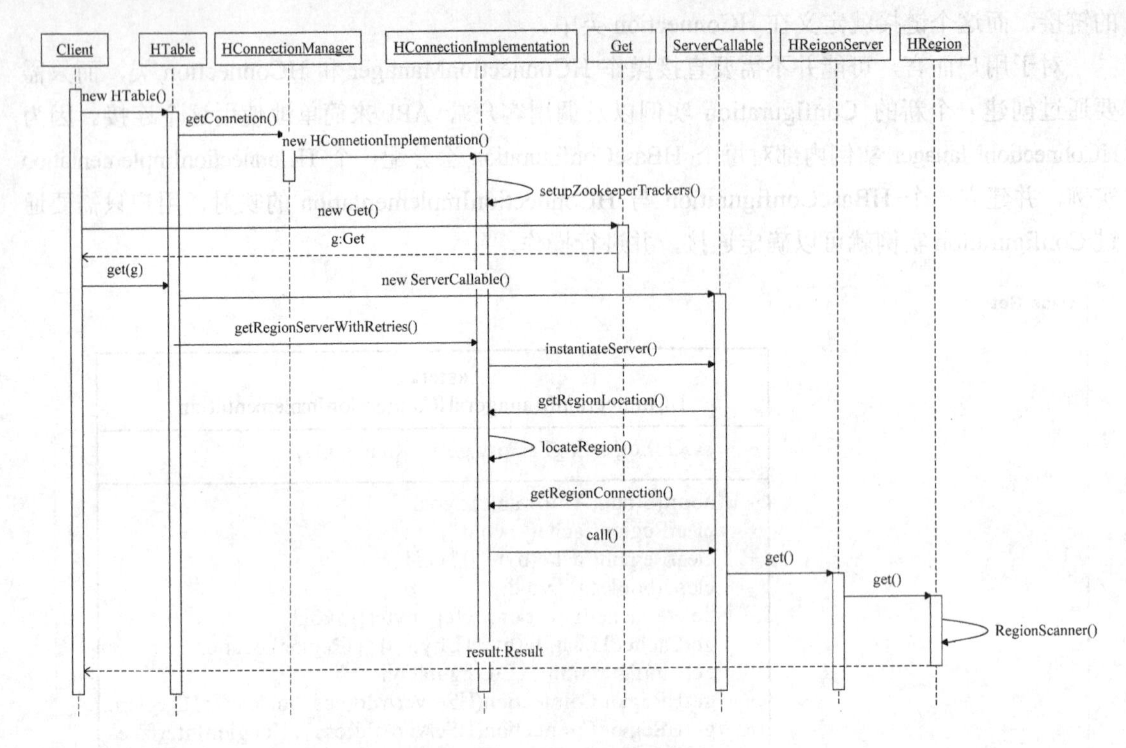

图 11.18　HBase 读取数据过程

首先调用 HTable 的构造方法创建 HTable 的一个实例，所有对于表数据的操作都依赖于该实例。HTable 类有多组构造方法，其中一组需要给定 HBaseConfiguration 和表名 tableName，而另一组只需要表名 tableName，一般完整的构造方法接受两个参数。此处以两个参数的构造方法为例，HTable 的构造方法主要完成如下工作：

（1）根据参数初始化一些内部成员，例如表名。然后 HTable 需要创建一个对应于 HBaseConfiguration 的连接管理对象 HConnectionImplementation，并将该对象保存在 connection 成员变量中，HConnectionImplementation 实例需要调用 HConnectionManager.getConnection()方法获得。HConnectionImplementation 类是 HConnectionManager 的一个内部类，该类封装了与 ZooKeeper 和 RegionServer 的连接。

（2）调用 HConnectionImplementation 类的 locateRegion()方法定位到表的起始行所在的 Region。

（3）获取 HBaseConfiguration 实例中的相关参数来初始化自己的成员变量，例如客户端写缓存的大小 hbase.client.write.buffer(默认为 2MB)，HTable 最大线程数 hbase.htable.threads.max 等。

前面介绍过，HConnectionManager 实例中维护着一个 HashMap 来存储以 HBaseConfiguration 为键，以 HConnectionImplementation 实例为值的键值对。

HConnectionManager 的 getConnection()方法代码如下：

```
public static HConnection getConnection(Configuration conf)
```

```
throws ZooKeeperConnectionException {
    HConnectionImplementation connection;
synchronized (HBASE_INSTANCES) {
connection = HBASE_INSTANCES.get(conf);
if (connection == null) {
connection = new HConnectionImplementation(conf);
        HBASE_INSTANCES.put(conf, connection);
      }
    }
return connection;
}
```

代码中的 HBASE_INSTANCES 就是管理着<配置，连接>键值对的静态 HashMap，getConnection()方法会检查当前传入的 Configuration 是否已经存在于 Map 中，如果已存在就会直接返回对应的 HConnection；否则会创建一个 HConnectionImplementation 实例，加入到 HashMap 中，HConnectionImplementation 实例创建过程中，其构造方法的主要工作为：

（1）根据 RegionServerClass 类名得到 RegionServer 的实现类，默认为 org.apache.hadoop.hbase.ipc.HRegionInterface，用来为 HBase 客户端开启远程连接 RegionServer 的代理。

（2）使用 HBaseConfiguration 实例中的相关参数初始化自己的成员变量，主要是连接重试次数等参数。

（3）调用 setupZooKeeperTrackers()方法开启 ZooKeeper 相关服务，主要是初始化 ZooKeeper 连接，并获取 Master 和-ROOT-表地址。

创建 Get 类的实例，并在 Get 实例中添加需要读取的行关键字、列族、列名等内容。关于 Get 实例的使用，在本书第 7 章中客户端 API 部分已经做过介绍。Get 类内部定义了一个 TreeMap 用来保存用户添加的列。

```
public Get addColumn(byte [] family, byte [] qualifier) {
    NavigableSet<byte []> set = familyMap.get(family);
if(set == null) {
set = new TreeSet<byte []>(Bytes.BYTES_COMPARATOR);
    }
set.add(qualifier);
familyMap.put(family, set);
return this;
  }
```

上面的代码是向 Get 实例中添加列的方法。familyMap 保存着用户添加的列，其中该 Map 的键是列族名，而值是一个 NavigableSet 用来保存列标签。

调用 HTable 对象的 get()方法，代码如下：

```
Result rs = table.get(g);
```

其中，g 是 Get 的一个实例。HTable 的 get()方法中调用 HConnectionImplementation 实例

的 getRegionServerWithRetries()方法，并直接以该方法的返回值为结果，返回给客户端。getRegionServerWithRetries()方法传入的参数是 ServerCallable 类的实例，get 方法代码如下：

```
public Result get(final Get get) throws IOException {
return connection.getRegionServerWithRetries(
new ServerCallable<Result>(connection, tableName, get.getRow()) {
public Result call() throws IOException {
return server.get(location.getRegionInfo().getRegionName(), get);
        }
      }
    );
}
```

ServerCallable 是一个抽象类，作为 getRegionServerWithRetries()方法的参数，需要实现该类中的一个回调方法 call()。它的构造方法主要功能是将指定的 HConnectionImplementation 实例、目标表名 tableName 和目标行关键字 rowKey 存入成员变量。

HConnectionImplementation 的 getRegionServerWithRetries()方法完成的主要工作是在允许重试次数之内完成下列动作：

（1）调用 ServerCallable 对象的 instantiateServer()方法实例化，该方法执行的操作为：首先，调用 HConnectionImplementation 实例的 getRegionLocation()方法获得目标行所在的位置，返回 HRegionLocation 对象；然后，调用 getHRegionConnection()方法获得管理目标行的 RegionServer 代理类实例，保存在成员变量 server 中。

```
public void instantiateServer(boolean reload)throws IOException {
      this.location = connection.getRegionLocation(tableName,row, reload);
      this.server
=connection.getHRegionConnection(location.getServerAddress());
}
```

HConnectionImplementation 的 getRegionLocation()方法会进一步调用 locateRegion(tableName,row, useCache)方法，其中，useCache 当第一次 load 时（即尝试次数 tries 为 0）设为 true，当 reload 时（tries 不等于 0）设为 false。具体定位 Region 的过程如下：

- 如果目标表是-ROOT- table，则调用 zookeeper 包中的 ZooKeeper.RootRegionTracker.waitRootRegionLocation(timeout)方法获取-ROOT-表的位置。
- 如果目标表是.META. table，调用 locateRegionInMeta()方法，该方法的参数中，parentTable 为-ROOT-表名，RegionLockObject 为.META.表的锁实例 metaRegionLock，另外的参数还有要获取数据所在表的表名 tableName 和行关键字 rowKey。
- 如果目标表是用户表，则调用 locateRegionInMeta()方法，并且 parentTable 为.META.表的表名，RegionLockObject 为用户表的锁实例。

这样就获得了数据所在 Region 的一个 HRegionLocation 实例，即完成了对 Region 的定位。

HConnectionImplementation 的 getHRegionConnection()方法会根据传入的 RegionServer 服务器地址作为参数，获得操作 Region 数据的 HRegionInterface 实例，利用该实例实现客户端与服务器的交互。具体执行过程如下：

步骤01 判断传入的参数 getMaster 的值，如果是 true，则获取 Master 的调用接口 HMasterInterface。

步骤02 查找本地成员变量 servers，该成员变量保存了已创建过的、与 RegionServer 交互的代理类，一个 RegionServer 对应一个代理类实例，即<RegionServer 名称，HRegionInterface>键值对。

步骤03 如果上一步没有在 Map 中找到 RegionServer 对应的 HRegionInterface 实例，则会调用 HBaseRPC 的 waitForProxy()方法创建新的实例，并且放入 Map 中。这就保证了在一次连接过程中，一台 RegionServer 服务器只会有一个交互代理类实例，用来完成当前客户端的请求和一些统计工作。

上面步骤 3 中出现的 HBaseRPC 类是实现 HBase 中 RPC 机制的主要类，该类的 waitForProxy()方法本质上调用 getProxy()方法。后者通过 Java 反射包中 Proxy 类的 newProxyInstance()方法，创建一个实现了参数 protocal 接口的服务器在客户端的代理类 VersionedProtocol 对象（org.apache.hadoop.ipc.VersionedProtocol）[①]。

VersionedProtocol 是一个接口类，HBase 的 ipc 包中的 HBaseRPCProtocolVersion 接口继承了该接口，并派生出 3 个接口，分别为：HMasterInterface、HRegionInterface 和 HMasterRegionInterface。图 11.19 为其类图。通过接口调用可以灵活地实现不同角色间的调用，类似于设计模式中工厂模式的思想，只要将 serverInterfaceClass 作为参数传递给 waitForProxy()方法，就可以获取响应的实例。

限于本书篇幅，更多关于 RPC 的分析此处不再详细展开，读者可阅读 TREND MICRO CDC SPN TEAM 的博客《HBase 源码分析– RPC 机制》[②]进一步了解。

（2）调用 ServerCallable 实例被重写过的回调方法 call()。该方法会通过 RPC 连接到数据所在 RegionServer，并读取数据，其步骤如下：

① 在 instantiateServer()方法执行后，ServerCallable 实例已经获取待读取数据所在的 Region，然后调用 HRegionServer.get()方法获取数据，该方法的参数分别为数据所在 Region 的 RegionName 和 Get 实例。

[①] HBase 查找一行记录（get）的执行过程. http://blog.csdn.net/zjw_pipi/article/details/6953031

[②] HBase 源码分析 – RPC 机制:客户端. http://www.spnguru.com/2010/08/hbase%E6%BA%90%E7%A0%81%E5%88%86%E6%9E%90-%E2%80%93-rpc%E6%9C%BA%E5%88%B6%E5%AE%A2%E6%88%B7%E7%AB%AF/

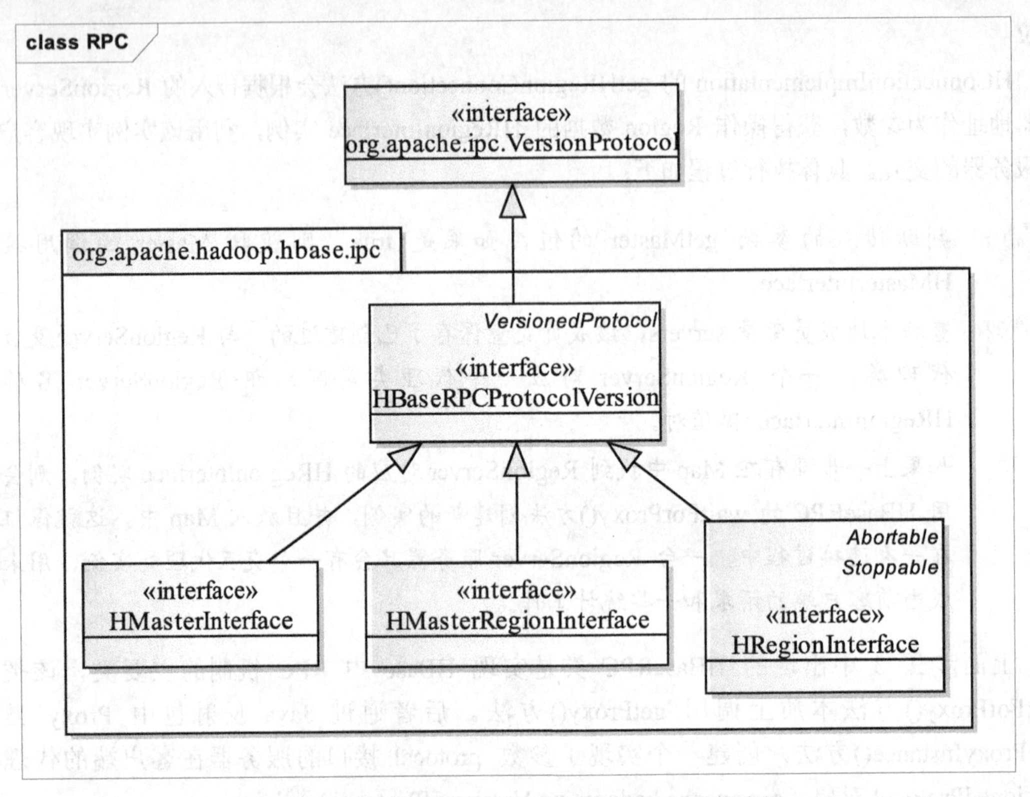

图 11.19　HBaseRPCProtocolVersion 接口的结构类图

② HRegionServer 实例的 get()方法首先检测自己的是否在运行，并增加自己的响应计数。然后创建一个 HRegion 的实例，该实例管理数据所在 Region 的数据，其构造函数为 RegionName。最后调用 HRegion.get()方法获取数据，并将 Get 实例传入 HRegion。

③ HRegion 实例的 get(final Get get, final Integer lockid)方法，这里的锁 lockid 可以为空，表示没有设定锁。该方法首先检测 Get 实例是否被添加了列族，如果有列族，则验证客户端添加列族的有效性，如果没有列族，则把该表的所有列族都添加到 Get 实例中。然后调用 HRegion. get(final Get get)方法。

④ get(final Get get)方法事实上是创建了一个 Scan 类的实例，并用 Get 实例作为参数来构造 Scan 类的实例，然后调用 getScanner 获取一个 InternalScanner 的实现类实例，最后调用 InternalScanner.next()方法获取数据。代码如下：

```
private List<KeyValue> get(final Get get) throws IOException {
    Scan scan = new Scan(get);
    List<KeyValue> results = new ArrayList<KeyValue>();
    InternalScanner scanner = null;
try {
scanner = getScanner(scan);
scanner.next(results);
    } finally {
if (scanner != null)
```

```
scanner.close();
    }
return results;
  }
```

⑤ 事实上，InternalScanner 是一个接口，数据的实际读取定义在 HRegion 类的 RegionScanner 方法中。该方法会直接获取 Region 中管理的 Store 的数据。每个 Store 对应着 Table 中的一个列族的存储，读者可以通过图 11.20 的 HRegionServer 内部结构图了解 Store 的结构。

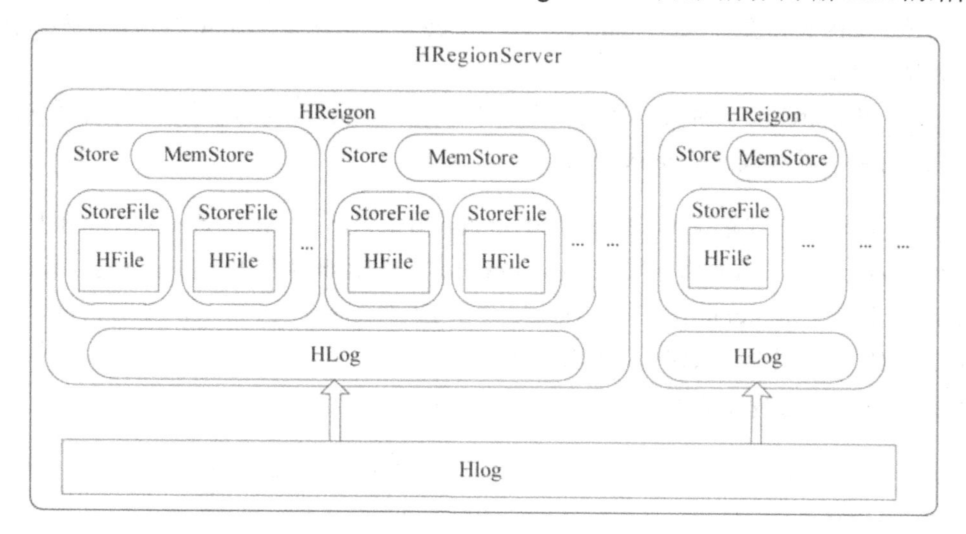

图 11.20 HRegionServer 内部结构图

至此，读取数据过程完成。

11.3.4 写入图像百科数据

HBase 的数据写入是 Client 直接与 RegionServer 进行交互，通过 Put 命令将数据写入到 Region 中。

图 11.20 是 HRegionServer 的结构图，在分析百科数据如何写入 HBase 之前，读者需要先了解 HRegionServer 的存储方式。HRegionServer 内部管理了一系列的 HRegion 对象，每个 HRegion 对应了 Table 中的一个 Region；HRegion 由多个 Store 组成，每个 Store 对应了 Table 中的一个列族的存储。因此每个列族集中存储在一起，在设计数据库时应该尽量将具备共同 I/O 特性的列放在一个列族中，以获取更高的效率。

一个 Store 由三部分组成，分别是 HLog、MemStore 和 StoreFile。

- HLog：用来记录该 Region 产生的 WAL 日志，该实例由 HRegionServer 创建并在构造 HRegion 时以参数方式传入 HRegion。
- MemStore：这是一个排序的内存缓存区。用户写入的数据首先会放入 MemStore 中，当 MemStore 大小达到设定的上限时执行 flush 操作，将 MemStore 中的内容写入到一个 StoreFile 中。

- StoreFile：该实例管理一个 HFile 文件，MemStore 中的数据通过 StoreFile 实例写入到 HFile 中，StoreFile 是只读的，创建后不可修改。

在数据写入时，会伴随着两个操作：Compaction 和 split。

- Compaction：每个 HRegion 中管理的 StoreFile 达到设定的个数上限时，会触发一次合并操作，称为 major Compact，这个过程将若干 StoreFile 合并成一个新的 StoreFile。合并过程中会将对同一个行关键字的修改合并在一起，并抛弃已删除的数据（前面提到过，删除数据会将 KeyValue 标记为 Delete），这保证 HBase 只通过添加就能实现删除的功能。
- split：当 StoreFile 文件大小达到设定的上限时，会执行 split 操作。该操作将 StoreFile 进行分割，等分成两个 StoreFile。

数据在更新时，会首先写入 HLog 和 MemStore 中，当一个 MemStore 达到上限后，会创建一个新的 MemStore，并且将已写满的 MemStore 加入 flush 队列中，由单独的 flush 线程写入 HDFS，成为一个 StoreFile。此时，HBase 会在 ZooKeeper 中记录一个 redo point，表示这个时刻之前的变更都已经持久化了，称作 minor Compact。

HBase 写入数据过程如图 11.21 所示。

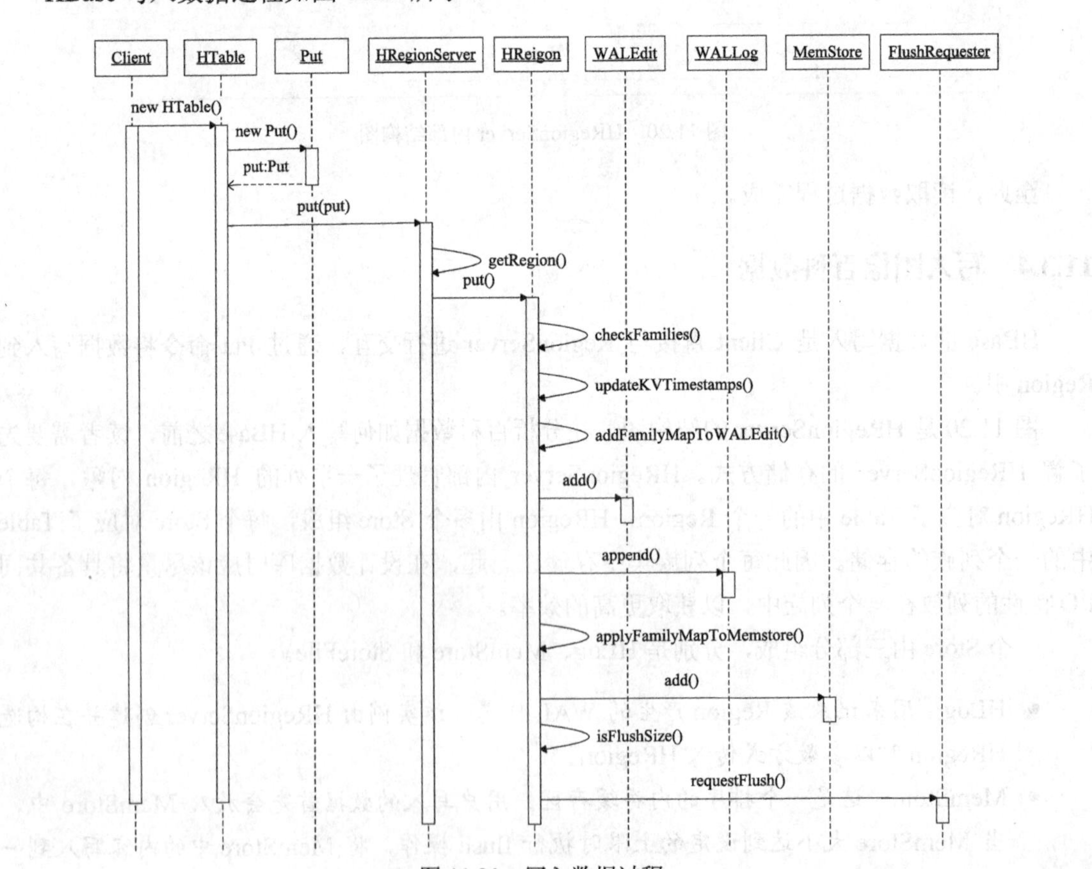

图 11.21　写入数据过程

1. 创建 Put 类的实例

```
Put put = new Put(key);
```

关于 Put 实例的构造以及使用，在本书第 7 章客户端 API 的使用章节中已经介绍过。读者可以通过 add()方法，添加要写入数据库的数据的列名和值。在 Put 类中定义着一个 TreeMap，该 Map 保存了写入数据库的数据，其结构是由列族名为键，以该列族下要写入的所有 KeyValue 数据组成的 List 为值的键值对。

在调用 add(byte [] family, byte [] qualifier, byte [] value)方法后，Put 实例首先会查找当前 familyMap 中键为 family 的 KeyValue List，之后将传入的列族名 family、列标签 qualifier 和 value 等数据构造成一个 KeyValue 实例，并添加到 family 对应的 KeyValue List 中。关于 KeyValue 的结构以及使用，已在本章 11.2.2 小节中介绍过。

2. 调用 HTable.put()方法

以 Put 实例为参数调用客户端 put()方法，该方法会首先将 Put 实例放入一个 ArrayList 中，并调用 doPut(final List<Put> puts)方法。doPut()方法对 ArrayList 中的每个 Put 实例，首先调用 validatePut()方法验证传入的 Put 实例的有效性，然后将该 Put 实例添加到客户端写缓存 writeBuffer 中，并给当前客户端写缓存的大小加上 Put 实例的大小。最后验证是否达到执行 flush 操作的条件，这个条件有两个：第一个条件是已经设置了 autoFlush 参数为 true，这个参数可以通过 HTable.setAutoFlush()方法设置；第二个条件是当前客户端写缓存的大小已经大于设定的写缓存大小上限，即 hbase.client.write.buffer 参数的值，默认为 2MB。而这两个条件满足其一即可触发 flush 操作，将客户端数据写入 HBase 中。达到条件后，执行 flushCommits()方法执行所有缓存操作。

3. flushCommits()方法执行所有写缓存 Put 实例

接下来，flushCommits()方法会调用 HConnection.processBatchOfPuts()方法处理写缓存中的一批写入操作，当然，该方法调用位于 HConnectionImplementation 类定义中。阅读源代码发现 processBatchOfPuts()方法已被弃用，而调用了 processBatch(List<Row> list,final byte[] tableName, ExecutorService pool, Object[] results)方法实现。该方法的参数中，List 是所有的 Put 实例，tableName 是数据要写入用户表的表名，ExecutorService 是一个线程池，results 是一个 Object 数组。如果某个 Put 实例写入成功，则 results 数组中对应的位置会变为一个 Result 类的实例，processBatchOfPuts()方法会在最后检查 results 数组中每个 result 是否是 Result 类的实例，如果是，则证明对应的 Put 操作成功，并从 list 数组中删除成功的 Put 实例，因此最后 list 数组如果为 null，则表示所有 Put 实例写入成功，否则 list 数组中剩下的都是写入失败的 Put 实例。

4. 通过 processBatch()写入数据到对应 RegionServer

processBatch()方法会对每一个 Put 实例，通过 locateRegion()方法定位到该行数据所在的 Region，定位到 Region 之后，拿到 Region 所属的 RegionServer 地址 HserverAddress 实例，并创建一个 MultiAction 实例，将 HserverAddress 以及 MultiAction 实例放入 Map<HServerAddress, MultiAction>actionsByServer 中，因此每一个 RegionServer 都有一个 MultiAction 实例与之对应。MultiAction 实例是一个由 Action 实例组成的数组，每个 Action 封装着一个对特定 Region 的操作，包括 Region 名，行关键字和 Put 实例在 list 中的编号。

首先，对于 workingList（即之前的包含所有 Put 实例的 list）中的每一个 Put 实例，定位到数据要写入的 RegionServer 地址和 Region 名字，并封装成一个 Action。将所有 Action 按照所属 RegionServer 放入 actionsByServer 中。

然后，遍历 actionsByServer，对于不同的 RegionServer 并发的提交请求。不同的 RegionServer 上的请求会异步调用 pool.submit(createCallable(e.getKey()，e.getValue(), tableName))方法提交给 threadpool。参数中的 CreateCallale()方法的代码如下所示：

```
private Callable<MultiResponse> createCallable(final HServerAddress
address, final MultiAction multi,final byte [] tableName) {
    final HConnection connection = this;
    return new Callable<MultiResponse>() {
          public MultiResponse call() throws IOException {
                returngetRegionServerWithoutRetries(
                      new ServerCallable<MultiResponse>(connection,
tableName, null) {
                            public MultiResponse call() throws
IOException {
                                  return server.multi(multi);
                            }
                            @Override
                            public void instantiateServer(boolean
reload) throws IOException {
                                  server =
connection.getHRegionConnection(address);
                            }
                      }
                );
          }
    };
}
```

Callable 实例中首先创建了到 RegionServer 的连接，并定义方法 call()，该方法调用 getRegionServerWithoutRetries()方法，并创建 ServerCallable 的实例，定义另一个回调方法 call()。在该方法中，远程调用 HRegionServer.multi(MultiAction multi)方法，为这个

MultiAction 实例中对应的每个 Action 实例，判断 action 类型（delete、get 和 put 类型），然后针对不同的类型做不同的处理，并在写入完之后，清空 writeBuffer 。

5. 调用 HRegionServer.multi()方法

该方法首先为每个 Action 的 Region 名创建对应 Region 的 HRegion 实例，然后调用 HRegion.put()方法将数据写入所在 Region。

```
OperationStatusCode[] codes = region.put(putsWithLocks.toArray(new
Pair[]{}));
```

6. 使用 HRegion.put()方法在 Region 中写入数据

该方法首先使用 checkReadOnly()方法以及 checkResource()方法检查该 Region，保证该 Region 不是只读状态且可以执行更新操作。然后执行 startRegionOperation()方法为写操作加锁。最后调用 doMiniBatchPut()方法执行批量写入操作。

7. 使用 doMiniBatchPut()方法执行批量 Put 操作的步骤

步骤01 尝试获得尽量多的锁，并且要保证至少得到一个锁，期间会调用 checkFamilies()方法检查是否有 Put 实例中的待插入列族，如果没有，会抛出一个 NoSuchColumnFamilyException 异常。对于每个获得的锁，将其分配给合法的 Put 操作，如果没有获得锁，则无法执行写入操作。numReadyToWrite 变量用来统计合法的批量写入操作的数目。

步骤02 使用 updataKVTimestamps()方法，将所有 KeyValue 中定义为 HConstants.LATEST_TIMESTAMP 的时间戳替换为当前时间。

步骤03 写入 WAL 日志。WAL 日志在本章开始已经介绍过，WAL 主要用于灾难恢复，所有对数据的更新操作，在写入 Store 之前，都必须先写入到 WAL 日志中。这里具体步骤是首先创建 WALEdit 实例，然后调用 addFamilyMapToWALEdit()方法，将 Put 操作的内容写入到 WALEdit 实例中，最后将 WAL 日志 WALEdit 实例写入到 HDFS。相关代码如下所示。

```
WALEdit walEdit = newWALEdit();
for (int i = firstIndex; i < lastIndexExclusive; i++) {
      if (batchOp.retCodes[i] != OperationStatusCode.NOT_RUN) continue;
      Put p = batchOp.operations[i].getFirst();
      if (!p.getWriteToWAL()) continue;
      addFamilyMapToWALEdit(p.getFamilyMap(), walEdit);
}
this.log.append(regionInfo, regionInfo.getTableDesc().getName(),walEdit,
now);
```

步骤04 调用 applyFamilyMapToMemstore()方法将 Put 实例的数据写入到 MemStore 中，执行成功组会返回操作成功代码 OperationStatusCode.SUCCESS。这里会统计写入成功的数据的大小，保存在 addedSize 中并返回该值。

8. 当 doMiniBatchPut()方法调用完成之后，会返回 addedSize

此时，将 memstoreSize 加上 addedSize，并使用 isFlushSize()方法判断是否满足条件 flush MemStore 的数据到 HDFS，这里判断的条件是看该值是否大于 memstoreFlushSize，而 memstoreFlushSize 是由 RegionInfo.getTableDesc()获得的。默认大小是 64MB[①]。如果满足了 flush 条件，就会调用 requestFlush()方法，把 writestate.flushRequested 标志位设为 true，并由单独的线程 flush 到磁盘上，成为一个 StoreFile。

11.4 本章小结

本章主要是对 HBase 源代码进行深入分析，通过本章的学习，希望读者能够从代码实现层次了解 HBase。为了深入了解 HBase，首先介绍了 HBase 的体系和原理，包括 HBase 的集群架构和存储架构等。在了解了 HBase 的原理后，本章进入具体的代码分析阶段。内容安排上，首先从 HBase 源代码总体设计上给出一个大体的轮廓，然后再以图像百科系统为切入点，分别深入分析 HBase 的读取、写入、集群管理等具体实现，最后再提取 HBase 设计与实现上的一些设计思想和技术技巧等。

本章内容涉及到 HBase 的源代码部分，但由于篇幅有限，关于代码实现中更细节的内容本书无法一一介绍。如果读者想更深入地了解 HBase 的实现细节，还需要结合本章内容，进一步分析 HBase 源代码。

① Hbase Put 源码解析. http://zlx19900228.iteye.com/blog/1018880

第 12 章　深入分析 ZooKeeper

12.1　概述

ZooKeeper 是一个开放源码的分布式应用程序协调服务，它包含一个简单的原语集，分布式应用程序可以基于它实现统一命名服务、配置管理、集群管理、分布式共享锁等核心功能。下面介绍它的基本角色和工作原理。

12.1.1　ZooKeeper 角色

正如现在的很多分布式系统一样，在 ZooKeeper 集群中，各个服务器的角色是不同的。每个角色有自己的主要职责，它们互相协作来完成服务。回顾第 3 章的图 3.13（ZooKeeper 集群结构图），ZooKeeper 中的角色主要有以下三类，如表 12.1 所示，其中学习者又分为跟随者和观察者两个子类角色。表中的角色说明部分描绘了对应角色的职责和功能。

表 12.1　ZooKeeper 角色表

角色		角色说明
领导者（Leader）		Leader 不接受客户端的请求，负责进行投票的发起和决议，最终更新状态
学习者（Learner）	跟随者（Follower）	Follower 用于接收客户请求并向客户端返回结果，在选举过程中参与投票
	观察者（Observer）	Observer 可以接收客户端连接，将写请求转发给 Leader 节点。但它不参与投票过程，只同步 Leader 的状态。Observer 的目的是为了扩展系统，提高读取速度
客户端（Client）		请求发起方

12.1.2　ZooKeeper 工作原理

ZooKeeper 服务有两种不同的运行模式[①]。一种是“独立模式”，即只有一个 ZooKeeper 服务器。这种模式较为简单，比较适合测试环境，但不能保证高可用性和恢复性。在实际应用中，ZooKeeper 通常以“复制模式”运行在一个计算机集群上。ZooKeeper 通过复制来实现高可用性，只要集群中半数以上的机器处于可用状态，它就能够提供服务。也就是说，在一

[①] 怀特（White,T.）著，周敏奇等译.Hadoop 权威指南（第 2 版）

个有 2n+1 节点的集群中，任意 n 台机器出现故障，都可以保证服务继续，因为剩下的 n+1 台超过了半数。出于这个原因，一个集群通常包含奇数台机器。

从概念上来说，ZooKeeper 非常简单：它所做的就是确保对 znode 树的每一个修改都会被复制到集群中超过半数的机器上。如果少于半数的机器出现故障，则最少有一台机器会保存最新状态。其余的副本最终也会更新到这个状态。为了实现这个想法，ZooKeeper 使用了 Zab 协议。Zab 协议包括两个可以无限重复的阶段，如图 12.1 所示。

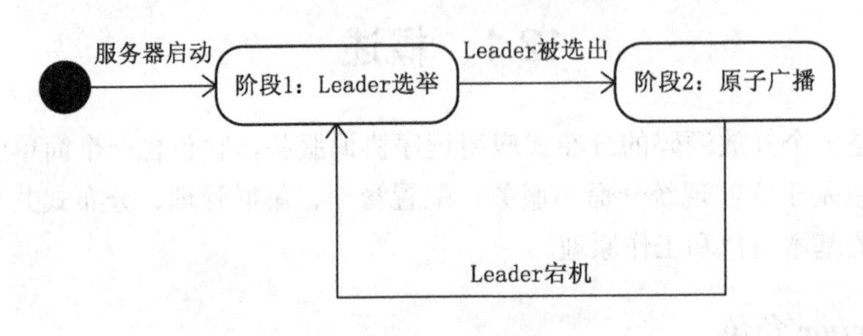

图 12.1　Zab 协议图

1. 阶段 1：Leader 选举

当服务启动或者在 Leader 崩溃后，Zab 就进入了阶段 1。当 Leader 被选举出来，且超过半数（或指定数量）的 Learner 完成了和 Leader 的状态同步以后，阶段 1 就结束了。状态同步保证了 Leader 和其他服务器具有相同的系统状态。

2. 阶段 2：原子广播

所有的写请求都被转发给 Leader，再由 Leader 将更新广播给 Learner。当半数以上的 Follower 已经将修改持久化之后，Leader 才会提交这个更新，然后客户端才会收到一个更新成功的响应。这个用来达成共识的协议被设计成具有原子性，因此每个修改要么成功、要么失败。

在阶段 1 中，Leader 选举算法基于类 Paxos 算法，具体介绍请阅读本章第 3 节的代码分析。在阶段 2 中，修改被提交之前，只需要集群中半数以上而非全部机器已经将其持久化。广播模式极其类似于分布式事务中的 2pc（two-phrase commit 两阶段提交）：即 Leader 提起一个决议，由 Followers 进行投票，Leader 对投票结果进行计算，决定是否通过该决议。如果通过，执行该决议（事务）；否则，什么也不做。对于 ZooKeeper 来说，理想情况就是将客户端都连接到与 Leader 状态一致的服务器上。每个服务器都可能被连接到 Leader，但客户端对此无法控制，甚至它自己也无法知道是否连接到 Leader。

ZooKeeper 的原理并不难懂，然而想要深入理解就必须剖析其源码，本章后续内容将围绕这一主题展开。第 12.2 节讲述源码的静态结构，即核心类分析；第 12.3 节分析代码的动态执行；第 12.4 节是对本章做总结。

12.2　代码静态分析

12.2.1　包概述

表 12.2 列出了 ZooKeeper-3.3.3 几个关键包的说明。其中，quorum 包由 ZooKeeper 集群环境所需的服务器类组成，server 包包含了单个服务器运转所需的服务器类，proto 包由通信协议类组成。它们都实现了 Record 接口，封装了协议数据。ZooKeeper 包提供了客户端操作所需的接口类。

表 12.2　关键包说明表

包名	包的说明
org.apache.zookeeper	*客户端类（ZooKeeper、ClientCnxn 等）
org.apache.zookeeper.common	Path 工具类（PathUtils、PathTrie）
org.apache.zookeeper.data	数据类（ACL、Stat 等）
org.apache.zookeeper.jmx	JMX 管理基础类（MBeanRegistry 等）
org.apache.zookeeper.proto	*客户端请求协议（ConnectRequest 等）
org.apache.zookeeper.server	单机版服务器包（ZooKeeperServer 等）
org.apache.zookeeper.quorum	*集群服务器包（QuorumPeer 等）

本节主要围绕系统的核心类对代码做静态分析，我们将核心类按照功能进行划分。由于篇幅限制，重点讲述 3 类：选举类、服务器类和客户端类。核心类如图 12.2 所示。

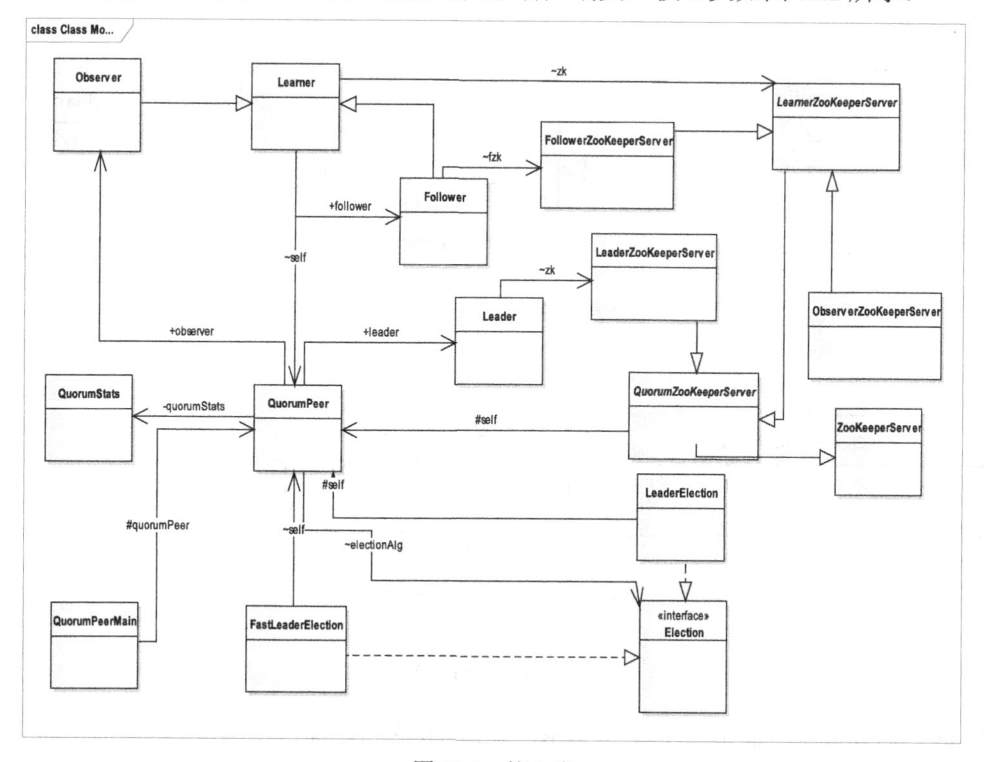

图 12.2　核心类

12.2.2 核心类浅析

图 12.2 是部分核心类的关系图，QuorumPeer 类处于“中心”位置，它与多个类关联，负责管理 quorum 协议。QuorumPeer 继承自 Thread，是集群环境下 ZooKeeper 服务器的主线程类。它有 4 种状态：LOOKING、FOLLOWING、LEADING 和 OBSERVING，由成员 state 标识，这 4 种状态决定了 QuorumPeer 的行为，即在集群中充当什么角色。state 的初始值是 ServerState.LOOKING，意思是寻找 Leader 服务器。一旦选举出 Leader，QuorumPeer 就切换自身状态，修改 state 的值，同时实例化对应的服务器控制类。服务器控制类有 3 种，Leader、Follower 和 Observer，它们作为 QuorumPeer 的成员对象存在。实际上，QuorumPeer 中并不包含与这 3 种状态相关的逻辑代码，当 QuorumPeer 的状态改变后，主线程会去调用相应控制类来完成具体服务器操作，这在第 3 节会有详细说明。关于 QuorumPeer 先分析到这里，下面针对上文提到的 3 类分别做介绍。

1. 选举类

QuorumPeer 类有一个属性成员 electionAlg，它是 Election 接口类型。服务器启动时，根据配置信息决定 Election 的具体实现类，指定选举算法。图 12.3 是 Election 的类图，共有两个抽象方法，其中，lookForLeader()是核心方法，返回一个 Vote 类型对象，标识被推荐服务器。Election 的实现类有 LeaderElection、FastLeaderElection 和 AuthFastLeaderElection。它们之间的区别在于通信机制以及 lookForLeader()的算法实现。

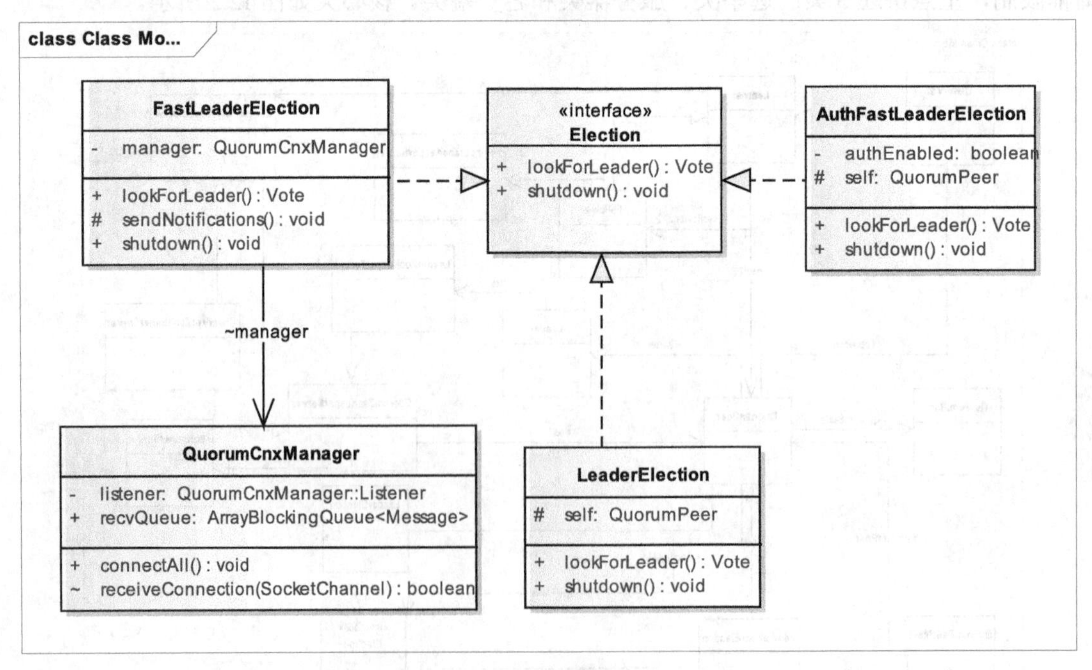

图 12.3　选举类图

LeaderElection 基于简单的 Fast Paxos，采用 UDP 机制通信；FastLeaderElection 基于标准 Fast Paxos，采用 TCP 机制通信。AuthFastLeaderElection 是 FastLeaderElection 的变种，使

用 UDP 机制，允许服务器执行一个简单形式的身份认证，以避免 IP 欺骗。

这里重点对 FastLeaderElection 的 TCP 机制做个说明，它是通过 QuorumCnxManager 完成选举通信。QuorumCnxManager 有 3 个内部线程类：Listener、SendWorker 和 RecvWorker。Listener 线程新建 ServerSocketChannel，监听选举端口，一旦接收到连接请求，调用 receiveConnection 方法，启动发送线程 SendWorker 和接收线程 RecvWorker。具体的实现这里不做介绍，可参考“12.3.1 服务器的启动”部分。

2. 服务器类

当 Leader 选举完成后，QuorumPeer 就切换自身状态，同时实例化对应的服务器控制类，将服务器的执行任务交给它们。服务器类型分为两大类：领导者（Leader）和学习者（Learner），下面逐一分析。

（1）Leader 服务器：图 12.4 描绘了以 Leader 为中心的类图结构。Leader 类是 QuorumPeer 在 LEADING 状态下的控制类，其构造方法 Leader(QuorumPeer self, LeaderZooKeeperServer zk)有两个参数，self 是当前 Leader 所关联的 QuorumPeer 对象，zk 则是 LeaderZooKeeperServer 类型实例。LeaderZooKeeperServer 间接继承自 ZooKeeperServer，它重写了 setupRequestProcessors 方法，建立 Leader 服务器所需的请求处理器链。Leader 类中最核心的逻辑方法是 lead()，它负责服务器的事务处理。还有一些辅助方法，例如 sendPacket()、commit()、inform()等，它们用于传递包信息。除了自身属性和方法外，Leader 类还定义了 3 个内部类：Proposal、LearnerCnxAcceptor 和 ToBeAppliedRequestProcessor。Proposal 是一个静态类，封装了 proposal 请求包。包中有 3 个属性字段，其中，ackSet 存放的是返回的确认信息，request 包含了该 proposal 的具体请求类型。LearnerCnxAcceptor 是线程类，继承自 Thread。它负责监听来自 Learner 服务器的连接请求，并创建 LearnerHandler 处理该请求。ToBeAppliedRequestProcessor 是一个请求处理器类，负责维护 toBeApplied 列表，将请求转发给 FinalRequestProcessor 处理。

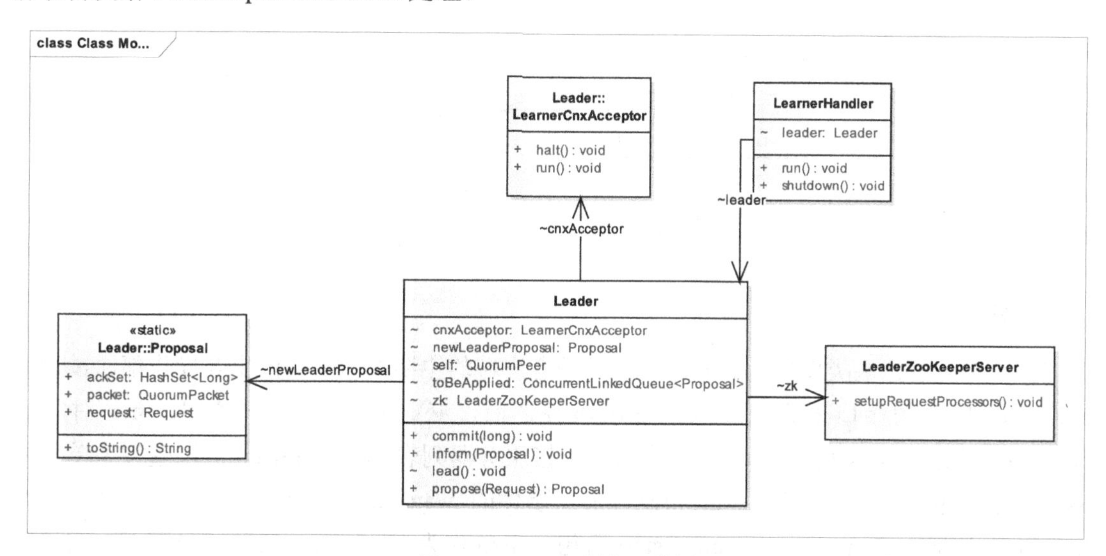

图 12.4　Leader 服务器类图

（2）Learner 服务器：图 12.5 描绘了 Learner 服务器的相关类图。Learner 服务器分为两种，Follower 和 Observer。Follower 类是 QuorumPeer 在 Follower 状态下的控制类，它继承自 Learner。Learner 实现了子类共享的很多通用方法，例如 readPacket()、registerWithLeader()、connectToLeader()等。readPacket()是读取来自 Leader 的数据包，registerWithLeader()向 Leader 注册自己的信息，connectToLeader()是连接 Leader 服务器，具体实现可参见 12.3.3 节。Learner 服务器具体的控制方法由子类自己实现。Follower 的构造方法有两个参数，其中 zk 是 FollowerZooKeeperServer 类型对象。FollowerZooKeeperServer 间接继承自 ZooKeeperServer，它和 LeaderZooKeeperServer 一样，重写了 setupRequestProcessors 方法，建立 Follower 服务器所需的请求处理器链。Follower 实现的核心控制方法是 followLeader()，它负责 Follower 状态下的事务处理。followLeader()中会调用 processPacket 方法，它负责检验接收到的包，并根据内容做出响应。Observer 与 Follower 基本类似，不同的是它只参与 Leader 同步，不参与投票。

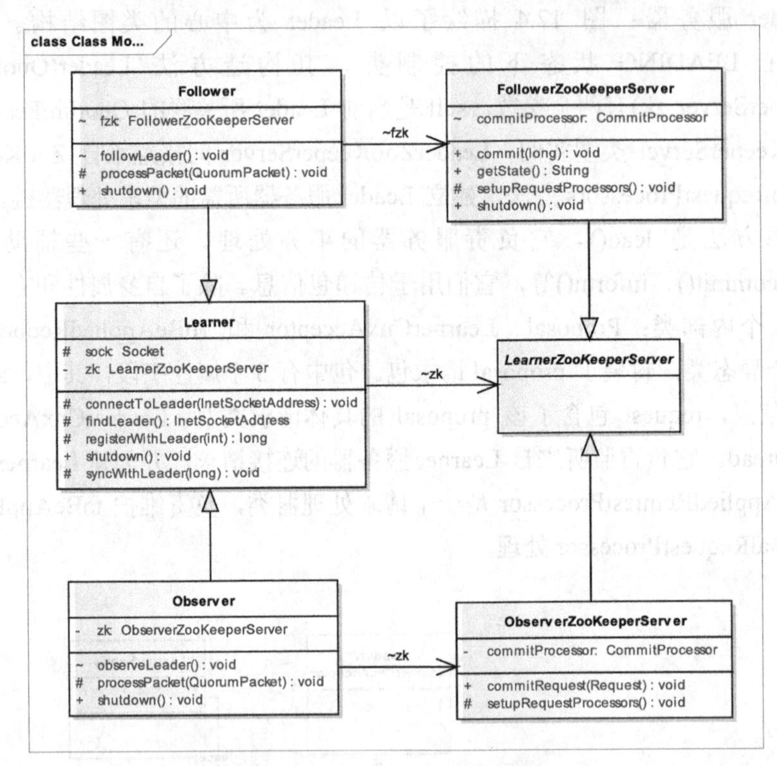

图 12.5　Learner 服务器类图

3. 客户端类

图 12.6 是客户端类图结构。ZooKeeper 是客户端的主要类，所有的交互操作都通过调用 ZooKeeper 提供的接口来完成，因此使用服务之前，必须实例化一个 ZooKeeper 对象。ZooKeeper 构造方法涉及 3 个参数，分别是连接服务器列表 connectString，以毫秒为单位的 session 连接超时值 sessionTimeout 和监视节点事件的 watcher。在构造方法中，实例化一个 ClientCnxn 类型对象 cnxn，执行 cnxn.start 语句。cnxn 作为 ZooKeeper 类的成员存在，它通过

SendThread 和 EventThread 两个线程负责客户端和服务器之间的通信。ZooKeeper 定义了 5 个内部类，其中，ZKWatchManager 是私有静态类，主要管理 watcher 并处理 ClientCnxn 对象产生的事件；WatchRegistration 是抽象类，提供在指定路径上注册 watcher 的功能；其余 3 个类均继承自 WatchRegistration，注册实际作用的 watcher。这里简单介绍一下 watcher，它是 ZooKeeper 中很重要的通知机制。不同客户端通过在同一个 znode 上注册 watcher，监听 znode 的变化，如果其中一个更新了该 znode，那么另一个客户端能够收到 watcher 通知，并作出相应处理（调用其 process 方法）。

下面介绍 ZooKeeper 提供的操作接口。ZooKeeper 定义了包括 create()、delete()、getData() 等操作，这些操作有对应的操作码，在 ZooDefs 中定义。每个操作会生成相应的请求/响应对象（见 org.apache.zookeeper.proto 包），例如与 create 操作相关的 CreateRequest 和 CreateResponse，与 getData 操作相关的 GetDataRequest 和 GetDataResponse，最后由 cnxn 的 SendThread 线程统一提交给服务器。

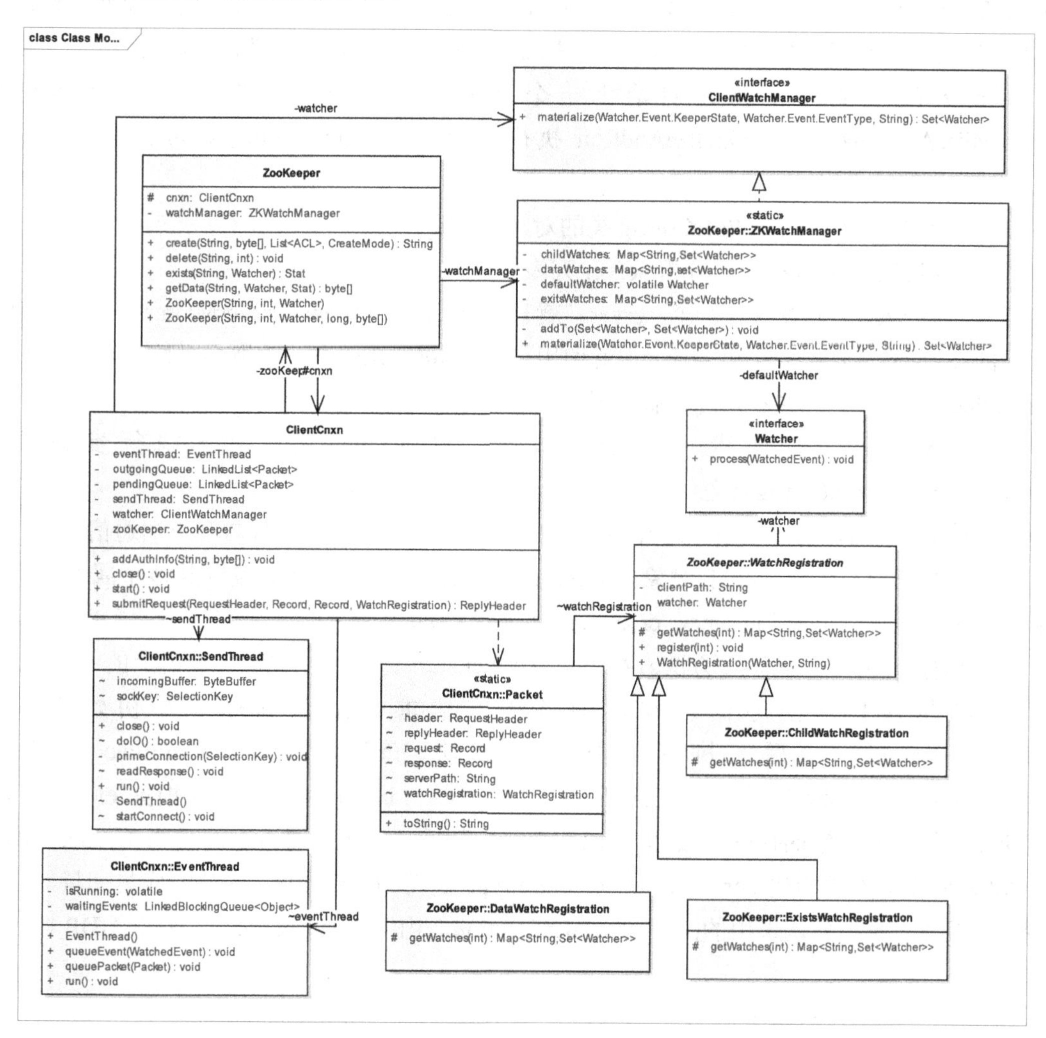

图 12.6　客户端类图

上述内容对核心类的功能做了简单的说明，下一节将围绕典型场景，讲述核心类之间如何协作完成服务。

12.3 代码情景分析

本节主要分析 4 个情景：服务器启动，Leader 服务器运行，Follower 服务器运行以及客户端服务请求。ZooKeeper 代码中用到了 JMX（Java Management Extension）管理系统，由于它是辅助性质代码，不影响代码主逻辑，本节不做分析。

12.3.1 服务器的启动

服务器的启动命令有多个参数，其中一个是程序入口类 org.apache.zookeeper.server.quorum.QuorumPeerMain。下面从 QuorumPeerMain.main()入手，分析服务器是如何工作的。这里给出多服务器启动的示意序列图[①]，如图 12.7 所示，有助于读者理清代码脉络。

main 方法很简单，就是初始化一个 QuorumPeerMain 对象 main，然后执行 main.initializeAndRun(args)，initializeAndRun 执行步骤如下（QuorumPeerMain.initializeAndRun 方法）：

（1）实例化一个 QuorumPeerConfig 类的对象 config。

（2）config 对象解析参数，分析 server 列表。

（3）如果 server 列表只有一个 server，就直接调用 ZooKeeperServerMain.main 方法启动单机版的 Server；如果有多个 server，就调用 runFromConfig 方法读取各项配置参数，启动 QuorumPeer 线程。本节主要分析多服务器的情况。

runFromConfig 方法负责 QuorumPeer 线程的启动配置，它的执行步骤如下（QuorumPeer.runFromConfig 方法）：

（1）建立一个 NIOServerCnxn.Factory 类的对象 cnxnFactory（负责与客户端通信）。

（2）实例化 QuorumPeer 的对象 quorumPeer，通过参数 config 设置其多个属性，包括 myid、quorumPeers、electionType、cnxnFactory 和 ZKDatabase 等。

（3）执行 quorumPeer.start 方法。在 quorumPeer.start 方法中，先加载磁盘上的 zk 数据，然后启动与客户端的通信线程，准备接收请求。接着进行选举初始化操作 startLeaderElection。最后，执行父类 start 方法，正式启动 QuorumPeer 线程。quorumPeer.start()的代码片段如图 12.8 所示。其中，startLeaderElection 方法根据 electionType 的值决定选举实例，它的代码片段如图 12.9 所示。初始状态下，推荐自身作为 Leader，即以 myid 和 zxid 作为参数构建 currentVote。electionType 是类 QuorumPeer 的整型成员变量，取值范围由 0 到 3。系统默认采用的是 FastLeaderElection。由于 LeaderElection 基于 UDP 机制通

[①] Paxos 算法之旅（四）zookeeper 代码解析.http://rdc.taobao.com/team/jm/archives/448

信，因此建立 DatagramSocket 对象 udpSocket，并启动响应线程 responder.start()，负责响应其他服务器的选举请求，回复推荐的 Leader 信息。最后调用 createElectionAlgorithm()创建选举算法实例。

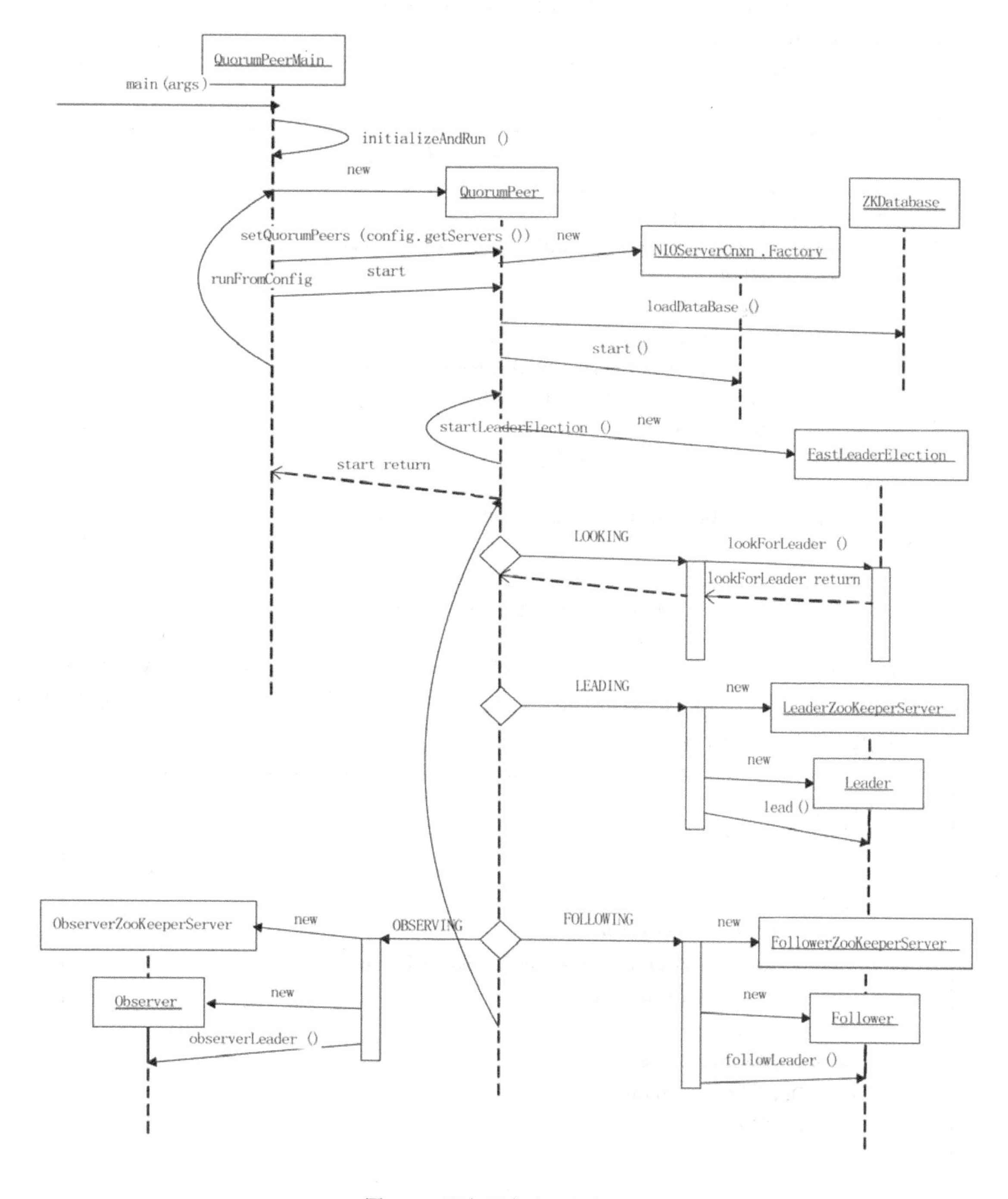

图 12.7 服务器启动示意序列图

```
public synchronized void start() {
    try {//读取磁盘配置数据
            zkDb.loadDataBase()
        } catch(IOException ie) {...}
    cnxnFactory.start(); //连接工厂启动，主要是负责客户端的连接
    startLeaderElection();
    super.start();
}
```

图 12.8　quorumPeer.start()代码片段

```
synchronized public void startLeaderElection() {
    currentVote = new Vote(myid, getLastLoggedZxid());//推荐自己
    ...（略去部分代码）
    if (electionType == 0) {
        try {//为 LeadElection 算法建立 UDP 准备工作
            udpSocket = new DatagramSocket(myQuorumAddr.getPort());
            responder = new ResponderThread();//响应线程
            responder.start();
            } catch (SocketException e) {...}
    }
        this.electionAlg = createElectionAlgorithm(electionType);
}
```

图 12.9　startLeaderElection()代码片段

执行完 startLeaderElection 方法，quorumPeer 会调用 super.start()，转向线程执行体 quorumPeer.run()。图 12.10 是 QuorumPeer 线程的主循环部分，可以看到，它根据 getPeerState()返回的 state 值决定具体操作。

```
while (running) {
        switch (getPeerState()) {
        case LOOKING://寻找 Leader 状态
        try {
                LOG.info("LOOKING");
                setCurrentVote(makeLEStrategy().lookForLeader());
                } catch (Exception e) {... }
                break;
        case OBSERVING:... ; break;
        case FOLLOWING:...; break;
        case LEADING:...; break;
                ...
}
```

图 12.10　QuorumPeer 线程主循环

服务器启动时，state 初始值是 ServerState.LOOKING，因此执行 case LOOKING 分支，寻找 Leader。其中，makeLEStrategy 方法返回 startLeaderElection()中创建的 electionAlg。该实例的 lookForLeader 方法返回一个 Vote 类型的对象，代表的是当前推荐的 Leader 服务器信息。当完成 Leader 选举后，各个服务器的 quorumPeer 线程会按照选举结果设置自身的 state 值，确定自己的服务器角色。图 12.10 中的循环会继续执行，主线程将根据 state 值，进入对应的服务器控制分支，完成状态同步任务。在这期间，如果 Leader 服务器出现故障，其余的机器会恢复成 LOOKING 状态，重新选出另外一个 Leader，并和新的 Leader 一起继续提供服务。

上文简单地描述了服务器集群的启动，启动过程的关键是寻找 Leader 并确定服务器角色。Leader 的选举过程采用“投票”方式，如图 12.11 所示，假设我们有 3 台服务器：Quorumpeer1、Quorumpeer2 和 Quorumpeer3，简称 Q1、Q2、Q3。Q1 发起选举请求给 Q2 和 Q3，它们接收到请求后将自己推荐的 Leader 信息返回给 Q1。Q1 综合返回信息，确定 Leader。这一过程通过 Election.lookForLeader() 实现，下面针对 LeaderElection 和 FastLeaderElection 两种实例，分析它们的选举机制。

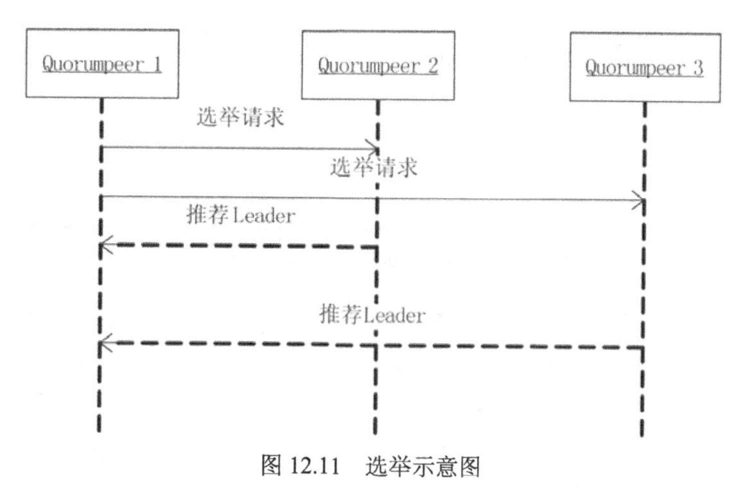

图 12.11　选举示意图

1. LeaderElection

LeaderElection 采用的是 UDP 通信机制，在图 12.9 中，responder 是 ResponderThread 的对象，它负责响应其他服务器的询问请求，返回自己推荐的 Leader 信息。responder.start()启动 ResponderThread 线程，代码片段如图 12.12 所示。其中，udpSocket.receive(packet)语句会被阻塞，直到接收到新的 packet。该线程通过 getCurrentVote 方法获取当前推荐的 Vote 对象 current，接着根据 state 值决定填入 responseBuffer 中的内容：LOOKING 状态下填入 current.id 和 current.zxid；LEADING 状态下填入 myid 和 leader.lastProposed；FOLLOWING 状态下填入 current.id 和自身 zxid。最后调用 udpSocket.send(packet)方法发送响应数据包。这里对 zxid 做一个说明，zxid 是影响选举结果的重要因素。ZooKeeper 为了保证事务处理的顺序，采用了递增的事务 id 号（zxid）来标识事务。所有的提议（proposal）都在被提出的时候加上了 zxid。实现中 zxid 是一个 64 位的数字，高 32 位是 epoch 用来标识 Leader 关系是否改变，每次一个 Leader 被选出来，它都会有一个新的 epoch，标识当前属于哪个 Leader 的统治时期；低 32 位用于递增计数，表示当前 Leader 统治下事务请求的编号，编号小的先被执行。

```
public void run() {
    try {...
        while (running) {
            udpSocket.receive(packet);//阻塞直到有 packet 到达
            if (packet.getLength() != 4) {...}
        else {...
                Vote current = getCurrentVote();
                switch (getPeerState()) {
                    case LOOKING://looking 状态...
                    case LEADING:..
                    ... }
                packet.setData(b);
                udpSocket.send(packet);
                }
            packet.setLength(b.length);
        }
        }...
    }
```

图 12.12　ResponderThread.run()代码片段

LeaderElection 是基于 Fast Paxos 最简单的一种实现，每个服务器启动以后都询问其他的服务器要投票给谁，收到所有服务器回复以后，就计算出 zxid 最大的那个服务器，并将它的相关信息设置成下一次要投票的 Server。

LeaderElection.lookForLeader 是算法的执行体，它的主要步骤如下（LeaderElection.lookForLeader 方法）：

（1）设置自身为推荐对象，建立数据报套接字 s，请求包 requestPacket 和响应包 responsePacket。

（2）建立选举列表 votes，并生成一个随机数 xid。

（3）通过成员 self 获取其 quorumPeers 集合，对集合中的每一个 QuorumServer 类型对象执行下面的操作：

步骤 01　通过套接字 s 向该对象发送携带 xid 字段的 requestPacket，等待 responsePacket 消息从它的 responder 线程返回，目的是询问它推荐谁作为 Leader。

步骤 02　返回内容放到 responseBuffer 中，读取第一个字段到 recvedXid，对比 recvedXid 是否与 xid 相同，不同则认为是错误的消息，即忽略掉该信息；否则，继续执行下一步。

步骤03　读取 responseBuffer 中的服务器 id，放入 heardFrom 列表；读取 responseBuffer 中推荐的 Leader 服务器 id 和 zxid，放入列表 votes 中。

（4）统计上述返回的投票情况，统计结果放入 result 中，具体操作如下：

步骤01　去除 votes 中没有包含在 heardFrom 里的 Vote 信息，对同一个服务器的 zxid 做一致性校准。

步骤02　统计拥有最大 zxid 值的服务器被推荐的次数，置为 result.count，同时将该服务器信息置为 result.vote；计算出被推荐次数最多的服务器，置它为 result.winner，并将其次数置为 result.winnerCount。

（5）设置 result.vote 为当前投票结果，如果 result.winningCount 大于 1/2PARTICIPANT 数（即 QuorumServer 数目），就修改当前推荐结果为 result.winner。最后设置本地服务器状态属性 state，返回投票结果；如果没有选出 Leader，则继续从第（3）步循环执行。

上述第（4）步对应的语句是 ElectionResult result = countVotes(votes, heardFrom)，其中，countVotes 是 LeaderElection 类的成员方法，它对投票结果进行筛选和统计，并返回 ElectionResult 类型对象。ElectionResult 是 LeaderElection 的内部属性类，它有 4 个成员：Vote 类型的 vote 和 winner，int 类型的 count 和 winningCount。第（5）步决定本地服务器推荐谁作为 Leader 服务器，如果 result.winningCount 获得了过半数的支持，那么 result.winner 将作为最终得票服务器，否则就是 zxid 最大的当选。最后根据结果更改本地服务器状态，如果 current.id 等于自身 id，那么就将自己的状态改为 ServerState.LEADING，否则状态为 ServerState.FOLLOWING，如果本身是 LearnerType.OBSERVER 类型，那么设置自身状态为 ServerState.OBSERVER。

2. FastLeaderElection

FastLeaderElection 与 LeaderElection 不同，它基于标准的 Fast Paxos 实现，流程较复杂。首先，向所有服务器提议自己要成为 Leader，当其他服务器收到提议后，解决 epoch 和 zxid 的冲突，并接受对方的提议，然后向对方发送接受提议完成的消息，我们结合图 12.13 所示的选举示意图来分析。在构建 FastLeaderElection 实例时，createElectionAlgorithm 方法会建立 QuorumCnxManager 类型的对象 qcm，它负责管理选举的 TCP 连接，代码片段如图 12.14 所示。其中，listener 是 QuorumCnxManager.Listener 的实例，负责监听 TCP 连接端口。listener.start()启动监听线程，对应图 12.13 中的“启动接收和发送投票线程”活动。

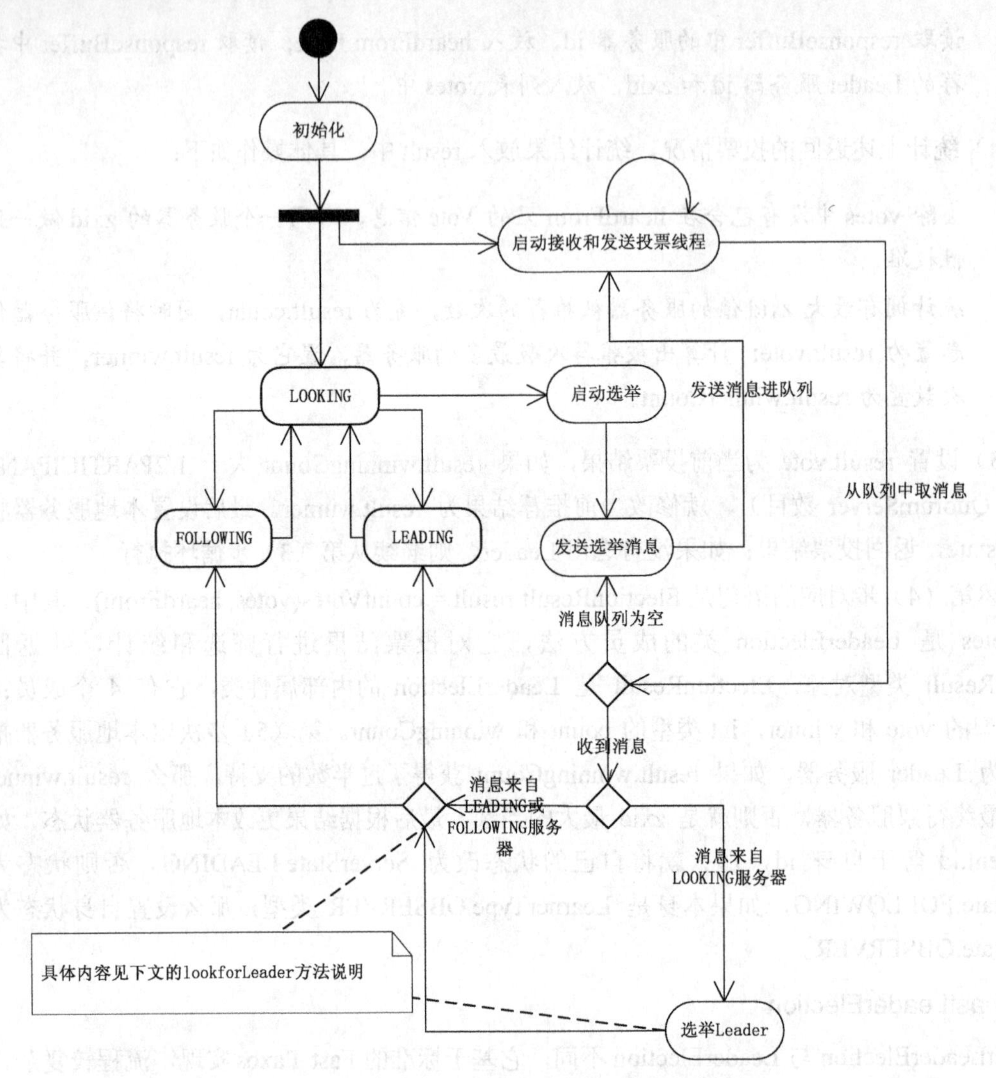

图 12.13　FastLeaderElection 流程示意图

```
Election le=null;
switch (electionAlgorithm) {...
    case 3:
        //创建 QuorumCnxManager 对象，负责管理选举的 TCP 连接
        qcm = new QuorumCnxManager(this);
        QuorumCnxManager.Listener listener = qcm.listener;
        if(listener != null){
            listener.start();
        //FastLeader 选举算法，其中启动了监听方法 starter(self, manager);
            le = new FastLeaderElection(this, qcm); }
            ...
    assert false;
}
return le;
```

图 12.14　createElectionAlgorithm()代码片段

服务器由 LOOKING 状态启动选举后，makeLEStrategy 方法会返回一个 FastLeaderElection 对象。接着调用该对象的 lookForLeader 方法，设置本地推荐的 Leader 信息。如图 12.13 所示，从“发送选举消息”活动开始进入 lookForLeader()流程。lookForLeader()是选举算法的执行体，主要步骤如下（FastLeaderElection.lookForLeader 方法）：

（1）logicalclock++，表示是新一轮 Leader 选举。它是一个内存值，服务器重启会导致该值归 0，所以服务器运行得越久，这个值就越大。

（2）推举自己作为 Leader，并将本地服务器上存储的最大 zxid、本地服务器 id 和自己所处的 LOOKING 状态通知所有的服务器。

（3）如果自身是 ServerState.LOOKING 状态并且在运行，就循环如下步骤（否则返回空，结束 lookForLeader 方法）：

从选举接收队列 recvqueue 中取出一条通知，如果队列为空，则等待 notTimeout 时间再取（notTimeout 2 倍增），如果还为空，就重发（2）中的消息给所有服务器；否则分析该消息 n，分 3 种情况（3.1、3.2、3.3）。

① 如果消息 n 的发送者也在 LOOKING，又分 3 种情况（a、b、c）：

a. n 的 epoch>本地 logicalclock，表示对方已经开始新一轮选举了，更新本地 logicalclock 为 epoch，清空接收到的所有服务器选举信息 recvset。对比消息的 zxid 和本地的 lastzxid，选取较大的作为 Leader，如果相同，则推荐 server id 较大的作为 Leader。然后 sendNotifications()，通知所有服务器本地的推荐 Leader。执行步骤 d。

b. n 的 epoch<本地 logicalclock，表示这条消息是前面一轮的消息，忽略此消息，记录错误日志。执行步骤 d。

c. n 的 epoch=本地 logicalclock，表示是同一轮选举，对比消息的 zxid 和本地的 lastzxid，选取较大的作为 Leader，如果相同，则选取 server id 较大的作为 Leader。如果 Leader 有更新，则 sendNotifications()，通知所有服务器本地的推荐 Leader，否则不理睬这条消息，不发送任何回应。执行步骤 d。

d. 如果消息 n 来源合法，就将其加入接收集合 rcvset，并执行如下步骤：若 rcvset 记录了所有服务器的回复，且 n 推荐的 Leader 获得了过半数的支持，那么选举完成，根据推荐的 Leader 信息决策自身的状态为 Leader 或者 Follower，接着清空接收队列 recvqueue，返回投票 Vote(proposedLeader, proposedZxid)；否则，如果 rcvset 中有过半数的 quorumpeer 赞成 n 推荐的 Leader，则至少等待 finalizeWait 毫秒，检查 recvqueue 中是否还会收到比当前推荐的 Leader 合适的投票，如果没有更合适的投票就推荐当前的，同时确定自身的状态为 Leader 或者 Follower，最后清空接收队列，返回投票 Vote(proposedLeader, proposedZxid)。

② 如果消息 n 的发送者在 OBSERVING，忽略此消息，记录日志。

③ 如果消息 n 的发送者不在上述两种状态（有可能是 LEADING 状态），执行下述步骤：

如果 n 的 epoch 和本地 logical_clock 相等，则将 n 放入 rcvset 集合。如果 n 的发送者状态为 LEADING，或者它得到 rcvset 集合中过半数的支持以及 outofelection 集合中 quorumpeer

的推荐，则它作为 Leader 被选出来。本地服务器更新自身状态，返回 Vote(n.leader, n.zxid)；否则，这是一条与当前逻辑时钟不符的消息，说明在另一个选举过程中已经有了选举结果，于是将 n 加入到 outofelection 中，如果由 outofelection 集合推断出此轮选举结束并且 n 推荐的服务器获得 outofelection 中 quorumpeer 的支持，则更新本地 logical_clock 以及服务器状态，返回 Vote(n.leader, n.zxid)。

下面结合具体代码分析第 3.1 步的实现。图 12.15 的代码片段对应 3.1 步中的 a、b、c 3 种情况。首先，本地服务器通过比较 n.epoch 与 logicalclock 大小判断此消息是过时选举信息还是新一轮的选举，如果是过时的选举信息，就忽略。在这里，n 是 Notification 类型的实例，标识接收到的选举消息。它有 5 个成员属性，其中 leader 是发送者推荐的领导者编号，epoch 是发送者的 logicalclock，state 是发送者的状态。totalOrderPredicate 方法负责检测 n 推荐的 leader 是否比本地服务器推荐的更合适，然后调用 updateProposal 方法更新推荐对象，向所有服务器发送通知 sendNotifications()。

```
if (n.epoch > logicalclock) {
        logicalclock = n.epoch;
        recvset.clear();
        if(totalOrderPredicate(n.leader, n.zxid, getInitId(), getInitLastLoggedZxid()))
                updateProposal(n.leader, n.zxid);
        else updateProposal(getInitId(), getInitLastLoggedZxid());
        sendNotifications();
} else if (n.epoch < logicalclock) {... }//忽略过时的选举信息
        break;
} else if (totalOrderPredicate(n.leader, n.zxid, proposedLeader, proposedZxid)) {
        LOG.info("Updating proposal");
        updateProposal(n.leader, n.zxid);
        sendNotifications();
}
```

图 12.15　3.1 步对应的代码片段一

接下来，检测 n.sid 的合法性，执行 self.getVotingView().containsKey(n.sid)判断，代码片段如图 12.16 所示。其中，QuorumPeer.getQuorumVerifier().getWeight 方法判断 proposedLeader 参数的权重，不为 0 说明 proposedLeader 具有被推荐权。leaveInstance()是 FastLeaderElection 的成员方法，它仅仅执行 recvqueue.clear()，清空接收队列。最后返回推荐的 Vote 实例。lookForLeader 方法就分析到这里，读者可以参考上文中讲解的步骤，深入阅读其他部分的代码。

一旦 Leader 被选举出来，那么其他服务器的状态也已确定。各个服务器将根据自身角色执行操作：Follower 首先同步 Leader 的状态，然后进入 Zab 协议的阶段 2。本节后续内容围绕 Leader 服务器、Follower 服务器（Observer 服务器）以及客户端这三部分内容展开，讲述它们的代码实现。

```
if(self.getVotingView().containsKey(n.sid)){
        recvset.put(n.sid, new Vote(n.leader, n.zxid, n.epoch)); //放入接收集合
        //如果接收到所有服务器返回信息，就停止
        if ((self.getVotingView().size() == recvset.size()) &&
                (self.getQuorumVerifier().getWeight(proposedLeader) != 0)){
                        self.setPeerState((proposedLeader == self.getId()) ?
        ServerState.LEADING: learningState());
                        leaveInstance();
                return new Vote(proposedLeader, proposedZxid);
        } else if (termPredicate(recvset, new Vote(proposedLeader, proposedZxid, logicalclock))) {//
Verify if there is any change in the proposed leader
        ...
                }
}
```

图 12.16　3.1 步对应的代码片段二

12.3.2 Leader 服务器

确定 Leader 后，Leader 服务器设置自身状态为 LEADING。服务器继续执行 QuorumPeer 主线程，转向 LEADING 控制逻辑。首先设置 Leader，执行 setLeader(makeLeader(logFactory))，然后调用 Leader.lead 方法进行 Leader 事务处理。下面通过跟踪这两个方法，剖析 Leader 的工作原理。

1. lead 控制

makeLeader 方法如图 12.17 所示，新建一个 Leader 对象并返回该对象。Leader 是 Leading 状态下 QuorumPeer 主线程的逻辑控制类，它的构造方法有两个参数，一个是自己关联的 QuorumPeer 实例，另一个是新建的 LeaderZooKeeperServer，后者负责创建 Leader 服务器的请求处理器链。setLeader 方法将 makeLeader()返回的对象赋给 QuorumPeer 的 leader 成员，然后调用它的 lead 方法，进入控制逻辑。图 12.18 是 lead 方法的示意序列图，它主要做两件事情：同步 Learner 服务器状态和决策 Learner 的写请求。

```
protected Leader makeLeader(FileTxnSnapLog logFactory) throws IOException {
        return new Leader(this, new LeaderZooKeeperServer(logFactory,
                this,new ZooKeeperServer.BasicDataTreeBuilder(), this.zkDb));
}
```

图 12.17　makeLeader 方法

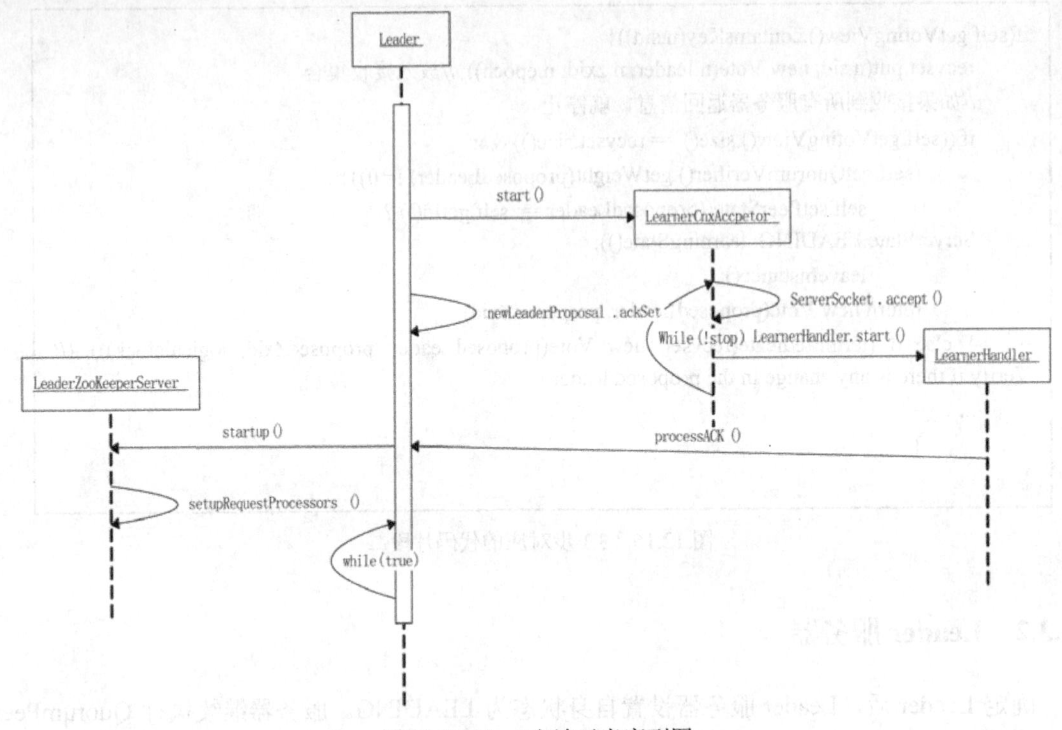

图 12.18　lead 方法示意序列图

具体执行流程如下（Leader.lead 方法）：

步骤 01　zk 加载数据（zk 是 Leader 的成员对象，由构造方法的第二个参数指定）。

步骤 02　LastLoggedZxid 高 32 位+1，赋给 epoch 变量，低 32 位清零，表示新的 Leader 统治时期开始。

步骤 03　创建 Leader 新提案 newLeaderProposal.packet，将其放入未决议提案 outstandingProposals 集合中，该提案携带当前最大数据的 zxid，后面会广播给所有 Follower，询问大家是否需要同步。

步骤 04　创建 LearnerCnxAcceptor 类型对象 cnxAcceptor（图 12.18），它是 Leader 的内部线程类，启动后处理来自新 Learner 的连接请求（Leader 与 Learner 的主要通信线程，包括状态同步，处理器链的创建，提案决策等）。

步骤 05　将本地 server 加入 newLeaderProposal 提案确认集合 ackSet 中。在 initLimit 个 tick 内，如果关于新 Leader 的提案没有获得大多数同意（这里会阻塞等待步骤 3 的 NEWLEADER 提案的返回），则 Leader 放弃领导权，将进入（发起）新一轮的选举；否则执行步骤 6。

步骤 06　Leader 获得多数支持，每隔 tickTime/2 毫秒发送心跳包并做一次集群状态同步统计，每隔 tick（tickTime）ms 都要检查同步状态，如果大多数 Learner 与 Leader 同步，则继续担当 Leader 执行，否则 Leader 放弃领导权，发起新的选举。

上述步骤 3 中，newLeaderProposal 是 Proposal 类型的对象，该对象具有 3 个属性成员：QuorumPacket packet、HashSet<Long> ackSet 和 Request request。步骤 4 调用 cnxAcceptor.start()启动线程，图 12.19 是它的 run 方法代码片段，

```
while (!stop) {
            try{
                Socket s = ss.accept();//套接字监听来自某 Follower 的连接
                s.setSoTimeout(self.tickTime * self.syncLimit);
                s.setTcpNoDelay(nodelay);
                //创建 LearnerHander
                LearnerHandler fh = new LearnerHandler(s, Leader.this);
                fh.start();
            } catch (SocketException e) {... }
        }
```

图 12.19 LearnerCnxAcceptor.run()代码片段

对于每一个 Learner 的连接，都会建立一个 LearnerHandler 类型实例 fh，它也是一个线程类，负责 Leader 和 Learner 之间的状态同步。fh.start()启动线程，接收来自该 Learner 的包并处理它们，执行步骤如下（LearnerHandler.run 方法）：

步骤 01 将 Learner 的请求包读入 QuorumPacket qp 中，如果 qp 的类型既不是 Leader.FOLLOWERINFO，也不是 Leader.OBSERVERINFO，出错返回，即消息包类型不合法。否则继续执行步骤 2。

步骤 02 从 qp 获取 learner 的状态信息（sid、zxid），其中，zxid 赋值给变量 peerLastZxid，设置默认同步方式 SNAP。

步骤 03 利用互斥读写锁读取 lead 服务器的 ZKDatabase，确定与 Learner 的同步点。先获取提案，若提案非空，则由 peerLastZxid 与本地 CommittedLog 关系决定同步方式，有 3 种情况（3.1、3.2、3.3）：

① 如果有部分数据没有同步，那么会发送 DIFF 封包将有差异的数据同步过去，即将每个提案以及对它的 COMMIT 封包加入到发送队列 queuePackets，使得接收者执行提案，同步更新数据。执行步骤 4。

② 如果 peerLastZxid 比 maxCommittedLog 大，那么发送 TRUNC 封包告知 Learner 截除多余数据。执行步骤 4。

③ 如果数据完全一致，则发送 DIFF 封包告知 Learner 当前数据最新。执行步骤 4。

步骤 04 发送 NEWLEADER 封包告知该 Learner 自己是 Leader。如果这一阶段没有提交的提案，直接发送 SNAP 封包，将快照同步发送给 Learner。

步骤 05 添加 UPTODATE 封包进 queuePackets 队列，告知 Learner 当前数据就是最新的了。启动发送线程，将 queuePackets 中的消息发给 Leaner。

步骤06 等待ACK到来，调用processACK方法处理消息（如果是第一次事务，就启动消息处理器链）。

步骤07 无限循环：接收该Learner的消息。根据消息类型（Leader.ACK、Leader.PING等），执行相应的响应操作。

上述步骤3的代码片段如图12.20所示。如果提案集合proposals为空，不执行任何操作，否则判断peerLastZxid与maxCommittedLog、minCommittedLog这两个变量的关系，确定同步点。如果peerLastZxid介于两者之间，就是说有部分新数据没有同步，于是找寻新数据，条件是propose.packet.getZxid()>peerLastZxid，然后将需要更新的数据包放入队列queuePacket(propose.packet)、queuePacket(qcommit)中。如果peerLastZxid>maxCommittedLog，就是说Leaner服务器上有Leader尚未要求同步的数据，于是截除它们。

```
LinkedList<Proposal> proposals = leader.zk.getZKDatabase().getCommittedLog();
if (proposals.size() != 0) {
        if ((maxCommittedLog >= peerLastZxid) && (minCommittedLog <= peerLastZxid)) {
                packetToSend = Leader.DIFF;//This message is for follower to expect diff
                zxidToSend = maxCommittedLog;
                for (Proposal propose: proposals) {
                        if (propose.packet.getZxid() > peerLastZxid) {
                                queuePacket(propose.packet);
                                ...
                                queuePacket(qcommit);
                        }
                }
        } else if (peerLastZxid > maxCommittedLog) {
                                packetToSend = Leader.TRUNC;
                                ...
        }
        } else {...}
        ...
}
```

图12.20 步骤3对应的代码片段

上述步骤6调用leader.processAck(this.sid, qp.getZxid(), sock.getLocalSocketAddress())，传入参数是当前Learner的sid，qp包的zxid以及Learner的套接字地址。主要步骤（Leader.processAck方法）如下：

① 判断未决议提案outstandingProposals集合是否为空，如果为空则返回，不予处理。否则执行步骤②。

② 判断lastCommitted是否大于等于qp包的zxid，如果是，说明已提交过zxid的qp包，返回。否则执行步骤③。

③ 从 outstandingProposals 中取出 zxid 对应的提案 p，如果 p 为空，则警告返回。否则继续执行步骤④。

④ 将 Learner 的 sid 放入 p.ackSet 集合中。如果 p.ackSet 中包含了过半数 Follower 的回复，说明该提案得到了同意，执行步骤⑤，否则返回。

⑤ 从 outstandingProposals 中移除 zxid 对应的提案。如果 p.request 不为空，就将 p 放入 toBeApplied 队列中。判断 zxid 值，如果它的低 32 位为 0，说明该提案是 NEWLEADER 提案，Leader 服务器刚开始处理消息，还未启动处理器链。继而执行 zk.startup 方法，启动 LeaderZooKeeperServer，安装请求处理器链，设置 zkDatabase 的 lastProcessedZxid 为 zk.getZxid()。否则执行步骤⑥。

⑥ LeaderZooKeeperServer 已经启动（因为第⑤步肯定被执行过了）。创建携带 zxid 的 commit 包并发送给每个 Follower，建立 p 的 inform 包并发送给所有的 Observer，接着向 commitProcessor 线程提交 p 的请求（p.request）。若阻塞同步集合 pendingSyncs 有 zxid 标识的请求，则取出（同时移除）这些同步请求，并发送给相应的 Learner 执行同步操作。

LearnerHandler.run 方法中第 7 步是根据 qp.getType()获取的消息类型做处理，其中 Leader.ACK 消息是 Follower 对 Proposal 消息的响应。Leader 收到这个消息后，判断对应的 Proposal，如果有过半的 Follower 通过，则发送 commit 请求到 CommitProcessor 线程的 CommittedRequest 队列，并且发送 commit 消息给所有 Follower，发送 inform 消息给所有 Observer（告诉这个 Proposal 通过了），这段操作调用 Leader.processAck 执行；Leading.REQUEST 是 Follower 转发来的写请求，或者同步请求，转发给 PrepRequestProcessor 线程处理（放入其 submittedRequests 队列）；Leader.PING 是 Learner 的心跳消息；Leader.REVALIDATE 用来延长 session 有效时间。

2. Request 处理器链

前文中提到了 Leader 的消息处理器链，下面对其做一个具体分析。在 Leader.processAck 方法中，zk.startup 执行 ZooKeeperServer.startup()，间接调用 LeaderZooKeeperServer.setupRequestProcessors 方法（zk 是 LeaderZooKeeperServer 实例），代码片段如图 12.21 所示。其中，RequestProcessor 是接口类型，FinalRequestProcessor 和 Leader.ToBeAppliedRequestProcessor 是它的实现类。setupRequestProcessors 方法共启动了 3 个线程[①]：CommitProcessor 线程、SyncRequestProcessor 线程和 PrepRequestProcessor 线程。它们的消息传递关系如图 12.22 所示（责任链模式），下面重点介绍这 3 个线程。

[①] Paxos 算法之旅（四）zookeeper 代码解析.http://rdc.taobao.com/team/jm/archives/448

```
ZooKeeperServer:
public void startup() {
        createSessionTracker();//创建 session 跟踪器
        setupRequestProcessors();//建立请求处理器链，被子类覆盖重写
        registerJMX();
        synchronized (this) {... }
    }

LeaderZooKeeperServer:
protected void setupRequestProcessors() {
    RequestProcessor   finalProcessor = new FinalRequestProcessor(this);
    RequestProcessor toBeAppliedProcessor = new Leader.ToBeAppliedRequest-
Processor(finalProcessor, getLeader().toBeApplied);
    commitProcessor = new CommitProcessor(toBeAppliedProcessor,
                Long.toString(getServerId()), false);
    commitProcessor.start();
    ProposalRequestProcessor proposalProcessor = new ProposalRequestProcessor
(this, commitProcessor);
    proposalProcessor.initialize();
    firstProcessor = new PrepRequestProcessor(this, proposalProcessor);
    ((PrepRequestProcessor)firstProcessor).start();
    }
```

图 12.21　ZooKeeperServer 和 LeaderZookeeperServer 代码片段

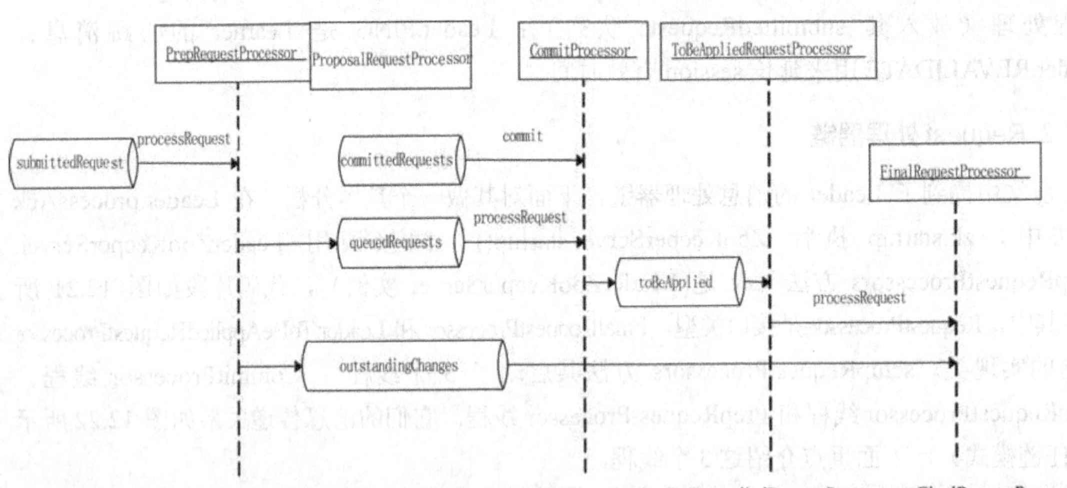

图 12.22　请求处理器链消息传递图

（1）PrepRequestProcessor 线程：该线程处理请求队列 submittedRequests，通过调用 submittedRequest.take()，获取请求 Request request。submittedRequests 有两个来源，一是接入

的客户端直接提交，提交的请求既包括写请求，也包括一些查询请求；另一个是由 Follower 转发，转发内容只包括写请求和同步请求。

PrepRequestProcessor 收到 submittedRequest 后，通过调用 PrepRequestProcessor.pRequest (Request)方法将请求转发给 ProposalRequestProcessor.processRequest 处理。具体代码片段如图 12.23 所示，switch 语句根据 request 类型处理请求，最后调用 nextProcessor.processRequest (request)，将 request 传递给 ProposalRequestProcessor 处理器。ProposalRequestProcessor. processRequest 方法对 request 做了简单的分流，如果 request 是 LearnerSyncRequest 的实例，则调用 Leader. processSync()处理同步请求，否则调用 nextProcessor.processRequest(request)将请求传递给 CommitProcessor 处理器，即将 request 加入 CommitProcessor.queuedRequests 中。如果是更改操作请求，ProposalRequestProcessor 还同时向所有 Follower 发出 Proposal 提案，并启动一个 SyncRequestProcessor 处理器和 AckRequestProcessor 处理器，SyncRequestProcessor 用于将更改操作进行持久化，AckRequestProcessor 用于处理 Follower 返回的 ACK 响应，一旦这个更新操作得到大多数 Follower 的同意，Leader 会发送 commit 请求给所有的 Follower，同时 Leader 会通知所有的 Observer 更新数据。

```
PrepRequestProcessor:
protected void pRequest(Request request) {
            TxnHeader txnHeader = null;
            Record txn = null;
            try {switch (request.type) {...   }
              }
              catch(){...}
            request.hdr = txnIIeader;
            request.txn = txn;
            request.zxid = zks.getZxid();
            nextProcessor.processRequest(request);
    }

ProposalRequestProcessor:
public void processRequest(Request request) {
            if(request instance of LearnerSyncRequest){

zks.getLeader().processSync((LearnerSyncRequest)request);
            } else {
                        nextProcessor.processRequest(request);
                  if (request.hdr != null) {
                        // We need to sync and get consensus on any
transactions
                        zks.getLeader().propose(request);
                        syncProcessor.processRequest(request);
                  }
            }
    }
```

图 12.23 PrepRequestProcessor 和 ProposalRequestProcessor 代码片段

（2）CommitProcessor 线程：该线程主要处理两个队列 queuedRequests 和 committedRequests。queuedRequests 保存 PrepRequestProcessor 线程发出的 submittedRequest 消息。committedRequests 保存 Proposal 通过后，LearnerHandler 线程发来的提交请求。CommitProcessor 线程首先置 nextPending 为空，然后进入如下循环：

① 将 toProcess 链表中的请求传递给 Leader.ToBeAppliedRequestProcessor，清空 toProcess。

② 如果 committedRequest 为空并且此时的 queuedRequest 为空或者 nextPending 有值，则阻塞等待（等待 pendingRequset 的表决结果）。如果此时 committedRequest 不为空，从其中取出（同时移除）一个 Request r，如果 nextPending 有值且它的 sessionId、cxid 和这个请求匹配，则处理 pendingRequest（如果原始请求来自客户端，则该 pendingRequest 会携带客户端连接对象），执行 toProcess.add(nextPending)，否则直接处理 committedRequest（这种情况对应 Follower 中的 CommitProcessor，直接接收到了 commit 消息），执行 toProcess.add(r)。

③ 如果 nextPending 有值，跳转到第①步，否则处理 queuedRequests 的下一个请求 request，直到 nextPending 不为空或者 queuedRequest 已被处理完。

上述第③步，线程通过获取 request 的操作类型决定处理方式。如果是修改请求（例如 opCode.create），就需要等待投票决议，于是 nextPending 就置为该 request。默认情况下，直接将 request 添加到 toProcess 链表中，由第①步传递给 Leader.ToBeAppliedRequestProcessor 处理器。

（3）SyncRequestProcessor 线程：该线程负责将 submittedRequest 记录到 Log。ZooKeeper 使用一个简单的内存数据库 ZKDatabase 来处理日志、session 信息和 datatree（znode 树，类似文件系统结构，用来组织存放实际数据）。记录完日志后直接发送 ACK 消息给 Leader 对象，作为一个投票者投出自己的一票。

12.3.3 Follower 服务器

1. Follower 控制

当 Leader 选出来后，Follower 服务器设置自身状态为 FOLLOWING。服务器继续执行 QuorumPeer 主线程，这一点和 Leader 服务器一样，不同的是转向 FOLLOWING 控制逻辑。首先设置 Follower，调用 setFollower(makeFollower(logFactory))，然后执行 follower.followLeader()方法进行 Follower 事务处理。下面跳过 makeFollower 方法，直接介绍 Follower.followLeader()。

followLeader 方法是 Follower 类的主要逻辑方法，它的职责是同步 Leader 状态，转发客户端的写请求。具体流程如下（Follower.followLeader 方法）：

步骤01 通过 Learner.findLeader()获取 Leader 服务器的 IP 地址和端口。

步骤02 调用 Learner.connectToLeader()与 Leader 服务器建立连接，这一步使得 Leader 的 LearnerCnxAcceptor.accept()返回。

步骤 03 向 Leader 注册自己，调用 Learner.registerWithLeader(Leader.FOLLOWERINFO)，收到 Leader 的 NEWLEADER 消息后继续下一步。

步骤 04 向 Leader 同步数据，创建并启动处理器链，调用 Learner.syncWithLeader (newLeaderZxid)。

步骤 05 进入 while 主循环，等待 Leader 的消息到来并进行处理。

下面对上述步骤结合代码做深入分析。步骤 2 的 connectToLeader 方法是建立连接，如果连接失败，重试 5 次，连接超时时间为 syncLimit 个 tickTime。sock.setSoTimeout(self.tickTime * self.initLimit)的执行表示一旦重试 5 次都没有连接上，或者连接上之后，initLimit 个 tickTime 中没有数据 read（例如，Leader 的 ping 消息一直都没有到来），那么 Follower 自动退出并设置自身状态为 LOOKING，继续寻找 Leader。步骤 4 是与 Leader 进行数据同步，负责和 LearnerHandler 线程进行交互（请参考上文的 LearnerHandler.run 方法）。首先根据 Leader 返回的同步方式（DIFF、SNAP 或者 TRUNC）更新 ZKDatabase，接着读取后续包，根据 qp.getType()获得的类型（Leader.PROPOSAL 等）进行事务更新，直到接收到 Leader 的 UPTODATE 封包。然后将 ack 的 zxid 设置为 Leader 的高 32 位，低 32 位清零，表明状态同步完成，调用 writePacket(ack,true)向 Leader 发送 ack 确认消息，最后启动 Follower 服务器的处理器链 zk.startup()，这在后续说明。步骤 5 是一个 while 循环，读取并处理 Leader 消息，处理语句 processPacket(qp)的代码片段见图 12.24。switch 语句根据 qp.getType()获得的包类型做相应操作：如果是 PROPOSAL 消息，则会被放入 pendingTxns 队列，然后转发给 SyncRequestProcessor 线程，这个操作封装在 FollowerZooKeeperServer.logRequest 方法中；如果是 commit 消息，则取出 pendingTxns 队列中的第一个消息，与这个 commit 消息比较，如果两者 zxid 相同，提交给 commitProcessor 线程处理，否则，说明之间有消息丢失，本节点的数据已经不一致了，直接退出。

```
protected void processPacket(QuorumPacket qp) throws IOException{
    switch (qp.getType()) {
        case Leader.PING: ping(qp); break;
        case Leader.PROPOSAL:
            TxnHeader hdr = new TxnHeader();
            ...
            lastQueued = hdr.getZxid();
            fzk.logRequest(hdr, txn);
            break;
        case Leader.COMMIT: fzk.commit(qp.getZxid());break;
        case Leader.UPTODATE:...    break;
        case Leader.REVALIDATE: revalidate(qp); break;
        case Leader.SYNC: fzk.sync();break;
    }
}
```

图 12.24 Follower.proceesPacket()代码片段

2. Request 处理器链

和 Leader 服务器类似，Follower 服务器同样有自己的处理器链，Learner.syncWithLeader 方法中会调用 zk.startup()，间接执行 FollowerZooKeeperServer.setupRequestProcessors()方法，如图 12.25 所示。该方法启动了 3 个线程：SyncRequestProcessor 线程、FollowerRequestProcessor 线程和 CommitProcessor 线程。它们的责任链关系如图 12.26 所示，SyncRequestProcessor 线程与 Leader 中的 SyncRequestProcessor 线程相似（同一个类），只是 nextProcessor 指定的是 SendAckRequestProcessor。当 Leader 发送 PROPOSAL 到 Follower 后，Follower 直接调用 SyncRequestProcessor 写入到 log 中，SendAckRequestProcessor 负责发送 ACK 消息给 Leader。FollowerRequestProcessor 线程处理客户端请求，转发给 CommitProcessor 线程（放入其队列）。如果是写请求，发送 REQUEST 消息给 Leader，请求决议。CommitProcessor 线程与 Leader 中的 CommitProcessor 线程相似（同一个类），区别在于 nextProcessor 指定的是 FinalRequestProcessor。

```
protected void setupRequestProcessors() {
        RequestProcessor finalProcessor = new FinalRequestProcessor(this);
        commitProcessor = new CommitProcessor(finalProcessor,
        Long.toString(getServerId()), true);
        commitProcessor.start();
        firstProcessor = new FollowerRequestProcessor(this, commitProcessor);
        ((FollowerRequestProcessor) firstProcessor).start();
        syncProcessor = new SyncRequestProcessor(this,
        new SendAckRequestProcessor((Learner)getFollower()));
        syncProcessor.start();
    }
```

图 12.25　FollowerZooKeeperServer.setupRequestProcessors()代码片段

```
SyncRequestProcessor→SendAckRequestProcessor
FollowerRequestProcessor→CommitProcessor→FinalRequestProcessor
```

图 12.26　Follower 请求处理器链

Follower 服务器就介绍到这里，Observer 服务器与 Follower 类似，只是不参与决策投票，本节略去。

12.3.4　客户端服务请求

ZooKeeper 的客户端利用提供的 API 接口来与服务端通信，了解其工作原理及内部机制有利于我们合理使用 ZooKeeper 提供的服务。它的 API 接口提供了多种语言的支持，本节主要讲述 java 版本。

图 12.27 是客户端的内部框架图[①]，从图中可以看到 ZooKeeper 的客户端由 3 个主要模块组成：ZooKeeper、ZKWatcherManager 和 ClientCnxn。其中，ZooKeeper 是客户端的真正接口，用户可以操作的最主要的类，当用户创建一个 ZooKeeper 实例以后，几乎所有的操作都通过该实例实现，用户不用关心怎么连接到服务器，Watcher 什么时候被触发等问题。ZKWatcherManager，顾名思义，它是用来管理 Watcher 的，Watcher 是 ZooKeeper 的一大特色功能，允许多个 Client 对一个或多个 znode 进行监控，当 znode 有变化时能够通知到监控这个 znode 的各个客户端。如果把客户端简单看成一个 ZooKeeper 实例，那么这个实例内部的 ZKWatcherManager 就管理了客户端绑定的所有 Watcher。ClientCnxn 是管理所有网络 I/O 的模块，所有和 ZooKeeper 服务器交互的信息和数据都经过这个模块，包括通过 SendThread 线程给服务器发送 Request，从服务器接收 Response，以及由 EventThread 线程从服务器接收 Watcher Event。

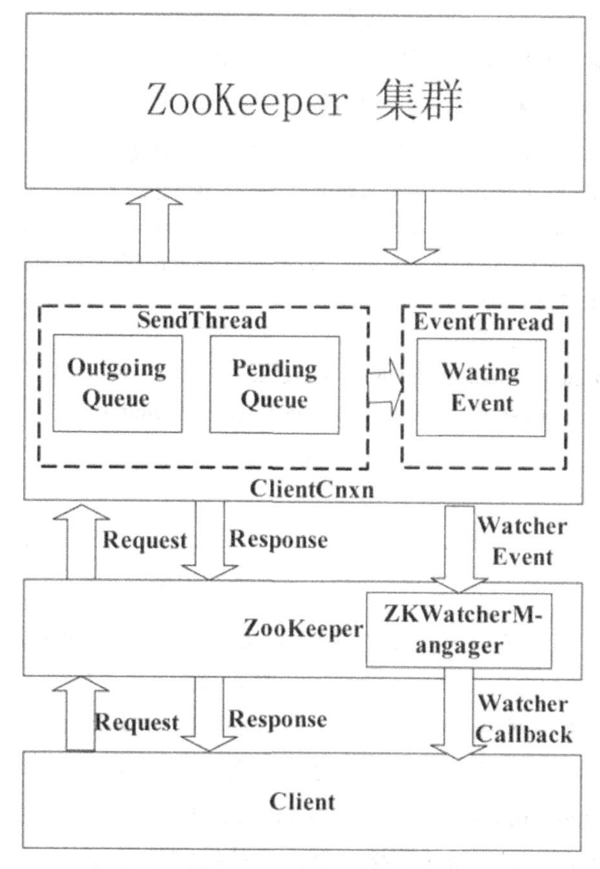

图 12.27 客户端模块图

下面结合源码，分析这 3 个模块。图 12.28 是一段使用代码，功能是创建一个 ZooKeeper

① ZooKeeper 全解析——Client 端.http://www.spnguru.com/tag/zookeeper/

实例和利用该实例创建节点。下面将跟踪它们，探究其内部实现。

```
ZooKeeper zk = new ZooKeeper(serverList, sessionTimeout, new watcher{
    //监控所有被触发的事件
    public void process(WatchedEvent event){
    //do something
    }
});
zk.create("/test",   new byte[0],   Ids.OPEN_ACL_UNSAFE,
CreateMode.PERSISTENT);
```

图 12.28　使用示例

ZooKeeper 类有两个构造方法，这里会调用其中一种（如图 12.29 所示）。首先指定 watchManager.defaultWatcher 为传入的 watcher 实例，接着新建一个 ClientCnxn 类型的对象 cnxn，执行 start 方法。watchManager 是 ZooKeeper 的成员对象，其类型是 ZKWatchManager，即图 12.27 中提到的第二个模块。ZKWatchManager 是 ZooKeeper 的内部类，主要负责管理 Watcher 和处理 ClientCnxn 对象产生的事件。下面重点来看 ClientCnxn cnxn。它的初始化方法传入 4 个参数，其中，connectString 是需要连接的服务器列表，sessionTimeout 是 session 的连接超时时间，this 是该 ZooKeeper 实例。

```
public ZooKeeper(String connectString, int sessionTimeout, Watcher  watcher)
    throws IOException
        {   ...
    watchManager.defaultWatcher = watcher;
    cnxn = new ClientCnxn(connectString, sessionTimeout, this,
                    watchManager);
    cnxn.start();
}
```

图 12.29　ZooKeeper 构造方法

cnxn.start 语句调用 ClientCnxn.start()，执行 sendThread.start()和 eventThread.start()。这两条语句分别创建了对应线程：SendThread 和 EventThread。

SendThread 是真正处理网络 I/O 的线程，所有通过网络发送和接收的数据包都在这个线程中处理。其线程执行体 run()代码片段如图 12.30 所示，主要是一个 while 循环。如果是第一次连接，就调用 startConnect()，它是 SendThread 的私有方法，主要负责初始化 SocketChannel sock，建立与服务器的连接。整个通信机制基于 java nio。一旦连接上一台服务器，调用 primeConnection()方法，先发送一个 ConnectRequest 包，将 ZooKeeper 构造函数传入的 sessionTimeout 数值发送给服务器。ZooKeeper 服务器有两个配置项：minSessionTimeout（默认 2 倍 tickTime）和 maxSessionTimeout（默认 20 倍 tickTime），单位是毫秒。tickTime 也是一个配置项，是服务器内部控制时间逻辑的最小时间单位。如果客户端发来的 sessionTimeout 超过[min，max]这个范围，服务器会自动截取为 min 或 max，然后为这个客户端新建一个 Session 对象。发送完 ConnectRequest 包，客户端会紧接着发送 authInfo 包（OpCode.auth）和 setWatches 包 OpCode.setWatches，其中 authInfo 列表由 ZooKeeper 的 addAuthInfo 方法添加，用来进行自定义的认证和授权。最后当 zookeeper.disableAutoWatchReset 为 false 时，判断建立连接时 ZooKeeper 注册的 Watcher 是否为空，如果不为空，就会通过 setWatches 告诉服务器重新注册这些 Watcher。这样做能够确保在客户端自动切换服务器或重连时，尚未触发的 Watcher 能够注册到新的服务器上。图 12.30 中的 doIO()是 SendThread 线程的主要输入输出操作，它的代码见图 12.31，主要操作如下：

（1）如果有数据可读，则读取数据包。如果数据包是先前发出去的 Request 的 Response 包，那么这个 Request 包一定在 pendingQueue 里面，将它从 pendingQueue 里面移走，并将此 Response 包添加到 waitingEvents 队列里面；如果数据包是一个 Watcher Event，直接将此包添加到 waitingEvents 队列中。

（2）如果 outgoingQueue 里面有数据包需要发送，则发送数据包并把数据包从 outgoingQueue 移至 pendingQueue，意思是数据已经发出去了，但还要等待服务器端的回复，该请求处于 Pending 状态（异步返回）。

```
while (zooKeeper.state.isAlive()) {
        try {
                if (sockKey == null) {
                        // don't re-establish connection if we are closing
                        if (closing) {break; }
                        startConnect();
                        ...
                }
                ...
                selector.select(to);
                Set<SelectionKey> selected;
                synchronized (this) {
                        selected = selector.selectedKeys();
                }
                now = System.currentTimeMillis();
                for (SelectionKey k : selected) {
                        ...
                if (doIO()) {... }
                ...
                }
        }
        catch() {...}
}
```

图 12.30　SendThread.run()代码片段

```
boolean doIO() throws InterruptedException, IOException {
        boolean packetReceived = false;
        SocketChannel sock = (SocketChannel) sockKey.channel();
        ...
        if (sockKey.isReadable()) {... }
        if (sockKey.isWritable()) {... }
        if (outgoingQueue.isEmpty()) {
            disableWrite();
        } else {
            enableWrite();
        }
        return packetReceived;
}
```

图 12.31　doIO()代码片段

EventThread 是处理 Event 的线程，执行体代码片段如图 12.32 所示。和 SendThread 线程类似，主要也是一个 while 循环：从 watingEvents 队列中取出一个事件 event，如果 event 是 eventOfDeath，则准备结束线程，否则调用其私有方法 processEvent 处理 event。watingEvents 队列主要存放两种消息数据：WatchedEvent 和 Packet。其中，WatchedEvent 是 watcher 对应的通知事件，Packet 是普通请求的响应事件包（Packet 是 ZooKeeper 的内部类）。它们通过 SendThread.readResponse()方法接收，根据返回数据头部的 xid 值，选择性地调用 EventThread.queueEvent()和 EventThread.queuePacket()将消息数据添加到 watingEvents 中。WatchedEvent 在处理之前会先根据它的数据从 watcherManager 中取得对应的 watcher 集合，然后封装成 WatcherSetEventPair 包。processEvent()根据 event 的类型决定如何处理事件。如果 event 是 WatcherSetEventPair 类型，说明是 watcher 事件，于是调用 Watcher.process 方法处理 event；否则是普通响应事件，将 event 转换成 Packet 类型结构 p，根据 p.response 的数据处理 p。

```
public void run() {
    try {
        isRunning = true;
        while (true) {
            Object event = waitingEvents.take();
            if (event == eventOfDeath) {
            wasKilled = true;
            } else {
                processEvent(event);
            }
            if (wasKilled){... }
        }
    } catch (InterruptedException e) {... }
     LOG.info("EventThread shut down");
}
```

图 12.32　EventThread.run()代码片段

创建 ZooKeeper 实例后，下面来介绍它是如何创建节点的。图 12.28 中 zk.create 方法传入 4 个参数，分别是节点路径/test，节点初始数据 byte，节点访问控制权限 Ids.OPEN_ACL_UNSAFE 和创建它的模式 CreateMode.PERSISTENT。图 12.33 是实际调用代码，其中 h 表示请求头部，h.setType()指定其操作码类型，这里对应的值是 ZooDefs.OpCode.create。cnxn.submitRequest()提交请求，具体实现是将请求头 h、请求包体 request 以及响应数据 response，作为参数调用 queuePacket 方法封装成 Packet 类型。queuePacket()主要负责将请求加入 outgoingQueue 队列，最终由 SendThread 线程统一处理，发送给服务器。

```
public String create(final String path, byte data[], List<ACL> acl,
                CreateMode createMode)
throws KeeperException, InterruptedException
{
        final String clientPath = path;
        PathUtils.validatePath(clientPath, createMode.isSequential());
        final String serverPath = prependChroot(clientPath);
        RequestHeader h = new RequestHeader();
        h.setType(ZooDefs.OpCode.create);
        CreateRequest request = new CreateRequest();
        CreateResponse response = new CreateResponse();
        request.setData(data);
        request.setFlags(createMode.toFlag());
        request.setPath(serverPath);
        if (acl != null && acl.size() == 0) {... }
        request.setAcl(acl);
        ReplyHeader r = cnxn.submitRequest(h, request, response, null);
        ...
}
```

图 12.33　ZooKeeper.create()代码片段

ZooKeeper 客户端的大致结构和处理流程就介绍到这里，有兴趣的读者可以结合本节的内容，自己去分析客户端的一些其他复杂操作，例如请求带有 AsyncCallback 的情况，这里就不再分析了。

12.4　本章小结

本章主要内容是对 ZooKeeper-3.3.3 源代码进行深入分析，通过本章的学习，希望读者能够从代码实现层次了解 ZooKeeper。为了深入学习 ZooKeeper，首先介绍了 ZooKeeper 的角色和工作原理，包括 Zab 协议等。在了解了 ZooKeeper 的原理后，本章进入具体的代码分析阶段。首先从 ZooKeeper 源码的类包入手，分析核心类的主要功能，然后以 4 个情景为例，讲述 ZooKeeper 是如何基于 Zab 协议运转的，这其中重点介绍了 Leader 服务器的选举，Leader

与 Learner 的状态同步等。

由于篇幅有限，关于代码实现中更细节的内容无法一一介绍，读者如果想更深入地了解 ZooKeeper 的实现细节，例如用到的系统管理 JMX、通信库 java nio 等，可以结合本章内容，进一步分析 ZooKeepe 源代码。

第 4 篇

应用云计算

本篇是本书的提高部分，主要介绍了基于 Hadoop 云计算平台的 4 个高级应用框架，分别是 Pig（用于实现并行数据处理）、Hive（与关系数据库类似的数据处理平台）、Mahout（基于 MapReduce 的机器学习算法库）和 HAMA（矩阵运算和图算法库）。通过本篇的学习，读者可以结合自己的应用需求与场景，掌握使用这些框架解决实际问题的思路与方法。

第 13 章　应用 Pig 实现并行数据处理

13.1　Apache Pig 简介

Apache Pig[①]是由 Yahoo!开发的一种基于数据流的大规模数据分析处理语言 Pig Latin，Yahoo 把 Pig 捐献给 Apache 的一个项目。Pig 借鉴了 SQL 和 MapReduce 两者的优点，既具有类似 SQL 的灵活可变式性，又有过程式语言的数据流特点。

Pig 是云计算 Hadoop 项目的一个扩展项目，用以简化 Hadoop 平台编程，并且提供一个更高层次抽象的数据处理能力，同时保持了 Hadoop 的简单和可靠性。Pig 是对处理超大型数据集的抽象层，它提供了一种类 SQL 语言 Pig Latin，该语言的编译器会把类 SQL 的数据分析请求转换为一系列经过优化处理的 MapReduce 运算，基于此 Pig 为复杂的海量数据并行计算提供了一个简单的操作和编程接口。

在 MapReduce 框架中有 Map 和 Reduce 两个函数，如果读者要从编写代码，编译以及部署的 MapReduce 实现，然后在 Hadoop 上运行编写 MapReduce 的程序，不仅需要花费一定的时间而且该过程会比较复杂。Pig 不仅能够简化 MapReduce 的开发过程，而且可以在不同的数据之间进行转换。例如：包含在连接内的一些转换过程在 MapReduce 中实现有些复杂。

Pig 在 Hadoop 框架结构[②]中的一个描述如图 13.1 所示。

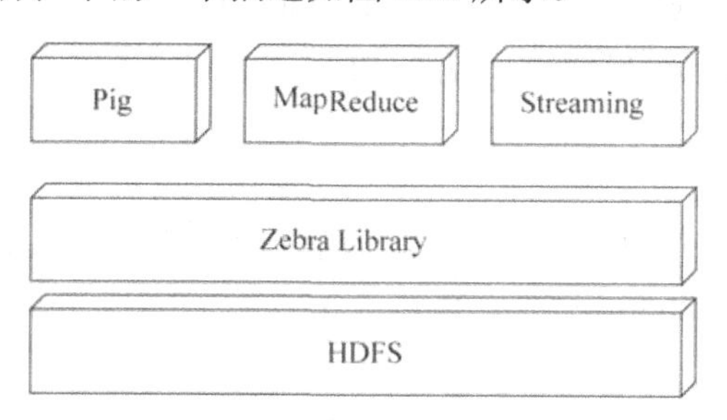

图 13.1　Pig 及 Hadoop 框架结构

（1）Pig 自己的一套框架实现对输入、输出的人机交互部分，就是 Pig Latin。

（2）Zebra 是 Pig 与 HDFS/Hadoop 的中间层，是 MapReduce 作业编写的客户端。Zerbra 用结构化的语言实现了对 Hadoop 物理存储元数据的管理，也是 Hadoop 的数据抽象层。在

---

① Pig Setup. http://pig.apache.org/docs/r0.8.1/setup.html

② Apache Pig 入门. http://www.blogjava.net/ivanwan/archive/2011/01/21/343350.html

Zebra 中有两个核心的类：TableStore（写）和 TableLoad（读）对 Hadoop 上的数据进行操作。

（3）Pig 中的 Streaming 主要分为 4 个组件：

- Pig Latin。
- 逻辑层（Logical Layer）。
- 物理层（Physical Layer）。
- Streaming 具体实现（Implementation）。Streaming 会创建一个 MapReduce 作业，并把它发送给合适的集群，同时监视这个作业在集群环境中的整个执行过程。

（4）MapReduce 是在每台机器上进行分布式计算的算法框架。

（5）HDFS 是最终存储数据的部分。

Apache Pig 是用来处理大规模数据的高级查询语言，在 Hadoop 中使用可以在处理海量数据时达到较好的效果。这比使用 Java、C++等语言编写大规模数据处理程序的难度低，实现同样的作业时复杂度较小。Twitter 就大量使用 Pig 来处理海量数据。

13.2　Pig 的安装与配置

13.2.1　Pig 安装准备

Pig 是在 MapReduce 上构建的一种高级查询语言，把一些运算编译进 MapReduce 模型的 Map 和 Reduce 中，并且用户可以定义自己的功能。

Pig 是一个客户端应用程序，就算你要在 Hadoop 集群上运行 Pig，也不需要在集群上装额外的东西。Pig[①]的安装是非常简单的，方法如下。

1. 操作系统要求

（1）GNU/Linux 系列操作系统可以作为客户端和服务端的开发平台和运行平台（Production Platform）。Hadoop 已在有 2000 个节点的 GNU/Linux 主机组成的集群系统上得到了测试验证。

（2）由于分布式操作尚未在 Windows 32 平台上充分测试，所以 Windows 32 仅能作为客户端和服务端的开发平台。

2. 软件要求

（1）Pig 需要在 Hadoop 平台上运行，因此在安装 Pig 之前必须先安装 Hadoop。

（2）Hadoop 运行在 Java 环境中，需要在每台计算机上预先安装 JDK 6 或更高版本，推

---

① Pig Setup. http://pig.apache.org/docs/r0.8.1/setup.html

荐使用 Sun 的 JDK，可以打开网址 http://www.oracle.com/technetwork/java/javase/downloads/index.html，获取合适的 JDK 版本。

（3）Hadoop 使用无口令的 SSH 协议，必须安装 ssh 并保证 sshd 的运行，使主节点能够免口令远程访问到集群中的每个节点。

（4）Hadoop 的具体安装参见 Hadoop 环境搭建。

3. 下载 Pig

打开链接 http://archive.apache.org/dist/pig/，选择合适的镜像站点下载 Pig 发行版。本书使用 Pig 稳定版，版本号是 0.8.1。

13.2.2 安装配置过程

（1）下载安装包[①]。下载 Pig 安装包后将其放在准备安装的目录中。

（2）解压安装包。在终端目录中执行 tar -zxvf pig-0.8.1.tar.gz 命令解压安装包。

（3）环境变量配置[②]。在解压目录中的 bin 目录下找到 Pig，其目录格式一般为/<解压目录>/pig-x.x.x/bin/pig。将该目录添加到系统环境变量 PATH 中，在 bash（sh、ksh）中使用 export 命令，在 csh（或 tcsh）中使用 setenv 命令。在命令行以 root 用户编辑配置文件/etc/profile，添加如图 13.2 所示的具体命令[③]。

```
Vi /etc/profile
export PIG_INSTALL=/home/hadoop/pig_home/pig-0.8.1
export PATH=$PIG_INSTALL/bin:$PATH
export PIG_HADOOP_VERSION=20
export PIG_CLASSPATH=$HADOOP_HOME/conf/
```

图 13.2 编辑配置文件/etc/profile

其中，PATH 允许你在命令行使用 Pig 命令；PIG_HADOOP_VERSION 是告诉 Pig 所使用的 Hadoop 版本；PIG_CLASSPATH 用来指定 Hadoop 配置文件所在的目录，在分布式执行 Pig 的时候用到。

保存后重新加载 profile 文件以使其生效：

```
Source /etc/profile
```

13.2.3 运行模式

Pig 有两种运行模式[④]：Local 模式和 MapReduce 模式。Pig 的 Local 模式和 MapReduce 模

[①] Getting Started. http://pig.apache.org/#Getting+Started

[②] Pig 安装配置实验过程. http://www.haogongju.net/art/1347810

[③] Pig 的安装和使用. http://blog.csdn.net/yangkaiwxy/article/details/7236551

[④] Pig 实战. http://www.cnblogs.com/xuqiang/archive/2011/06/06/2073601.html

式都有 3 种运行方式，分别为：Grunt Shell 方式、脚本文件方式和嵌入式程序方式。

1. Local 模式

Local 模式下 Pig 运行在一个 JVM 里，访问的是本地的文件系统，只适合于小规模数据集，一般是用来体验 Pig。而且，它并没有用到 Hadoop 的 Local runner，Pig 把查询转换为物理的 Plan，然后自己去执行。当 Pig 在 Local 模式运行的时候，Pig 将只访问本地一台主机。图 13.3 是 Pig 以 Grunt Shell 方式的 Local 模式。

```
[root@localhost hadoop-0.20.2]# pig -x local
2012-05-14 19:42:41,082 [main] INFO  org.apache.pig.Main - Logging error message
s to: /usr/hadoop-0.20.2/pig_1336995761074.log
2012-05-14 19:42:41,201 [main] INFO  org.apache.pig.backend.hadoop.executionengi
ne.HExecutionEngine - Connecting to hadoop file system at: file:///
grunt>
```

图 13.3　Grunt Shell 方式的 Local 模式

Pig 的 Local 模式适合用户对测试程序进行调试使用，因为 Local 模式下 Pig 将只访问本地一台主机，它可以在短时间内处理少量的数据，并且用户不必关心 Hadoop 系统对整个集群的控制，这样既能让用户使用 Pig 的功能，又不至于在对集群的管理上花费太多时间。

（1）Grunt Shell 方式

用户使用 Grunt Shell 方式时，需要首先使用命令开启 Pig 的 Grunt Shell，只需在 Linux 终端中输入如下命令并执行即可：

```
#pig -x local
```

这样 Pig 将进入 Grunt Shell 的 Local 模式，直接输入#pig 命令，Pig 将首先检测 Pig 的环境变量设置，然后进入相应的模式。如果没有设置 MapReduce 环境变量，Pig 将直接进入 Local 模式。

Grunt Shell 和 Windows 中的 Dos 窗口非常类似，这里用户可以一条一条地输入命令对数据进行操作。

（2）脚本文件方式

使用脚本文件作为批处理作业来运行 Pig 命令，实际上就是第一种运行方式中命令的集合，使用如下命令可以在本地模式下运行 Pig 脚本：

```
#pig -x local script.pig
```

其中，script.pig 是对应的 Pig 脚本文件，用户在这里需要正确指定 Pig 脚本的位置，否则，系统将不能识别。例如 Pig 脚本放在/root/pigTmp 目录下，那么这里就要写成/root/pigTmp/script.pig。用户在使用的时候需要注意 Pig 给出的一些提示，充分利用这些能够帮助用户更好地使用 Pig 进行相关的操作。

（3）嵌入式程序方式

读者可以把 Pig 命令嵌入到主机语言中，并且运行这个嵌入式程序。和运行普通的 Java

程序相同，这里需要书写特定的 Java 程序，并且将其编译生成对应的 class 文件或 package 包，然后再调用 main 函数运行程序。

用户可以使用下面的命令对 Java 源文件进行编译：

```
#javac -cp pig-*.*.*-core.jar local.java
```

这里，pig-*.*.*-core.jar 放在 Pig 安装目录下，local.java 是用户编写的 java 源文件，并且 pig-*.*.*-core.jar 和 local.java 需要用户正确地指定相应的位置。例如：读者可以把 pig-*.*.*-core.jar 文件放在/root/hadoop-0.20.2/目录下，local.java 文件放在/root/pigTmp 目录下，所以这一条命令应该写成：

```
#javac -cp /root/hadoop-0.20.2/pig-0.20.2-core.jar /root/pigTmp/local.java
```

当编译完成后，Java 会生成 local.class 文件，然后用户可以通过如下命令调用执行此文件：

```
#java -cp pig-*.*.*-core.jar local
```

2. MapReduce 模式

还有一种就是 Hadoop 模式了，在这种模式下，Pig 才真正的把查询转换为相应的 MapReduce Jobs，并提交到 Hadoop 集群去运行。以 MapReduce 模式运行 Pig，需要访问 Hadoop 集群和 HDFS。当 Pig 在 MapReduce 模式运行的时候，Pig 将访问一个 Hadoop 集群和 HDFS 的安装位置。这时，Pig 将自动地对这个集群进行分配和回收。因为 Pig 系统可以自动地对 MapReduce 程序进行优化，所以当用户使用 Pig Latin 语言进行编程的时候，不必关心程序运行的效率，Pig 系统将会自动地对程序进行优化。这样能够大量节省用户编程的时间。

Pig 需要把真正的查询转换成相应的 MapReduce 作业，并提交到 Hadoop 集群去运行（集群可以是真实的分布，也可以是伪分布）。要想 Pig 能识别 Hadoop，用户需要告诉 Pig 关于 Hadoop 的版本及一些关键的信息（也就是 Namenode 和 JobTracker 的位置以及端口信息）。

下面第一步首先指明 Pig 要连接的 Hadoop 的版本信息，第二步详细指明 Pig 连接 Hadoop 的配置信息。

（1）允许 Pig 连接到任何的 Hadoop.0.20.* 版本。

配置 Linux 系统环境变量，在/etc/profile 文件中加入如下信息：

```
export PIG_HADOOP_VERSION=20
```

（2）指明集群的 Namenode 和 JobTracker 的位置。有以下两种方法让 Pig 识别 Hadoop 的 NameNode 和 JobTracker，采用任何一种方式均可。

方法一：

把 Hadoop 的 Conf 地址添加到 Pig 的 Classpath 上，如下所示：

```
export PIG_CLASSPATH=$HADOOP_CONF_DIR/conf/
```

方法二：

在 Pig 目录的 Conf 文件夹（可能需要自己创建）里创建一个 pig.properties 文件，然后在里面添加集群的 Namenode 和 Jobtracker 信息，第二行中的 port 是用户 Hadoop 中 JobTracker 对应的端口，示例如下：

```
fs.default.name=hdfs://localhost/
mapred.job.tracker=localhost:port
```

当设置完毕并且生效之后，用户可以输入#pig x mapreduce 命令进行测试，如果能够看到 Pig 连接 Hadoop 的 Namenode 和 JobTrakcer 的相关信息，则表明配置成功，然后就可以使用 MapReduce 模式来进行相关的 Pig 操作了。

图 13.4 为 MapReduce 配置成功后的提示信息，从图中可以看到 Pig 连接 Hadoop 的详细信息。

```
[root@localhost hadoop-0.20.2]# start-all.sh
starting namenode, logging to /usr/hadoop-0.20.2/bin/../logs/hadoop-root-namenod
e-localhost.localdomain.out
localhost: starting datanode, logging to /usr/hadoop-0.20.2/bin/../logs/hadoop-r
oot-datanode-localhost.localdomain.out
localhost: starting secondarynamenode, logging to /usr/hadoop-0.20.2/bin/../logs
/hadoop-root-secondarynamenode-localhost.localdomain.out
starting jobtracker, logging to /usr/hadoop-0.20.2/bin/../logs/hadoop-root-jobtr
acker-localhost.localdomain.out
localhost: starting tasktracker, logging to /usr/hadoop-0.20.2/bin/../logs/hadoo
p-root-tasktracker-localhost.localdomain.out
[root@localhost hadoop-0.20.2]# pig -x mapreduce
2012-05-14 22:04:30,269 [main] INFO  org.apache.pig.Main - Logging error message
s to: /usr/hadoop-0.20.2/pig_1337004270260.log
2012-05-14 22:04:30,476 [main] INFO  org.apache.pig.backend.hadoop.executionengi
ne.HExecutionEngine - Connecting to hadoop file system at: hdfs://localhost:9000
2012-05-14 22:04:30,607 [main] INFO  org.apache.pig.backend.hadoop.executionengi
ne.HExecutionEngine - Connecting to map-reduce job tracker at: localhost:9001
grunt>
```

图 13.4　MapReduce 配置成功提示信息

图 13.4 中首先通过命令 start-all.sh 启动 Hadoop，然后输入 pig -x mapreduce 来进入 Pig 的 MapReduce 模式。可以看到，Pig 报告已经连上了 Hadoop 的 Namenode 和 Jobtracker。

配置成功之后，下面针对 Pig 的 MapReduce 模式，说明如何在此模式下以 Grunt Shell 方式、脚本文件方式和嵌入式程序方式进行操作。其实和 Local 模式下的操作几乎相同，只不过需要将相应的参数设置为 MapReduce 模式。

（1）Grunt Shell 方式

用户在 Linux 终端下输入如下命令，进入 MapReduce 模式的 Grunt Shell。

```
#pig -x mapreduce
```

（2）脚本文件方式

用户可以使用如下命令，在 MapReduce 模式下运行 Pig 脚本文件。

```
#pig -x mapreduce script.pig
```

（3）嵌入式程序方式

和 Local 模式相同，在 MapReduce 模式下运行嵌入式程序同样需要经过编译和执行两个步骤。用户可以使用如下两条命令，完成相应的操作。

```
#javac -cp pig-0.7.0-core.jar mapreduce.java
#java -cp pig-0.7.0-core.jar mapreduce
```

13.3　深入分析 Pig

13.3.1　Pig 数据模型

1. Pig 的数据类型

Pig 中主要包含 6 种基本数据类型和 3 种复合数据类型[①]。

6 种基本数据类型（又称为原子类型）如表 13.1 所示。

表 13.1　6 种基本数据类型

基本类型	类型描述
int	32 位有符号整数
long	64 位有符号整数
float	32 位浮点数
double	64 位浮点数
chararray	UTF-8 格式的字符数组（字符串）
bytearray	字节数组（二进制对象）

3 种复合数据类型（又称为嵌套数据类型）如表 13.2 所示。

表 13.2　3 种复合数据类型

复合类型	类型描述
Tuple	元组示例：(1, ‘hello’) 元组是一种字段序列集，在关系中通常以行来使用。元组字段间用逗号“，”分割并以小括号“（）”来封装
Bag	包示例：{(1, ‘hello’), (2)} 包是一种无序可重复的元组集合。关系是一种特定类型的包。包以元组间用逗号“，”分割并以大括号“{}”来封装表示 包不要求模式必须一致或同样数目的域，这对半结构化或非结构化的数据来说是一个好主意

① Pig Latin Reference Manual 1. http://pig.apache.org/docs/r0.8.1/piglatin_ref1.html

（续表）

复合类型	类型描述
Map	键值对示例：['a' 'hello'] 键值对是一种（key，value）对的集合。键必须唯一并且是字符数组或字符串，值可以是任何类型

2. Pig 数据模式

Pig 数据模型[①]中允许数据类型的嵌套，类似于 xml/json 格式。Pig 的一个关系可以有一个关联的模式，模式为关系的字段指定名称和类型。Pig 的这种模式声明方式与 SQL 数据库要求数据加载前必须先声明的模式截然不同，Pig 设计的目的是用于分析不包含数据类型信息的纯文本输入文件。但是尽量定义模式，会让程序运行更高效，Pig 模式的语法如表 13.3 所示。

表 13.3　Pig 模式语法表

数据类型	语法	示例
int	int	as (a:int)
long	long	as (a:long)
float	float	as (a:float)
double	double	as (a:double)
chararray	chararray	as (a:chararray)
bytearray	bytearray	as (a:bytearray)
map	map[]或 map[type]type 是任何合法的类型	as (a:map[], b:map[int])
tuple	tuple()或 tuple(list_of_fields)，list_of_fields 是一个以“，”分割的列表	as(a:tuple(),b:tuple(x:int,y:int))
bag	bag{}或 bag{t:(list_of_fields)}，list_of_fields 是一个以“，”分割的列表	(a:bag{}, b:bag{t: (x:int, y:int)})

在 SQL 数据库中加载数据时，会强制检查表模式中的约束。在 Pig 中，如果一个值无法被强制转换为模式中声明的类型，Pig 会用空值 null 代替，显示一个空位。大数据集普遍都有被损坏的值、无效值或意料之外的值。通常简单的做法是过滤掉无效值。代码如下：

```
grunt>good_records = filter records by temperature is not null;
```

也可以使用 split 操作把数据划分成好和坏两个关系，然后在分别进行分析，如下：

```
grunt> split records into good_records if temperature is not null,
bad_records if temperature is null;
grunt> dump good_records;
```

在 Pig 中，不用为数据流中的每个新产生的关系声明模式。大多数情况下，Pig 能够根据

① Chuck Lam. Hadoop in action. Manning Publications. 2010

关系操作的、输入关系的模式来确定输出结果的模式。有些操作不改变模式，如 Limit。而 Union 会自动生成新的模式。

如果要重新定义一个关系的模式，可以使用带 as 子句的 FOREACH...GENERATE 操作来定义输入关系的一部分或全部字段的模式。

13.3.2 Pig 常用命令和数据读写操作

Pig 提供 Hadoop 的文件系统命令，以及一些公用命令，这使得在处理 Pig 之前或之后移动数据变得很方便。详细情况可以参见表 13.4。

表 13.4 Pig 实用命令和文件命令工具

命令类型	命令	命令描述
实用命令	kill	中止某个 MapReduce 任务，如 kill jobid 等
	exec	在一个新的 Grunt Shell 程序中以批处理模式运行一个脚本
	run	在当前 Grunt 外壳程序中运行程序（和 exec 相似）
	quit	退出解释器
	set	设置 Pig 选项，如 set debug [on|off] set job.name jobname 等
	help	提供 Pig 命令帮助信息，如 pig –help 等
文件命令	cat	打印文件内容，如 cat data.txt 等
	cd	改变（切换）工作目录，如 cd /hadoop 等
	copyFromLocal	从本地目录复制数据到当前环境（如 hdfs 中），相当于上传数据
	copyToLocal	将数据从当前环境（如 hdfs）复制到本地目录，相当于下载数据
	cp	复制文件或目录命令，详细使用要求信息可以输入，通过 cp –help 获得
	ls	列出特定目录下的内容（包括文件和文件夹目录等）
	mkdir	创建一个新的目录
	mv	移动文件位置
	pwd	显示当前工作目录
	rm	删除文件或目录等
	rmf	删除文件夹（仅在消息处理系统内可用，mh）

文件系统命令可以在任何 Hadoop 文件系统中的文件和目录上操作，这些和 Hadoop 的 fs 命令非常相似。

在 Grunt Shell 中，Pig 解析用户的语句，但是不会去实际执行，直到用户使用 DUMP 或 STORE 命令请求结果。DUMP 命令打印出一个别名的内容，而 STORE 命令将内容存储在一个文件中。表 13.5 是一些 Pig 中常用的数据读写操作命令，以及详细的命令语法格式和相关的描述。

表 13.5　Pig 中的数据读写操作

操作名称	操作描述
LOAD	alias = LOAD 'file' [USING function] [AS schema]; 从一个文件加载数据到一个关系。默认使用 PigStorage 函数，除非使用 USING 选项指定其他的函数。数据可以通过使用 AS 选项来指定一个模式
LIMIT	alias = LIMIT alias n; 限制元组数为 n。如果在 alias 后紧跟 ORDER 操作，则 LIMIT 返回前 n 个元组；否则，返回元组是不确定的
DUMP	DUMP alias; 显示关系的内容，主要用户调试。关系应该适合打印到屏幕，可以对 alias 使用 LIMIT 操作使得能够在屏幕上显示
STORE	STORE alias INTO 'directory' [USING function]; 存储关系中的数据到一个目录。该命令执行时，使用的目录必须是不存在的，Pig 将创建目录并存储关系到一个以 part-00000 命名的文件中。默认使用 PigStorage 函数，除非使用 USING 选项指定其他的函数

13.3.3　Pig 诊断操作

Pig 支持大量诊断运算符，可以用它们来调试 Pig 脚本。正如在之前的脚本示例中所看到的，DUMP 运算符是无价的，它不仅可以查看数据，还可以查看数据架构。用户也可以使用 DESCRIBE 运算符来生成一个关系架构的详细格式（字段和类型）。基于创建关系所用的操作，Pig 会尽可能多的找出其 schema。可以使用 DESCRIBE 命令将 Pig 的 schema 暴露给所有的关系。ILLUSTRATE 可以一步步地显示 Pig 是如何计算关系的。表 13.6 详细描述了 Pig 的诊断操作运算符。

表 13.6　Pig Latin 的诊断操作

操作	描述
DESCRIBE	DESCRIBE alias; 打印关系的模式
EXPLAIN	EXPLAIN [-out path] [-brief] [-dot] [-param ...] [-param_file ...] alias; 打印关系的执行计划。当使用脚本时，会打印脚本的执行计划
ILLUSTRATE	ILLUSTRATE alias; 按步骤打印数据的转换过程，以 load 命令开始到关系结果。为了保证显示和过程的可管理性，只有一些样本数据被仿真执行 在样本数据不能够生成有意义的数据时，Pig 会伪造一些相似的数据。如 A = LOAD 'student.data' as (name, age); B = FILTER A by age > 18; ILLUSTRATE B; 如果 A 中每一个元组的样本年龄恰好小于或等于 18，则 B 将是空的。因此 Pig 将构造一些年龄大于 18 的元组，这样 B 就不会是空集，用户就能够看到脚本的工作过程。为了使 ILLUSTRATE 能够工作，第一步中的 load 命令必须使用一个模式。接下来的转换过程不能含有 LIMIT 或者 SPLIT 操作以及嵌套的 FOREACH 操作和 map 数据类型的使用等

虽然 DESCRIBE 和 ILLUSTRATE 是理解 Pig 语句的主力军，Pig 还有一个 EXPLAIN 命令用于显示逻辑和物理执行计划的细节。EXPLAIN 运算符更复杂一些，但也很有用。对于某个给定的关系，可以使用 EXPLAIN 来查看如何将物理运算符分组为 Map 和 Reduce 任务（也就是说，如何推导出数据）。

13.3.4 Pig 关系操作

Pig 是一种语言，关系型运算符是它最为显著的特征。这些运算符将 Pig 定义为一种数据处理语言。例如 UNION 将多个关系归并在一起，SPLIT 则将一个关系分为多个。下面通过一个例子来解释。

首先，编写两个数据文件 A：

```
0,1,2
1,3,4
```

然后，编写两个数据文件 B：

```
0,5,2
1,7,8
```

加载数据 A：

```
grunt> a = load 'A' using PigStorage(',') as (a1:int, a2:int, a3:int);
```

加载数据 B：

```
grunt> b = load 'B' using PigStorage(',') as (b1:int, b2:int, b3:int);
```

求 a，b 的并集：

```
grunt> c = union a, b;
 grunt> dump c;
(0,5,2)
(1,7,8)
(0,1,2)
(1,3,4)
```

将 c 分割为 d 和 e，其中 d 的第一列数据值为 0，e 的第一列的数据值为 1（$0 表示数据集的第一列）：

```
grunt> split c into d if $0 == 0, e if $0 == 1;
```

查看 d：

```
grunt> dump d;
(0,1,2)
```

```
(0,5,2)
```

查看 e:

```
grunt> dump e;
(1,3,4)
(1,7,8)
```

Pig 语句都需要对关系进行操作（并被称为关系运算符）。如果需要对关系的列进行迭代，而不是对行进行迭代，可以使用 Foreach 运算符。Foreach 允许进行嵌套操作，如 Filter 和 Order，以便在迭代过程中转换数据。Order 运算符提供了基于一个或多个字段对关系进行排序的功能。Join 运算符基于公共字段，执行两个或两个以上的关系的内部或外部联接。SPLIT 运算符提供了根据用户定义的表达式，将一个关系拆分成两个或两个以上关系的功能。最后，GROUP 运算符根据某个表达式将数据分组成为一个或多个关系。表 13.7 总结了 Pig 中的关系运算符。

表 13.7　Pig 中的关系运算符

类型	操作	描述
加载与存储	LOAD	将数据从外部文件或其他存储中加载数据，存入关系
	STORE	将一个关系存放到文件系统或其他存储中
	DUMP	将关系打印到控制台
过滤	FILTER	从关系中删除不需要的行
	DISTINCT	从关系中删除重复的行
	FOREACH…GENERATE	对于集合的每个元素，生成或删除字段
	STREAM	使用外部程序对关系进行变换
	SAMPLE	从关系中随机取样
分组与连接	JOIN	连接两个或多个关系
	COGROUP	在两个或多个关系中分组
	GROUP	在一个关系中对数据分组
	CROSS	获取两个或更多关系的乘积（叉乘）
排序	ORDER	根据一个或多个字段对某个关系进行排序
限制	LIMIT	限制关系的元组个数
合并与分割	UNION	合并两个或多个关系
	SPLIT	把某个关系切分成两个或多个关系

至此本书已经学习了 Pig 语言的各个方面：数据模型、相关命令、关系操作等。接下来进一步学习 Pig 的表达式和函数。

13.3.5　Pig 表达式和函数

1. Pig 表达式

Pig 能够支持常见运算符，表达式是通过评估产生值的工具。表达式可以在 Pig 中用作包含关系运算的语句的一部分。Pig 有丰富的表达式，其中许多都和其他编程语言中的差不多。如表 13.8 所示，给出了表达式的类型描述以及示例等。

表 13.8 表达式的类型描述

类型	表达式	描述	示例
常量	Literal	常值	1.0、'a'
字段（按照位置）	$n	第 n 个字段（基于 0）	$0
字段（按照名字）	f	字段名 f	Year
投影	c.$n、c.f	在容器 c（关系、包或元组）中的字段	records.$0、records.year
Map 查找	m#k	在 map m 中键 k 相关联的值	Items# 'Coat'
类型转换	(t)f	将字段 t 转换成 f 类型	(int)year
基本运算	x+y、x-y x*y、x/y x%y、+x、-x	加减 乘除 取模，正、负运算	$1+$2、$1-$2 $1*$2、$1/$2 $1%$2、+1、-1
条件	(x ? y : z)	三元二分条件，如果 x 为真，则取 y；否则，取 z	value==0？ 0:1
比较	x==y、x!=y x>y、x<y x>=y、x<=y	等于、不等于 大于、小于 大于等于、小于等于	value==0、value！ =0 value>0、value<0 value>=0、value<=0
模式匹配	x matches y	模式匹配正则表达式	String matches'[014]'
空值（NULL）	x is null x is not null	值为空 值非空	value is null value is not null
Boolean	x or y x and y not x	逻辑或 逻辑与 逻辑非	value==0 or value==1 value==0 and value==1 not value==0
函数	fn(f1, f2,...)	在字段 f1、f2 上应用函数 fn	isGood(value)
平面化	FLATTEN(f)	从包和元组上删除嵌套	flatten(group)

2. Pig 内置函数

Pig 的内置函数分为计算函数、过滤函数、加载函数和存储函数。下面来介绍这些函数。

计算函数：AVG、COUNT、CONCAT、COUNT_STAR、DIFF、MAX、MIN、SIZE、SUM、TOKENIZE。计算求值函数取一个或多个表达式，然后返回另一个表达式的函数。例如，内置的计算函数 MAX，它返回一个包的输入的最大值。有些计算函数是聚合函数，这意味着它们在一个数据包中操作产生一个标值，MAX 就是一个聚合函数。此外，许多聚合函数是代数，这意味着该函数的结果可以增量计算。

过滤函数：IsEmpty。过滤函数会返回一个逻辑布尔类的结果。顾名思义，过滤函数被用在 FILTER 操作中，以消除不必要的行。它们也可以用于其他运用布尔条件的关系操作，并在一般表达式中使用布尔表达式或条件表达式。一个内置的过滤函数的例子是 IsEmpty，用于测试包或 Map 中是否包含任何内容。

加载/存储函数：PigStorage、BinStorage、BinaryStorage、TextLoader、PigDump。加载函数是指定如何从外部存储设备中将数据加载到关系中的函数。存储函数是指定如何将关系中的内容保存到外部存储设备的函数。通常加载和存储函数执行相同类型。例如，PigStorage，从分隔的文本文件中加载数据，也可以用同一格式存储数据。表 13.9 给出了 Pig 中的一些内置函数。

表 13.9　Pig 中的一些内置函数

类型	函数	描述
计算函数	AVG	计算包中的平均值
	CONCAT	连接两个字节组或两个字符组
	COUNT	计算包中的条目数
	COUNT_STAR	计算包中元素的数目
	DIFF	计算两个包中的设置差异。如果两个参数不是包，相同则返回包中的两个值，否则返回空包
	MAX	计算包中条目的最大值
	MIN	计算包中条目的最小值
	SIZE	计算类型的大小。数值型的大小总是一，对于字符组来说是字符数，对于字节组来说是字节数，对于容器（元组、包和 Map）来说是条目数
	SUM	计算包中条目的总数
	TOKENIZE	将一个字符串分隔成组成它的单词
过滤函数	IsEmpty	测试包或 Map 是否为空
加载存储函数	PigStorage	以 UTF-8 格式加载和存储数据。用一个字段分隔文本格式加载或存储关系。每一行都用一个可配置的字段分隔符分成字段，并在元组字段中保存。没有指定存储位置时，会保存到默认存储设备中
	BinStorage	从二进制文件中下载或存储到二进制文件中。一个内部 Pig 格式用于 Hadoop 可写对象
	BinaryStorage	从二进制文件中下载关系或将关系存储到二进制文件中，该关系包含带有 bytearray 类型的值的单个字段的元组。Bytearray 值的字节用 Pig 流被逐字保存
	TextLoader	以 UTF-8 格式加载非结构化数据。通过写 toString 元组表达存储关系，一个一行。对于调试很有帮助
	PigDump	以 UTF-8 格式存储数据

如果需要的功能不存在，也可以自己编写。这就是下面要介绍的用户自定义函数（UDF）。

13.3.6　Pig 用户自定义函数（UDF）

Pig 支持用户自定义函数[①]，在 Pig 中能够插入自定义代码是非常重要的。这样就可以让用户轻松定义和使用自己的函数来达到处理数据的目的。Pig 设计的基本理念就是通过用户

[①] Alan Gates. Programming Pig. O'Reilly Media. 2011

自定义函数来获得扩展性，并为编写 UDF 提供了一组定义良好的 API。Pig 能够支持两种类型的 UDFs：eval 和 load/store。其中，eval 自定义函数主要用来进行常规的数据转换[①]；load/store 的自定义函数主要是用来加载和保存特定的数据格式。

1. 使用 UDF

UDF 总是用 Java 编写并打包成 jar。要使用一个特定的 UDF，就需要这个包含有 UDF 类文件的 jar 文件。要使用 UDF 必须首先使用 Register 语句在 Pig 中注册这个 jar 文件。之后就可以通过其完全认证的 Java 类名调用 UDF。例如，在 PiggyBank 中有一个 UPPER 函数可以将一个字符串转换为 uppercase。具体使用 UDF 的过程，如图 13.5 所示。

```
REGISTER piggybank/java/piggybank.jar;
b = FOREACH a GENERATE
org.apache.pig.piggybank.evaluation.string.UPPER($0);
```

图 13.5　使用 UDF 的过程

需要多次使用一个函数时，如果每次都要重写完整的类名是相当繁琐的，因此可以使用 Pig 的 Define 命令来为该 UDF 函数指定名称。具体的应用过程，如图 13.6 所示。

```
REGISTER piggybank/java/piggybank.jar;
DEFINE Upper org.apache.pig.piggybank.evaluation.string.UPPER();
b = FOREACH a GENERATE Upper($0);
```

图 13.6　DEFINE 命令为 UDF 函数指定名称

图 13.6 中把 org.apache.pig.piggybank.evaluation.string.UPPER()函数重命名为 Upper()函数。接下来使用该函数时，只需使用重命名后的 Upper()函数即可。表 13.10 中总结了与 UDF 相关的语句。

表 13.10　Pig 中的 UDF 语句

UDF 命令	描述
REGISTER	REGISTER alias; 在 Pig 运行环境中注册一个 jar 文件
DEFINE	DEFINE alias { function | 'command' [...] }; 为 UDF、流式脚本或命令规范新建别名

如果只是使用已经编写好的 UDF，那么了解以上这些内容就基本足够了。如果没有所需的 UDF，则必须自己编写 UDF。接下来讲解如何编写 UDF。

2. 编写 UDF

前面已经提到，Pig 能够支持两种类型的 UDFs：eval 和 load/store。接下来解析这些

[①] Pig UDF Manual. http://pig.apache.org/docs/r0.8.1/udf.html

UDF 函数的具体编写应用。首先给出 Pig 类型和 Java 类型的一个对应关系表，以方便编写 UDF。具体的对应关系如表 13.11 所示。

表 13.11　Pig 类型在 java 中的等价类型

Pig 类型	Java 类型
Bytearray	DataByteArray
Chararray	String
Int	Integer
Long	Long
Float	Float
Double	Double
Tuple	Tuple
Bag	DataBag
Map	Map<Object, Object>

如果想要实现自定义的 eval 类型的函数，那么基本的做法是首先编写一个继承自抽象类 EvalFunc<T>的类，同时需要重写这个类的 exec(Tuple input)抽象方法，该方法的具体原型如下所示：

```
public abstract class EvalFunc<T> {
public abstract T exec(Tuple input) throws IOException;
}
```

该方法传入的类型是 Tuple 类型。其中类型 T 可以是表 13.11 中 Java 类型中的任何类型。输入元组的字段包含传递给函数的表达式，输出是泛型；对于过滤函数输入是元组类型、输出就是 Boolean 类型。具体的示例如图 13.7 所示。

```
public class IsEmpty extends FilterFunc {
    public boolean exec(Tuple input) throws IOException {
        return (input.getBagField(0) == 0);
    }
}
```

图 13.7　自定义过滤函数示例

编写完自定义函数后，用 ant pig 打包到 jar 文件，然后通过 RIGISTER 操作指定文件的本地路径，告诉 Pig 这个 jar 文件的信息，具体命令如下所示：

```
Grunt>REGISTER pig_IsEmpty.jar;
```

学习编写一个 UDF 文件最好的方法莫过于分析一个现有的 UDF。接下来分析前面使用过的 UDF 函数 UPPER。编写 udf UPPER.java，将 UPPER.java 文件保存到 myudfs 目录下，具体的 UPPER 代码如图 13.8 所示。

```
    package myudfs;
import java.io.IOException;
import org.apache.pig.EvalFunc;
import org.apache.pig.data.Tuple;
import org.apache.pig.impl.util.WrappedIOException;
public class UPPER extends EvalFunc<String>
{
  public String exec(Tuple input) throws IOException {
    if (input == null || input.size() == 0)
      return null;
    try{
      String str = (String)input.get(0);
      return str.toUpperCase();
    }catch(Exception e){
      throw WrappedIOException.wrap("Caught exception processing input row ", e);
    }
  }
    }
```

图 13.8　编写 udf UPPER.java

图 13.8 中的 UDF 如果调用时使用的是:udf(Arg1, Arg2);那么调用 input.get(0)将得到 ARG1，调用 input.get(1)得到的是 ARG2，调用 input.getSize()得到传递的参数的数量，这里就是 2。

编写完成后编译 UPPER.java 文件，同时生成该 jar 文件，具体的编译过程如图 13.9 所示。

```
javac -cp ../pig.jar UPPER.java
jar -cf myudfs.jar myudfs
```

图 13.9　编译 UPPER.java 文件

其中，第一行语句编译 UPPER.java 文件，第二行语句用来将编译后的 java 类包 myudfs 打包成 myudfs.jar。接下来测试上述自定义 UDF，首先准备一些数据并存储在 student_data 文件中。具体的数据如下所示：

```
student1,1,1
studetn2,2,2
student3,3,3
student4,4,4
```

在 Pig 的 Grunt Shell 中注册该 UDF 如下：

```
grunt> register myudfs.jar
```

加载测试数据如下所示：

```
grunt> A = load 'student_data' using PigStorage(',') as (name:chararray,
age:int,gpa:double);
```

调用 UDF 函数的 UPPER 过程如下：

```
grunt> B = FOREACH A GENERATE myudfs.UPPER(name);
grunt> dump B;
```

测试输出结果如下所示：

```
(STUDENT1)
(STUDETN2)
(STUDENT3)
(STUDENT4)
```

13.3.7 探索逻辑执行计划

Pig 命令被提交后，Pig 解释器对命令进行分析并检验输入文件和语句中出现的 Bags 的有效性。例如，c=CoGroup a By…,b By…命令，Pig 会检验 a 和 b 两个 Bags 已经被定义，逻辑计划的构建过程具有递归性和依赖性。以上例进行说明，c 的逻辑计划要依赖于 a 和 b 的逻辑计划，因此只有当 a 的逻辑计划和 b 的逻辑计划构建完毕才能构建 c 的逻辑计划。

逻辑计划[①]是一个处理流程，并没有任何处理过程发生，处理过程是在调用 Store 之后发生的。调用 Store 之后，逻辑计划被编译成具体的执行计划并被调度执行。这种执行方式有较多好处，比如允许内存管道等。

Pig 采用预处理与处理分离的架构，即程序的分析，逻辑计划的生成独立于执行平台。只有逻辑计划被编译为具体的执行计划时才依赖于具体的执行平台。本书中 Pig 采用比较成熟的开源 MapReduce 和 Hadoop 作为执行平台。这种分离体系结构对于系统的发展有较大的好处。

Pig 逻辑计划到具体的 MapReduce 执行计划的编译过程遵循 MapReduce 处理模式，本质上具有大规模分组聚集的能力，即 Map 任务通过指派 keys 对数据进行分组，Reduce 任务每次处理一个组的数据。Pig 编译器将逻辑计划中每个 CoGroup 命令转化为一个不同的 MapReduce 作业，如图 13.10 所示。

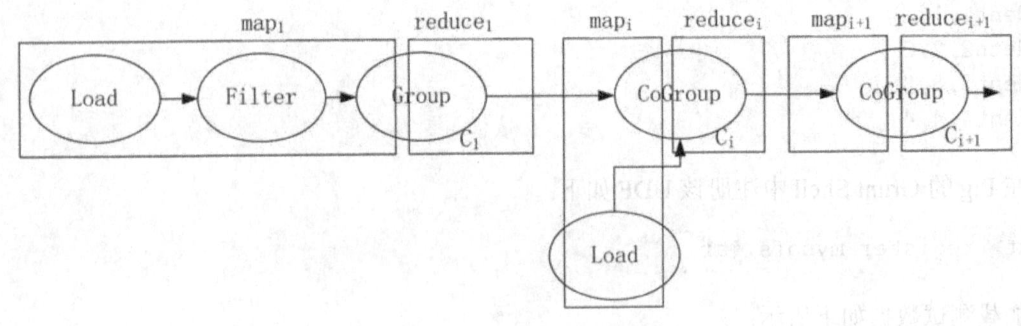

图 13.10 MapReduce 计划

[①] Pig 分析. http://wenku.baidu.com/view/4853bc08763231126edb1198.html

与 CoGroup 命令 C 相关联的 Map 函数，首先根据 C 中的 By 短语将 Keys 指派为相应的元组，Reduce 不进行任何操作。每个 CoGroup 命令成为两个不同的 MapReduce 任务的界限，第一个 CoGroup 命令 C_1 的命令都由 C_1 对应的 Map 函数处理。

第 i 个 CoGroup 命令为 C_i，则在 C_i 与 C_{i+1} 之间的命令序列有：

- C_i 的 Reduce 函数处理。
- C_{i+1} 的 Map 函数处理。

CoGroup 操作的输入为多数据集时，Map 函数会为每个元组附加一个字段以标识元组是源于哪个数据集。相应的 Reduce 函数对该信息进行解码，利用该信息将元组插入到适当的位置。

Load 通过 HDFS 实现其并行功能。一个 MapReduce 作业中的多个 Map 和 Reduce 运行实例是并行的，从而可以实现 Filter 和 Foreach 操作的自动并行化。多个 Map 实例产生的输出按照一定的划分规则划分为不同部分且对应一个 Reduce 实例，以并行化方式执行，因此实现了(Co)Group 的并行性。

Order 命令被编译为两个 MapReduce 作业。第一个作业通过对输入进行取样来确定排序键的数量。第二个作业根据排序键数量确定划分区域，接着在 Reduce 阶段进行本地排序，最后产生一个全局的排序文件。

在逻辑计划到 MapReduce 任务的转换过程中会产生一些额外开销，这些开销是由 MapReduce 处理模式带来的。例如，在两个连续的 MapReduce 作业之间必须对数据以冗余的方式序列化到 HDFS，处理多个输入数据集时必须对每个元组添加一个额外字段以标识数据来源。虽然 MapReduce 模型给 Pig 带来了一些额外开销，但同时也带来了一些好处，如并行化、负载均衡、容错等。

13.4 Pig 实例分析

Hadoop 应用程序的编写主要是编写 Map 和 Reduce 应用程序，虽然这些编程过程并不是十分复杂，但还是有点繁琐，需要用户具有一定的软件开发经验。Apache Pig 改变了这种现状，它在 MapReduce 的基础上创建了更简单的过程语言抽象，为 Hadoop 应用程序提供了一种更加接近结构化查询语言（SQL）的接口。因此不需要编写一个单独的 MapReduce 应用程序，就可以用 Pig Latin 语言写一个脚本，在集群中自动并行处理与分发该脚本。

13.4.1 Pig Latin 示例

本书通过一个简单的 Pig 示例开始介绍，并剖析该示例。Hadoop 在大型数据集中搜索满足某个给定搜索条件的记录。下面给出一个 Pig 简单的实现过程。在如图 13.11 所示的、简单的 Pig Latin 脚本的 3 行代码中，只有 1 行是真正的搜索。

```
messages = LOAD 'messages';
warns = FILTER messages BY $0 MATCHES '.*WARN+.*';
STORE warns INTO 'warnings';
```

图 13.11　简单的 Pig Latin 脚本

下面是对图 13.11 所示示例的详细解析：

- 语句 messages = LOAD 'messages';表示将测试数据集（消息日志）读取到代表元组集合的包中。
- 语句 warns = FILTER messages BY $0 MATCHES '.*WARN+.*'; 表示用一个正则表达式来筛选数据（元组中的唯一条目，表示为$0 或 field 1），然后查找字符序列 WARN。
- 语句 STORE warns INTO 'warnings';表示在主机文件系统中将这个包存储在一个名为 warnings 的新文件中，这个包现在代表来自消息 messages 中的包含 WARN 的所有元组。

如上所示，这个简单的脚本实现了一个简单的流，但如果直接在传统的 MapReduce 模型中来实现这样的一个简单示例，则需要增加大量的代码。因此 Pig 使得学习 Hadoop 并开始使用数据比原始开发更容易、更高效。

在 Pig 中可以通过以下命令来得到一系列的 Pig 命令帮助：

```
Pig -help
```

也可以使用命令 Pig 来启动 Grunt Shell。

13.4.2　简单实例解析

下面主要讲解的是以 Linux 系统中的 passwd 文件为数据的一个简单实例。

1. Local 模式中的 Pig 实例

首先，把工作目录切换到 Pig 的目录，然后创建一个 data 目录，创建过程如图 13.12 所示。

```
[root@localhost pig-0.8.1]# ls
                                        pig_1336988748082.log
build.xml              LICENSE.txt      pig_1336989148632.log
CHANGES.txt  ivy.xml   NOTICE.txt       README.txt
                       pig-0.8.1-core.jar RELEASE_NOTES.txt
                       pig_1336988657394.log
[root@localhost pig-0.8.1]# mkdir data
[root@localhost pig-0.8.1]# ls
                                     pig_1336988657394.log
build.xml                            pig_1336988748082.log
CHANGES.txt            LICENSE.txt   pig_1336989148632.log
             ivy.xml   NOTICE.txt    README.txt
                       pig-0.8.1-core.jar  RELEASE_NOTES.txt
```

图 13.12　创建 data 目录

图 13.12 中的矩形框即为成功创建的 data 目录。切换到 data 目录后，将系统中的 passwd 文件复制至 data 中以备实验使用，具体过程如图 13.13 所示。

```
[root@localhost data]# cp /etc/passwd ./
[root@localhost data]# ls
passwd
```

图 13.13　复制 passwd 文件至 data 目录

至此，实验数据已经准备完成。接下来就是具体使用实验数据的过程。

由于打开 Pig 的交互程序，也就是 Grunt Shell 之后，无法使用 Linux 命令行的指令，而 Grunt Shell 默认的路径是命令行的当前路径，因此可以省去输入文件的绝对路径，如图 13.14 所示。

```
[root@localhost data]# pig -x local
2012-05-17 12:33:48,680 [main] INFO  org.apache.pig.Main - Logging error message
s to: /usr/pig-0.8.1/data/pig_1337229228673.log
2012-05-17 12:33:48,799 [main] INFO  org.apache.pig.backend.hadoop.executionengi
ne.HExecutionEngine - Connecting to hadoop file system at: file:///
grunt> data = load 'passwd' using PigStorage(':');
grunt> field1data = foreach data generate $0 as id;
grunt> dump field1data;
2012-05-17 12:36:47,858 [main] INFO  org.apache.pig.tools.pigstats.ScriptState -
 Pig features used in the script: UNKNOWN
2012-05-17 12:36:47,858 [main] INFO  org.apache.pig.backend.hadoop.executionengi
ne.HExecutionEngine - pig.usenewlogicalplan is set to true. New logical plan wil
l be used.
2012-05-17 12:36:48,002 [main] INFO  org.apache.hadoop.metrics.jvm.JvmMetrics -
Initializing JVM Metrics with processName=JobTracker, sessionId=
2012-05-17 12:36:48,171 [main] INFO  org.apache.pig.backend.hadoop.executionengi
ne.HExecutionEngine - (Name: field1data: Store(file:/tmp/temp-715110825/tmp-1266
389246:org.apache.pig.impl.io.InterStorage) - scope-4 Operator Key: scope-4)
2012-05-17 12:36:48,182 [main] INFO  org.apache.pig.backend.hadoop.executionengi
ne.mapReduceLayer.MRCompiler - File concatenation threshold: 100 optimistic? fal
se
```

图 13.14　Local 模式下启动 Pig

由于 dump field1data 语句后的信息较多，因此截图只显示了一部分。

图 13.14 中的第一行语句：

```
# pig -x local
```

用来启动本地 Grunt Shell，第二行语句：

```
grunt> data = load 'passwd' using PigStorage(':');
```

用来加载 passwd 数据文件到 data 中。第三行语句：

```
grunt> field1data = foreach data generate $0 as id;
```

用来对 data 中满足条件（这里是第一个域）的数据进行提取或计算。第 4 行语句：

```
grunt> dump field1data;
```

用来输出数据。输出结果较多，略去一部分如下所示：

```
(root)… (ambition)
```

图 13.15 描述了输入和输出的状态以及相关信息。从图中可以看到输入部分成功地从文件 file:///usr/pig-0.8.1/data/passwd 中读入记录，输出部分显示成功，输出记录到文件目录 file:/tmp/temp-715110825/tmp-1266389246。

```
2012-05-17 12:36:55,778 [main] INFO  org.apache.pig.tools.pigstats.PigStats - Sc
ript Statistics:

HadoopVersion   PigVersion      UserId  StartedAt           FinishedAt          Features
0.20.2  0.8.1   root    2012-05-17 12:36:48     2012-05-17 12:36:55     UNKNOWN

Success!

Job Stats (time in seconds):
JobId   Alias   Feature Outputs
job_local_0001  data,field1data MAP_ONLY        file:/tmp/temp-715110825/tmp-126
6389246,

Input(s):
Successfully read records from: "file:///usr/pig-0.8.1/data/passwd"

Output(s):
Successfully stored records in: "file:/tmp/temp-715110825/tmp-1266389246"

Job DAG:
job_local_0001
```

图 13.15 输入和输出的状态及相关信息

切换到 file:/tmp/temp-715110825/tmp-1266389246 目录，如图 13.16 所示，可以看到有一个 part-m-00000 文件。

```
[root@localhost temp-715110825]# cd /tmp/temp-715110825/tmp-1266389246/
[root@localhost tmp-1266389246]# ls
part-m-00000
```

图 13.16 查看 Pig 运算保存文件

2. MapReduce 模式中的 Pig 实例

对于 MapReduce 模式，必须首先确保 Hadoop 正在运行。在 Pig 中可以看到你的 Hadoop 文件系统，所以可以从本地文件系统将一些数据上传到 HDFS 中。可以通过 Pig，将某个文件从本地复制到 HDFS。具体的过程如图 13.17 所示。

```
grunt> mkdir test
grunt> cd test
grunt> copyFromLocal /etc/passwd passwd
grunt> ls
hdfs://localhost/test/passwd<r 1> 1728
```

图 13.17　从本地复制文件到 HDFS

接下来，在 Hadoop 文件系统中测试数据现在是安全的，也可以尝试另一个脚本。可以在 Pig 内 cat 文件，查看其内容（只是看看它是否存在）。在这个特殊示例中，将确定在 passwd 文件中为用户指定的外壳数量（在 passwd 文件中的最后一列）。要开始执行该操作，需要从 HDFS 将 passwd 文件载入到 Pig 关系中。在使用 Load 运算符之前就要完成该操作，但在这种情况下，你可能希望将文件的字段解析为多个独立的字段。在本例中使用 PigStorage 函数，可以使用分隔符也可以用 AS 关键字指定独立字段（或架构），包括它们的独立类型。将文件数据读入到关系的详细过程如图 13.18 所示。

```
grunt> passwd = LOAD '/etc/passwd' USING PigStorage(':') AS (user:chararray, passwd:chararray, uid:int, gid:int,
userinfo:chararray, home:chararray, shell:chararray);
grunt> DUMP passwd;
```

图 13.18　将文件数据读入到关系

读入的关系打印出来，如下所示：

```
(root,x,0,0,root,/root,/bin/bash)
(bin,x,1,1,bin,/bin,/sbin/nologin)
...
```

接下来，使用 Group 运算符根据元组的外壳将元组分组，然后再次转储此关系。这样做只是为了说明 Group 运算符的结果，需要根据元组正使用的特定外壳对元组进行分组（作为一个内部包）。具体的分组过程语句如下所示：

```
grunt> grp_shell = GROUP passwd BY shell;
grunt> DUMP grp_shell;
```

分组结果如下所示：

```
(/bin/bash,{(cloudera,x,500,500,/home/cloudera,/bin/bash),(root,x,0,0,...)
, …})
(/bin/sync,{(sync,x,5,0,sync,/sbin,/bin/sync)})
(/sbin/shutdown,{(shutdown,x,6,0,shutdown,/sbin,/sbin/shutdown)})
```

但是，如果需要在 passwd 文件中指定的独特外壳的计数，则需要使用 FOREACH 运算符来遍历分组中的每个元组，Count 出现的数量。利用每个外壳的计数对结果进行分组过程如下所示：

```
grunt> counts = FOREACH grp_shell GENERATE group, COUNT(passwd);
grunt> DUMP counts;
```

分组输出如下所示：

```
(/bin/bash,5)
(/bin/sync,1)
(/bin/false,1)
(/bin/halt,1)
(/bin/nologin,27)
(/bin/shutdown,1)
```

如果需要将上面的代码编写成一个脚本来执行，则需要将脚本输入到文件中保存为script.pig，然后使用 pig script.pig 命令来执行该文件。

前面已经讲解了 Pig 在本地模式和 MapReduce 模式中的一些基本实例。接下来将进一步深入解析 Pig 的使用。

13.4.3 深入使用 Pig

本小节将进一步深入学习 Pig。图 13.19 是有关实验数据的准备。

```
[root@localhost]#vi pig_data.txt
a	1
b	2
c	3
d	4
a	5
a	6
c	7
```

图 13.19 实验数据

将数据上传到 Hadoop 的 data 数据目录中，然后启动 pig grunt shell 并将数据加载到 records 元组中，具体命令过程如图 13.20 所示。

```
[root@localhost]# hadoop fs -put pig_data.txt /user/hadoop/data/
[root@localhost]# pig
grunt>records = LOAD '/user/hadoop/data/pig_data.txt' AS(ch:chararray,in:int);
grunt>DESCRIBE records;
```

图 13.20 加载数据到 records 元组

上图中最后输入命令 Describe records，用来显示如下的 records 结构：

```
records: {ch:chararray,in:int}
```

过滤操作 FILTER 的使用方法。通过如图 13.21 所示的 Pig 语句，可以过滤掉 records 中 ch==d 的元组。

```
grunt>filtered_records = FILTER records BY ch != 'd';
grunt>DUMP filtered_records;
```

图 13.21　过滤操作 FILTER

通过 DUMP filtered_records;语句打印出过滤后的结果，如下所示：

```
(a,1)
(b,2)
(c,3)
(a,5)
(a,6)
(c,7)
```

分组操作 GROUP BY 的使用方法。通过如图 13.22 所示的 Pig 语句，可以将 filtered_records 按 ch 来分组。

```
grunt>grouped_records = GROUP filtered_records BY ch;
grunt>DUMP grouped_records;
```

图 13.22　分组操作 group by

分组后通过 Dump grouped_records 命令，打印出的结果如下所示：

```
(a,{(a,1),(a,5),(a,6)})
(b,{(b,2)})
(c,{(c,3),(c,7)})
```

使用诊断操作 DESCRIBE 来打印 grouped_records 的模式，具体 Pig 语句及输出如图 13.23 所示。

```
grunt>DESCRIBE grouped_records;
grouped_records: {group: chararray,filtered_records: {ch: chararray,in: int}}
```

图 13.23　诊断操作 DESCRIBE

计算函数取最大值的应用，具体 Pig 语句如图 13.24 所示。

```
grunt>max_in = FOREACH grouped_records GENERATE group,
MAX(filtered_records.in);
grunt>DUMP max_in;
```

图 13.24　取最大值的应用

计算出的 max_in 的打印结果如下所示：

```
(a,6)
(b,2)
(c,7)
```

使用如下语句按步骤打印数据的转换过程：

```
grunt>ILLUSTRATE max_in;
--------------------------------------------------
| records       | ch: bytearray | in: bytearray |
--------------------------------------------------
|               | c             | 3             |
|               | d             | 4             |
|               | c             | 7             |
--------------------------------------------------
-------------------------------------------
| records       | ch: chararray | in: int |
-------------------------------------------
|               | c             | 3       |
|               | d             | 4       |
|               | c             | 7       |
-------------------------------------------
-----------------------------------------------------
| filtered_records      | ch: chararray | in: int |
-----------------------------------------------------
|                       | c             | 3       |
|                       | c             | 7       |
-----------------------------------------------------
--------------------------------------------------------------------------------
-----------------
| grouped_records      | group: chararray | filtered_records: bag({ch:
chararray,in: int}) |
--------------------------------------------------------------------------------
-----------------
|                      | c                |{(c, 3), (c,7)} |
--------------------------------------------------------------------------------
-----------------
-------------------------------------------
| max_in      | group: chararray | int |
-------------------------------------------
|             | c                | 7   |
-------------------------------------------
```

ILLUSTRATE 命令显示出在 max_in 之前进行了 5 次转换。每个表的标题行描述了转换之后所输出关系的 schema，表的其他部分显示了样例数据。

通过下面的命令打印出文件 A 和 B 中的数据：

```
[root@localhost]# cat A B
```

打印结果如图 13.25 所示。

```
a	1
b	2
c	3
d	4
a	12
b	22
c	32
d	42
```

图 13.25　打印文件 A 和 B

连接操作的具体语句如图 13.26 所示。

```
grunt> A = LOAD '/user/hadoop/data/A';
grunt> B = LOAD '/user/hadoop/data/B';
grunt> C = JOIN A BY $0, B BY $0;
```

图 13.26　连接操作

上图中的连接操作结果如下所示：

```
(a,1,a,12)
(b,2,b,22)
(c,3,c,32)
(d,4,d,42)
```

存储操作的应用过程如图 13.27 所示。

```
grunt> STORE C INTO 'output/C'
grunt> quit
[root@localhost]# hadoop fs -cat /user/hadoop/output/C/part-r-00000
```

图 13.27　存储操作的应用

上图中最后一行使用 Hadoop 的命令 cat，来打印存储在/user/hadoop/output/C 目录下的 part-r-00000 文件，内容如下：

```
a	1	a	12
b	2	b	22
c	3	c	32
d	4	d	42
```

到此，读者应该对 Pig 有了一个较深入的了解。

13.5　Pig 与 SQL 比较

使用 Pig 之后，发现 PigLatin 类似于 SQL。GROUP BY 和 DESCRIBE 这样的操作更是加深了这种印象。但是，两种语言之间以及 Pig 和关系数据库之间还是有一些差异。

不同于传统的数据库，Pig 没有加载数据到 RDM 那样的导入过程。处理过程第一步是从文件系统中（通常是 HDFS）加载数据。区别于 SQL 操作的是固定数据结构不同，Pig 支持复杂、嵌套的数据。另外，Pig 使用 UDF 和流操作紧紧与语言和 Pig 的嵌套数据结构结合在一起的功能，使得 PigLatin 比大多数 SQL 语言更富选择性。有的关系数据库支持在线、低延迟查询的特点，在 Pig 中并没有，如事务和索引。如表 13.12 所示，Pig 不支持随机读取，也不支持随机写入更新数据的一小部分，所有写操作都是批量的、流式写入的，就像 MapReduce 一样。

表 13.12　Pig 与 SQL 比较

比较项目	Pig	SQL
语言类型	数据流编程语言	描述型编程语言
对所处理数据的要求	对所处理数据的要求比较宽松，可以在运行时定义模式	sql 的查询规划器把数据存储定义在了具有严格模式的表内
小部分数据的随机读写	不支持	支持
读写方式	所有的写都是批量的、流式的	非批量、流式

13.6　本章小结

Pig 是在 Hadoop 上层的高级数据处理语言，提供给使用者一种直观的定制数据流的方法。可以支持结构化数据的 schema，也可以灵活处理非结构化或半结构化的数据。Pig 提供了 UDF，从而进一步简化了对 MapReduce 编程。

没有一本书可以完全列举 Pig 背后处理大数据的强大功能。即使对于非开发人员而言，Pig 也可以使得执行 Hadoop 集群上的大数据处理变得很容易。Hadoop 作为一个基础架构已经逐渐开始普及，Hadoop 生态系统将会改变大数据的外观及其日益增长的使用情况。

第 14 章　应用 Hive 构建数据处理平台

14.1　Hive 简介

Hive 是一个基于 Hadoop 的数据仓库，可以将结构化的数据文件映射为一张数据库表，并提供了简单的类 SQL 查询语言（HQL），使得用户能够对存放在 HDFS 的大规模数据集进行查询。同时，这个语言也允许熟悉 MapReduce 的开发者开发自定义的 Mapper 和 Reducer，来处理内建的 Mapper 和 Reducer 无法完成的、复杂的分析工作。

14.1.1　Hive 架构

Hive 的架构图如图 14.1 所示。

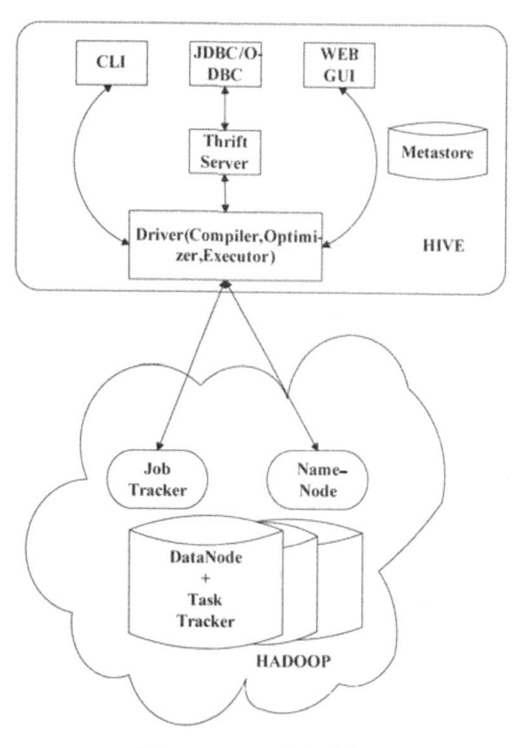

图 14.1　Hive 的架构图

Hive 的结构可以分为以下几个部分：

- 用户接口：包括 CLI、Client、WUI。
- 元数据存储：通常是存储在关系数据库中，如 MySQL、Derby。

- 解释器、编译器、优化器、执行器。
- Hadoop：利用 HDFS 进行存储数据，利用 MapReduce 进行计算。

用户接口主要有 3 个：CLI、Client 和 WUI。其中最常用的是 CLI，CLI 启动的时候会同时启动一个 Hive 副本。Client 是 Hive 的客户端，用户连接至 Hive Server。在启动 Client 模式的时候，需要指出 Hive Server 所在节点，并且该节点启动 Hive Server。WUI 通过浏览器访问 Hive[①]。

Hive 将元数据存储在数据库中，如 MySQL、Derby。Hive 中的元数据包括表的名字，表的列和分区及其属性，表的属性（是否为外部表），表的数据所在目录等。

解释器、编译器、优化器完成对 HQL 查询语句从词法分析、语法分析、编译、优化以及查询计划的生成。生成的查询计划存储在 HDFS 中，并且随后由 MapReduce 调用执行。

Hive 的数据存储在 HDFS 中，大部分的查询由 MapReduce 完成（包含*的查询，比如 select * from user 不会生成 MapReduce 任务）。

14.1.2 Hive 和 Hadoop 关系

Hive 和 Hadoop 的关系图如图 14.2 所示。

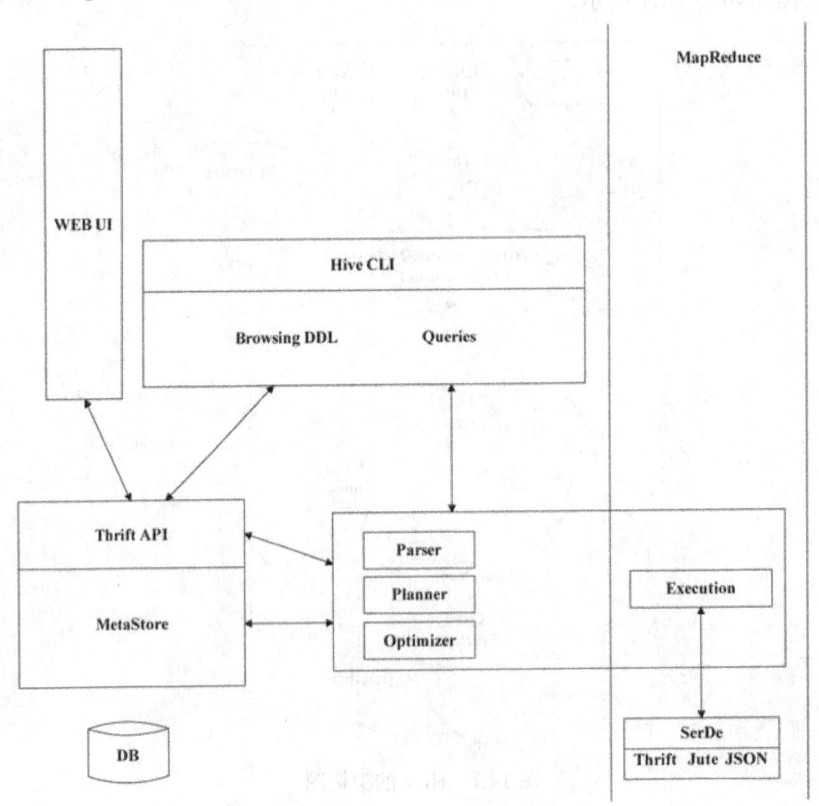

图 14.2 Hive 与 Hadoop 关系图

① Hive 学习笔记.http://wenku.baidu.com/view/233308340b4c2e3f5727632a.html

Hive构建在Hadoop之上[①]，相关内容如下。

- HQL中对查询语句的解释、优化、生成查询计划是由Hive完成的。
- 所有的数据都存储在Hadoop中。
- 查询计划转化为MapReduce任务，在Hadoop中执行（有些查询没有MR任务，如select * from table）。
- Hadoop和Hive都是UTF-8编码的。

14.1.3 Hive和传统数据库进行比较

Hive在很多方面和传统数据库类似（如支持SQL接口），但是其底层对HDFS和MapReduce的依赖意味着它的体系结构有别于传统数据库，而这些区别又影响着Hive所支持的特性，进而影响着Hive的使用[②]。在传统数据库里，表的模式是在数据加载时强制确定的。如果在加载时发现数据不符合模式，则拒绝加载数据。因为数据是在写入数据库时对照模式进行检查，因此这一设计被称为“写时模式”（schema on write）。不同的是，Hive对数据的验证并不在加载数据时进行，而在查询时进行，这称为“读时模式”（schema on read）。用户在具体情境下需要对这两种模式进行权衡。写模式有利于提升查询性能，因为数据库可以对列进行索引，对数据进行压缩，但此时加载数据会花更多的时间；而读模式可以使数据加载非常迅速，因为它不需要读取数据，而仅仅是文件复制或移动。这一方法也更为灵活。

更新、事务和索引都是传统数据库最重要的特性。但是，直到最近，Hive也还没有考虑支持这些特性。因为Hive被设计为使用MapReduce操作HDFS数据。在这样的环境下，“全盘扫描”是常态操作，而表更新则是通过把数据变换后放入新表实现的。对于大规模数据集上运行的数据仓库应用，这一方式效果明显。表14.1提供了Hive和传统数据库的概要比较。

表14.1　Hive与传统数据库概要比较

	Hive	RDBMS
查询语言	HQL	SQL
数据存储	HDFS	Raw Device or Local FS
索引	无	有
执行	MapReduce	Excutor
执行延迟	高	低
处理数据规模	大	小

从表14.1可以看出：

（1）查询语言。由于SQL被广泛应用在数据仓库中，因此，专门针对Hive的特性设计

[①] Hive学习笔记.http://wenku.baidu.com/view/233308340b4c2e3f5727632a.html

[②] Tom White. Hadoop权威指南（第2版）. 清华大学出版社

了类 SQL 的查询语言 HQL。熟悉 SQL 开发的开发者，可以很方便地使用 Hive 进行开发。

（2）数据存储位置。Hive 是建立在 Hadoop 之上的，所有 Hive 的数据都是存储在 HDFS 中的。而传统数据库则可以将数据保存在块设备或者本地文件系统中。

（3）数据格式。Hive 中没有定义专门的数据格式，数据格式可以由用户指定，用户定义数据格式需要指定 3 个属性：列分隔符（通常为空格、"\t"、"\x001"）、行分隔符（"\n"），以及读取文件数据的方法（Hive 中默认有 3 个文件格式：TextFile、SequenceFile、RCFile）。由于在加载数据的过程中，不需要从用户数据格式到 Hive 定义的数据格式进行转换，因此，Hive 在加载的过程中不会对数据本身进行任何修改，只是将数据内容复制或者移动到相应的 HDFS 目录中。而在数据库中，不同的数据库有着不同的存储引擎，定义了自己的数据格式。所有数据都会按照一定的组织存储，因此，数据库加载数据的过程会比较耗时。

（4）数据更新。由于 Hive 是针对数据仓库应用设计的，数据仓库的内容是读多写少的，因此，Hive 中不支持对数据的改写和添加，所有数据都是在加载的时候确定好的。而数据库中的数据通常是需要经常修改的，因此可以使用 INSERT INTO … VALUES 添加数据，使用 UPDATE…SET 修改数据。

（5）索引。上文提到 Hive 在加载数据的过程中不会对数据进行任何处理，甚至不会对数据进行扫描，因此也没有对数据中的某些 Key 建立索引。Hive 要访问数据中满足条件的特定值时，需要暴力地扫描整个数据，访问延迟较高。由于 MapReduce 的引入，Hive 可以并行访问数据。即使没有索引，对于大数据量的访问，Hive 仍然可以体现出优势。通常会针对一个或者几个数据库建立索引，对于少量的特定条件的数据的访问，数据库可以有很高的效率和较低的延迟。由于数据的访问延迟较高，决定了 Hive 不适合在线数据查询。

（6）执行。Hive 中大多数查询的执行是通过 Hadoop 提供的 MapReduce 来实现的（类似 select * from table 的查询不需要 MapReduce）。而数据库通常有自己的执行引擎。

（7）执行延迟。Hive 在查询数据的时候，由于没有索引，需要扫描整个表，因此延迟较高。另外一个导致 Hive 执行延迟高的因素是 MapReduce 框架。由于 MapReduce 本身具有较高的延迟，在利用 MapReduce 执行 Hive 查询时，也会有较高的延迟。相对的，数据库的执行延迟较低。当然，这个"低"是有条件的，即数据规模较小；当数据规模大到超过数据库的处理能力的时候，Hive 的并行计算显然能体现出优势。

（8）可扩展性。由于 Hive 是建立在 Hadoop 之上的，其可扩展性和 Hadoop 的可扩展性是一致的。而数据库由于 ACID 语义的严格限制，扩展性非常有限。目前最先进的并行数据库 Oracle 在理论上的扩展能力也只有 100 台左右。

（9）数据规模。Hive 建立在集群上并且可以利用 MapReduce 进行并行计算，它可以支持很大规模的数据；对应的，数据库可以支持的数据规模较小。

14.1.4 Hive 的数据存储

首先，Hive 没有专门的数据存储格式，也没有为数据建立索引，用户可以自由组织 Hive

中的表，只需要在创建表的时候规定 Hive 数据中的列分隔符和行分隔符，Hive 就可以解析数据。

其次，Hive 中所有的数据都存储在 HDFS 中，Hive 中包含以下数据模型：Table（托管表）、External Table（外部表）、Partition（分区）、Bucket（桶）。

（1）Hive 中的 Table（托管表）和数据库中的 Table 在概念上是类似的，每一个 Table 在 Hive 中都有一个相应的目录存储数据。例如，一个表 user，它在 HDFS 中的路径为：/warehouse/user，其中，wh 是在 Hive-site.xml 中由${Hive.Metastore.warehouse.dir}指定的数据仓库的目录，所有的 Table 数据（不包括 External Table）都保存在这个目录中。

（2）External Table（外部表）指向已经在 HDFS 中存在的数据，可以创建 Partition。它和 Table 在元数据的组织上是相同的，而实际数据的存储则有较大的差异。

Table 的创建过程和数据加载过程（这两个过程可以在同一个语句中完成），在加载数据的过程中，实际数据会被移动到数据仓库目录中；之后对数据访问将会直接在数据仓库目录中完成。删除表时，表中的数据和元数据将会被同时删除。

External Table 只有一个过程，加载数据和创建表同时完成（CREATE EXTERNAL TABLE...LOCATION...），实际数据是存储在 LOCATION 后面指定的 HDFS 路径中，并不会移动到数据仓库目录中。所以在删除表时，Hive 只删除元数据，不删除数据。

（3）Partition（分区）对应于数据库中的 Partition 列的密集索引，但是 Hive 中 Partition 的组织方式和数据库中的很不相同。在 Hive 中，表中的一个 Partition 对应于表下的一个目录，所有的 Partition 的数据都存储在对应的目录中。例如：user 表中包含 Id 和 Name 两个 Partition，则对应于 Id=1010024，name=Jack 的 HDFS 子目录为：/warehouse/user/Id=1010024/name=Jack；对应于 Id=1021548，name=Tom 的 HDFS 子目录为：/warehouse/user/Id=1021548/name=Tom。

（4）Bucket（桶）对指定列计算 hash，根据 hash 值切分数据，目的是为了并行，每一个 Bucket 对应一个文件。将 user 类分散至 32 个 Bucket，首先对 user 列的值计算 hash，对应 hash 值为 0 的 HDFS 目录为：/warehouse/user/Id=1010024/name=Jack/part-00000；hash 值为 20 的 HDFS 目录为：/warehouse/user/Id=1021548/name=Tom/part-00020。

14.1.5　Hive 元数据 Metastore

Metastore 是 Hive 元数据的集中存放地。Metastore 包括两部分：服务和后台数据的存储。默认情况下，Metastore 服务和 Hive 服务运行在同一个 JVM 中，它包含一个内嵌的以本地磁盘作为存储的 Derby 数据库实例，这称为“内嵌 Metastore 配置”（Embedded Metastore）。

使用内嵌 Metastore 是 Hive 入门最简单的方法。但是，使用一个内嵌 Derby 数据库每次只能访问一个磁盘上的数据库文件，这也就意味着一次只能为每个 Metastore 打开一次 Hive 会话。

如果要支持多会话（以及多用户），需要使用一个独立的数据库。这种配置称为“本地

Metastore”，因为 Metastore 服务仍然和 Hive 服务运行在同一个进程中，但连接的却是在另一个进程中运行的数据库，如在同一台机器上或在远程机器上。任何 JDBC 兼容的数据库都可以通过设置 java.jdo.option.*配置属性来供 Metastore 使用。本书中 Hive 的安装部分配置的是“本地 Metastore”，使用的是 MySQL 这种独立的关系型数据库。

更进一步，还有一种 Metastore 配置称为“远程 Metastore”。在这种配置下，一个或多个 Metastore 服务器和 Hive 服务运行在不同的进程内。这种情况下，数据库层可以完全置于防火墙后，客户端则不需要数据库凭证（用户名和密码），从而提供更好的、可管理性的安全措施。Metastore 的 3 种配置如图 14.3 所示[①]。

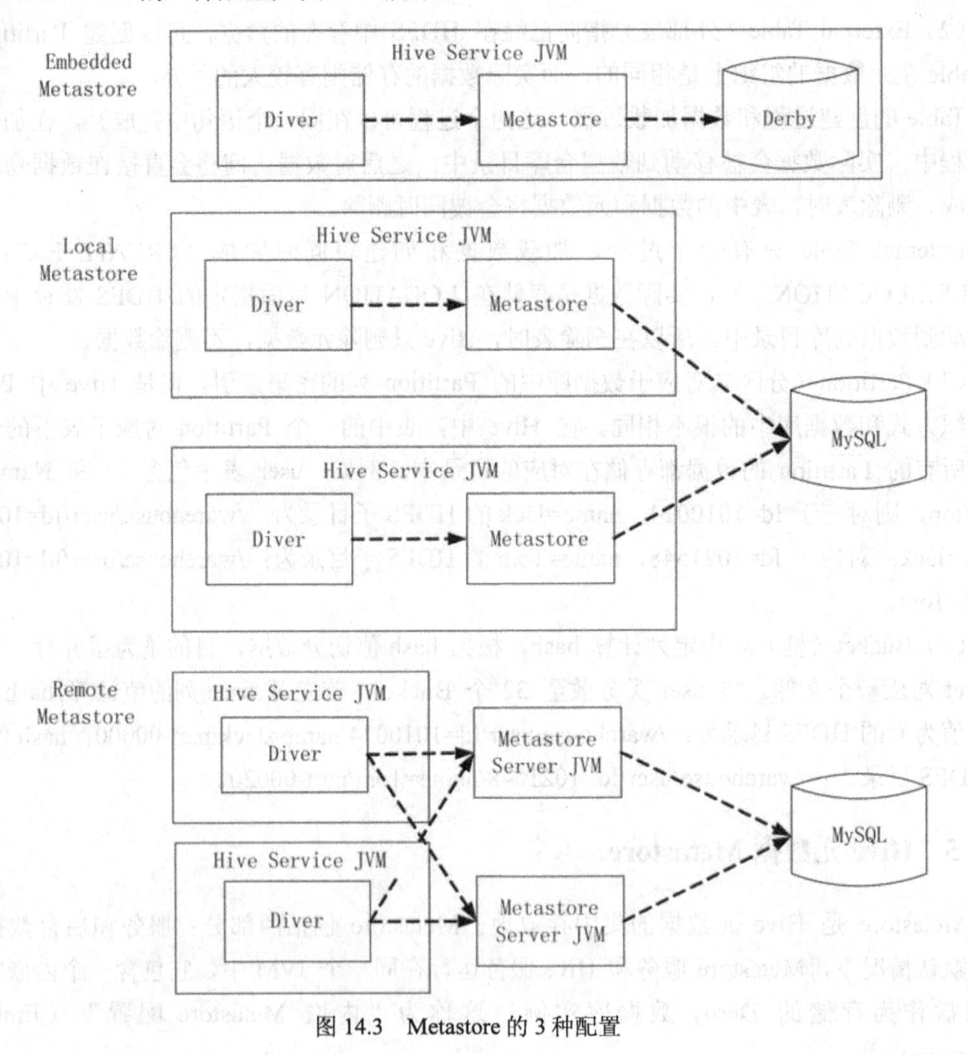

图 14.3　Metastore 的 3 种配置

① Hive MetaStore（MySQL 库表说明）. http://blog.163.com/javaee_chen/blog/static/179195077201172663310898/

14.2　Hive 安装配置

14.2.1　安装前准备

1. 操作系统要求

（1）GNU/Linux 系列操作系统可以作为客户端和服务端的开发平台和运行平台（Production Platform）。Hadoop 已在有 2000 个节点的 GNU/Linux 主机组成的集群系统上得到了测试验证。

（2）由于分布式操作尚未在 Windows 32 平台上充分测试，所以 Windows 32 仅能作为客户端和服务端的开发平台。

2. 软件要求

（1）Hadoop 运行在 Java 环境中，需要在每台计算机上预安装 JDK 6 或更高版本，推荐使用 Sun 的 JDK，可以打开网址 http://www.oracle.com/technetwork/java/javase/downloads/index.html，获取合适的 JDK 版本。

（2）Hadoop 使用无口令的 SSH 协议，必须安装 ssh 并保证 sshd 的运行，使主节点能够免口令远程访问到集群中的每个节点。

由于 Hive 是运行在 Hadoop 平台之上的，所以在安装 Hive 之前需要先安装和配置好 Hadoop，并保证其能够正常运行，详细的安装过程见“第 3 章　Hadoop 环境搭建”，这里不再介绍。

14.2.2　安装 Hive

步骤01　从官网下载 Hive 的最新版本，本书使用的是 Hive-0.8.0-bin.tar.gz，下载地址为：http://Hive.apache.org/releases.html#Download。

步骤02　解压并将解压后的文件放在系统 Hadoop 的安装目录下，操作命令如下：tar –xf Hive-0.8.0-bin.tar.gz。本书 Hadoop 安装在/home/hadoop/中，如图 14.4 所示。

```
hadoop-0.20.2  hadoop-0.20.2.tar.gz  hive-0.8.0-bin.tar.gz
root@zhangxiang-VirtualBox:/home/hadoop# tar -xf hive-0.8.0-bin.tar.gz
root@zhangxiang-VirtualBox:/home/hadoop# 
```

图 14.4　解压 Hive 文件

步骤03　修改环境变量$ sudo vi /etc/profile。

在/etc/profile 中添加如下代码，如图 14.5 所示。

```
export HIVE_HOME=/home/Hadoop/Hive-0.8.0-bin
export PATH=$HIVE_HOME/bin:$PATH
```

```
#hive environment
export HIVE_HOME=/home/hadoop/hive-0.8.0-bin
export PATH=$HIVE_HOME/bin:$PATH
```

图 14.5　修改环境变量

步骤04　修改 Hive-0.8.0-bin 目录下/conf/Hive-env.sh.template 中的 HADOOP_HOME 为实际的 Hadoop 安装目录，代码如下：

```
/home/Hadoop/Hadoop-0.20.2
```

步骤05　将 conf/Hive-env.sh.template 复制并命名为 Hive-env.sh，再增加执行权限。

步骤06　在 HDFS 中创建/tmp 和/user/Hive/warehouse 并设置权限，代码如下：

```
$bin/Hadoop dfs -mkdir /tmp
$bin/Hadoop dfs -mkdir /user/Hive/warehouse
$bin/Hadoop dfs -chmod g+w /tmp
$bin/Hadoop dfs -chmod g+w /user/Hive/warehouse
```

步骤07　将 conf/Hive-default.xml.template 复制两份，分别命名为 Hive-defaul.xml（用于保留默认配置）和 Hive-site.xml（用于个性化配置，可覆盖默认配置）。

步骤08　启动 Hive:

```
$ bin/Hive
Hive> show tables;
```

运行结果如图 14.6 所示：

```
root@zhangxiang-VirtualBox:/home/hadoop/hive-0.8.0-bin# bin/hive
Logging initialized using configuration in jar:file:/home/hadoop/hive-0.8.0-bin/
lib/hive-common-0.8.0.jar!/hive-log4j.properties
Hive history file=/tmp/root/hive_job_log_root_201205161640_255273064.txt
hive> show tables;
OK
Time taken: 10.513 seconds
hive>
```

图 14.6　启动 Hive

至此，Hive 的基本安装结束。Hive 提供了一个 CLI（Command Line Interface）客户端，用户可以通过 CLI 进行直观的 DDL、DML 及 SQL 操作。图 14.7 是 CLI 使用示例。

```
hive> CREATE TABLE tt(
    > id INT,
    > name string
    > )
    > ROW FORMAT DELIMITED
    > FIELDS TERMINATED BY','
    > COLLECTION ITEMS TERMINATED BY'\n'
    > STORED AS TEXTFILE;
OK
Time taken: 0.573 seconds
```

图 14.7　运行 Hive

该操作生成了一个 tt 表，它包含两列：id 和 name，并且规定了列的属性。ROW FORMAT 子句是 HiveQL 所特有的，声明的是数据文件的存储格式。

图 14.8 是 HiveQL 的查询语句，与 SQL 查询类似，但由于使用的是 select *语句，所以并没有使用 MapReduce 来执行。

```
hive> select * from tt;
OK
Time taken: 0.496 seconds
hive> drop table tt;
OK
Time taken: 1.985 seconds
hive>
```

图 14.8 HiveQL 的查询语句

在 Hive 控制台，执行命令成功后会打印出如下提示：

```
OK
Time taken: ...... seconds
```

14.2.3 安装 MySQL 与 Hive 配置

按照上述方法安装的 Hive 只支持单用户，通常用来测试。这样安装的元数据保存在内嵌的数据库 Derby 中，只能允许一个会话连接；如果要支持多用户多会话，则需要一个独立的元数据库，目前比较流行的是使用 MySQL，下面进行配置。

步骤 01 安装 MySQL 服务器并启动 MySQL 服务。相关代码如下，结果如图 14.9 所示。

```
$ sudo apt-get install MySQL-server
```

```
root@zhangxiang-VirtualBox:/home/hadoop/hive-0.8.0-bin# apt-get install mysql-se
rver
正在读取软件包列表... 完成
正在分析软件包的依赖关系树
正在读取状态信息... 完成
将会安装下列额外的软件包：
  libdbd-mysql-perl libdbi-perl libhtml-template-perl libmysqlclient18
  libnet-daemon-perl libplrpc-perl mysql-client-5.5 mysql-client-core-5.5
  mysql-common mysql-server-5.5 mysql-server-core-5.5
建议安装的软件包：
  libipc-sharedcache-perl libterm-readkey-perl tinyca mailx
下列【新】软件包将被安装：
  libdbd-mysql-perl libdbi-perl libhtml-template-perl libmysqlclient18
  libnet-daemon-perl libplrpc-perl mysql-client-5.5 mysql-client-core-5.5
  mysql-common mysql-server mysql-server-5.5 mysql-server-core-5.5
升级了 0 个软件包，新安装了 12 个软件包，要卸载 0 个软件包，有 136 个软件包未被
升级。
需要下载 26.4 MB 的软件包。
解压缩后会消耗掉 91.9 MB 的额外空间。
```

图 14.9 下载并安装 MySQL

步骤 02 为 Hive 建立相应的 MySQL 账号，并赋予足够的权限。

（1）进入 root：MySQL -uroot –p。

（2）创建 Hive 数据库：create database Hive。

（3）创建用户 Hive，它只能从 localhost 连接到数据库，并可以连接到 wordpress 数据库：grant all on Hive.* to Hive@localhost identified by '123456'。

步骤 03 在 Hive 的 conf 目录下修改配置文件 Hive-site.xml。$ vi Hive-site.xml 配置文件修改如下：

```
<property>
  <name>javax.jdo.option.ConnectionURL</name>
  <value>jdbc:MySQL://localhost:3306/Hive?createDatabaseIfNotExist=true</value>
  <description>JDBC connect string for a JDBC Metastore</description>
</property>
<property>
  <name>javax.jdo.option.ConnectionDriverName</name>
  <value>com.MySQL.jdbc.Driver</value>
  <description>Driver class name for a JDBC Metastore</description>
</property>
<property>
  <name>javax.jdo.option.ConnectionUserName</name>
  <value>Hive</value>
  <description>username to use against Metastore database</description>
</property>
<property>
  <name>javax.jdo.option.ConnectionPasswd</name>
  <value>123456</value>
  <description>passwd to use against Metastore database</description>
</property>
```

步骤 04 把 MySQL 的 JDBC 驱动包复制到 Hive 的 lib 目录下。

本书下载的是 MySQL-connector-java-5.1.20.tar.gz，下载地址为：http://www.MySQL.com/downloads/mirror.php?id=407825#mirrors。

将解压后的 MySQL-connector-java-5.1.20-bin.jar 复制到 Hive 的 lib 目录下。

步骤 05 启动 Hive shell，执行：

```
Hive>show tables;
```

如果不报错，表明基于独立元数据库的 Hive 已经安装成功了。

下面查看一下元数据的效果。

在 Hive 上建立数据表：

```
Hive>CREATE TABLE my(id INT,name string) ROW FORMAT DELIMITED FIELDS
TERMINATED BY '\t';
Hive>show tables;
```

```
Hive>select name from my;
```

执行结果如图 14.10 所示。

```
root@zhangxiang-VirtualBox:/home/hadoop/hive-0.8.0-bin# bin/hive
Logging initialized using configuration in jar:file:/home/hadoop/hive-0.8.0-bin/
lib/hive-common-0.8.0.jar!/hive-log4j.properties
Hive history file=/tmp/root/hive_job_log_root_201205162050_1643917975.txt
hive> show tables;
OK
Time taken: 8.381 seconds
hive> CREATE TABLE my(id INT,name string) ROW FORMAT DELIMITED FIELDS TERMINATED
 BY '\t';
OK
Time taken: 0.464 seconds
hive> show tables;
OK
my
Time taken: 0.309 seconds
hive> select name from my;
Total MapReduce jobs = 1
Launching Job 1 out of 1
Number of reduce tasks is set to 0 since there's no reduce operator
Starting Job = job_201205161526_0001, Tracking URL = http://localhost:50030/jobd
etails.jsp?jobid=job_201205161526_0001
Kill Command = /home/hadoop/hadoop-0.20.2/bin/../bin/hadoop job  -Dmapred.job.tr
acker=localhost:9001 -kill job_201205161526_0001
Hadoop job information for Stage-1: number of mappers: 0; number of reducers: 0
2012-05-16 20:53:05,087 Stage-1 map = 0%,  reduce = 0%
2012-05-16 20:53:07,208 Stage-1 map = 100%,  reduce = 100%
Ended Job = job_201205161526_0001
MapReduce Jobs Launched:
Job 0:  HDFS Read: 0 HDFS Write: 0 SUCESS
Total MapReduce CPU Time Spent: 0 msec
OK
Time taken: 19.779 seconds
hive>
```

图 14.10 运行 Hive

接着，以刚刚建立的 Hive 账号登录 MySQL，查看元数据信息。

```
MySQL> use Hive
MySQL> show tables;
MySQL> select * from TBLS;
```

执行结果如图 14.11 所示。

```
mysql> use hive
Reading table information for completion of table and column names
You can turn off this feature to get a quicker startup with -A

Database changed
mysql> show tables;
+-----------------+
| Tables_in_hive  |
+-----------------+
| BUCKETING_COLS  |
| CDS             |
| COLUMNS_V2      |
| DATABASE_PARAMS |
| DBS             |
| PARTITION_KEYS  |
| SDS             |
| SD_PARAMS       |
| SEQUENCE_TABLE  |
| SERDES          |
| SERDE_PARAMS    |
| SORT_COLS       |
| TABLE_PARAMS    |
| TBLS            |
+-----------------+
14 rows in set (0.01 sec)

mysql> select * from TBLS;
+--------+-------------+-------+------------------+-------+-----------+-------+-
--------+---------------+--------------------+--------------------+
| TBL_ID | CREATE_TIME | DB_ID | LAST_ACCESS_TIME | OWNER | RETENTION | SD_ID |
TBL_NAME | TBL_TYPE      | VIEW_EXPANDED_TEXT | VIEW_ORIGINAL_TEXT |
+--------+-------------+-------+------------------+-------+-----------+-------+-
--------+---------------+--------------------+--------------------+
|      1 |  1337172747 |     1 |                0 | root  |         0 |     1 |
my      | MANAGED_TABLE | NULL               | NULL               |
+--------+-------------+-------+------------------+-------+-----------+-------+-
--------+---------------+--------------------+--------------------+
1 row in set (0.00 sec)

mysql>
```

图 14.11　MySQL 查询

从查询结果可以看到，刚刚新建的数据表 my 已经存入 MySQL 中。

表 14.2 是对元数据库数据字典的说明[①]。

表 14.2　元数据库数据字典

表名	说明	关联键
TBLS	所有 Hive 表的基本信息（表名、创建时间、所属者等）	TBL_ID、SD_ID
TABLE_PARAM	表级属性，（如是否外部表、表注释、最后修改时间等）	TBL_ID
COLUMNS	Hive 表字段信息（字段注释、字段名、字段类型、字段序号）	SD_ID

① Hive MetaStore（MySQL 库表说明）. http://blog.163.com/javaee_chen/blog/static/17919507720117266331089 8/

（续表）

表名	说明	关联键
SDS	所有 Hive 表、表分区所对应的 HDFS 数据目录和数据格式	SD_ID、SERDE_ID
SERDE_PARAM	序列化反序列化信息，如行分隔符、列分隔符、NULL 的表示字符等	SERDE_ID
PARTITIONS	Hive 表分区信息（所属表、分区值）	PART_ID 、 SD_ID 、 TBL_ID
PARTITION_KEYS	Hive 分区表分区键（即分区字段）	TBL_ID
PARTITION_KEY_VALS	Hive 表分区名（键值）	PART_ID

14.3 Hive 使用与操作

14.3.1 Hive 基本操作

1. Create Table（创建表、分区、桶）

语法如下[1]：

```
CREATE [EXTERNAL] TABLE [IF NOT EXISTS] table_name
  [(col_name data_type [COMMENT col_comment], …)]
  [COMMENT table_comment]
  [PARTITIONED BY (col_name data_type [COMMENT col_comment], …)]
  [CLUSTERED BY (col_name, col_name, …) [SORTED BY (col_name
[ASC|DESC], …)] INTO num_Buckets BUCKETS]
  [
   [ROW FORMAT row_format] [STORED AS file_format]
   | STORED BY 'storage.handler.class.name' [ WITH SERDEPROPERTIES (…) ]
(Note:  only available starting with 0.6.0)
  ]
  [LOCATION HDFS_path]
  [TBLPROPERTIES (property_name=property_value, …)]  (Note:  only
available starting with 0.6.0)
  [AS select_statement]  (Note: this feature is only available starting
with 0.5.0.)

CREATE [EXTERNAL] TABLE [IF NOT EXISTS] table_name
  LIKE existing_table_name
  [LOCATION HDFS_path]
```

[1] LanguageManual DDL.https://cwiki.apache.org/confluence/display/Hive/LanguageManual+DDL#LanguageManualDDLCreate%2FDropTable

```
data_type
  : primitive_type
  | array_type
  | map_type
  | struct_type

primitive_type
  : TINYINT
  | SMALLINT
  | INT
  | BIGINT
  | BOOLEAN
  | FLOAT
  | DOUBLE
  | STRING

array_type
  : ARRAY < data_type >

map_type
  : MAP < primitive_type, data_type >

struct_type
  : STRUCT < col_name : data_type [COMMENT col_comment], …>

row_format
  : DELIMITED [FIELDS TERMINATED BY char] [COLLECTION ITEMS TERMINATED BY
char]
        [MAP KEYS TERMINATED BY char] [LINES TERMINATED BY char]
  | SERDE serde_name [WITH SERDEPROPERTIES (property_name=property_value,
property_name=property_value, …)]

file_format:
  : SEQUENCEFILE
  | TEXTFILE
  | RCFILE     (Note:  only available starting with 0.6.0)
  | INPUTFORMAT input_format_classname OUTPUTFORMAT
output_format_classname
```

（1）CREATE TABLE 创建一个指定名字的表。如果相同名字的表已经存在，则抛出异常；用户可以使用 IF NOT EXIST 选项来忽略这个异常。

（2）EXTERNAL 关键字可以让用户创建一个外部表，在建表的同时指定一个指向实际数据的路径（LOCATION），Hive 创建内部表时，会将数据移动到数据仓库指向的路径；若创建外部表，仅记录数据所在的路径，不对数据的位置做任何改变。在删除表的时候，内部表的元数据和数据会被一起删除，而外部表只删除元数据，不删除数据。

（3）LIKE 允许用户复制现有的表结构，但是不复制数据。

（4）用户在建表的时候可以自定义 SerDe（SerDe 是序列化和反序列化工具），或者使用自带的 SerDe。如果没有指定 ROW FORMAT 或者 ROW FORMAT DELIMITED，将会使用自带的 SerDe。在建表的时候，用户还需要为表指定列，用户在指定表的列的同时，也会指定自定义的 SerDe，Hive 通过 SerDe 确定表的具体的列的数据。

（5）如果文件数据是纯文本，可以使用 STORED AS TEXTFILE。如果数据需要压缩，则使用 STORED AS SEQUENCE 。

（6）有分区的表可以在创建的时候使用 PARTITIONED BY 语句。一个表可以拥有一个或者多个分区，每一个分区单独存储在一个目录下。而且，表和分区都可以对某个列进行 CLUSTERED BY 操作，将若干个列放入一个桶（Bucket）中，也可以利用 SORT BY 对数据进行排序。这样可以为特定应用提高性能。

（7）表名和列名不区分大小写，SerDe 和属性名区分大小写。表和列的注释是字符串。

举例如下：

```
CREAT TABLE page_view(viewTime INT, userid BIGINT,
page_url STRING,referrer_url STRING,
ip STRING COMMENT 'IP Address of the User')
COMMENT 'This is the page view table'
PARTITION BY (dt STRING, country STRING)
CLUSTERED BY(userid)  SORTED BY (viewTime)  INTO 32 BUCKETS
ROW FORMAT DELIMITED
    FIELDS TERMINATED BY '\001'
    COLLECTION ITEMS TERMINATED BY '\002'
MAP KEYS TERMINATED BY'\003'
   STORED AS SEQUENCEFILE
```

上面创建了一个名为 page_view 的表，里面有 viewTime、userid 等 5 列属性，并且还定义了分区 Partition（包含 dt 和 country 两列属性）和桶 Bucket（包含 userid），设定了行格式 ROW FORMAT 和文件格式 FILE FORMAT。

2. Alter Table（修改表）

（1）Add Partition（增加分区）

语法如下：

```
ALTER TABLE table_name ADD [IF NOT EXISTS] Partition_spec [ LOCATION
'location1' ] Partition_spec [ LOCATION 'location2' ] …

Partition_spec:
  : PARTITION (Partition_col = Partition_col_value, Partition_col =
partiton_col_value, …)
```

举例如下：

```
ALTER TABLE page_viwe ADD PARTION (dt='2008-08-08', country='us') location
'/path/to/us/part080808'
```

上述例子在 page_view 表中增加了一个分区 Partition。

（2）Rename Table（重命名）

语法如下：

```
ALTER TABLE table_name RENAME TO new_table_name
```

这个命令可以让用户为表更名。数据所在的位置和分区名并不改变。换而言之，老的表名并未“释放”，对老表的更改会改变新表的数据。

举例如下：

```
ALTER TABLE page_view RENAME TO new_page_view
```

上述例子将表 page_view 重新命名为：new_page_view。

（3）Change Column Name/Type/Position/Comment（修改表中属性）

语法如下：

```
ALTER TABLE table_name CHANGE [COLUMN] col_old_name col_new_name
column_type [COMMENT col_comment] [FIRST|AFTER column_name]
```

这个命令可以允许改变列名、数据类型、注释、列位置或者它们的任意组合。

举例如下：

```
ALTER TABLE page_view CHANGE viewTime view_new_Time STRING AFTER userid
```

上述例子将 page_view 表中的 viewTime 改名为 view_new_Time，并且重新定义为 String 型，放在 userid 列之后。修改后的表结构为 page_view(userid BIGINT, view_new_time STRING, page_url STRING, referrer_url STRING, ip STRING)。

3. Create View（创建视图）

语法如下：

```
CREATE VIEW [IF NOT EXISTS] view_name [ (column_name [COMMENT
column_comment], …) ]
[COMMENT view_comment]
[TBLPROPERTIES (property_name = property_value, …)]
AS SELECT …
```

该指令可以根据 select 选中的内容构建一个新的视图。

举例如下：

```
CREATE VIEW onion_referrers(url COMMENT 'URL of Referring page')
COMMENT 'Referrers to The Onion website'
AS
SELECT DISTINCT referrer_url
FROM page_view
WHERE page_url='http://www.theonion.com';
```

上述例子构建了一个名为 onion_referrers 的视图，含有一列 url，是根据表 page_view 中 page_url='http://www.theonion.com'的查询结果构建的。

4. Show（查看）

语法如下：

```
SHOW TABLES;
```

（1）查看表名，部分匹配：

```
SHOW TABLES 'page.*';
SHOW TABLES '.*view';
```

（2）查看某表的所有 Partition，如果没有就报错：

```
SHOW PARTITIONS page_view;
```

（3）查看某表结构：

```
DESCRIBE page_view;
```

（4）查看函数：

```
SHOW FUNCTIONS ;
```

（5）查看表分区定义：

```
DESCRIBE EXTENDED page_view PARTITION (ds='2008-08-08');
```

5. Load（装载）

Hive 装载数据没有做任何转换加载到表中的数据，只是进入相应的配置单元表的位置移动数据文件。纯加载操作：复制/移动操作。

语法如下：

```
LOAD DATA [LOCAL] INPATH 'filepath' [OVERWRITE] INTO TABLE tablename
[PARTITION (partcol1=val1, partcol2=val2 ...)]
```

Load 操作只是单纯的复制/移动操作，将数据文件移动到 Hive 表对应的位置。

（1）filepath 可以是：

- 相对路径，例如：project/data1。
- 绝对路径，例如：/user/Hive/project/data1。
- 包含模式的完整 URI，例如：HDFS://namenode:9000/user/Hive/project/data1。

（2）加载的目标可以是一个表或者分区。如果表包含分区，必须指定每一个分区的分区名。

（3）filepath 可以引用一个文件（这种情况下，Hive 会将文件移动到表所对应的目录中）或者是一个目录（在这种情况下，Hive 会将目录中的所有文件移动至表所对应的目录中）。

（4）如果指定了 LOCAL，那么：

- load 命令会去查找本地文件系统中的 filepath。如果发现是相对路径，则路径会被解释为相对于当前用户的当前路径。用户也可以为本地文件指定一个完整的 URI，比如：file://user/Hive/project/data1。
- load 命令会将 filepath 中的文件复制到目标文件系统中。目标文件系统由表的位置属性决定。被复制的数据文件移动到表的数据对应的位置。

（5）如果没有指定 LOCAL 关键字，同时 filepath 指向的是一个完整的 URI，Hive 会直接使用这个 URI。否则：

- 如果没有指定 schema 或者 authority，Hive 会使用在 Hadoop 配置文件中定义的 schema 和 authority，fs.default.name 指定了 Namenode 的 URI。
- 如果路径不是绝对的，Hive 相对于 /user/ 进行解释。Hive 会将 filepath 中指定的文件内容移动到 table（或者 Partition）所指定的路径中。

（6）如果使用了 OVERWRITE 关键字，则目标表（或者分区）中的内容（如果有）会被删除，然后再将 filepath 指向的文件/目录中的内容添加到表/分区中。

（7）如果目标表（分区）已经有一个文件，并且文件名和 filepath 中的文件名冲突，那么现有的文件会被新文件所替代。

举例如下：

① 从本地导入数据到表格并追加原表。

```
LOAD DATA LOCAL INPATH '/tmp/pv_2008-06-08_us.txt' INTO TABLE c02
PARTITION(date='2008-06-08', country='US')
```

② 从本地导入数据到表格并追加记录。

```
LOAD DATA LOCAL INPATH './examples/files/kv1.txt' INTO TABLE pokes;
```

③ 从 HDFS 导入数据到表格并覆盖原表。

```
LOAD DATA
INPATH '/user/admin/SqlldrDat/CnClickstat/20101101/18/clickstat_gp_fatdt0/0'
INTO table c02_clickstat_fatdt1 OVERWRITE PARTITION (dt='20101201');
```

6. Insert（插入）

上文提到如何使用 LOAD DATA 操作，通过把文件复制或移动到表的目录中，从而把数据导入 Hive 的表（或分区）。也可以用 INSERT 语句把数据从一个 Hive 表填充到另一个。

语法如下：

```
Standard syntax:
INSERT OVERWRITE TABLE tablename [PARTITION (partcol1=val1,
partcol2=val2 ...)] SELECT select_statement FROM from_statement

Hive extension (multiple inserts):
FROM from_statement
INSERT OVERWRITE TABLE tablename1 [PARTITION (partcol1=val1,
partcol2=val2 ...)] SELECT select_statement1
 [INSERT OVERWRITE TABLE tablename2 [PARTITION ...] select_statement2]
SELECT select_statement2

Hive extension (dynamic Partition inserts):
INSERT OVERWRITE TABLE tablename PARTITION (partcol1[=val1],
partcol2[=val2] ...) select_statement FROM from_statement
```

OVERWRITE 关键字在这种情况下是强制的。这意味着目标表或分区中的内容会被 SELECT 语句的结果替换掉。

举例如下：

```
FROM invitesINSERT OVERWRITE TABLE events SELECT a.bar, count(*) WHERE
a.foo > 0 GROUP BY a.bar;
```

上述例子是从 invites 中，查询到 a.foo > 0 GROUP BY a.bar 的所有 a.bar，插入到表 events 中。

另外，执行插入操作时，from 子句既可以放在 insert 子句前，也可以放在 insert 子句后，下面的结果和上述例子是一样的。

```
INSERT OVERWRITE TABLE events SELECT a.bar, count(*) FROM invitesWHERE
a.foo > 0 GROUP BY a.bar;
```

由于篇幅有限，还有更多的 HiveSQL 操作在这里不一一列举，相关信息可访问 Hive wiki，网址为http://wiki.apache.org/Hadoop/Hive/LanguageManual/DDL。

14.3.2 查询数据 Hive Select

1. 聚集和排序（Group By/Sort By）

语法如下：

```
SELECT [ALL | DISTINCT] select_expr, select_expr, ...
FROM table_reference
[WHERE where_condition]
[GROUP BY col_list]
[   CLUSTER BY col_list
  | [DISTRIBUTE BY col_list] [SORT BY col_list]
]
[LIMIT number]
```

（1）聚合（Group By）可进一步分为多个表，甚至发送到 Hadoop 的 DFS 的文件（可以进行操作，然后使用 HDFS 的 utilities）。例如：用户可以根据性别分组并划分为男性和女性；还可能需要按照年龄分组，统计各个年龄段的页面浏览量。

（2）在 Hive 中可以使用标准的 Order By 子句对数据进行查询。但这里有一个潜在的不利因素。Order By 能够预期产生完全排序的结果，但它是通过一个 Reducer 来做到这一点的。所以对大规模的数据集而言，它的效率非常低。

（3）在很多情况下，并不需要结果是全局排序的。此时，可以换用 Hive 的非标准扩展 Sort By。Sort By 为每个 Reducer 产生一个排序文件。并且可以控制某个特定行应该到哪个 Reducer，这就是 Distribute By 子句所做的事情。换句话说，就是让 Reduce 的过程在一台机器里进行才能排序，例如 Distribute By year，即执行 Reduce 的过程中，将 year 相同的记录放在同一台机器里，然后用 Sort By 进行排序，Sort By 只能完成按字段排序和少量数据的全排序。

（4）如果 Sort By 和 Distribute By 中所用的列相同，可以缩写为 CLUSTER BY，以便同时指定两者所用的列。

举例如下：

```
SELECT year, temperature FROM records
DISTRIBUTE BY year
SORT BY year ASC, temperature DESC;
```

上述例子根据年份（year）升序和气温（temperature）降序对表 record 进行排序，以确保所有具有相同年份的行最终都在同一个 Reducer 分区中。查询结果如下：

```
year  temperature
1949  111
1949  78
1950  22
1950  0
1950  -11
```

2. 连接（Join）

使用 Hive 和直接使用 MapReduce 相比，好处在于它简化了常用操作。想想在 MapReduce 中实现连接（Join）要做的事情，在 Hive 中进行连接操作就能充分体现这个好处。

语法如下：

```
join_table:
table_reference JOIN table_factor [join_condition]
  | table_reference {LEFT|RIGHT|FULL} [OUTER] JOIN table_reference
join_condition
  | table_reference LEFT SEMI JOIN table_reference join_condition

table_reference:
    table_factor
  | join_table

table_factor:
    tbl_name [alias]
  | table_subquery alias
  | ( table_references )

join_condition:
    ON equality_expression ( AND equality_expression )*

equality_expression:
expression = expression
```

Hive 只支持等值连接（equality joins）、外连接（outer joins）和左/右（left/right joins）。Hive 不支持所有非等值的连接，因为非等值连接非常难转化到 MapReduce 任务。另外，Hive 支持多于 2 个表的连接。

Hive 中 Join 查询需要注意的问题与举例：

（1）只支持等值连接。

例如：

```
SELECT a.* FROM a JOIN b ON (a.id = b.id)
SELECT a.* FROM a JOIN b
ON (a.id = b.id AND a.department = b.department)
```

是正确的，然而:

```
SELECT a.* FROM a JOIN b ON (a.id  b.id)
```

是错误的。

（2）可以连接多于 2 个表。

例如：

```
SELECT a.val, b.val, c.val FROM a JOIN b
    ON (a.key = b.key1) JOIN c ON (c.key = b.key2)
```

如果连接中多个表的 join key 是同一个，则连接会被转化为单个 MapReduce 任务，例如：

```
SELECT a.val, b.val, c.val FROM a JOIN b
    ON (a.key = b.key1) JOIN c
    ON (c.key = b.key1)
```

被转化为单个 MapReduce 任务，因为连接中只使用了 b.key1 作为 join key。

```
SELECT a.val, b.val, c.val FROM a JOIN b ON (a.key = b.key1)
  JOIN c ON (c.key = b.key2)
```

而这一连接被转化为两个 MapReduce 任务。因为 b.key1 用于第一次连接，而 b.key2 用于第二次连接。

（3）连接时，每次 MapReduce 任务的逻辑如下：

Reducer 会缓存连接序列中除了最后一个表的所有表的记录，再通过最后一个表将结果序列化到文件系统。这一实现有助于在 Reduce 端减少内存的使用量。实践中，应该把最大的那个表写在最后（否则会因为缓存浪费大量内存）。

例如：

```
SELECT a.val, b.val, c.val FROM a
    JOIN b ON (a.key = b.key1) JOIN c ON (c.key = b.key1)
```

所有表都使用同一个 join key（使用 1 次 MapReduce 任务计算）。Reduce 端会缓存 a 表和 b 表的记录，然后每次取得一个 c 表的记录就计算一次连接结果，类似的还有：

```
SELECT a.val, b.val, c.val FROM a
    JOIN b ON (a.key = b.key1) JOIN c ON (c.key = b.key2)
```

这里用了两次 MapReduce 任务。第一次缓存 a 表，用 b 表序列化；第二次缓存第一次 MapReduce 任务的结果，然后用 c 表序列化。

（4）LEFT、RIGHT 和 FULL OUTER 关键字用于处理连接中空记录的情况。

例如：

```
SELECT a.val, b.val FROM a LEFT OUTER
    JOIN b ON (a.key=b.key)
```

对应所有 a 表中的记录都有一条记录输出。输出的结果应该是 a.val、b.val，当 a.key=b.key，且当 b.key 中找不到等值的 a.key 记录时也会输出 a.val、NULL。FROM a LEFT OUTER JOIN b 这句一定要写在同一行，意思是 a 表在 b 表的左边，所以 a 表中的所有记录都被保留了；a RIGHT OUTER JOIN b 会保留所有 b 表的记录。OUTER JOIN 语义应该是遵循标准 SQL spec 的。

连接发生在 WHERE 子句之前。如果想限制连接的输出，应该在 WHERE 子句中写过滤条件，或是在 JOIN 子句中写。这里面一个容易混淆的问题是有关表分区的情况：

```
SELECT a.val, b.val FROM a
LEFT OUTER JOIN b ON (a.key=b.key)
WHERE a.ds='2009-07-07' AND b.ds='2009-07-07'
```

会连接 a 表到 b 表（OUTER JOIN），列出 a.val 和 b.val 的记录。WHERE 子句中可以使用其他列作为过滤条件。但是，如前所述，如果 b 表中找不到对应 a 表的记录，b 表的所有列都会列出 NULL，包括 ds 列。也就是说，连接会过滤 b 表中不能找到匹配 a 表 join key 的所有记录。这样的话，LEFT OUTER 就使得查询结果与 WHERE 子句无关了。解决的办法是在 OUTER JOIN 时使用以下语法：

```
SELECT a.val, b.val FROM a LEFT OUTER JOIN b
ON (a.key=b.key AND b.ds='2009-07-07' AND
 a.ds='2009-07-07')
```

这一查询的结果是预先在连接阶段过滤过的，所以不会存在上述问题。这一逻辑也可以应用于 RIGHT 和 FULL 类型的连接中。

连接是不能交换位置的。无论是 LEFT 还是 RIGHT 连接，都是左连接的。

例如：

```
SELECT a.val1, a.val2, b.val, c.val
FROM a
JOIN b ON (a.key = b.key)
 LEFT OUTER JOIN c ON (a.key = c.key)
```

先连接 a 表到 b 表，丢弃掉所有 join key 中不匹配的记录，然后用这一中间结果和 c 表做连接。这一表述有一个不太明显的问题，就是当一个 key 在 a 表和 c 表都存在，但是 b 表中不存在的时候：整个记录在第一次连接，即 a JOIN b 的时候都被丢掉了（包括 a.val1、a.val2 和 a.key），然后再和 c 表连接的时候，如果 c.key 与 a.key 或 b.key 相等，就会得到这样的结果：NULL、NULL、NULL、c.val。

（5）LEFT SEMI JOIN 是 IN/EXISTS 子查询的一种更高效的实现。

Hive 当前没有实现 IN/EXISTS 子查询，所以可以用 LEFT SEMI JOIN 重写子查询语句。LEFT SEMI JOIN 的限制是，JOIN 子句中右边的表只能在 ON 子句中设置过滤条件，在 WHERE 子句、SELECT 子句或其他地方过滤都不行。例如：

```
SELECT a.key, a.value
FROM a
 WHERE a.key in
(SELECT b.key
FROM B);
```

可以被重写为：

```
SELECT a.key, a. value
FROM a LEFT SEMI JOIN b on (a.key = b.key)
```

14.3.3 Hive 函数

Hive 提供了大量的内置函数，这些函数分成几个大类，包括数学和统计函数、字符串函数、日期函数（用于操作表示日期的字符串）、条件函数、聚集函数以及处理 XML（使用 xpath 函数）和 JSON 的函数。由于内置函数太多，在这里无法一一列举。

可以在 Hive 外壳环境中 SHOW FUNCTIONS 获取函数列表，如图 14.12 所示。要了解某个特定函数的使用帮助，可以使用 DESCRIBE 命令，如图 14.13 所示，为函数 rtrim 功能的查询。也可以从 Hive 函数参考手册查询。网址为：http://wiki.apache.org/Hadoop/Hive/LanguageManual/UDF。

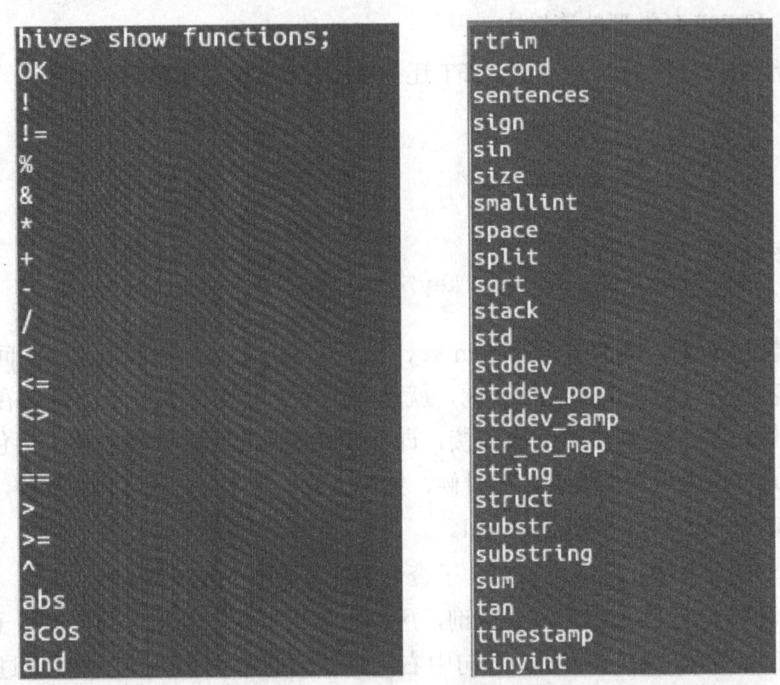

图 14.12　Hive 内置函数

```
hive> DESCRIBE FUNCTION rtrim;
OK
rtrim(str) - Removes the trailing space characters from str
Time taken: 0.116 seconds
hive>
```

图 14.13　rtrim 函数功能

如果用户查询时无法使用 Hive 提供的内置函数来表示。通过编写用户自定义函数（User-Defined Function，UDF），由 Hive 插入用户编写的处理代码并在查询中调用它们，变得更简单。

Hive 中有 3 种 UDF：（普通）UDF、UDAF（用户定义聚集函数，User-Defined Aggregation Function）以及 UDTF（用户定义表生成函数，User-Defined Table-Generation Function）。它们接受输入和产生输出的数据行数量不同[①]。

（1）UDF 操作作用于单个数据行，且产生一个数据行作为输出。大多数函数（例如数学函数和字符串函数）都属于这一类。

（2）UDAF 接受多个输入数据行，且产生一个输出数据行。像 COUNT 和 MAX 这样的函数都是聚集函数。

（3）UDTF 操作作用于单个数据行，并产生多个数据行作为输出。

1. 内置函数

和其他两种类型相比，表生成函数的知名度较低，这里介绍一个示例。考虑这样一个表，它只有一列 x，包含的是字符串数组。首先，创建一个 arrays 表，如图 14.14 所示。

```
hive> CREATE TABLE arrays(x ARRAY<STRING>) ROW
    > FORMAT DELIMITED
    > FIELDS TERMINATED BY '\001'
    > COLLECTION ITEMS TERMINATED BY '\002';
OK
Time taken: 0.94 seconds
```

图 14.14　创建表 arrays

由于 ROW FORMAT 子句指定数组中的项用 Control-B 字符分割。要加载的示例文件如图 14.15 所示。

```
a^Bb
c^Bd^Be
~
~
```

图 14.15　要加载的示例

在运行 LOAD DATA 命令以后，图 14.16 所示的查询结果可以确认数据已正确加载。

```
hive> LOAD DATA LOCAL INPATH '/home/hadoop/hive-0.8.0-bin/examples/files/arrayTest.txt'
    > OVERWRITE INTO TABLE arrays;
Copying data from file:/home/hadoop/hive-0.8.0-bin/examples/files/arrayTest.txt
Copying file: file:/home/hadoop/hive-0.8.0-bin/examples/files/arrayTest.txt
Loading data to table default.arrays
Deleted hdfs://localhost:9000/user/hive/warehouse/arrays
OK
Time taken: 1.368 seconds
hive> SELECT * FROM arrays;
OK
["a","b"]
["c","d","e"]
Time taken: 0.463 seconds
```

图 14.16　加载和查询

[①] Tom White. Hadoop 权威指南（第 2 版）. 清华大学出版社

接下来，可以使用 explode UDTF 对表进行变换。这个函数为数组中的每一项输出一行。因此，在这里，输出的列 y 的数据类型为 STRING。其结果是，表被“平面化”（Flattened）成 5 行，如图 14.17 所示。

```
hive> SELECT explode(x) AS y FROM arrays;
Total MapReduce jobs = 1
Launching Job 1 out of 1
Number of reduce tasks is set to 0 since there's no reduce operator
Starting Job = job_201205202032_0001, Tracking URL = http://localhost:50030/jobdetails.jsp?jobid=job_201205202032_0001
Kill Command = /home/hadoop/hadoop-0.20.2/bin/../bin/hadoop job  -Dmapred.job.tracker=localhost:9001 -kill job_201205202032_0001
Hadoop job information for Stage-1: number of mappers: 1; number of reducers: 0
2012-05-20 21:02:25,252 Stage-1 map = 0%,  reduce = 0%
2012-05-20 21:02:28,382 Stage-1 map = 100%,  reduce = 0%
2012-05-20 21:02:31,470 Stage-1 map = 100%,  reduce = 100%
Ended Job = job_201205202032_0001
MapReduce Jobs Launched:
Job 0: Map: 1   HDFS Read: 10 HDFS Write: 10 SUCESS
Total MapReduce CPU Time Spent: 0 msec
OK
a
b
c
d
e
Time taken: 17.841 seconds
hive>
```

图 14.17 UDTF 查询

带 UDTF 的 SELECT 语句在使用时有一些限制（例如不能检索额外的列表达式）。

2. 自定义 UDF

如果使用 Hive 提供的内置函数无法完成用户的查询要求，则需要用户自定义 UDF，由于篇幅有限，本书只介绍如何编写和使用 UDF 的过程，有关 UDAF 和 UDTF 的编写可参考 Hive 使用手册。

下面来编写一个字母大小写转换的 UDF[①]。

（1）编写 Java 类，代码如图 14.18 所示。

```java
package com.UDF;
import org.apache.hadoop.hive.ql.exec.UDF;
import org.apache.hadoop.io.Text;



public class UDFLower extends UDF{
    public Text evaluate(final Text s){
        if (null == s){
            return null;
        }
        return new Text(s.toString().toLowerCase());
    }
}
```

图 14.18 Java 文件

① 编写 hive udf 函数.http://landyer.iteye.com/blog/1070377

然后，编译输出打包文件 udf1.jar。

（2）启动 Hive，在 Hive 中注册这个文件：ADD [FILE|JAR|ARCHIVE] <value> [<value>]*，如图 14.19 所示。

```
root@zhangxiang-VirtualBox:/home/hadoop/hive-0.8.0-bin# bin/hive
Logging initialized using configuration in jar:file:/home/hadoop/hive-0.8.0-bin/lib/hive-common
-0.8.0.jar!/hive-log4j.properties
Hive history file=/tmp/root/hive_job_log_root_201205211717_1560435572.txt
hive> add jar /home/hadoop/hive-0.8.0-bin/udf1.jar
    > ;
Added /home/hadoop/hive-0.8.0-bin/udf1.jar to class path
Added resource: /home/hadoop/hive-0.8.0-bin/udf1.jar
hive>
```

图 14.19　注册文件

（3）创建 UDF 函数，并为 Java 的类起一个别名，在这里将 UDFLower 类命名为 my_lower，以便后面可以方便使用，如图 14.20 所示。

```
hive> create temporary function my_lower as 'com.UDF.UDFLower';
OK
Time taken: 0.014 seconds
hive>
```

图 14.20　创建 UDF

（4）创建测试数据，“WHO AM I HELLO”生成 data.txt 文件，在 Hive 中新建表 dual（info STRING），并将 data.txt 数据导入表 dual 中。最后，使用 select info from dual 查询数据装载结果，如图 14.21 所示。

```
hive> create table dual(info STRING);
OK
Time taken: 4.702 seconds
hive> LOAD DATA LOCAL INPATH '/home/hadoop/hive-0.8.0-bin/data.txt' INTO TABLE dual;
Copying data from file:/home/hadoop/hive-0.8.0-bin/data.txt
Copying file: file:/home/hadoop/hive-0.8.0-bin/data.txt
Loading data to table default.dual
OK
Time taken: 0.82 seconds
hive> select info from dual;
Total MapReduce jobs = 1
Launching Job 1 out of 1
Number of reduce tasks is set to 0 since there's no reduce operator
Starting Job = job_201205211717_0001, Tracking URL = http://localhost:50030/jobdetails.jsp?jobi
d=job_201205211717_0001
Kill Command = /home/hadoop/hadoop-0.20.2/bin/../bin/hadoop job  -Dmapred.job.tracker=localhost
:9001 -kill job_201205211717_0001
Hadoop job information for Stage-1: number of mappers: 1; number of reducers: 0
2012-05-21 17:33:35,492 Stage-1 map = 0%,  reduce = 0%
2012-05-21 17:33:38,609 Stage-1 map = 100%,  reduce = 0%
2012-05-21 17:33:41,674 Stage-1 map = 100%,  reduce = 100%
Ended Job = job_201205211717_0001
MapReduce Jobs Launched:
Job 0: Map: 1   HDFS Read: 15 HDFS Write: 15 SUCESS
Total MapReduce CPU Time Spent: 0 msec
OK
WHO
AM
I
HELLO
Time taken: 17.297 seconds
hive>
```

图 14.21　普通查询

（5）使用UDF函数。使用select my_lower(info) from dual查询表dual中的数据，并将大写转换成小写输出（who am I hello），如图14.22所示。

```
hive> select my_lower(info) from dual;
Total MapReduce jobs = 1
Launching Job 1 out of 1
Number of reduce tasks is set to 0 since there's no reduce operator
Starting Job = job_201205211717_0002, Tracking URL = http://localhost:50030/jobdetails.jsp?jobi
d=job_201205211717_0002
Kill Command = /home/hadoop/hadoop-0.20.2/bin/../bin/hadoop job  -Dmapred.job.tracker=localhost
:9001 -kill job_201205211717_0002
Hadoop job information for Stage-1: number of mappers: 1; number of reducers: 0
2012-05-21 17:35:24,175 Stage-1 map = 0%,  reduce = 0%
2012-05-21 17:35:27,317 Stage-1 map = 100%,  reduce = 0%
2012-05-21 17:35:30,395 Stage-1 map = 100%,  reduce = 100%
Ended Job = job_201205211717_0002
MapReduce Jobs Launched:
Job 0: Map: 1   HDFS Read: 15 HDFS Write: 15 SUCESS
Total MapReduce CPU Time Spent: 0 msec
OK
who
am
i
hello
Time taken: 13.955 seconds
hive>
```

图14.22　使用UDF查询

14.4　实例介绍

本节将用一个例子来讲解Hive的一些操作，包括表的创建与修改，数据的加载和Hive查询等功能。

1. 创建表

首先，启动Hive并创建两个表poke(foo INT, bar STRING)和invites(foo INT, bar STRING) PARTITIONED BY (ds STRING)，分别用来存储数据。poke表和invites表都有两列，分别是整型的foo和字符型的bar，其中invites表还新建了一个PARTITION分区，以字符型的ds为分区列，如图14.23所示。

```
hive> CREATE TABLE pokes(foo INT,bar STRING);
OK
Time taken: 0.794 seconds
hive> CREATE TABLE invites(foo INT,bar STRING) PARTITIONED BY (ds STRING);
OK
Time taken: 0.215 seconds
```

图14.23　创建表poke和invites

2. 修改表

使用ALTER TABLE指令向invites表中增加一个新列，名称为new_cols，属性为整形（INT），如图14.24所示。

```
hive> ALTER TABLE invites ADD COLUMNS (new_cols INT COMMENT 'a comment');
OK
Time taken: 0.192 seconds
```

图 14.24 修改表

然后使用 DESCRIBE 指令查询修改后的表信息，如图 14.25 所示。

```
hive> describe invites;
OK
foo     int
bar     string
new_cols        int     a comment
ds      string
Time taken: 0.193 seconds
```

图 14.25 查看表属性

可以看到，invites 中现在有 foo、bar、new_cols 和 ds 4 列（其中 ds 是分区列）。

3. 加载数据

使用 LOAD DATA 指令从本地文件系统中将/examples/files/kv1.txt 和/examples/files/kv3.txt 分别加载到 pokes 表和 invites 表中。并用 select * 查询加载结果，如图 14.26 所示。

```
hive> LOAD DATA LOCAL INPATH '/home/hadoop/hive-0.8.0-bin/examples/files/kv1.txt'
    > OVERWRITE INTO TABLE pokes;
Copying data from file:/home/hadoop/hive-0.8.0-bin/examples/files/kv1.txt
Copying file: file:/home/hadoop/hive-0.8.0-bin/examples/files/kv1.txt
Loading data to table default.pokes
Deleted hdfs://localhost:9000/user/hive/warehouse/pokes
OK
Time taken: 1.432 seconds
hive> select * from pokes limit 10;
OK
238     val_238
86      val_86
311     val_311
27      val_27
165     val_165
409     val_409
255     val_255
278     val_278
98      val_98
484     val_484
Time taken: 0.22 seconds
hive>
hive> LOAD DATA LOCAL INPATH '/home/hadoop/hive-0.8.0-bin/examples/files/kv3.txt'
    > OVERWRITE INTO TABLE invites PARTITION (ds='2008-08-08');
Copying data from file:/home/hadoop/hive-0.8.0-bin/examples/files/kv3.txt
Copying file: file:/home/hadoop/hive-0.8.0-bin/examples/files/kv3.txt
Loading data to table default.invites partition (ds=2008-08-08)
Deleted hdfs://localhost:9000/user/hive/warehouse/invites/ds=2008-08-08
OK
Time taken: 0.644 seconds
hive> select * from invites limit 10;
OK
238     val_238 NULL    2008-08-08
NULL            NULL    2008-08-08
311     val_311 NULL    2008-08-08
NULL    val_27  NULL    2008-08-08
NULL    val_165 NULL    2008-08-08
NULL    val_409 NULL    2008-08-08
255     val_255 NULL    2008-08-08
278     val_278 NULL    2008-08-08
98      val_98  NULL    2008-08-08
NULL    val_484 NULL    2008-08-08
Time taken: 0.221 seconds
hive>
```

图 14.26 加载数据

4. 查询

（1）一般查询

从 invites 表中查询出 ds=2008-08-15 的所有记录中的前 10 个，该查询将被转换成 MapReduce 任务执行，查询结果如图 14.27 所示。

```
hive> SELECT a.foo FROM invites a WHERE a.ds='2008-08-15' LIMIT 10;
Total MapReduce jobs = 1
Launching Job 1 out of 1
Number of reduce tasks is set to 0 since there's no reduce operator
Starting Job = job_201205181817_0001, Tracking URL = http://localhost:50030/jobdetails.jsp?jobi
d=job_201205181817_0001
Kill Command = /home/hadoop/hadoop-0.20.2/bin/../bin/hadoop job  -Dmapred.job.tracker=localhost
:9001 -kill job_201205181817_0001
Hadoop job information for Stage-1: number of mappers: 1; number of reducers: 0
2012-05-18 21:00:42,637 Stage-1 map = 0%,  reduce = 0%
2012-05-18 21:00:45,731 Stage-1 map = 100%,  reduce = 0%
2012-05-18 21:00:48,843 Stage-1 map = 100%,  reduce = 100%
Ended Job = job_201205181817_0001
MapReduce Jobs Launched:
Job 0: Map: 1   HDFS Read: 4096 HDFS Write: 39 SUCESS
Total MapReduce CPU Time Spent: 0 msec
OK
474
281
179
291
62
271
217
135
167
468
Time taken: 17.816 seconds
hive>
```

图 14.27　一般查询

（2）Insert 操作

使用 Insert 操作，将 invites 表中查询到的 ds=2008-08-15 的所有记录导入/tmp/hdfs_out 的新建文件中，如图 14.28 所示。如果使用 LOCAL 关键字，可以将数据存入本地文件系统/tmp/hdfs_out 中的 000000_0 文件中，如图 14.29 所示。

```
hive> INSERT OVERWRITE DIRECTORY '/tmp/hdfs_out' SELECT a.* FROM invites a
    > WHERE a.ds='2008-08-15';
Total MapReduce jobs = 2
Launching Job 1 out of 2
Number of reduce tasks is set to 0 since there's no reduce operator
Starting Job = job_201205181817_0003, Tracking URL = http://localhost:50030/jobdetails.jsp?jobi
d=job_201205181817_0003
Kill Command = /home/hadoop/hadoop-0.20.2/bin/../bin/hadoop job  -Dmapred.job.tracker=localhost
:9001 -kill job_201205181817_0003
Hadoop job information for Stage-1: number of mappers: 1; number of reducers: 0
2012-05-18 21:06:40,696 Stage-1 map = 0%,  reduce = 0%
2012-05-18 21:06:43,811 Stage-1 map = 100%,  reduce = 0%
2012-05-18 21:06:46,870 Stage-1 map = 100%,  reduce = 100%
Ended Job = job_201205181817_0003
Ended Job = 1941830545, job is filtered out (removed at runtime).
Moving data to: hdfs://localhost:9000/tmp/hive-root/hive_2012-05-18_21-06-33_599_35519628065828
55741/-ext-10000
Moving data to: /tmp/hdfs_out
500 Rows loaded to /tmp/hdfs_out
MapReduce Jobs Launched:
Job 0: Map: 1   HDFS Read: 5791 HDFS Write: 12791 SUCESS
Total MapReduce CPU Time Spent: 0 msec
OK
Time taken: 13.498 seconds
hive>
```

图 14.28　Insert 操作

```
hive> INSERT OVERWRITE LOCAL DIRECTORY '/tmp/hdfs_out' SELECT a.* FROM pokes a;
Total MapReduce jobs = 1
Launching Job 1 out of 1
Number of reduce tasks is set to 0 since there's no reduce operator
Starting Job = job_201205181817_0004, Tracking URL = http://localhost:50030/jobdetails.jsp?jobi
d=job_201205181817_0004
Kill Command = /home/hadoop/hadoop-0.20.2/bin/../bin/hadoop job  -Dmapred.job.tracker=localhost
:9001 -kill job_201205181817_0004
Hadoop job information for Stage-1: number of mappers: 1; number of reducers: 0
2012-05-18 21:12:33,593 Stage-1 map = 0%,  reduce = 0%
2012-05-18 21:12:36,697 Stage-1 map = 100%,  reduce = 0%
2012-05-18 21:12:39,768 Stage-1 map = 100%,  reduce = 100%
Ended Job = job_201205181817_0004
Copying data to local directory /tmp/hdfs_out
Copying data to local directory /tmp/hdfs_out
500 Rows loaded to /tmp/hdfs_out
MapReduce Jobs Launched:
Job 0: Map: 1   HDFS Read: 5812 HDFS Write: 5812 SUCESS
Total MapReduce CPU Time Spent: 0 msec
OK
Time taken: 11.503 seconds
hive> 
```

图 14.29　使用 LOCAL 关键字

5. Group By 操作

按 invites 表中的 bar 列将数据聚集，然后查询 foo>300 的所有数据，并且使用 Hive 的内置函数 count(*)来统计查询结果，最后输出，如图 14.30 所示。

```
Time taken: 30.238 seconds
hive> SELECT a.bar, count(*) FROM invites a WHERE a.foo>300 GROUP BY a.bar limit 10;
Total MapReduce jobs = 1
Launching Job 1 out of 1
Number of reduce tasks not specified. Estimated from input data size: 1
In order to change the average load for a reducer (in bytes):
  set hive.exec.reducers.bytes.per.reducer=<number>
In order to limit the maximum number of reducers:
  set hive.exec.reducers.max=<number>
In order to set a constant number of reducers:
  set mapred.reduce.tasks=<number>
Starting Job = job_201205181817_0007, Tracking URL = http://localhost:50030/jobdetails.jsp?jobi
d=job_201205181817_0007
Kill Command = /home/hadoop/hadoop-0.20.2/bin/../bin/hadoop job  -Dmapred.job.tracker=localhost
:9001 -kill job_201205181817_0007
Hadoop job information for Stage-1: number of mappers: 1; number of reducers: 1
2012-05-18 21:32:42,170 Stage-1 map = 0%,  reduce = 0%
2012-05-18 21:32:53,917 Stage-1 map = 100%,  reduce = 0%
2012-05-18 21:33:09,215 Stage-1 map = 100%,  reduce = 100%
Ended Job = job_201205181817_0007
MapReduce Jobs Launched:
Job 0: Map: 1  Reduce: 1   HDFS Read: 6007 HDFS Write: 93 SUCESS
Total MapReduce CPU Time Spent: 0 msec
OK
        1
val_303 1
val_304 2
val_305 1
val_306 1
val_307 1
val_309 2
val_310 1
val_311 4
val_314 1
Time taken: 37.632 seconds
hive> 
```

图 14.30　Group By 操作

6. Join 操作

连接 pokes 表和 invites 表（poke.bar=invites.bar），查询 poke.bar、poke.foo、invites.foo，输出查询结果的前 10 个，如图 14.31 所示。

```
hive> SELECT t1.bar,t1.foo,t2.foo FROM pokes t1 JOIN invites t2 ON
    > (t1.bar=t2.bar) limit 10;
Total MapReduce jobs = 1
Launching Job 1 out of 1
Number of reduce tasks not specified. Estimated from input data size: 1
In order to change the average load for a reducer (in bytes):
  set hive.exec.reducers.bytes.per.reducer=<number>
In order to limit the maximum number of reducers:
  set hive.exec.reducers.max=<number>
In order to set a constant number of reducers:
  set mapred.reduce.tasks=<number>
Starting Job = job_201205181817_0008, Tracking URL = http://localhost:50030/jobd
etails.jsp?jobid=job_201205181817_0008
Kill Command = /home/hadoop/hadoop-0.20.2/bin/../bin/hadoop job  -Dmapred.job.tr
acker=localhost:9001 -kill job_201205181817_0008
Hadoop job information for Stage-1: number of mappers: 2; number of reducers: 1
2012-05-18 21:36:00,771 Stage-1 map = 0%,  reduce = 0%
2012-05-18 21:36:25,246 Stage-1 map = 100%,  reduce = 0%
2012-05-18 21:36:36,638 Stage-1 map = 100%,  reduce = 17%
2012-05-18 21:36:39,805 Stage-1 map = 100%,  reduce = 100%
Ended Job = job_201205181817_0008
MapReduce Jobs Launched:
Job 0: Map: 2  Reduce: 1   HDFS Read: 11819 HDFS Write: 155 SUCESS
Total MapReduce CPU Time Spent: 0 msec
OK
val_100 100     99
val_100 100     99
val_103 103     102
val_103 103     102
val_105 105     104
val_105 105     104
val_105 105     104
val_11  11      10
val_111 111     110
val_118 118     117
Time taken: 49.104 seconds
hive>
```

图 14.31　Join By 操作

Join 查询操作时通过 MapReduce 来实现，其实现过程为：

（1）Map

- 以 JOIN ON 条件中的列作为 Key，如果有多个列，则 Key 是这些列的组合。
- 以 JOIN 之后所关心的列作为 Value，当有多个列时，Value 是这些列的组合。在 Value 中还会包含表的 Tag 信息，用于标明此 Value 对应于哪个表。
- 按照 Key 进行排序。

（2）Shuffle

根据 Key 的值进行 Hash 运算，并将 Key/Value 对按照 Hash 值推至不同的 Reduce 中。

（3）Reduce

Reducer 根据 Key 值进行 Join 操作，并且通过 Tag 来识别不同表中的数据。

具体过程如图 14.32 所示。

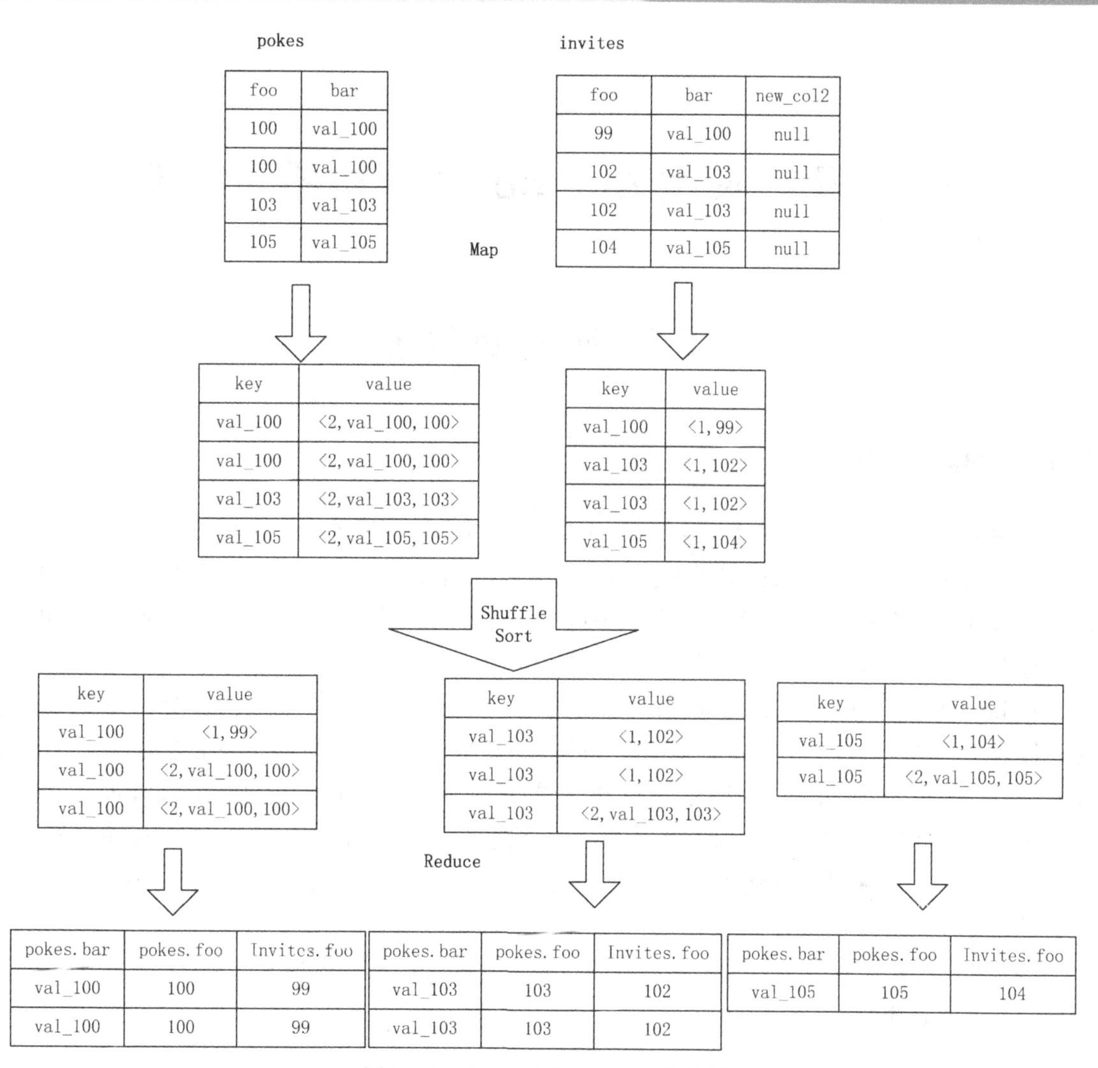

图 14.32 Join 与 MapReduce 的关系

14.5 本章小结

本章对 Hive 进行了简单的介绍，包括 Hive 与传统数据库的比较、元数据的介绍等；然后介绍了 Hive 的安装过程和基本操作方法；最后，通过一个简单的示例介绍了如何在 Hive 中创建表、导入数据和查询数据等基本功能，并将 Hive 与 MapReduce 进行了简单的对比分析。

通过本章的学习，读者可以对 Hive 有一个基本的了解，它是一种基于 Hadoop 的数据仓库，可以通过提供的 HQL 语言对大规模数据集进行有效的查询。然而，本章只是对 Hive 进行了初步的介绍，有兴趣的读者可以多关注 Apache Hive 的官方网站，并且动手实现一些功能。

第 15 章　应用 Mahout 实现机器学习算法

15.1　Mahout 概述

15.1.1　Mahout 简介

Apache Mahout 是 Apache Software Foundation（ASF）开发的一个全新的开源项目，其主要目标是创建一些可伸缩的机器学习算法，供开发人员在 Apache 许可下免费使用。Mahout 包含许多实现，包括集群、分类、协作筛选和进化程序。此外，通过使用 Apache Hadoop 库，Mahout 可以有效地扩展到云中。

Mahout 项目是由 Apache Lucene（开源搜索）社区中对机器学习感兴趣的一些成员发起的，他们希望建立一个可靠、文档详实、可伸缩的项目，在其中实现一些常见的用于集群和分类的机器学习算法。该社区最初基于文章《Map-Reduce for Machine Learning on Multicore》[①]，但此后在发展中又并入了更多广泛的机器学习方法。Mahout 的目标还包括：

（1）建立一个用户和贡献者社区，使代码不必依赖于特定贡献者的参与或任何特定公司和大学的资金。

（2）专注于实际用例，这与高新技术研究及未经验证的技巧相反。

（3）提供高质量文章和示例。

15.1.2　机器学习简介

机器学习是人工智能的一个分支，它涉及通过一些技术来允许计算机根据之前的经验改善其输出。此领域与数据挖掘密切相关，并且经常需要使用各种技巧，包括统计学、概率论和模式识别等。虽然机器学习并不是一个新兴领域，但它的发展速度是毋庸置疑的。许多大型公司，包括 IBM、Google、Amazon、Yahoo!和 Facebook，都在自己的应用程序中实现了机器学习算法。此外，还有许多公司在自己的应用程序中应用了机器学习，以便学习用户以及过去的经验，从而获得收益。

机器学习可以应用于各种目的，从游戏、欺诈检测到股票市场分析。它用于构建类似于 Netflix 和 Amazon 所提供的系统，可根据用户的购买历史向他们推荐产品，或者用于构建可

---

① Chu, C.T., et al. , Map-reduce for machine learning on multicore. Advances in neural information processing systems, 2007. 19: p. 281

查找特定时间内的所有相似文章的系统。它还可以用于根据类别（体育、经济和战争等）对网页自动进行分类，或者用于标记垃圾电子邮件。

Mahout 目前实现了 3 个具体的机器学习任务。这 3 个学习任务正好也是实际应用程序中相当常见的 3 个领域：①协作筛选；②集群；③分类。

1. 协作筛选

协作筛选[①]（Collaborative Filtering，CF）通常用于推荐各种消费品，比如说书籍、音乐和电影。但是，它还在其他应用程序中得到了应用，主要用于帮助多个操作人员通过协作来缩小数据范围。协作筛选应用程序根据用户和项目历史向系统的当前用户提供推荐。生成推荐的 4 种典型方法如下：

- 基于用户：通过查找相似的用户来推荐项目。由于用户的动态特性，这通常难以定量。
- 基于项目：计算项目之间的相似度并做出推荐。项目通常不会过多更改，因此这通常可以离线完成。
- Slope-One：非常快速简单的基于项目的推荐方法，需要使用用户的评分信息（而不仅仅是布尔型的首选项）。
- 基于模型：通过开发一个用户及评分模型来提供推荐。

所有协作筛选方法最终都需要计算用户及其评分项目之间的相似度。可以通过许多方法来计算相似度，并且大多数 CF 系统都允许用户插入不同的指标，以便确定最佳结果。

2. 集群

对于大型数据集来说，无论它们是文本还是数值，一般都可以将类似的项目自动组织或集群到一起。举例来说，对于全国某天所有的报纸新闻，您可能希望将所有主题相同的文章自动归类到一起；然后，可以选择专注于特定的集群和主题，而不需要阅读大量无关内容。另一个例子是：某台机器上的传感器会持续输出内容，您可能希望对输出进行分类，以便于分辨正常和有问题的操作，因为普通操作和异常操作会归类到不同的集群中。

与 CF 类似，集群计算集合中各项目之间的相似度，但它的任务只是对相似的项目进行分组。在许多集群实现中，集合中的项目都是作为矢量表示在 n 维度空间中的。通过矢量，开发人员可以使用各种指标（比如说曼哈顿距离、欧氏距离或余弦相似性）来计算两个项目之间的距离。然后，通过将距离相近的项目归类到一起，可以计算出实际集群。

可以通过许多方法来计算集群，每种方法都有自己的利弊。一些方法从较小的集群逐渐构建成较大的集群，还有一些方法将单个大集群分解为越来越小的集群。在发展成平凡集群表示之前（所有项目都在一个集群中，或者所有项目都在各自的集群中），这两种方法都会

---

① Apache Mahout 简介.http://www.ibm.com/developerworks/cn/java/j-mahout/

通过特定的标准退出处理。流行的方法包括 k-Means 和分层集群。

3. 分类

分类（通常也称为归类）的目标是标记不可见的文档，从而将它们归类到不同的分组中。机器学习中的许多分类方法都需要计算各种统计数据（通过指定标签与文档的特性相关），从而创建一个模型以便以后用于分类不可见的文档。举例来说，一种简单的分类方法可以跟踪与标签相关的词，以及这些词在某个标签中的出现次数。然后，在对新文档进行分类时，系统将在模型中查找文档中的词并计算概率，然后输出最佳结果并通过一个分类来证明结果的正确性。

分类功能的特性可以包括词汇、词汇权重（比如说根据频率）和语音部件等。当然，这些特性确实有助于将文档关联到某个标签并将它整合到算法中。

机器学习这个领域相当广阔，这里不再介绍机器学习的其他应用，有兴趣的读者可以参阅有关资料来拓展阅读。接下来，本书将继续讨论 Mahout 及其用法。

15.2 Mahout 安装配置

15.2.1 安装前准备

安装 Mahout 之前，用户的电脑上应该有以下软件：

（1）JDK 1.6 或更高版本。

（2）Maven 2.2 或更高版本。

（3）Hadoop。

其中，关于 Hadoop 的安装可参照第 3 章的内容，安装 Hadoop 方便运行实例程序和查看运行结果。Maven 基于项目对象模型（POM），可以通过一小段描述信息来管理项目的构建，报告和文档的软件项目管理工具。JDK 的安装比较简单，读者可以自行参阅资料进行安装。以下简单介绍一下 Maven 的安装。

从 http://maven.apache.org/download.html 下载安装文件，这里选择 apache-maven-2.2.1-bin.tar.gz 下载。将下载的安装文件解压到/usr/apache-maven 目录下，当解压缩操作完成之后，安装路径下会自动生成一个名为 apache-maven-2.2.1 的子目录，Maven 的各文件目录如图 15.1 所示。

（1）bin/目录包含了运行 Maven 的 mvn 脚本。

（2）boot/目录包含了一个负责创建 Maven 运行所需要的类装载器的 jar 文件。

（3）conf/目录包含了一个全局的 settings.xml 文件，该文件用来自定义机器上的 Maven 的一些行为。

（4）lib/目录有一个包含 Maven 核心的 jar 文件。

（5）LICENSE.txt 包含了 Apache Maven 的软件许可证。

（6）NOTICE.txt 包含了一些 Maven 依赖的类库所需要的通告及权限。

（7）README.txt 包含了一些安装指令。

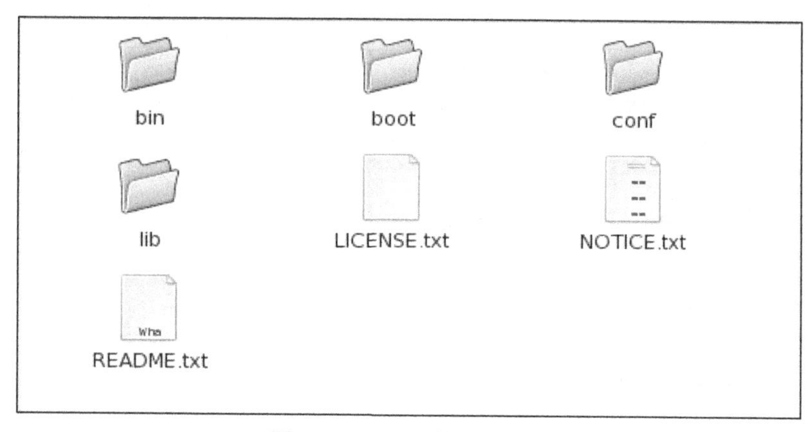

图 15.1 Maven 的文件目录

解压完成后，Maven 就安装成功了，可以把 Maven 加入到环境变量 PATH 中去，然后执行如下代码：

```
$mvn -version
```

如果看到图 15.2 所示的内容，代表 Maven 安装成功，并设置了正确的环境变量。

```
Apache Maven 2.2.1 (r801777: 2009-08-07 03:16:01+0800)
Java version: 1.6.0_32
Java home: /usr/java/jdk1.6.0_32/jre
Default locale: zh_CN, platform encoding: UTF-8
OS name: "linux" version: "2.6.18-194.el5" arch: "i386" Family: "unix"
[root@localhost /]#
[root@localhost /]#
```

图 15.2 Maven 安装成功

15.2.2 Mahout 安装

首先，下载 Mahout 的安装文件，网址是http://labs.renren.com/apache-mirror/mahout/，可以选择不同的版本安装，下载 mahout-distribution-0.4.tar.gz 这个文件，它是经过编译好的文件，也可以下载源代码版本，用 Maven 去编译，如图 15.3 所示。

然后对下载的文件解压：

```
$tar -zxvf mahout-distribution-0.4.tar.gz -C/usr
```

这里的-C 是制定解压的文件目录，选择/usr，然后对 Mahout 设置环境变量，当输入如下命令时：

```
$mahout -help
```

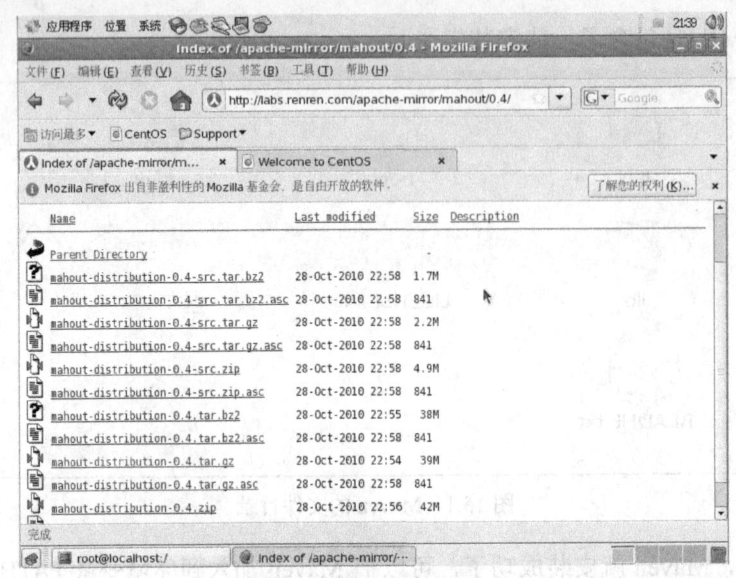

图 15.3 Mahout 下载

系统会自动列出如图 15.4 所示的可用算法，表示 Mahout 安装成功。

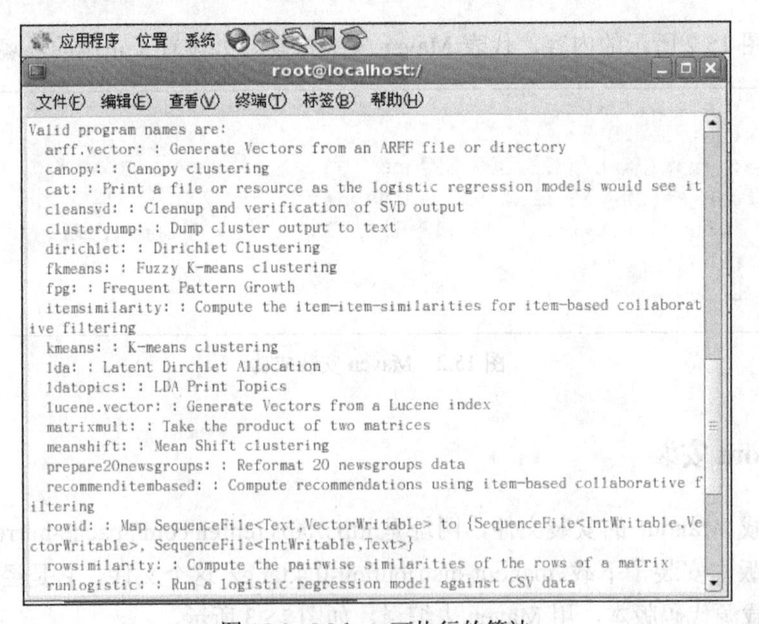

图 15.4 Mahout 可执行的算法

15.3 Mahout 使用简介

Mahout 可以用来实现集群、分类、基因规划、决策树和建议挖掘。在本节中，通过简单的介绍和使用举例，来介绍 Mahout 的使用。

15.3.1　使用 Mahout 实现集群

1. 实现集群的算法 Canopy

Canopy 聚类算法是一个将对象分组到类的简单、快速、精确的方法。每个对象用多维特征空间里的一个点来表示。这个算法使用一个快速近似距离度量和两个距离阈值 T1>T2 来处理。基本的算法是，从一个点集合开始并且随机删除一个，创建一个包含这个点的 Canopy，并在剩余的点集合上迭代。对于每个点，如果它的距离第一个点的距离小于 T1，这个点就加入这个聚集中。除此之外，如果这个距离小于 T2，就将这个点从这个集合中删除。这样非常靠近原点的点将避免所有的未来处理。这个算法循环到初始集合为空为止，聚集一个集合的 Canopies，每个可以包含一个或者多个点。每个点可以包含在多于一个的 Canopy 中。

Canopy 聚类经常被用作更加严格的聚类技术的初始步骤，像是 K 均值聚类。通过一个初始聚类，可以将更加耗费距离度量的数量，通过忽略初始 Canopies 的点显著减少。

在 Mahout 中查看 Canopy 的命令如下：

```
$mahout canopy
```

得到如图 15.5 所示的输出以及帮助

```
[root@localhost ~]# mahout canopy
Running on hadoop, using HADOOP_HOME=/usr/hadoop-0.20.2
HADOOP_CONF_DIR=/usr/hadoop-0.20.2/conf
12/05/21 17:07:32 ERROR common.AbstractJob: Missing required option --t1
usage: <command> [Generic Options] [Job-Specific Options]
Generic Options:
 -archives <paths>              comma separated archives to be unarchived
                                on the compute machines.
 -conf <configuration file>     specify an application configuration file
 -D <property=value>            use value for given property
 -files <paths>                 comma separated files to be copied to the
                                map reduce cluster
 -fs <local|namenode:port>      specify a namenode
 -jt <local|jobtracker:port>    specify a job tracker
 -libjars <paths>               comma separated jar files to include in the
                                classpath.
--t1 (-t1) t1    T1 threshold value
12/05/21 17:07:32 INFO driver.MahoutDriver: Program took 95 ms
[root@localhost ~]# _
```

图 15.5　Canopy 命令的输出与帮助

使用 Canopy 来实现集群，首先需要测试数据，通过如下命令从 Apache 网站上获得测试数据，而且这个测试数据将被用来测试关于集群的其他算法。

```
$cd /tmp
$wgethttp://archive.ics.uci.edu/ml/databases/synthetic_control/synthetic_c
ontrol.data
```

通过这个命令，将测试数据下载到 tmp 目录下。然后还需要将测试数据放入 HDFS，通

过以下命令实现:

```
$hadoopfs -mkdirtestdata
$hadoopfs -put synthetic_control.datatestdata
$hadoopfs -lsrtestdata
$hadoopdfs-cat /user/root/testdata/synthetic_control.data
```

注意，在这里测试数据的文件夹名必须为 testdata，因为 Hadoop 在加载 Canopy 算法的时候，会自动查找这个路径。最后一条命令可以查看测试数据的内容，如图 15.6 所示。

```
27.4144 25.3973 26.46   31.9782 26.1251 27.4629 30.4888 34.9292 27.558  30.6863
27.5106 32.2694 32.8335 27.1294 24.9908 32.6095 25.387  32.6741 34.6068 33.5194
29.0122 28.7052 32.1156 29.1209 26.424  33.4519 33.6234 29.4565 35.0254 26.6069
34.4423 34.8473 28.8965 34.4386 32.0105 34.8157 27.7728 11.5493 20.219  19.6781
14.7151 14.3835 15.5557 9.57331 10.6357 16.6386 17.2361 19.6428 18.3168 15.3225
19.1063 11.4546 16.888  18.2691 11.5831 14.1176 20.2289 11.1314 9.98019 10.7201
35.899  26.6719 34.1911 35.827  25.1009 24.8564 25.8141 30.6301 34.2124 32.5874
31.0315 34.3038 24.5549 35.8704 30.6834 29.0577 28.6365 29.8553 32.037  32.9785
26.1183 26.1073 25.0956 22.7028 17.6979 16.2812 18.186  24.0163 24.5528 21.4517
15.8358 21.3107 20.8788 22.5592 21.694  25.8561 20.5325 21.542  25.7658 26.0184
20.8204 24.9586 18.9593 23.3458 16.0682 22.8361 21.9393 25.7221 19.6707 26.2986
21.8787 16.0021 15.2879 16.9459 17.5338 16.8464 16.546  15.9268 18.0843 17.4747
24.5383 24.2802 28.2814 27.1316 26.6623 32.11   32.81   30.4829 35.8586 25.3866
31.3007 25.4285 26.8658 30.8516 24.4781 25.6653 25.2959 30.2629 29.657  25.2948
25.0223 35.2641 26.1089 9.59991 12.675  16.5749 19.7601 13.3489 10.1374 7.99333
16.7511 16.3406 15.3491 9.47579 9.94326 16.609  12.3313 8.64478 19.4568 10.8356
10.349  9.7255  14.5746 10.9589 15.8224 17.3644 11.9145 13.762  12.4022 19.6283
19.6441 11.5238 15.4185 12.6699 13.1164 8.23496 12.0419 19.3096 12.9985 17.4599
34.3354 30.9375 31.9529 31.1457 24.5189 24.3933 27.6961 29.8744 26.7666 33.0887
31.3705 26.2327 26.3833 35.6614 32.6631 27.685  29.2769 31.7612 34.6501 24.9401
33.4339 26.8485 28.7144 26.5812 34.8249 34.0258 8.8228  12.6338 12.6937 6.27907
13.6444 16.6505 18.0782 7.97526 9.27375 9.20801 12.8791 12.7293 6.97605 17.8322
13.3297 6.32571 12.1314 11.8421 16.7155 10.4253 9.44524 14.3998 15.6964 11.0276
10.6075 15.1897 9.07618 17.9085 9.84551 15.013  13.9132 11.7426 11.6989 10.1521
[root@localhost ~]#
```

图 15.6　测试数据内容

准备好了测试数据，就可以在这些测试数据上运行 Canopy 算法了，直接在命令行执行：

```
$mahout org.apache.mahout.clustering.syntheticcontrol.canopy.Job
```

程序会调用 Java 执行 Canopy 来处理这个测试文件，图 15.7 展示了 Canopy 的 Map-Reduce 处理过程。

处理完成后，就可以在 HDFS 的输出中查看运行结果了。运行结果是一个 SequenceFile，需要用以下命令来查看 SequenceFile 结果：

```
$mahout seqdumper --seqFile /user/root/output/clusteredPoints/part-m-00000
```

```
[root@localhost ~]# mahout org.apache.mahout.clustering.syntheticcontrol.canopy.
Job
Running on hadoop, using HADOOP_HOME=/usr/hadoop-0.20.2
HADOOP_CONF_DIR=/usr/hadoop-0.20.2/conf
12/05/21 17:57:20 WARN driver.MahoutDriver: No org.apache.mahout.clustering.synt
heticcontrol.canopy.Job.props found on classpath, will use command-line argument
s only
12/05/21 17:57:20 INFO canopy.Job: Running with default arguments
12/05/21 17:57:20 INFO common.HadoopUtil: Deleting output
12/05/21 17:57:20 WARN mapred.JobClient: Use GenericOptionsParser for parsing th
e arguments. Applications should implement Tool for the same.
12/05/21 17:57:21 INFO input.FileInputFormat: Total input paths to process : 1
12/05/21 17:57:21 INFO mapred.JobClient: Running job: job_201205211702_0013
12/05/21 17:57:22 INFO mapred.JobClient:  map 0% reduce 0%
```

图 15.7　Canopy 的处理过程

运行的结果是顺序文件，如图 15.8 所示。

```
31, 9.980, 10.720]
Key: 5: Value: 1.0: [35.899, 26.672, 34.191, 35.827, 25.101, 24.856, 25.814, 30.
630, 34.212, 32.587, 31.032, 34.304, 24.555, 35.870, 30.683, 29.058, 28.637, 29.
855, 32.037, 32.979, 26.113, 26.107, 25.096, 22.703, 17.698, 16.281, 18.186, 24.
016, 24.553, 21.452, 15.836, 21.311, 20.879, 22.559, 21.694, 25.856, 20.533, 21.
542, 25.766, 26.018, 20.820, 24.959, 18.959, 23.346, 16.068, 22.836, 21.939, 25.
722, 19.671, 26.299, 21.879, 16.002, 15.288, 16.946, 17.534, 16.846, 16.546, 15.
927, 18.084, 17.475]
Key: 5: Value: 1.0: [24.538, 24.280, 28.281, 27.132, 26.662, 32.110, 32.810, 30.
483, 35.859, 25.387, 31.301, 25.429, 26.866, 30.852, 24.478, 25.665, 25.296, 30.
263, 29.657, 25.295, 25.022, 35.264, 26.109, 9.600, 12.675, 16.575, 19.760, 13.3
49, 18.137, 7.993, 16.751, 16.341, 15.349, 9.476, 9.943, 16.609, 12.331, 8.645,
19.457, 10.836, 10.349, 9.726, 14.575, 18.959, 15.822, 17.364, 11.915, 13.762, 1
2.402, 19.628, 19.644, 11.524, 15.419, 12.670, 13.116, 8.235, 12.042, 19.310, 12
.999, 17.460]
Key: 5: Value: 1.0: [34.335, 30.938, 31.953, 31.146, 24.519, 24.393, 27.696, 29.
874, 26.767, 33.089, 31.371, 26.233, 26.383, 35.661, 32.663, 27.685, 29.277, 31.
761, 34.650, 24.940, 33.434, 26.849, 20.714, 26.581, 34.825, 34.026, 8.823, 12.6
34, 12.694, 6.279, 13.644, 16.651, 18.078, 7.975, 9.274, 9.208, 12.879, 12.729,
6.976, 17.832, 13.330, 6.326, 12.131, 11.842, 16.716, 10.425, 9.445, 14.400, 15.
696, 11.028, 10.608, 15.190, 9.076, 17.909, 9.846, 15.013, 13.913, 11.743, 11.69
9, 10.152]
Count: 600
12/05/21 18:16:36 INFO driver.MahoutDriver: Program took 3146 ms
[root@localhost ~]#
```

图 15.8　Canopy 的测试结果

可以通过直观的图形来认识这个集群结果，如图 15.9[①]所示。

① Canopy Clustering.https://cwiki.apache.org/confluence/display/MAHOUT/Canopy+Clustering

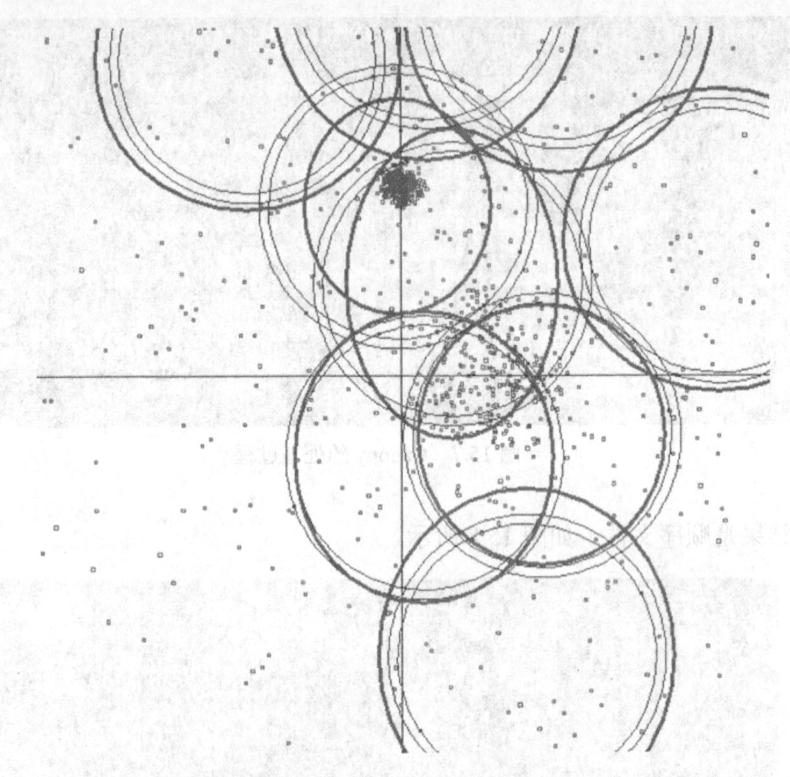

图 15.9　Canopy 算法结果的图形表示

2. 实现集群的算法 k-Means

k-Means 是一个用于实现集群的非常著名而又简单的算法。在使用 k-Means 算法时，所有的对象需要描述为一个数字的集合。另外，用户必须指定群组的数量，在这里记为 k。每一个对象都可以被描述为一个 n 维空间中的特征数组。其中 n 是将这些对象变成集群的特征数。k-Means 算法从这些数组中，随机的抽取 k 个点，作为集群的初始中心。随后，所有的对象都会被指派到距离它们最近的那个初始化的中心，将所有的对象分为 k 个类。这里所谓距离的标准，取决于用户以及用户所做研究的具体类型。

随后，根据上一步所做的指派，对于 k 个类中的每一个类，重新计算中心的位置。这里计算中心位置的方法是，取一个类中所有的对象，通过计算距离的平均值，来产生一个新的中心。算法根据新的中心，重新按照距离最近策略进行指派分类，经过有限次的迭代之后，中心的位置会汇聚成一点，此时迭代结束。

k-Means 算法接受两个输入目录，分别是数据点目录和初始集群目录。数据点的目录包含许多 SequenceFile 类型的输入文件，初始集群目录包含至少一个 SequenceFile 文件，用来存储初始的 k 个集群的信息。在实现的过程中，这两个输入目录都不会被修改，并且允许实现过程具有初始集群以及一些初始值。

在 Mahout 中查看 k-Means 的命令如下：

```
$mahout kmeans
```

获得 k-Means 命令的说明如图 15.10 所示。

```
[root@localhost ~]# mahout kmeans
Running on hadoop, using HADOOP_HOME=/usr/hadoop-0.20.2
HADOOP_CONF_DIR=/usr/hadoop-0.20.2/conf
12/05/21 18:22:08 ERROR common.AbstractJob: Missing required option --clusters
usage: <command> [Generic Options] [Job-Specific Options]
Generic Options:
 -archives <paths>              comma separated archives to be unarchived
                                on the compute machines.
 -conf <configuration file>     specify an application configuration file
 -D <property=value>            use value for given property
 -files <paths>                 comma separated files to be copied to the
                                map reduce cluster
 -fs <local|namenode:port>      specify a namenode
 -jt <local|jobtracker:port>    specify a job tracker
 -libjars <paths>               comma separated jar files to include in the
                                classpath.
--clusters (-c) clusters     The input centroids, as Vectors.  Must be a
                             SequenceFile of Writable, Cluster/Canopy.  If k is
                             also specified, then a random set of vectors will
                             be selected and written out to this path first
12/05/21 18:22:08 INFO driver.MahoutDriver: Program took 103 ms
```

图 15.10 k-Means 命令的说明

在 Canopy 的例子中，已经下载好了测试数据，现在可以直接测试 k-Means 算法。在命令行执行：

```
$mahout org.apache.mahout.clustering.syntheticcontrol.kmeans.Job
```

程序开始处理测试数据，MapReduce 的过程与 Canopy 算法类似。不同的是，k-Means 算法中含有迭代，执行时间会更长一些。执行完成后，可以使用同样的方法来查看集群结果：

```
$mahout seqdumper --seqFile /user/root/output/clusteredPoints/part-m-00000
```

clusteredPoints 目录下存放的是集群的最终结果，同时，每一次的迭代结果都会放在 clusters-N 目录下。在 HDFS 下，可以看到有 10 次迭代的输出和最终结果，如图 15.11 所示。每一次迭代的结果，放在 clusters-N 目录下，最终的结果放在 clusteredPoints 目录下。

Name	Type	Size	Replication	Block Size	Modification Time	Permission	Owner	Group
clusteredPoints	dir				2012-05-21 18:35	rwxr-xr-x	root	supergroup
clusters-0	dir				2012-05-21 18:30	rwxr-xr-x	root	supergroup
clusters-1	dir				2012-05-21 18:31	rwxr-xr-x	root	supergroup
clusters-10	dir				2012-05-21 18:34	rwxr-xr-x	root	supergroup
clusters-2	dir				2012-05-21 18:31	rwxr-xr-x	root	supergroup
clusters-3	dir				2012-05-21 18:32	rwxr-xr-x	root	supergroup
clusters-4	dir				2012-05-21 18:32	rwxr-xr-x	root	supergroup

图 15.11 HDFS 中的执行结果

同样，可以通过直观的图形来认识 k-Means 算法执行的过程，如图 15.12[①]所示。

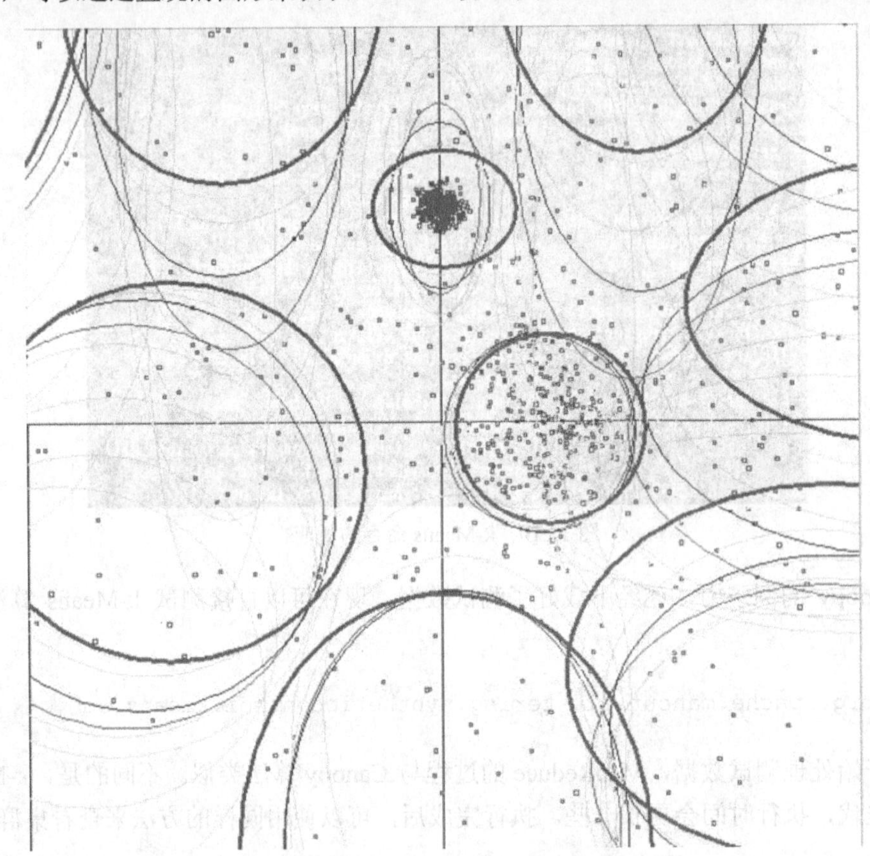

图 15.12 k-Means 算法结果的图形表示

3. 实现集群的算法 Fuzzy k-Means

Fuzzy k-Means 也被称作 Fuzzy C-Means，是在 k-Means 算法上进行了一定的改进。k-Means 算法发现的是严格的聚类，也就是说，每一个元素只属于一个聚类。而 Fuzzy k-Means 发现的是不严格的聚类，一个元素可以属于一个或一个以上的聚类。

Fuzzy k-Means 算法的执行过程与 k-Means 非常相似，唯一的区别在于，每次迭代的时候，k-Means 算法计算每个节点到聚类中心的距离，而 Fuzzy k-Means 算法首先对每一个节点计算相似度矩阵，然后再更新聚类的中心位置。

在 Mahout 中查看 Fuzzy k-Means 的命令如下：

```
$mahout fkmeans
```

在命令行中可以看到这个命令的用法以及参数介绍，如图 15.13 所示。

① K-Means Clustering.https://cwiki.apache.org/confluence/display/MAHOUT/K-Means+Clustering

```
[root@localhost ~]# mahout fkmeans
Running on hadoop, using HADOOP_HOME=/usr/hadoop-0.20.2
HADOOP_CONF_DIR=/usr/hadoop-0.20.2/conf
12/05/22 10:30:55 ERROR common.AbstractJob: Missing required option --clusters
usage: <command> [Generic Options] [Job-Specific Options]
Generic Options:
 -archives <paths>              comma separated archives to be unarchived
                                on the compute machines.
 -conf <configuration file>     specify an application configuration file
 -D <property=value>            use value for given property
 -files <paths>                 comma separated files to be copied to the
                                map reduce cluster
 -fs <local|namenode:port>      specify a namenode
 -jt <local|jobtracker:port>    specify a job tracker
 -libjars <paths>               comma separated jar files to include in the
                                classpath.
--clusters (-c) clusters     The input centroids, as Vectors.  Must be a
                             SequenceFile of Writable, Cluster/Canopy.  If k is
                             also specified, then a random set of vectors will
                             be selected and written out to this path first
12/05/22 10:30:55 INFO driver.MahoutDriver: Program took 90 ms
[root@localhost ~]# _
```

图 15.13　Fuzzy k-Means 命令的介绍

同样利用以前的测试数据，可以测试 Fuzzy k-Means 算法，开启 Hadoop 服务，执行命令：

```
$mahoutorg.apache.mahout.clustering.syntheticcontrol.fuzzykmeans.Job
```

可以看到，Fuzzy k-Means 算法正在执行，如图 15.14 所示。

```
12/05/22 10:47:45 INFO input.FileInputFormat: Total input paths to process : 1
12/05/22 10:47:45 INFO mapred.JobClient: Running job: job_201205211702_0048
12/05/22 10:47:46 INFO mapred.JobClient:  map 0% reduce 0%
12/05/22 10:47:55 INFO mapred.JobClient:  map 100% reduce 0%
12/05/22 10:48:07 INFO mapred.JobClient:  map 100% reduce 100%
```

图 15.14　Fuzzy k-Means 的执行过程

由于 Fuzzy k-Means 算法比 k-Means 算法在大循环内还多一层循环，所以执行速度比 k-Means 更慢。等待数据处理完毕后，同样可以在 HDFS 中查看运行的结果，如图 15.15 所示。

Name	Type	Size	Replication	Block Size	Modification Time	Permission	Owner	Group
clusteredPoints	dir				2012-05-22 10:52	rwxr-xr-x	root	supergroup
clusters-0	dir				2012-05-22 10:48	rwxr-xr-x	root	supergroup
clusters-1	dir				2012-05-22 10:48	rwxr-xr-x	root	supergroup
clusters-10	dir				2012-05-22 10:52	rwxr-xr-x	root	supergroup
clusters-2	dir				2012-05-22 10:48	rwxr-xr-x	root	supergroup
clusters-3	dir				2012-05-22 10:49	rwxr-xr-x	root	supergroup
clusters-4	dir				2012-05-22 10:49	rwxr-xr-x	root	supergroup

图 15.15　Fuzzy k-Means 在 HDFS 中的运行结果

因为 Fuzzy k-Means 算法的输出与 k-Means 算法有同样的结构，输入以下命令来查看最终的聚类结果，如图 15.16 所示。

```
$mahout seqdumper --seqFile /user/root/output/clusteredPoints/part-m-00000
```

```
0, 20.229, 11.131, 9.980, 10.720]
Key: 5: Value: 0.4965038652497781З: [35.899, 26.672, 34.191, 35.827, 25.101, 24.
856, 25.814, 30.630, 34.212, 32.587, 31.032, 34.304, 24.555, 35.870, 30.683, 29.
058, 28.637, 29.855, 32.037, 32.979, 26.118, 26.107, 25.096, 22.703, 17.698, 16.
281, 18.186, 24.016, 24.553, 21.452, 15.836, 21.311, 20.879, 22.559, 21.694, 25.
856, 20.533, 21.542, 25.766, 26.018, 20.820, 24.959, 18.959, 23.346, 16.068, 22.
836, 21.939, 25.722, 19.671, 26.299, 21.879, 16.002, 15.288, 16.946, 17.534, 16.
846, 16.546, 15.927, 18.084, 17.475]
Key: 5: Value: 0.5951641664819182: [24.538, 24.280, 28.281, 27.132, 26.662, 32.1
10, 32.810, 30.483, 35.859, 25.387, 31.301, 25.429, 26.866, 30.852, 24.478, 25.6
65, 25.296, 30.263, 29.657, 25.295, 25.022, 35.264, 26.109, 9.600, 12.675, 16.57
5, 19.760, 13.349, 18.137, 7.993, 16.751, 16.341, 15.349, 9.476, 9.943, 16.609,
12.331, 8.645, 19.457, 10.836, 10.349, 9.726, 14.575, 18.959, 15.822, 17.364, 11
.915, 13.762, 12.402, 19.628, 19.644, 11.524, 15.419, 12.670, 13.116, 8.235, 12.
042, 19.310, 12.999, 17.460]
Key: 5: Value: 0.5778861711851827: [34.335, 30.938, 31.953, 31.146, 24.519, 24.3
93, 27.696, 29.874, 26.767, 33.089, 31.371, 26.233, 26.383, 35.661, 32.663, 27.6
85, 29.277, 31.761, 34.650, 24.940, 33.434, 26.849, 28.714, 26.581, 34.825, 34.0
26, 8.823, 12.634, 12.694, 6.279, 13.644, 16.651, 18.078, 7.975, 9.274, 9.208, 1
2.879, 12.729, 6.976, 17.832, 13.330, 6.326, 12.131, 11.842, 16.716, 10.425, 9.4
45, 14.400, 15.696, 11.028, 10.608, 15.190, 9.076, 17.909, 9.846, 15.013, 13.913
, 11.743, 11.699, 10.152]
Count: 600
12/05/22 11:02:42 INFO driver.MahoutDriver: Program took 3234 ms
[root@localhost ~]# _
```

图 15.16　Fuzzy k-Means 的执行结果

同样，可以通过直观的图形来观察 Fuzzy k-Means 算法与 k-Means 算法的不同，如图 15.17[①]所示。

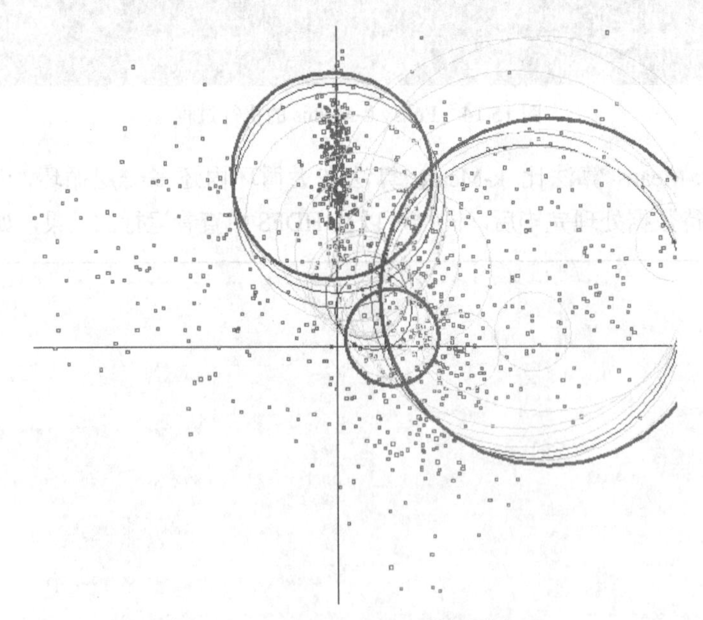

图 15.17　Fuzzy k-Means 的图形表示

[①] Fuzzy K-Means.https://cwiki.apache.org/confluence/display/MAHOUT/Fuzzy+K-Means

4. 实现集群的算法 Dirichlet

Dirichlet 聚类算法，其实执行的是一个贝叶斯混合建模过程。其思想就是用几个混合概率模型去描述观测数据。假设观测点服从这些混合模型中的一个，才用一个隐形的参数来表明观测数据来自哪个模型。然后，循环分配这些点给不同的模型，利用混合概率和其 fit 的层次。在点被分配后，每个模型的新参数将通过模型参数的后验概率估算而得到。

在 Mahout 中查看 Dirichlet，执行如下命令：

```
$mahout dirichlet
```

然后可以得到关于 Dirichlet 的相关说明和使用方法，如图 15.18 所示。

```
[root@localhost ~]# mahout dirichlet
Running on hadoop, using HADOOP_HOME=/usr/hadoop-0.20.2
HADOOP_CONF_DIR=/usr/hadoop-0.20.2/conf
12/05/22 13:44:13 ERROR common.AbstractJob: Missing required option --maxIter
usage: <command> [Generic Options] [Job-Specific Options]
Generic Options:
 -archives <paths>              comma separated archives to be unarchived
                                on the compute machines.
 -conf <configuration file>     specify an application configuration file
 -D <property=value>            use value for given property
 -files <paths>                 comma separated files to be copied to the
                                map reduce cluster
 -fs <local|namenode:port>      specify a namenode
 -jt <local|jobtracker:port>    specify a job tracker
 -libjars <paths>               comma separated jar files to include in the
                                classpath.
--maxIter (-x) maxIter      The maximum number of iterations.
12/05/22 13:44:13 INFO driver.MahoutDriver: Program took 95 ms
```

图 15.18 Dirichlet 算法说明

利用已经下载好的测试数据，我们可以测试 Dirichlet 算法，在命令行执行：

```
$ mahoutorg.apache.mahout.clustering.syntheticcontrol.dirichlet.Job
```

Mahout 开始对测试数据使用 Dirichlet 算法进行处理，处理结果放在 HDFS 的 output 目录下，可以从图 15.19 中看出，算法输出了 5 个迭代结果以及一个最终的输出。

Name	Type	Size	Replication	Block Size	Modification Time	Permission	Owner	Group
clusteredPoints	dir				2012-05-22 13:52	rwxr-xr-x	root	supergroup
clusters-0	dir				2012-05-22 13:50	rwxr-xr-x	root	supergroup
clusters-1	dir				2012-05-22 13:50	rwxr-xr-x	root	supergroup
clusters-2	dir				2012-05-22 13:51	rwxr-xr-x	root	supergroup
clusters-3	dir				2012-05-22 13:51	rwxr-xr-x	root	supergroup
clusters-4	dir				2012-05-22 13:52	rwxr-xr-x	root	supergroup
clusters-5	dir				2012-05-22 13:52	rwxr-xr-x	root	supergroup

图 15.19 Dirichlet 算法在 HDFS 中的输出

最终的结果放在clusteredPoints目录下，可以用如下命令查看详细内容：

```
$mahout seqdumper --seqFile /user/root/output/clusteredPoints/part-m-00000
```

如图15.20[①]所示，通过图形，可以直观地看到Dirichlet算法执行的过程。

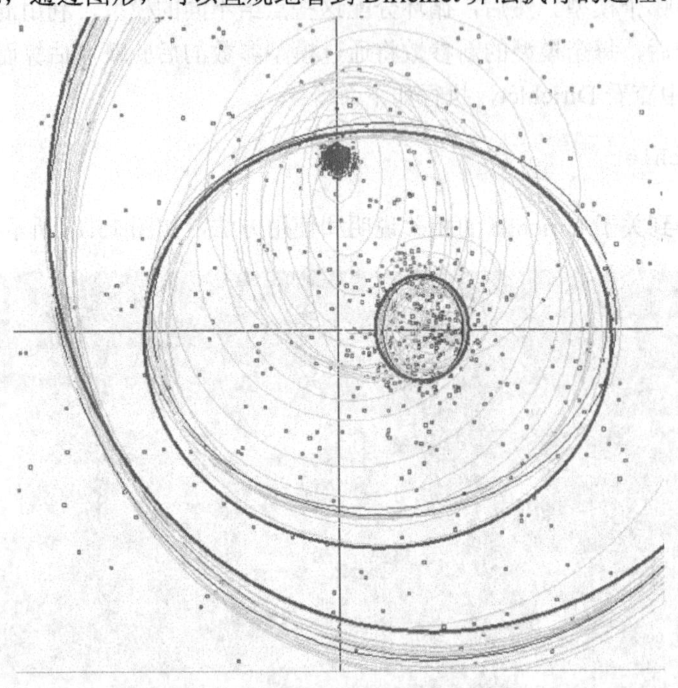

图15.20　Dirichlet算法结果的图形表示

5. 实现集群的算法Meanshift

Meanshift，经常被翻译为“均值飘移”。它在聚类、图像平滑、图像分割和跟踪方面得到了比较广泛的应用。Meanshift这个概念最早是由Fukunaga等人于1975年在一篇关于“概率密度梯度函数的估计中”提出来的，其最初含义正如其名，就是偏移的均值向量。在这里，Meanshift是一个名词，它指代的是一个向量，但随着Meanshift理论的发展，Meanshift的含义也发生了变化。目前来说，Meanshift算法一般是指一个迭代的步骤，即先算出当前点的偏移均值，移动该点到其偏移均值，然后以此为新的起始点继续移动，直到满足一定的条件结束。

在Mahout中查看Meanshift，执行如下命令：

```
$mahout meanshift
```

可以看到Meanshift的使用方法及参数设置的信息，如图15.21所示。

① Dirichlet Process Clustering.https://cwiki.apache.org/confluence/display/MAHOUT/Dirichlet+Process+Clustering

```
[root@localhost ~]# mahout meanshift
Running on hadoop, using HADOOP_HOME=/usr/hadoop-0.20.2
HADOOP_CONF_DIR=/usr/hadoop-0.20.2/conf
12/05/23 10:12:16 ERROR common.AbstractJob: Missing required option --maxIter
usage: <command> [Generic Options] [Job-Specific Options]
Generic Options:
 -archives <paths>              comma separated archives to be unarchived
                                on the compute machines.
 -conf <configuration file>     specify an application configuration file
 -D <property=value>            use value for given property
 -files <paths>                 comma separated files to be copied to the
                                map reduce cluster
 -fs <local|namenode:port>      specify a namenode
 -jt <local|jobtracker:port>    specify a job tracker
 -libjars <paths>               comma separated jar files to include in the
                                classpath.
--maxIter (-x) maxIter    The maximum number of iterations.
12/05/23 10:12:16 INFO driver.MahoutDriver: Program took 96 ms
```

图 15.21　Meanshift 命令的使用方法

使用测试数据来测试 Meanshift 算法，在命令行执行：

```
$mahout org.apache.mahout.clustering.syntheticcontrol.meanshift.Job
```

算法正常运行，出现如图 15.22 所示的过程。

```
12/05/23 10:18:48 INFO input.FileInputFormat: Total input paths to process : 1
12/05/23 10:18:48 INFO mapred.JobClient: Running job: job_201205231017_0002
12/05/23 10:18:49 INFO mapred.JobClient:  map 0% reduce 0%
12/05/23 10:19:01 INFO mapred.JobClient:  map 100% reduce 0%
12/05/23 10:19:10 INFO mapred.JobClient:  map 100% reduce 33%
```

图 15.22　Meanshift 算法执行过程

运行完成后，可以在 HDFS 里面查看运行的结果，如图 15.23 所示。

Name	Type	Size	Replication	Block Size	Modification Time	Permission	Owner	Group
clusteredPoints	dir				2012-05-23 10:23	rwxr-xr-x	root	supergroup
clusters-1	dir				2012-05-23 10:19	rwxr-xr-x	root	supergroup
clusters-10	dir				2012-05-23 10:22	rwxr-xr-x	root	supergroup

图 15.23　Meanshift 在 HDFS 中的运行结果

可以看到，测试数据在 Meanshift 算法下，进行了 10 次迭代，每一次的迭代结果放在 clusters-N 目录下。最终的迭代结果放在 clusterdPoints 目录下，通过以下命令查看结果：

```
$mahout seqdumper --seqFile /user/root/output/clusteredPoints/part-m-00000
```

运行结果会在控制台内直接显示，如图 15.24 所示。

```
        Weight:  Point:
        1.0: [33.016, 28.930, 27.687, 27.019, 26.481, 28.760, 34.799, 35.720, 25
.455, 32.220, 25.091, 33.345, 35.072, 31.264, 30.687, 25.876, 25.124, 26.959, 34
.298, 29.253, 25.496, 27.444, 24.952, 30.031, 29.102, 33.803, 29.867, 29.638, 29
.077, 32.243, 31.102, 25.198, 29.686, 29.088, 30.564, 26.571, 32.801, 34.414, 35
.390, 42.544, 39.692, 32.367, 36.291, 41.103, 35.452, 36.956, 40.075, 33.718, 32
.293, 42.300, 36.001, 35.476, 42.356, 38.321, 41.425, 38.951, 32.222, 33.656, 34
.582, 42.861]
```

图 15.24　Meanshift 算法的运行结果

用图形表示 Meashift 算法执行到 1.5%以上的结果，如图 15.25[①]所示。

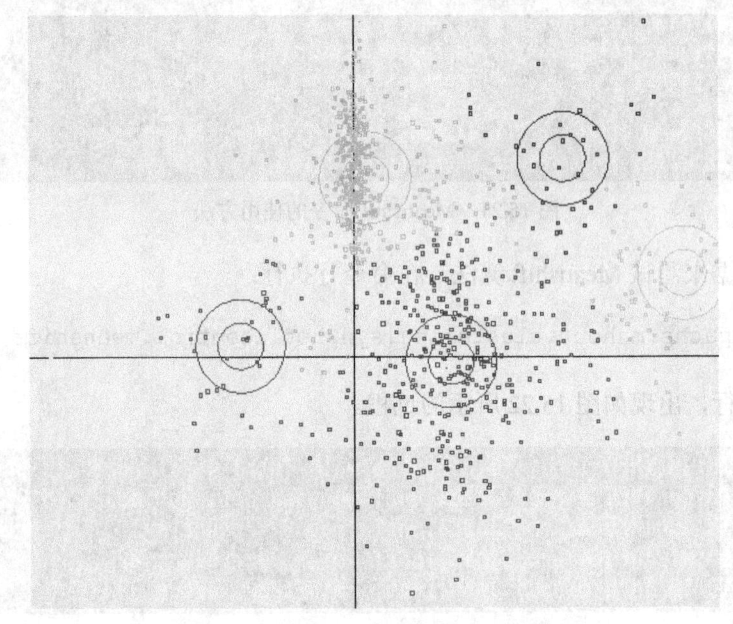

图 15.25　Meanshift 算法结果的图形表示

15.3.2　使用 Mahout 实现分类

Mahout 目前支持两种根据贝氏统计来实现内容分类的方法。第一种方法是使用简单的支持 MapReduce 的 Naive Bayes 分类器。Naive Bayes 分类器以速度快和准确性高而著称，但其关于数据的简单假设是完全独立的。当各类训练示例的大小不平衡，或者数据的独立性不符合要求时，Naive Bayes 分类器会出现故障。第二种方法是 Complementary Naive Bayes，它会尝试纠正 Naive Bayes 方法中的一些问题，同时仍然能够维持简单性和速度。但在本书中只演示 Naive Bayes 方法，因为这能让读者看到总体问题和 Mahout 中的输入。

简单来讲，Naive Bayes 分类器包括两个流程：跟踪特定文档及类别相关的特征（词汇），然后使用此信息预测新的、未见过的内容的类别。第一个步骤称作训练，它将通过查看已分类内容的示例来创建一个模型，然后跟踪与特定内容相关的各个词汇的概率。第二个

[①] Mean Shift Clustering.https://cwiki.apache.org/confluence/display/MAHOUT/Mean+Shift+Clustering

步骤称作分类，它将使用在训练阶段中创建的模型以及新文档的内容，并结合 Bayes Theorem 来预测传入文档的类别。因此，要运行 Mahout 的分类器，首先需要训练模式，然后再使用该模式对新内容进行分类。

在运行训练程序和分类器之前，需要准备一些用于训练和测试的文档。可以通过运行 ant prepare-docs 来准备一些 Wikipedia 文件。这将使用 Mahout 示例中的 WikipediaDataset-CreatorDriver 类来分开 Wikipedia 输入文件。分开文档的标准是它们的类别是否与某个感兴趣的类别相匹配。感兴趣的类别可以是任何有效的 Wikipedia 类别（或者甚至某个 Wikipedia 类别的任何子字符串）。举例来说，在本例中，笔者使用了两个类别：科学（science）和历史（history）。因此，包含单词 science 或 history 的所有 Wikipedia 类别都将被添加到该类别中。此外，系统为每个文档添加了标记并删除了标点、Wikipedia 标记以及此任务不需要的其他特征。最终结果将存储在一个特定的文件中（该文件名包含类别名），并采用每行一个文档的格式，这是 Mahout 所需的输入格式。同样，运行 antprepare-test-docs 代码可以完成相同的文档测试工作。需要确保测试和训练文件没有重合，否则会造成结果不准确。

设置好训练和测试集之后，接下来需要通过 ant train 目标来运行 TrainClassifier 类。这应该会通过 Mahout 和 Hadoop 生成大量日志。完成后，ant test 将尝试使用在训练时建立的模型对示例测试文档进行分类。这种测试在 Mahout 中输出的数据结构是混合矩阵。混合矩阵可以描述各类别有多少正确分类的结果和错误分类的结果。

总的来说，生成分类结果的步骤如下：

（1）Ant prepare-docs。

（2）Ant prepare-test-docs。

（3）Ant train。

（4）Ant test。

运行所有这些命令，将生成如图 15.26 所示的汇总和混合矩阵。

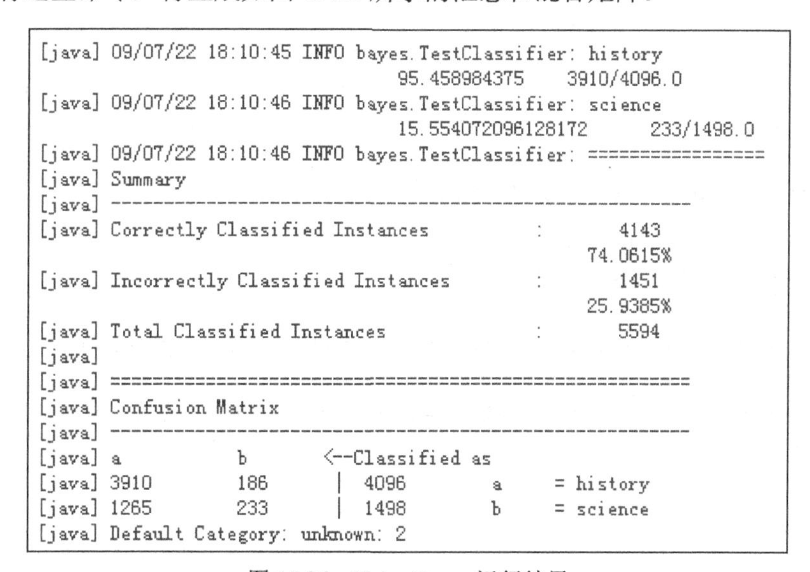

```
[java] 09/07/22 18:10:45 INFO bayes.TestClassifier: history
                                  95.458984375     3910/4096.0
[java] 09/07/22 18:10:46 INFO bayes.TestClassifier: science
                                  15.554072096128172      233/1498.0
[java] 09/07/22 18:10:46 INFO bayes.TestClassifier: =================
[java] Summary
[java] -------------------------------------------------------
[java] Correctly Classified Instances          :        4143
                                                     74.0615%
[java] Incorrectly Classified Instances        :        1451
                                                     25.9385%
[java] Total Classified Instances              :        5594
[java]
[java] =======================================================
[java] Confusion Matrix
[java] -------------------------------------------------------
[java] a          b        <--Classified as
[java] 3910       186       |  4096       a     = history
[java] 1265       233       |  1498       b     = science
[java] Default Category: unknown: 2
```

图 15.26　Naive Bayes 运行结果

中间过程的结果存储在 base 目录下的 wikipedia 目录中，从图中可以看到采用 Naive Bayes 得到的分类结果。

15.3.3 使用 Mahout 实现决策树

Mahout 实现决策树的方法有 Breiman 决策树和 Partial 决策树。在本小节以实现 Partial 决策树为例，来介绍 Mahout 在决策树方面的应用。

Partial 决策树是一种 MapReduce 的实现，其中每一个映射仅使用可用数据的局部信息建立一个决策树的子集。这种算法允许用户使用非常大的数据集来建立决策树，只要内存能放得下，就可以无限制地加载数据。

（1）首先需要下载进行实验的数据，命令如下：

```
$wgethttp://nsl.cs.unb.ca/NSL-KDD/KDDTrain+.arff
$wgethttp://nsl.cs.unb.ca/NSL-KDD/KDDTest+.arff
```

（2）将测试数据放入 HDFS：

```
$bin/hadoopfs -put ./KDDTrain+.arff /user/root/
$bin/hadoopfs -put ./KDDTest+.arff /user/root/
```

（3）生成格式数据：

```
$bin/hadoop jar mahout-0.4.jar org.apache.mahout.df.tools.Describe -p \
"/user/root/KDDTrain+.arff" -f /user/root/KDDTrain+.info -d N 3 C 2 N C 8
N 2 C 19 N L
```

（4）训练数据：

```
$bin/hadoop jar mahout-0.4.jar
org.apache.mahout.df.mapreduce.BuildForest -oob -
d/user/root/KDDTrain+.arff -ds /user/root/KDDTrain+.info -sl 5 -p -t 5 -o
forest_result
```

输入命令后，程序开始运行，如图 15.27 所示。

运行完成后，就可以测试数据了。

（5）测试数据，直接在命令行输入：

```
$bin/hadoop jar mahout-0.4.jar org.apache.mahout.df.mapreduce.TestForest -
I /user/root\
/KDDTrain+.arff -ds /user/root/KDDTrain+.info -m forest_result -a -o
predictions
```

```
11/03/04 22:01:41 INFO mapreduce.BuildForest: Partial Mapred implementation
11/03/04 22:01:41 INFO mapreduce.BuildForest: Building the forest...
11/03/04 22:01:42 INFO mapred.FileInputFormat: Total input paths to process : 1
11/03/04 22:01:43 INFO mapred.JobClient: Running job: job_201103042138_0001
11/03/04 22:01:45 INFO mapred.JobClient:  map 0% reduce 0%
11/03/04 22:02:04 INFO mapred.JobClient:  map 50% reduce 0%
11/03/04 22:02:09 INFO mapred.JobClient:  map 100% reduce 0%
11/03/04 22:02:10 INFO mapred.JobClient: Job complete: job_201103042138_0001
11/03/04 22:02:10 INFO mapred.JobClient: Counters: 7
11/03/04 22:02:10 INFO mapred.JobClient:   File Systems
11/03/04 22:02:10 INFO mapred.JobClient:     HDFS bytes read=18745670
11/03/04 22:02:10 INFO mapred.JobClient:     HDFS bytes written=1312106
11/03/04 22:02:10 INFO mapred.JobClient:   Job Counters
11/03/04 22:02:10 INFO mapred.JobClient:     Launched map tasks=2
11/03/04 22:02:10 INFO mapred.JobClient:     Data-local map tasks=2
```

图 15.27　Partial 算法执行过程

可以看到测试数据的运行结果，如图 15.28 所示。

```
11/03/04 22:07:49 INFO mapreduce.TestForest: Loading the forest...
11/03/04 22:07:50 INFO mapreduce.TestForest: Sequential classification...
11/03/04 22:07:54 INFO mapreduce.TestForest: Classification Time: 0h 0m 4s 164
11/03/04 22:07:54 INFO mapreduce.TestForest:
=======================================================
Summary
-------------------------------------------------------
Correctly Classified Instances          :     125862      99.9119%
Incorrectly Classified Instances        :        111       0.0881%
Total Classified Instances              :     125973
=======================================================
Confusion Matrix
-------------------------------------------------------
a       b       <--Classified as
67307   36       |  67343       a     = normal
75      58555    |  58630       b     = anomaly
Default Category: unknown: 2
```

图 15.28　Partial 算法运行结果

15.3.4　使用 Mahout 实现推荐挖掘

正如本章 15.1.2 小节介绍的那样，Mahout 可以用来实现协作筛选，为用户推荐商品，在亚马逊的网站上已经在使用这个功能了。在本小节，将通过一个电影推荐的例子来演示Mahout实现推荐挖掘的功能。

首先，下载电影推荐的测试数据：

```
$mkdir 1m-ml
$cd 1m-ml
$wgethttp://www.grouplens.org/system/files/ml-1m.zip
```

将下载的文件解压，并复制到grouplens的代码目录：

```
$tar vxzf ml-1m
$cp *.dat /usr/mahout-distribution-0.4/examples/src/main/java/org\
/apache/mahout/cf/taste/example/grouplens
```

进入Mahout的示例目录，进行以下操作：

```
$cd /usr/mahout-distribution-0.4/example/
$mvn-q exec:java -Dexec.mainClass="org.apache.mahout.\
cf.taste.example.grouplens.GroupLensRecommenderEvaluatorRunner"
```

生成推荐的jar包，还是在example目录下执行如下命令：

```
$mvn install
```

做好了这些准备工作，需要借助taste-web来构建电影推荐系统，将mahout-distribution-0.4中的所有工程导入eclipse，然后修改mahout-taste-webapp工程的pom.xml文件，添加对mahout-example的依赖：

```
<dependency>
<groupId>${project.groupId}</groupId>
<artifactId>mahout-examples</artifactId>
<version>0.4</version>
</dependency>
```

然后在mahout-taste-webapp工程的recommender.properties中添加如下代码：

```
Recommender.class=org.apache.mahout.cf.taste.example.grouplens.GroupLensRe-
commender
```

到目前为止，准备工作基本完成了，接下来可以运行这个电影推荐的例子了，执行如下命令：

```
$mvnjetty:run-war
```

然后我们在浏览器中访问 http://localhost:8080/RecommenderServlest?userID=1，可以看到如图 15.29[1]所示的结果图，结果的第一列表示推荐的评分，第二列是代表电影的编号，这样就完成了一个电影推荐的功能。

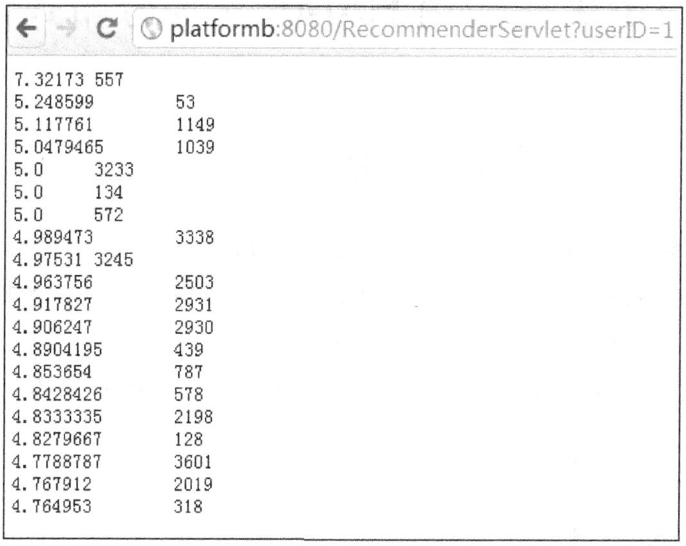

```
platformb:8080/RecommenderServlet?userID=1

7.32173 557
5.248599        53
5.117761        1149
5.0479465       1039
5.0     3233
5.0     134
5.0     572
4.989473        3338
4.97531 3245
4.963756        2503
4.917827        2931
4.906247        2930
4.8904195       439
4.853654        787
4.8428426       578
4.8333335       2198
4.8279667       128
4.7788787       3601
4.767912        2019
4.764953        318
```

图 15.29　电影推荐示例在 taste-web 中的运行结果

15.4　本章小结

本章对 Mahout 以及机器学习的概念进行了简单的介绍，通过本章对 Mahout 所提供的关于集群、分类、决策树以及推荐的简单讲解和用例的演示，我们可以看到 Mahout 在机器智能学习领域所提供的强大功能。Mahout 在实践中有很多的应用，本章内容仅为其中一些比较简单的内容以及最简单的演示示例，有兴趣的读者可以多关注 Apache Mahout 官方网站 https://cwiki.apache.org/confluence/display/MAHOUT/Mahout+Wiki 的更新，相信 Mahout 会提供更多、更强大的功能。

另外，读者在学习 Mahout 时要注重实践，自己动手实现一些功能。建议需要深入应用 Mahout 的读者，可以认真阅读 Mahout 的源码，从中能得到很多收获。

[1] Mahout 安装配置.http://hi.baidu.com/jrckkyy/blog/item/e620cb317cbb200ceac4af8c.html

第 16 章　应用 HAMA 实现分布式计算

16.1　HAMA 简介

HAMA 是一个基于 Hadoop 平台的分布式计算框架，主要用于解决大规模的矩阵（Matrix）计算和图（Graph）计算问题[①]。HAMA 项目的目标是为不同的科学应用提供一个计算框架，并为开发者和研究者提供简单易用的 API。

HAMA 是 Apache Hadoop 项目下的一个孵化子项目，目前 HAMA 项目的最新版本是 0.4.0。

HAMA 主要具有以下特征：

- 任务提交和接口管理。
- 单节点多任务。
- 输入/输出格式器。
- 检测点恢复。
- 支持在云计算环境中运行，使用 Apache Whirr。
- 支持在 Hadoop YARN 上运行。

16.1.1　HAMA 系统架构

图 16.1 显示了 HAMA 的整体架构[②]。HAMA 主要包含 3 个部分：HAMA Core 提供用于矩阵计算和图计算的原语操作，HAMA Shell 提供交互式用户控制台，HAMA API 为开发者提供基本的访问渠道。

HAMA 的核心组件也决定了 HAMA 所能支持的计算引擎。一般来说，HAMA 主要支持 3 个计算引擎：Hadoop 的 MapReduce 引擎、Apache 的 BSP（Bulk Synchronous Parallel）引擎[③]，微软的 Dryad 引擎[④]。Hadoop 的 MapReduce 引擎主要是用于矩阵运算，BSP 和 Dryad 引擎则主要用于图运算。

[①] Apache Hama Project. http://incubator.apache.org/hama/

[②] Seo, S., et al. HAMA: An efficient matrix computation with the mapreduce framework. 2010: IEEE CLOUDCOM

[③] Edward j. Yoon's Blog: The BSP package of Hama on Hadoop is now available. http://blog.udanax.org/2009/12/bsp-package-of-hama-on-hadoop-is-now.html

[④] 微软的 Dryad 引擎.http://research.microsoft.com/en-us/projects/dryad/

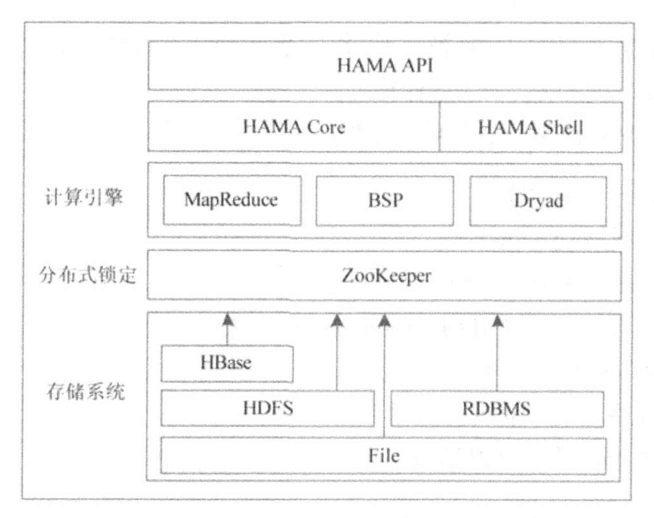

图 16.1　HAMA 系统架构图

HAMA 中最核心的 3 个部分是：BSPMaster、GroomServer 和 Zookeeper，不同模块相互协作共同完成任务。其中，BSPMaster 主要负责对 GroomServer 进行任务调配，GroomServer 负责对 BSPPeers 进行具体的调用，ZooKeeper 负责对 GroomServer 进行失效转发。图 16.2 描述了 HAMA 系统中模块之间的通信与交互。

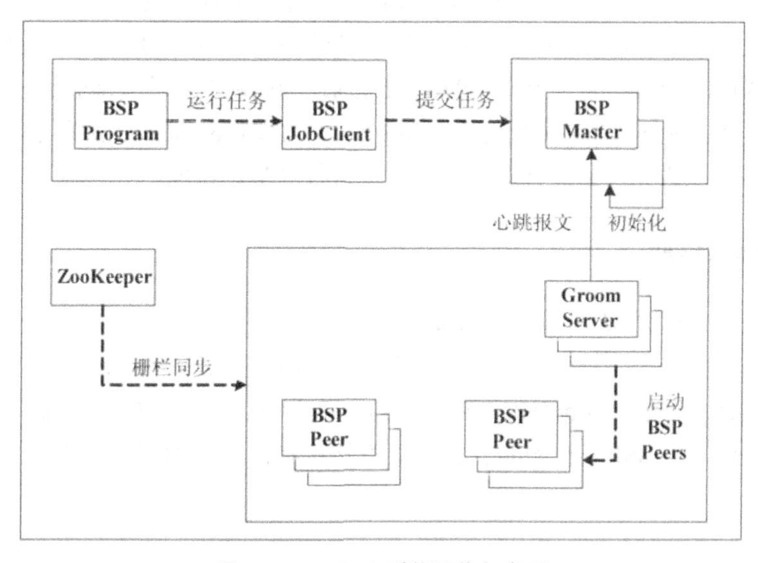

图 16.2　HAMA 系统通信与交互

16.1.2　BSPMaster

在 HAMA 中，BSPMaster 模块是系统中的一个主要角色，它主要负责协同各个计算节点之间的工作，每一个计算节点在注册时会被分配到一个唯一的 ID。BSPMaster 内部维护着一个计算节点列表，表明当前哪些计算节点处于活跃状态，列表中包含每个计算节点的 ID 和地址信息，以及各个计算节点被分配的各计算任务的具体部分。BSPMaster 中这些信息的数据结构大小取决于整个计算任务被分成多少个区块，这种方式使得一台普通配置的BSPMaster足够用来协调完成一个大型计算。

概括来讲，BSPMaster主要做了以下工作：

- 维护GroomServer的状态。
- 控制在集群环境中的SuperStep。
- 维护在GroomServer中Job的工作状态信息。
- 分配任务、调度任务到所有的GroomServer节点。
- 广播所有的GroomServer执行情况。
- 管理系统节点中的失效转发。
- 提供用户对集群环境的管理界面。

通过脚本启动一个BSPMaster和多个GroomServer。GroomServer中包含了BSPPeer的实例，在启动GroomServer的时候就会启动BSPPeer。BSPPeer整合了GroomServer通过PRC代理与BSPMaster连接。当BSPMaster、GroomServer启动完毕以后，每个GroomServer的生命周期通过发送心跳报文给BSPMaster服务器，报告其能够处理任务的最大容量和可用的系统内存状态等。

BSPMaster的绝大部分工作，如输入、输出、计算、保存以及断点恢复，都会在一个叫作栅栏的地方终止。BSPPeer的每一次操作都会发送相同的指令到所有的计算节点，然后等待从每个计算节点的回应。每一次BSPServer接收心跳报文以后，都会给出一个回应的信息，以此对其进行任务调度和任务分配。BSPMaster与GroomServer两者之间的通信，使用非常简单的FIFO（先进先出）原则对计算的任务进行分配、调度。

16.1.3 GroomServer

一个GroomServer对应于一个由BSPMaster分配的任务，每个GroomServer都需要和BSPMaster进行通信，处理任务并且通过周期性发送依附于BSPMaster的附加消息报告自己的状态。集群状态下的GroomServer需要运行在HDFS分布式存储环境中，一个GroomServer对应一个BSPPeer节点。二者只有运行在同一个物理节点上，才能得到最好的性能。

16.1.4 ZooKeeper

ZooKeeper是一个分布式的、开放源码的应用程序协调服务，包含一个简单的原语集，是Hadoop和HBase的重要组件。在HAMA项目中，ZooKeeper用来有效地管理BSPPeer节点之间的栅栏同步（Barrier Synchronization），同时在系统失效转发的功能上发挥了重要的作用。

16.2　HAMA BSP 介绍

HAMA 中的核心模型是 BSP（Bulk Synchronous Parallel，大型同步并行模型），BSP 的概念是由 Valiant 提出的。

BSP 计算框架模型支持消息传递系统、块内异步并行和块间显示同步。该模型由一个 Master 协调，所有的 Worker 同步执行，数据从输入的队列中读取。该模型的架构如图 16.3 所示。

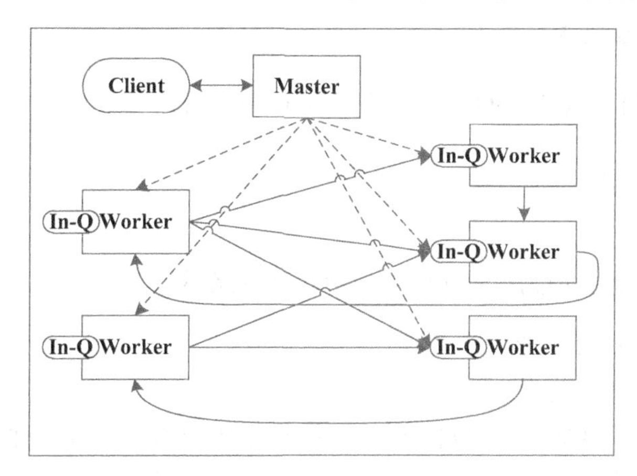

图 16.3　BSP 计算框架模型

这个模型中主要涉及 3 个角色：Client、Master、Worker。

1. Client 的主要职责

（1）加载输入数据到 Worker 中。

（2）识别 Master，启动处理进程。

（3）等待 Master 结束处理进程。

（4）从 Worker 处获取执行数据。

2. Master 的主要职责

（1）从 Client 处接收“开始处理”的消息。

（2）重复以下过程直至没有活跃的 Worker：

- 依次选择所有的 Worker 处理接收到的消息。
- 等待所有的 Worker 处理结束。
- 更新活跃的 Worker 统计。

（3）通知 Client 任务的完成情况

3. Worker 的主要职责

（1）将自身设置为活跃。

（2）重复以下过程直至自身处于非活跃状态：

- 等待 Master 的“开始”信号。
- 从输入队列 in-Q 中读取数据。
- 执行本地处理。
- 向单线连接发送数据。
- 更新自身的活跃标识。
- 通知 Master 已经完成处理。

（3）当数据到达输入队列 in-Q 时，改变自身状态为活跃。

16.2.1 BSP 并行计算

1. BSP 并行计算模型可以用 p/s/g/i 4 个参数进行描述

（1）p 为处理器的数目（带有存储器）。

（2）s 为处理器的计算速度。

（3）g 为每秒本地计算操作的数目/通信网络每秒传送的字节数，称为选路器吞吐率，视为带宽因子：

```
(time steps/packet)=1/bandwidth
```

（4）i 为全局的同步时间开销，称之为全局同步之间的时间间隔（Barrier synchronization time）。

假设有 p 台处理器同时传送 h 个字节信息，则 p×h 就是通信的开销。同步和通信的开销都规格化为处理器的指定条数[①]。

BSP 计算模型不仅是一种体系结构模型，也是设计并行程序的一种方法。BSP 程序设计准则是 bulk 同步（bulk synchrony），其独特之处在于超步（superstep）概念的引入。一个 BSP 程序同时具有水平和垂直两个方面的结构。从垂直上看，一个 BSP 程序由一系列串行的超步组成，如图 16.4 所示。

这种结构类似于一个串行程序结构。从水平上看，在一个超步中，所有的进程并行执行局部计算。如图 16.5 所示，一个超步可分为如下 3 个阶段[②]。

（1）本地计算阶段，每个处理器只对存储本地内存中的数据进行本地计算。

（2）全局通信阶段，对任何非本地数据进行操作。

（3）栅栏同步阶段，等待所有通信行为的结束。

[①] Hadoop Hama 项目——BSP 模型的实现. http://www.javabloger.com/article/apache-hadoop-hama-bsp.html

[②] Bulk synchronous parallel. http://en.wikipedia.org/wiki/Bulk_synchronous_parallel

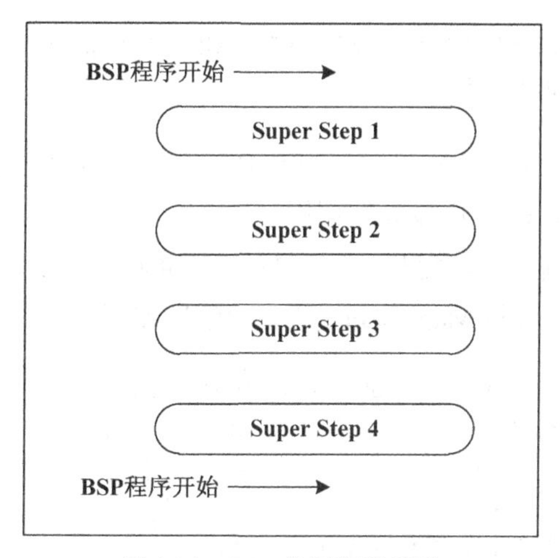

图 16.4 BSP 并行程序模型

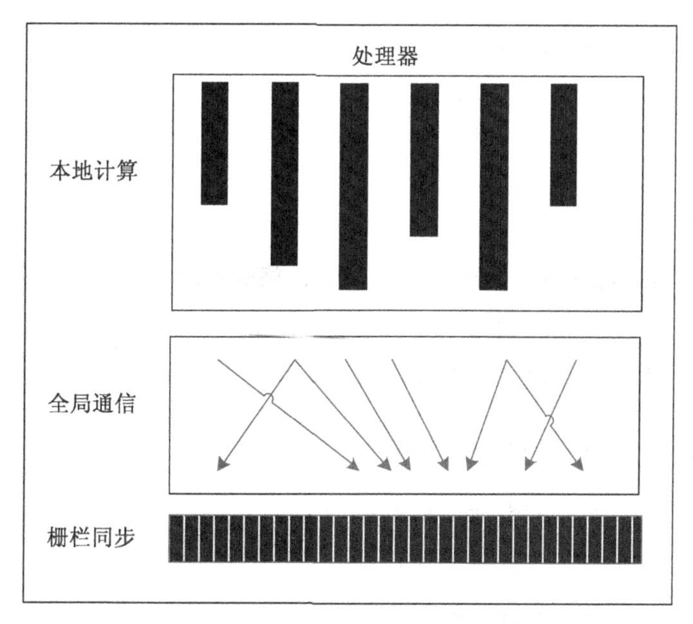

图 16.5 一个超步的 3 个阶段

2. BSP 模型相对于其他模型而言，具有如下两个方面的优点

（1）MPI 和 PVM 两种并行计算模型，依赖于接收和发送的操作对。这种通信方式容易导致上层应用程序产生死锁，而 BSP 并行计算库是一个程序划分为超步，使得死锁不再发生。

（2）BSP 模型由于其本身的特点，使得对于程序的正确性和时间的复杂性预测成为可能。

16.2.2 创建自定义的 BSP

创建自定义的 BSP 类的方式是继承 org.apache.hama.bsp.BSP 类，扩展类型需要重写 bsp 方法，声明如下：

```
public abstract void bsp(BSPPeer<K1, V1, K2, V2> peer) throws IOException,
SyncException, InterruptedException;
```

在 bsp()方法中定义 BSP 程序，一个 BSP 程序包含一系列的超步。因此仅仅被调用一次，而不像 Mapper 和 Reducer 一样被处处调用。

在自己的 BSP 被创建后，需要配置一个 BSPJob 并将它提交到 HAMA 集群执行一个任务。BSP 任务配置和提交接口与 MapReduce 任务的配置差不多。相关代码如下：

```
HAMAConfiguration conf = new HAMAConfiguration();
BSPJob job = new BSPJob(conf, MyBSP.class);
job.setJobName("My BSP program");
job.setBspClass(MyBSP.class);
job.setInputFormat(NullInputFormat.class);
job.setOutputKeyClass(Text.class);
...
job.waitForCompletion(true);
```

16.2.3 用户接口

1. 输入和输出

在设置一个 BSPJob 的时候，需要提供输入/输出格式和路径，如下所示：

```
job.setInputPath(new Path("/tmp/sequence.dat");
job.setInputFormat(org.apache.HAMA.bsp.SequenceFileInputFormat.class);
or,
SequenceFileInputFormat.addInputPath(job, new Path("/tmp/sequence.dat"));
or,
SequenceFileInputFormat.addInputPaths(job,
"/tmp/seq1.dat,/tmp/seq2.dat,/tmp/seq3.dat");

job.setOutputKeyClass(Text.class);
job.setOutputValueClass(IntWritable.class);
job.setOutputFormat(TextOutputFormat.class);
FileOutputFormat.setOutputPath(job, new Path("/tmp/result"));
```

然后，可以使用 BSP 类中的 BSPPeer 读取输入和写下输出，对应的方法包含通信、计数器、IO 接口作为参数。在这个用例中我们读取一个常见的文本文件：

```
@Override
public final void bsp(
BSPPeer<LongWritable, Text, Text, LongWritable> peer)
throws IOException, InterruptedException, SyncException {
// this method reads the next key value record from file
KeyValuePair<LongWritable, Text> pair = peer.readNext();
```

```
// the following lines do the same:
LongWritable key = new LongWritable();
Text value = new Text();
peer.readNext(key, value);

// write
peer.write(value, key);
}
```

可以查询文档获取更多有关 IO 事件的详细内容，比如文件结尾。有一个函数允许重新从最开始读取输入。这个片段 5 次读取输入，代码如下：

```
for(int i = 0; i < 5; i++){
LongWritable key = new LongWritable();
Text value = new Text();
while (peer.readNext(key, value)) {
// read everything
}
// reopens the input
peer.reopenInput()
}
```

2. 通信

HAMA BSP 提供简单但非常强大的、用于各种目的通信的 API。我们试图更多遵从 BSP 的标准库。表 16.1 描述了能够使用的所有函数。

表 16.1 BSP 的函数列表

方法	描述
send(String peerName, BSPMessage msg)	向其他 Peer 发送消息
getCurrentMessage()	返回接收到的消息
getNumCurrentMessages()	返回接收到的消息数量
sync()	栅栏同步
getPeerName()	返回一个 Peer 的主机名称
getAllPeerNames()	返回所有 Peer 的主机名称
getSuperstepCount()	返回超步的数量

Send()和所有其他的函数都非常灵活。下例展示了发送一个消息到所有的 Peers：

```
@Override
public void bsp(
BSPPeer<NullWritable, NullWritable, Text, DoubleWritable> peer)
throws IOException, SyncException, InterruptedException {
for (String peerName : peer.getAllPeerNames()) {
peer.send(peerName,
```

```
new LongMessage("Hello from " + peer.getPeerName(),
System.currentTimeMillis()));
}
peer.sync();
}
```

3. 同步

当所有进程都通过 sync()方法进入了 barrier，HAMA 开始进入下一个超步，在前面的例子中，BSP 任务通过发送一个消息“Hello from…”到所有平级节点获得一次同步，之后便结束。

但是，记住 sync()函数并不是 BSP 任务的结束。如之前提到，所有的通信方法都非常灵活。例如，sync()函数能够在一个 for 循环中被调用，以便用户能够使用其继续编写迭代函数：

```
@Override
public void bsp(
BSPPeer<NullWritable, NullWritable, Text, DoubleWritable> peer)
throws IOException, SyncException, InterruptedException {
for (int i = 0; i < 100; i++) {
// send some messages
peer.sync();
}
}
```

4. Shell 命令行接口

HAMA 提供了一些用于 BSP 任务管理的命令，如表 16.2 所示。

表 16.2　BSP 任务管理命令

命令	描述
-submit <job-file>	提交一个任务
-status <job-id>	打印任务状态
-kill <job-id>	关闭一个任务
-list [all]	显示正在进行但尚未完成的任务列表
-list-active-grooms	显示集群中活跃的 GroomServer 列表
-list-attempt-ids <jobId> <task-state>	显示从当前任务划分出的所有作业状态列表
-kill-task <task-id>	关闭作业
-fail-task <task-id>	使作业失效

16.3　HAMA 安装配置

16.3.1　安装前准备

1. 操作系统要求

（1）GNU/Linux 系列操作系统可以作为客户端和服务端的开发平台和运行平台。Hadoop 已在有 2000 个节点的 GNU/Linux 主机组成的集群系统上得到了测试验证。

（2）由于分布式操作尚未在 Windows 32 位平台上充分测试，所以 Windows 32 仅能作为客户端和服务端的开发平台。

2. 软件要求

（1）由于 HAMA 运行在 Hadoop 环境之上，需要在每台计算机上预安装 JDK 6 或更高版本，推荐使用 Sun 的 JDK，可以打开网址：http://www.oracle.com/technetwork/java/javase/downloads/index.html，获取合适的 JDK 版本。

（2）Hadoop 使用无口令的 SSH 协议，必须安装 ssh 并保证 sshd 的运行，使主节点能够免口令远程地访问到集群中的每个节点。

3. 下载 Hadoop 和 HAMA

（1）打开链接 http://hadoop.apache.org/common/releases.html，选择合适的镜像站点下载 Hadoop 发行版，本书使用 Hadoop 最新稳定版，版本号是 0.20.203.0。

（2）打开连接 http://www.apache.org/dyn/closer.cgi/incubator/HAMA，选择合适的镜像站点下载 HAMA 的发行版，本书使用 HAMA 最新稳定版，版本号是 0.4.0。

16.3.2　安装和环境配置

安装和环境配置的具体操作步骤如下所示：

步骤 01　安装 Linux 系统，本书使用的系统为 Ubuntu 11.10。

步骤 02　安装 Java。

（1）下载 jdk-7-jdk-7-linux-i586.tar.gz，代码如下：

```
wget -c http://download.Oracle.com/otn-pub/java/jdk/7/jdk-7-linux-
i586.tar.gz
```

（2）安装和解压。

```
sudo tar zxvf ./jdk-7-linux-i586.tar.gz  -C /usr/lib/jvm
cd /usr/lib/jvm
```

```
sudo mv jdk1.7.0/ java-7-sun
```

（3）修改环境变量。

```
vim ~/.bashrc
export JAVA_HOME=/usr/lib/jvm/java-7-sun
export JRE_HOME=${JAVA_HOME}/jre
export CLASSPATH=.:${JAVA_HOME}/lib:${JRE_HOME}/lib
export PATH=${JAVA_HOME}/bin:$PATH
```

步骤03 安装和配置 SSH 和 Hadoop 环境，此处不再赘述，详见第 3 章。启动 Hadoop，如图 16.6 所示。

```
lcy@ubuntu:~/Documents/hadoop-0.20.203.0$ bin/start-all.sh
starting namenode, logging to /home/lcy/Documents/hadoop-0.20.203.0/bin/../logs/
hadoop-lcy-namenode-ubuntu.out
localhost: starting datanode, logging to /home/lcy/Documents/hadoop-0.20.203.0/b
in/../logs/hadoop-lcy-datanode-ubuntu.out
localhost: starting secondarynamenode, logging to /home/lcy/Documents/hadoop-0.2
0.203.0/bin/../logs/hadoop-lcy-secondarynamenode-ubuntu.out
starting jobtracker, logging to /home/lcy/Documents/hadoop-0.20.203.0/bin/../log
s/hadoop-lcy-jobtracker-ubuntu.out
localhost: starting tasktracker, logging to /home/lcy/Documents/hadoop-0.20.203.
0/bin/../logs/hadoop-lcy-tasktracker-ubuntu.out
```

图 16.6　启动 Hadoop

步骤04 安装 HAMA。

（1）使用下面的命令将 HAMA 安装在/opt 目录之下：

```
sudo tar -zxvf hama-0.4.0-incubating.tar.gz -C /opt
```

结果如图 16.7 所示。

```
lcy@ubuntu:~/Documents$ sudo tar -zxvf hama-0.4.0-incubating.tar.gz -C /opt
hama-0.4.0-incubating/core/src/
hama-0.4.0-incubating/core/src/main/
hama-0.4.0-incubating/core/src/main/resources/
hama-0.4.0-incubating/core/src/main/webapp/
hama-0.4.0-incubating/core/src/main/webapp/bspmaster/
hama-0.4.0-incubating/core/src/main/java/
hama-0.4.0-incubating/core/src/main/java/org/
hama-0.4.0-incubating/core/src/main/java/org/apache/
hama-0.4.0-incubating/core/src/main/java/org/apache/hama/
hama-0.4.0-incubating/core/src/main/java/org/apache/hama/metrics/
hama-0.4.0-incubating/core/src/main/java/org/apache/hama/zookeeper/
hama-0.4.0-incubating/core/src/main/java/org/apache/hama/http/
hama-0.4.0-incubating/core/src/main/java/org/apache/hama/ipc/
hama-0.4.0-incubating/core/src/main/java/org/apache/hama/util/
```

图 16.7　安装 HAMA

（2）配置环境变量，打开文件$HAMA_HOME/conf/HAMA-env.sh，添加如下代码：

```
export JAVA_HOME=/usr/lib/jvm/java-7-sun
```

结果如图 16.8 所示。

```
# Set environment variables here.

# The java implementation to use.  Required.
# export JAVA_HOME=/usr/lib/jvm/java-6-sun
export JAVA_HOME=/usr/lib/jvm/java-7-sun
# Where log files are stored.  $HAMA_HOME/logs by default.
# export HAMA_LOG_DIR=${HAMA_HOME}/logs
```

图 16.8 配置环境变量

（3）配置 HAMA。

HAMA 有 3 种运行模式，可以通过修改配置文件指定其运行模式。$HAMA_HOME/conf 目录下包含一些针对 HAMA 的配置文件：

① HAMA-env.sh

此文件包含一些环境变量设置。可以通过改变这些内容影响 HAMA 后台程序的行为，比如日志文件的存储位置等。在这个文档中唯一需要修改的是 JAVA_HOME，指向了 Java 1.7.x 的安装位置。

② groomservers

此文件列出了所有的主机地址，每行一个，指定 GroomServer 将运行的位置，默认包含单行入口地址 localhost。

③ HAMA-default.xml

此文件包含对 HAMA 后台程序的通用默认设置，不要对此文件做任何修改。

④ HAMA-site.xml

此文件包含对所有 HAMA 后台进程和 BSP 任务的特定网址设置，默认为空。

16.3.3 HAMA 运行模式

与 Hadoop 相同，HAMA 集群的搭建也分为 3 种模式。

1. 单机模式

当下载安装的 HAMA 版本高于 3.0 时，单机模式是默认模式。在该模式下计算任务将在单机多线程 BSP 引擎上运行。可以通过更改 bsp.master.address 的属性为 local 来实现此模式的配置。用户可以通过设置 bsp.local.tasks.masximal 属性来调整这个模式中的线程数量。在这个模式中，不需要通过启动脚本启动任何守护线程。

2. 伪分布式模式

当只有单个服务器但需要启动所有的守护线程（BSPMaster、GroomServer 和 ZooKeeper）时，可以选择这个模式。具体做法是：将 bsp.master.address 的属性更改为一个主机地址，例如 localhost，并将相同的地址放进配置目录中的 groomervers 文件中。该配置将在单机上运行一个 BSPMaster、一个 GroomServer 和一个 ZooKeeper。

本机使用伪分布式环境进行测试，修改配置文件步骤如下。

步骤 01 指定 BSP Master 服务器的地址。对于伪分布式和分布式，地址格式为 host:port；如果是单机形式，则直接指定为 local。相关代码如下。

```
<?xml version="1.0"?>
<?xml-stylesheet type="text/xsl" href="configuration.xsl"?>
<configuration>
<property>
<name>bsp.master.address</name>
<value>localhost:40000</value>
<description>The address of the bsp master server. Either the
literal string "local" or a host:port for distributed mode
</description>
</property>
```

步骤 02 指定分布文件系统的地址，对应的地址格式为：host:port。如果是单机形式，直接用 local 代替。本书中配置的 HAMA 运行于 Hadoop 的 HDFS 之上，对应的地址为：hdfs://localhost:9000/。相关代码如下。

```
<property>
<name>fs.default.name</name>
<value> hdfs://localhost:9000/</value>
<description>
The name of the default file system. Either the literal string
"local" or a host:port for HDFS.
</description>
</property>
```

步骤 03 指定 zookeeper 的地址列表。此处需要列出所有 ZooKeeper 服务器的地址，对于伪分布系统，此处可直接指定为 localhost。相关代码如下。

```
<property>
<name>HAMA.zookeeper.quorum</name>
<value>localhost</value>
<description>Comma separated list of servers in the ZooKeeper Quorum.
For example, "host1.mydomain.com,host2.mydomain.com,host3.mydomain.com".
By default this is set to localhost for local and pseudo-distributed modes
of operation. For a fully-distributed setup, this should be set to a full
list of ZooKeeper quorum servers. If HAMA_MANAGES_ZK is set in HAMA-env.sh
this is the list of servers which we will start/stop zookeeper on.
</description>
</property>
</configuration>
```

如果希望管理自己的 ZooKeeper，必须按照如下方式指定端口号：

```
<property>
<name>HAMA.zookeeper.property.clientPort</name>
<value>2181</value>
</property>
```

3. 实际分布式模式

实际分布式模式和伪分布式模式类似，当有多台机器时，在 groomservers 文件中有所映射。

16.3.4　运行 HAMA

1. 启动一个 HAMA 集群

运行如下命令：

```
% $HAMA_HOME/bin/start-bspd.sh
```

这条命令将在用户的机器上启动一个 BSPMaster，一个 GroomServer 和一个 ZooKeeper。结果如图 16.9 所示。

```
lcy@ubuntu:~/Documents/hama-0.4.0-incubating$ bin/start-bspd.sh
localhost: starting zookeeper, logging to /home/lcy/Documents/hama-0.4.0-incubat
ing/bin/../logs/hama-lcy-zookeeper-ubuntu.out
starting bspmaster, logging to /home/lcy/Documents/hama-0.4.0-incubating/bin/../
logs/hama-lcy-bspmaster-ubuntu.out
localhost: starting groom, logging to /home/lcy/Documents/hama-0.4.0-incubating/
bin/../logs/hama-lcy-groom-ubuntu.out
lcy@ubuntu:~/Documents/hama-0.4.0-incubating$ jps
3504 Jps
3432 GroomServerRunner
3238 BSPMasterRunner
2866 TaskTracker
3190 ZooKeeperRunner
2590 SecondaryNameNode
2653 JobTracker
2393 DataNode
```

图 16.9　启动 HAMA 集群

2. 结束一个 HAMA 集群

运行如下命令：

```
% $HAMA_HOME/bin/stop-bspd.sh
```

结束所有的守护进程。结果如图 16.10 所示。

```
lcy@ubuntu:~/Documents/hama-0.4.0-incubating$ bin/stop-bspd.sh
stopping bspmaster
localhost: stopping groom
localhost: stopping zookeeper
```

图 16.10　结束 HAMA 集群

3. 运行 BSP 例子

运行如下命令：

```
%$HAMA_HOME/bin/HAMA jar HAMA-examples-0.x.0-incubating.jar
```

它将提供一些例子以供选择。如图 16.11 和图 16.12 所示。

```
lcy@ubuntu:~/Documents/hama-0.4.0-incubating$ bin/hama jar hama-examples-0.4.0-i
ncubating.jar
An example program must be given as the first argument.
Valid program names are:
  bench: Random Benchmark
  cmb: Combine
  pagerank: PageRank
  pagerank-text2seq: Generates Pagerank input from textfile
  pi: Pi Estimator
  sssp: Single Shortest Path
  sssp-text2seq: Generates SSSP input from textfile
```

图 16.11　HAMA 可供选择的示例

```
lcy@ubuntu:~/Documents/hama-0.4.0-incubating$ bin/hama jar hama-examples-0.4.0-i
ncubating.jar pi
12/05/21 01:34:54 INFO bsp.BSPJobClient: Running job: job_localrunner_0001
12/05/21 01:34:57 INFO bsp.BSPJobClient: Current supersteps number: 0
12/05/21 01:35:04 INFO bsp.LocalBSPRunner: Setting up a new barrier for 10 tasks
!
12/05/21 01:35:06 INFO bsp.BSPJobClient: The total number of supersteps: 0
Estimated value of PI is        3.1495599999999992
Job Finished in 12.192 seconds
```

图 16.12　PI 值计算截图

16.3.5　HAMA Web 接口

Hadoop 配置成功之后，可以通过网页访问其 MapReduce 和 HDFS，HAMA 同样提供这样的访问接口，对应的访问地址为http://localhost:40013，可以通过此接口获取 HAMA 集群上有关 BSP 任务统计的信息，如图 16.13 所示。

图 16.13 HAMA 的网络 UI

16.3.6 在 Eclipse 中创建 HAMA 工程

在 Eclipse 工作空间中加载和设置 HAMA 的步骤如下。

步骤01 创建一个简单的 Java 工程，选择 File→New→Java Project 菜单命令。

步骤02 给工程指定一个名字，选择 Java 6.0 或更高版本。

步骤03 添加 HAMA 所需要的 jar 文件到编译路径，可以从 Apache HAMA 的发布版本中获得这些：

```
commons-configuration-1.6.jar ;   commons-httpclient-3.0.1.jar ;
commons-logging-1.0.4.jar;            commons-lang-2.6.jar ;
hadoop-1.0.0.jar ;                  HAMA-core.0.5.0-incubating.jar ;
HAMA-graph.0.5.0-incubating.jar ;  HAMA-examples.0.5.0-incubating.jar ;
zookeeper-3.3.2.jar.
```

其中，Eclipse 中需要添加的库文件如图 16.14 所示。

Name	Size	Modified
ant-1.7.1.jar	1.3 MB	02/25/2012
ant-launcher-1.7.1.jar	11.9 KB	02/25/2012
commons-cli-1.2.jar	40.2 KB	02/25/2012
commons-logging-1.1.1.jar	59.3 KB	02/25/2012
hadoop-core-0.20.2.jar	2.6 MB	02/25/2012
hadoop-test-0.20.2.jar	1.5 MB	02/25/2012
jetty-6.1.14.jar	504.3 KB	02/25/2012
jetty-annotations-6.1.14.jar	12.4 KB	02/25/2012
jetty-util-6.1.14.jar	159.3 KB	02/25/2012
jsp-2.1-6.1.14.jar	1000.7 KB	02/25/2012
jsp-api-2.1-6.1.14.jar	131.7 KB	02/25/2012
junit-4.8.1.jar	231.5 KB	02/25/2012
log4j-1.2.16.jar	470.2 KB	02/25/2012
servlet-api-6.0.32.jar	86.1 KB	02/25/2012
slf4j-api-1.5.8.jar	22.9 KB	02/25/2012
slf4j-log4j12-1.5.8.jar	9.5 KB	02/25/2012
zookeeper-3.3.3.jar	587.6 KB	02/25/2012

图 16.14 Eclipse 中需要添加的库文件

步骤 04 将 configuration XML 的路径添加到 classpath，创建一个新的文件夹"conf"并将它作为一个源文件夹，右击源文件夹，选择 BuildPath→Use as Source Folder 菜单命令。创建一个新类来进行测试，将以下代码添加进去。

```
public static void main(String[] args) throws IOException,
InterruptedException, ClassNotFoundException
{
PiEstimator.main(args);
}
```

步骤 05 右击源文件夹并选择 Run As→Java Application 菜单命令。

步骤 06 如果看到以下输出信息，说明已经在 Eclipse 中成功创建了一个 HAMA 工程。

```
12/05/21 01:29:28 INFO bsp.BSPJobClient: Running job: job_localrunner_0001
12/05/21 01:29:31 INFO bsp.BSPJobClient: Current supersteps number: 0
12/05/21 01:29:38 INFO bsp.LocalBSPRunner: Setting up a new barrier for 20
tasks!
12/05/21 01:29:40 INFO bsp.BSPJobClient: The total number of supersteps: 0
Estimated value of PI is 3.1439999999999992
Job Finished in 12.195 seconds
```

Eclipse 运行效果如图 16.15 所示。

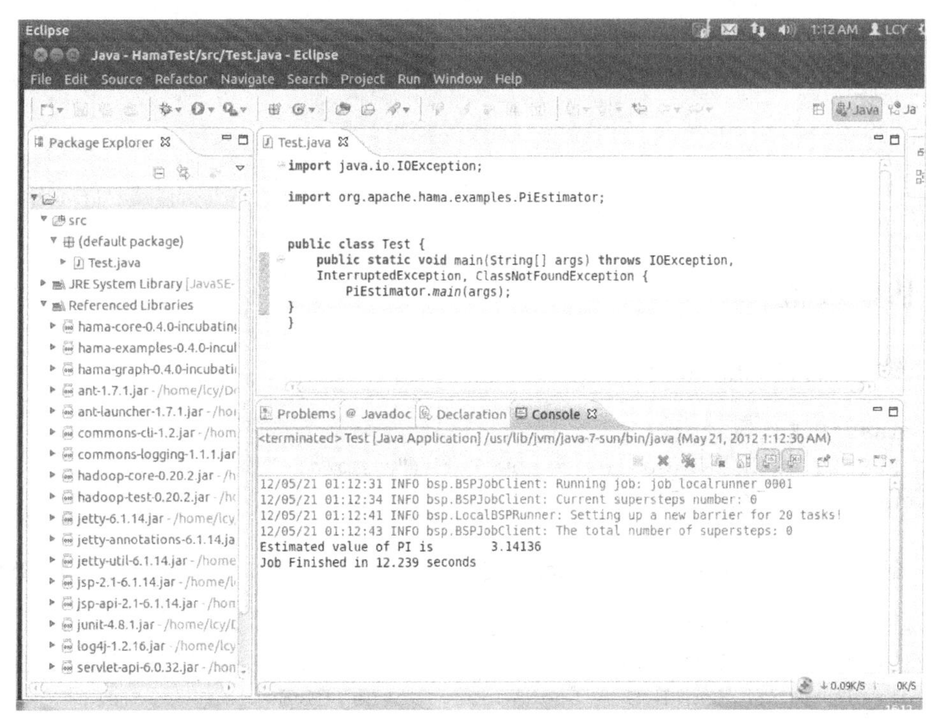

图 16.15　在 Eclipse 中添加 HAMA 工程

16.4　实例介绍

16.4.1　打印“Hello BSP”

HAMA 集群的每个 BSP 任务都将按顺序打印字符串“Hello BSP”。

例子代码如下：

```
public class ClassSerializePrinting extends
BSP<NullWritable, NullWritable, IntWritable, Text> {

public static final int NUM_SUPERSTEPS = 15;

@Override
public void bsp(BSPPeer<NullWritable, NullWritable, IntWritable, Text>
bspPeer)
throws IOException, SyncException, InterruptedException {
for (int i = 0; i < NUM_SUPERSTEPS; i++) {
for (String otherPeer : bspPeer.getAllPeerNames()) {
bspPeer.send(otherPeer, new IntegerMessage(bspPeer.getPeerName(), i));
}
bspPeer.sync();
IntegerMessage msg = null;
```

```
while ((msg = (IntegerMessage) bspPeer.getCurrentMessage()) != null) {
bspPeer.write(new IntWritable(msg.getData()), new Text(msg.getTag()));
}
}
}
}
```

16.4.2 估算 PI 值

步骤 01 创建新类型 PiEstimator。

```
public class PiEstimator {
private static Path TMP_OUTPUT = new Path("/tmp/pi-" +
System.currentTimeMillis());
```

步骤 02 创建 BSP 的派生类 MyEstimator，重写 bsp、setup 函数，初始化自定义的 BSP。

```
public static class MyEstimator extends
BSP<NullWritable, NullWritable, Text, DoubleWritable> {
public static final Log LOG = LogFactory.getLog(MyEstimator.class);
private String masterTask;
private static final int iterations = 10000;

@Override
public void bsp(
BSPPeer<NullWritable, NullWritable, Text, DoubleWritable> peer)
throws IOException, SyncException, InterruptedException {

int in = 0, out = 0;
for (int i = 0; i < iterations; i++) {
double x = 2.0 * Math.random() - 1.0, y = 2.0 * Math.random() - 1.0;
if ((Math.sqrt(x * x + y * y) < 1.0)) {
in++;
} else {
out++;
}
}

double data = 4.0 * (double) in / (double) iterations;
DoubleMessage estimate = new DoubleMessage(peer.getPeerName(), data);

peer.send(masterTask, estimate);
peer.sync();
}

@Override
```

```
public void setup(
BSPPeer<NullWritable, NullWritable, Text, DoubleWritable> peer)
throws IOException {
// Choose one as a master
this.masterTask = peer.getPeerName(peer.getNumPeers() / 2);
}
```

步骤 03　创建 cleanup 函数。

```
public void cleanup(
BSPPeer<NullWritable, NullWritable, Text, DoubleWritable> peer) throws
IOException {
if (peer.getPeerName().equals(masterTask)) {
double pi = 0.0;
int numPeers = peer.getNumCurrentMessages();
DoubleMessage received;
while ((received = (DoubleMessage) peer.getCurrentMessage()) != null) {
pi += received.getData();
}
pi = pi / numPeers;
peer.write(new Text("Estimated value of PI is"), new DoubleWritable(pi));
}
}
}
```

步骤 04　创建静态函数 printOutput，用于输出计算机结果。

```
static void printOutput(HAMAConfiguration conf) throws IOException {
FileSystem fs = FileSystem.get(conf);
FileStatus[] files = fs.listStatus(TMP_OUTPUT);
for (int i = 0; i < files.length; i++) {
if (files[i].getLen() > 0) {
FSDataInputStream in = fs.open(files[i].getPath());
IOUtils.copyBytes(in, System.out, conf, false);
in.close();
break;
}
}
fs.delete(TMP_OUTPUT, true);
}
```

步骤 05　建立主函数，打印估算的 PI 值。

```
public static void main(String[] args) throws InterruptedException,
IOException, ClassNotFoundException {
// BSP 任务配置
HAMAConfiguration conf = new HAMAConfiguration();
BSPJob bsp = new BSPJob(conf, PiEstimator.class);
```

```
// 设置任务名称
bsp.setJobName("Pi Estimation Example");
bsp.setBspClass(MyEstimator.class);
// 设置
bsp.setInputFormat(NullInputFormat.class);
bsp.setOutputKeyClass(Text.class);
bsp.setOutputValueClass(DoubleWritable.class);
bsp.setOutputFormat(TextOutputFormat.class);
FileOutputFormat.setOutputPath(bsp, TMP_OUTPUT);

BSPJobClient jobClient = new BSPJobClient(conf);
ClusterStatus cluster = jobClient.getClusterStatus(true);

if (args.length > 0) {
bsp.setNumBspTask(Integer.parseInt(args[0]));
} else {
// Set to maximum
bsp.setNumBspTask(cluster.getMaxTasks());
}
long startTime = System.currentTimeMillis();
if (bsp.waitForCompletion(true)) {
printOutput(conf);
System.out.println("Job Finished in "
+ (double) (System.currentTimeMillis() - startTime) / 1000.0
+ " seconds");
}
}
```

16.5 本章小结

本章对 HAMA 进行了简单的介绍。首先介绍了 HAMA 的工作原理，包括系统架构、模块交互等方面的内容；接着介绍了 HAMA 的安装过程和基本操作方法；最后，通过两个简单的示例介绍了如何在 HAMA 中创建 BSP 应用，结合代码解释了每个模块的功能。

通过本章的学习，读者可以对 HAMA 有一个基本的了解，它是一个基于 Hadoop 平台的分布式计算模型，主要用于解决大规模的矩阵计算和图计算问题。本章只对 HAMA 进行了初步的介绍，有兴趣的读者可以多多关注 Apache HAMA 的官方网站。

附　录

相关术语	含义
2pc 协议	2pc 协议分为两个阶段，预提交阶段和决策阶段。预提交阶段由协调者发起，询问参与节点事务的执行结果，等待参与节点返回的信息，并进入决策阶段。决策阶段由协调者根据各个节点的执行结果来决定全局事务的最终结果，如果有节点执行失败，则将全局事务终止，并发终止消息给参与节点，终止本节点该事务。如果所有节点都执行成功，则发全局提交信息，并在本节点提交该事务
ACID	关系数据库事务的准则，分别代表原子性（Atomicity）、一致性（Consistency）、隔离性（Isolation）、持久性（Durability）
ASF	Apache Software Foundation
Bloom Filter	布隆过滤器，用于快速检索一个元素是否在一个集合中
BSP	散装同步并行模型（Bulk Synchronous Parallel Model），一种用于消息传递和集成通信的并行编程模型
BSPMaster	HAMA 系统中负责系统各个计算节点之间工作的管理节点
BSPPeer	HAMA 系统中的计算节点，完成由 BSPMaster 分配的具体计算任务
Bucket	桶，表或者分区的进一步划分，会为数据提供额外的结构获取更高的查询效率
Canopy	一种聚类算法，是一个将对象分组到类的简单、快速、精确的方法
CAP	一致性（Consistency）、可用性（Available）、分区容错性（Partation Tolerance），三者不可兼得，必须有所取舍
CF	协作筛选（Collaborative Filtering）
Column Family	HBase 数据库表中的列族
Combine	在某些情况下，每个 Map 任务产生的中间 key 值的重复记录会占很大的比重，Combine 操作允许首先在本地将这些记录进行一个合并，然后将合并的结果再通过网络发送出去。一般情况下，Combine 函数和 Reduce 函数是一样的
Datanode	Datanode 又称为数据节点，它是文件实际存储的物理位置，其将数据块信息存储在本地文件系统中，并且通过周期性的心跳报文将所有数据块信息发送给 Namenode，从而向名字节点报告其状态信息
Derby	一种关系型数据库
DESCRIBE	打印关系的模式
Dirichlet Distribution	狄利克雷分布，一元 B 分布到多元的直接推广
Dryad	一个由微软开发的并行计算框架，它允许程序员使用一个计算机集群或数据中心的资源运行并行程序
EXPLAIN	打印关系的执行计划
External Table	外部表，功能与托管表类似
FILTER	过滤操作

（续表）

相关术语	含义
Fuzzy k-Means	一种聚类算法，通过迭代来达到分类的效果。设置一个目标函数，使之达到最小值即为最佳合理结果，一般的极小化可通过迭代来实现。而本程序并没有一个极小化函数，即经过迭代后的重心与前一次的没有变化，从而达到了分类的效果
GroomServer	HAMA 系统中负责连接 BSPMaster 和 BSPPeer 的中间节点
Grunt Shell	Pig 的 Shell
Hadoop	由 Apache 基金会开发一个分布式系统基础架构，用户可以在不了解其底层细节的情况下，开发分布式程序，充分利用集群的威力高速运算和存储
HAMA	一个基于 Hadoop 平台的分布式计算框架，主要用于解决大规模的矩阵（Matrix）计算和图（Graph）计算问题
HBase	一个高可靠性、高性能、面向列、可伸缩的分布式存储系统，利用 HBase 技术可在廉价 PC Server 上搭建起大规模结构化存储集群
HDFS	HDFS 是 Hadoop Distributed File System 的缩写，它是一个分布式文件系统。其有着高容错性的特点，并且被设计成可以部署在低廉的硬件上。且它提供高吞吐量地访问应用程序的数据，适合那些有着超大数据集的应用程序
HFile	HBase 中数据存储的文件格式
Hive	一个基于 Hadoop 的数据仓库
Hlog	HBase 的 log 文件
HMaster	HBase 的主节点
HQL	一种数据库查询语言
HRegion	HBase 中 Region 的管理者
HRegionServer	HBase 的从属节点
HStore	HRegion 中负责具体数据管理的部分，包括 MemStore 和 StoreFile
ILLUSTRATE	按步骤打印数据的转换过程
IPC	IPC（Inter-Process Communication）是共享“命名管道”的资源，它是为了让进程间通信而开放的命名管道，通过提供可信任的用户名和口令，连接双方可以建立安全的通道并以此通道进行加密数据的交换，从而实现对远程计算机的访问
JobTracker	JobTracker 是一个 MapReduce 的 master 服务，软件启动之后 JobTracker 接收 job，负责调度 job 的每一个子任务 task 运行于 TaskTracker 上，并监控它们，如果发现有失败的 task 就重新运行它
JVM	Java 虚拟机
KeyValue	键值对
KFS	Kosmos Distributed File System，简称 KFS，是一个类似 GFS 的分布式文件系统，被设计用于分布式的结构化存储，用 C++语言实现
k-Means	一种聚类算法，基本思想是：以空间中 k 个点为中心进行聚类，对最靠近它们的对象归类。通过迭代的方法，逐次更新各聚类中心的值，直至得到最好的聚类结果
Leader 选举	当服务启动或者在 Leader 崩溃后，Zab 协议就进入了 Leader 选举阶段，当 Leader 被选举出来且超过半数（或指定数量）的 Learner，完成了和 Leader 的状态同步以后，Leader 选举就结束了
LOAD	加载数据

（续表）

相关术语	含义
Local Mode	本地模式
Logical Layer	逻辑层
Lucene	Apache 开发的一个开源索引工具
Mahout	提供可伸缩的机器学习算法，Apache 开源项目
Map	映射
Map	将输入记录转换为中间记录集，它接受一个输入的 key/value 值，然后产生一个中间 key/value 值的集合。输出 key/value 值的类型不需要与输入 key/value 值的类型一致
Mapper 类	用户自定义的 Map 操作必须要继承 Mapper 类，并重写 Mapper 类中的 map 函数，主要实现对原始数据集的 Map 操作
MapReduce 模型	MapReduce 是一个编程模型，是 Google 提出的一个使用简易的软件框架，也是一个处理和生成超大数据集的算法模型的相关实现。基于它写出来的应用程序能够运行在由上千台商用机器组成的大型集群上，并以一种可靠容错的方式并行处理上 T 级别的数据集
Master/Slave	又称作主/从架构。HDFS 采用 Master/Slave 架构，一个 HDFS 集群由一个 Namenode 和一定数目的 Datanode 组成。Namenode 是一个中心服务器，负责管理文件系统的 namespace 和客户端对文件的访问。Datanode 在集群中一般是一个节点一个，负责管理节点上它们附带的存储
Meanshift	Meanshift 算法本质上是最优化理论中的最速下降法（亦称梯度下降法，牛顿法等），即沿着梯度下降方法寻找目标函数的极值
MemStore	HBase 中的内存缓存数据。每个 HStore 在进行数据存储时首先写入 MemStore，当 MemStore 达到一定大小时才写入文件
Metastore	Hive 中元数据的集中存放地
MIMD	多指令流多数据流（MultipleInstructionStreamMultipleDataStream），使用多个控制器来异步地控制多个处理器，从而实现空间上的并行性
MPI	消息传递接口（Message Passing Interface），是由一群来自学术界和工商界的、研究并行计算机各种功能的研究人员提出并设计的标准化和便携化的消息传递系统
Naive Bayes	朴素贝叶斯
Namenode	Namenode 又称作名字节点，是分布式文件系统的管理者，是 HDFS 的核心模块，主要负责文件系统的命名空间、集群的配置信息和数据块的复制信息等，并将文件系统的元数据存储在内存中
NoSQL	指的是非关系型的数据库
Partition	分区，一种根据列分区的值对表进行粗略划分的机制
PATH	Linux 系统中的环境变量路径
Paxos 算法	Paxos 算法是分布式一致性算法，用来解决分布式系统如何就某个值（决议）达成一致的问题。一个典型的应用场景是，在一个分布式数据库系统中，如果各节点的初始状态一致，每个节点都执行相同的操作序列，那么它们最后能得到一个一致的状态
Physical Layer	物理层

（续表）

相关术语	含义
Pig Latin	雅虎开发的一种大规模数据分析处理语言
POM	对象模型
PVM	并行虚拟机（Parallel Virtual Machine），是一种用于网络并行计算机上的软件工具，这种工具将异构的计算机网络连接起来，使其使用起来就像一组分布式的并行处理器
Qualifier	HBase 数据库表中的列标签
RDBMS	关系型数据库管理系统（Relational Database Management System）
Reduce	Reduce 操作将一组与一个 key 关联的中间数值集规约（Reduce）为一个更小的数据集。它接受一个中间 key 值和相关的 value 值的集合，然后合并这些 value 值，形成一个较小的 value 值的集合。一般的，每次 Reduce 函数调用只会产生 0 个或 1 个输出 value 值
Reducer 类	用户自定义 Reducer 操作必须要继承 Reducer 类，并重写 Reducer 类中的 reduce 函数，主要完成对中间数据集的 Reduce 任务
Row Key	HBase 数据库表中的行关键字
RPC	RPC（Remote Procedure Call）指远程过程调用协议。它是一种通过网络从远程计算机程序上请求服务，而不需要了解底层网络技术的协议。RPC 协议假定已经存在某些传输协议，如 TCP 或 UDP，它采用客户机/服务器模式，为通信程序之间携带信息数据
STORE	存储数据
StoreFile	HBase 中 HFile 的管理者
Table	托管表，用来存储 Hive 中相关数据与元数据
TaskTracker	TaskTracker 是运行于多个节点上的 slaver 服务。TaskTracker 主动与 JobTracker 通信，接收作业，并负责直接执行每一个任务。TaskTracker 都需要运行在 HDFS 的 Datanode 上
TCP/IP	TCP/IP 是网络传输协议，是 Internet 最基本的协议，是国际互联网的基础，由网络层的 IP 协议和传输层的 TCP 协议组成。TCP/IP 定义了电子设备如何连入因特网，以及数据如何在它们之间传输的标准
Timestamp	HBase 数据库表中数据的时间戳或版本号
Tuple	元组
UDF	用户自定义函数（User-Defined Function）。一种根据用户实际应用的需要而自行开发的函数
WAL	Write-Ahead Log，预写式日志，HBase 采用的一种高效的日志算法
Zebra	Hadoop 中的一个数据存储层
安全模式	在 HDFS 启动时，Namenode 会进入一个特殊的状态叫做安全模式。在安全模式下，一切对集群的增删改操作都是不能进行的。同时，Namenode 会检测文件系统的副本数量是否达到副本因子的要求，若是未达到，则进行数据块复制。检查完毕后，Namenode 退出安全模式
复制模式	ZooKeeper 通常以“复制模式”运行于一个计算机集群上。ZooKeeper 通过复制来实现高可用性，只要集群中半数以上的机器处于可用状态，它就能够提供服务

（续表）

相关术语	含义
副本因子	文件系统会维护一个固定的副本因子，该属性表示文件系统当前为每一个数据块维护了多少个副本。该属性可配置，模式值是 3
请求处理器链	ZooKeeper 服务器在处理请求消息时，消息会在多个请求处理器间传递。在具体代码中，通过责任链模式实现了这些处理器，因此称它们构成了一个请求处理器链
数据分片（split）	MapReduce 库首先将输入文件划分为 M 个 16~64MB（通过可选的参数控制分片大小）的 splits，MapReduce 框架为每个 split 分配一个 Map 任务，使得数据的处理得以高度并行
原子广播	所有的写请求都被转发给 Leader，再由 Leader 将更新广播给 Learner。当半数以上的 Follower 已经将修改持久化之后，Leader 才会提交这个更新，然后客户端才会收到一个更新成功的响应。这个用来达成共识的协议被设计成具有原子性，因此每个修改要么成功、要么失败
责任链模式	责任链模式是设计模式的一种，意图是使多个对象都有机会处理请求，从而避免请求的发送者和接收者之间的耦合关系。将这些对象连成一条链，并沿着这条链传递该请求，直到有一个对象处理它为止